国家示范性高等职业院校建设规划教材

机电工程CAD

主　编　张春来　宋天武

副主编　耿道森　黄均安

许　莉　赵华新

主　审　孙敬华

黄河水利出版社

·郑州·

内容提要

本书是国家示范性高等职业院校建设规划教材，是用安徽省财政安排的“支持高等职业学校提升专业服务产业发展能力”项目经费组织编写的。本书根据教育部国家示范性高等职业院校建设计划电气类专业群人才培养方案要求，按照机电工程 CAD 课程标准编写完成的。

本书从初学者的角度出发，结合机械制图相关规范和标准，以常用机械零件、机械设备及电气产品为例，系统地讲述了使用 AutoCAD 2010 进行机械制图的过程及其在机械制图与相关专业设计绘图中的应用，包括初识 AutoCAD 2010、AutoCAD 2010 绘图基础、绘制二维图形对象、图形编辑、图案填充与图块、图层与查询图形几何信息、创建文字与表格、尺寸标注、实用技巧与典型实例、电气常用部件的画法、图形打印输出等内容，另外，书最后还附有习题。

本书在详细剖析 AutoCAD 2010 功能点的难度和复杂程度后，通过一系列典型的实例帮助读者学习和掌握 AutoCAD 2010 的功能和使用方法。内容安排由浅入深，突出最为常用的实际操作，结构清楚，易学易懂，便于读者学习和上机操作。

本书图文并茂、实例丰富，既可作为高等院校、高等职业院校、高等专科院校、成人院校、民办高校机械、电气类专业的 AutoCAD 课程教材，也可供相关专业 AutoCAD 开发技术人员参考。

图书在版编目(CIP)数据

机电工程 CAD/张春来，宋天武主编. —郑州：黄河水利出版社，2014.1

国家示范性高等职业院校建设规划教材

ISBN 978 - 7 - 5509 - 0712 - 6

Ⅰ.①机… Ⅱ.①张… ②宋… Ⅲ.①机电工程 - AutoCAD 软件 - 高等职业教育 - 教材 Ⅳ.①TH

中国版本图书馆 CIP 数据核字(2014)第 016946 号

组稿编辑：王路平 电话：0371 - 66022212 E-mail：hhslwlp@163.com

出 版 社：黄河水利出版社

地址：河南省郑州市顺河路黄委会综合楼 14 层 邮政编码：450003

发行单位：黄河水利出版社

发行部电话：0371 - 66026940、66020550、66028024、66022620(传真)

E-mail：hhslcbs@126.com

承印单位：河南省瑞光印务股份有限公司

开本：787 mm × 1 092 mm 1/16

印张：18

字数：420 千字 印数：1—3 000

版次：2014 年 1 月第 1 版 印次：2014 年 1 月第 1 次印刷

定价：40.00 元

前 言

本书是根据《教育部关于全面提高高等职业教育教学质量的若干意见》(教高〔2006〕16号)、《教育部关于推进高等职业教育改革创新引领职业教育科学发展的若干意见》(教职成〔2011〕12号)等文件精神,用安徽省财政安排的"支持高等职业学校提升专业服务产业发展能力"项目经费组织编写的教材。

本套教材以学生能力培养为主线,着重基本概念和基本原理的阐述,注重理论知识的应用,注重加强学生工程技术能力的训练,突出应用能力和创新能力的培养,体现出实用性、实践性、创新性的教材特色,是一套紧密联系工程实际、教学面向生产的高职高专教育精品规划教材。

AutoCAD是由美国Autodesk公司开发的通用计算机辅助设计软件包,是专门为计算机绘图开发的一种设计软件。该软件提供了一个开放的平台、面向对象的绘图环境和简易的操作方法,可以对产品进行设计、分析、修改和优化等操作。使用该软件不仅能够将设计方案用规范、美观的图纸表达出来,而且能够有效地帮助设计人员提高设计水平及工作效率,从而解决了传统手工绘图中的种种弊端,便于用户及时进行必要的调整和修改。

本书以应用实例为媒介,在实战演练的过程中融入了AutoCAD 2010的精髓,并对AutoCAD 2010的基本方法和操作技巧进行了详细的阐述。全书共分为11章,完整地讲解了AutoCAD 2010环境设置、二维绘图、基本绘图工具、二维编辑命令、显示控制、创建文字与表格、尺寸标注、图形打印输出等内容。

本书按照由浅入深、从易到难的顺序进行介绍,各章节既相对独立,又前后关联。作者根据自己多年的经验及学习心得,及时给出总结和相关提示,帮助读者及时、快捷地掌握所学知识。全书内容翔实,图文并茂,建议读者在学习的过程中结合AutoCAD 2010软件循序渐进地学习。

本书从内容的策划到实例的讲解完全是由专业人士根据多年的工作经验,以及自己的心得进行编写的,每一个实例都具有很强的针对性。本书以AutoCAD 2010知识结构为主线,层层深入进行讲解。在讲解的过程中,又通过大量的实例进行强化巩固。本书内容全面,实例丰富,结构紧凑,详略得当,语言简练,行文流畅。

本书是一本讲述如何使用AutoCAD 2010中文版绘制工程图样的基础教材,以绘制工程图样为主线,采用工程制图课程的教学框架,用通俗易懂的语言,由浅入深、循序渐进地介绍了利用AutoCAD 2010中文版绘制工程图样的基本方法及相关技术。

本书主要特色如下:

(1)突出以设计实例为线索,循序渐进,将整个设计过程贯穿全书。详细介绍计算机辅助的设计流程、所涉及的规范和标准,以及在设计过程中所应用到的命令和技巧。

(2)适用面宽、实用性强。在AutoCAD中,无论绘制什么样的工程图样,其基本方法和技巧都是相同的,区别主要在于行业制图标准和绘制专业图思路的某些不同。本书所举实例涉及机械、电气类专业，对于各专业制图标准中不同的设置方法和绘制专业图的思路分别做了叙述。使用本书不仅可以学习本专业工程图样的绘制方法，而且对 AutoCAD 是通用的绘图软件这一内涵会有更深层次的了解，使读者触类旁通，能绘制各类工程图样或其他图形。

(3)内容的系统性。从本书的内容安排上不难看出，全书的内容是循序渐进的，即讲解绘图基本知识和 AutoCAD 操作环境、绘制和编辑二维图形、创建和编辑三维图形，以及观察、渲染模型和输出打印图形等，环环相扣，紧密相联。

(4)知识的拓展性。为了拓展读者的机械专业知识，书中在介绍每个绘图工具时，都与实际的零件绘制紧密联系，并增加了机械制图的相关知识，涉及零件图的绘制规律、原则、标准以及各种注意事项。另外，书中还介绍了零件的工艺、材料、应用范围以及配套组件的工作原理等扩展性知识。

本书由安徽水利水电职业技术学院承担编写工作，编写人员及编写分工如下：前言、第 3、4、8、9、10 章由张春来编写，第 1、2 章由耿道森编写，第 5 章由黄均安编写，第 6 章由许莉编写，第 11 章由赵华新编写，第 7 章由宋天武编写。本书由张春来、宋天武担任主编，张春来负责全书统稿；由耿道森、黄均安、许莉、赵华新担任副主编；由孙敬华教授担任主审。

在教材编写的过程中，编者得到了安徽水利水电职业技术学院机电工程系专业建设团队老师和兄弟院校领导的大力支持与帮助，在此表示最诚挚的感谢！

由于时间仓促，加上编者水平有限，书中不足之处在所难免，希望广大读者批评指正，编者将不胜感激。

编　者

2013 年 12 月

目 录

第1章 初识 AutoCAD 2010

【本章要点】

- AutoCAD 的发展历史
- AutoCAD 2010 的安装与启动
- AutoCAD 2010 的工作界面
- AutoCAD 2010 的绘图参数设置
- AutoCAD 2010 的基本操作

1.1 AutoCAD 的发展历史

计算机辅助设计(Computer Aided Design ,CAD)是指利用计算机软硬件系统来辅助进行产品或工程设计、开发、分析、研究的一门综合性应用技术。随着计算机技术的不断进步,CAD 的功能也日趋强大,目前已经在机械、建筑、水利、电子、化工、服装等行业得到了广泛的应用,并不断地应用到其他新的领域中。

AutoCAD 是由美国 Autodesk 公司于 20 世纪 80 年代初为微机上应用 CAD 技术而开发的绘图程序软件包,现已经成为国际上广为流行的绘图工具。

AutoCAD 具有良好的用户界面,通过交互菜单或命令行方式便可以进行各种操作。多文档设计环境让非计算机专业人员也能很快地学会使用。用户在不断实践的过程中能更好地掌握它的各种应用和开发技巧,从而提高工作效率。

AutoCAD 具有广泛的适应性,可以在各种操作系统支持的微型计算机和工作站上运行,并支持分辨率 320 ×200 ~2 048 ×1 024 的各种图形显示设备 40 多种,以及数字仪和鼠标器 30 多种,绘图仪和打印机数十种,这就为 AutoCAD 的普及创造了条件。

AutoCAD 的发展可分为初级阶段、发展阶段、高级发展阶段、完善阶段和进一步完善阶段五个阶段。

(1)初级阶段。

AutoCAD 1.0:1982 年 11 月

AutoCAD 1.2:1983 年 4 月

AutoCAD 1.3:1983 年 8 月

AutoCAD 1.4:1983 年 10 月

AutoCAD 2.0:1984 年 10 月

(2)发展阶段。

AutoCAD 2.17:1985 年 5 月

AutoCAD 2.18:1985 年 5 月

AutoCAD 2.5:1986 年 6 月

AutoCAD 9.0:1987 年 9 月

AutoCAD 9.03:1988 年 6 月

(3)高级发展阶段。

AutoCAD 10.0:1988 年 8 月

开始出现图形界面的对话框,CAD 的功能已经比较齐全。

AutoCAD 11.0:1990 年

AutoCAD 12.0:1992 年

DOS 版的最高顶峰,具有成熟完备的功能,提供完善的 AutoLisp 语言进行二次开发,许多机械、建筑和电路设计的专业 CAD 就是在这一版本上开发的。这一版本具有许多即使现在的版本也不具备的特性,例如实体爆炸后得到的是 3Dface,而不是像现在版本这样变成面实体,仍是实体,不能像 3Dface 那样可以对顶点进行单独拉伸。

(4)完善阶段。

AutoCAD R13:1996 年 6 月

AutoCAD R14:1998 年 1 月

AutoCAD 2000:1999 年 1 月

(5)进一步完善阶段。

AutoCAD 2002(R15.6):2001 年 6 月

AutoCAD 2004(R16.0):2003 年 3 月

AutoCAD 2005(R16.1):2004 年 3 月

AutoCAD 2006(R16.2):2005 年 3 月

AutoCAD 2007(R17.0):2006 年 3 月

AutoCAD 2008(R17.1):2007 年 3 月

AutoCAD 2009 (R17.2):2008 年 3 月

AutoCAD 2010 (R18.0):2009 年 3 月

1.2 AutoCAD 2010 的安装与启动

1.2.1 软硬件配置要求

必备硬件包括:PentiumⅢ以上,或兼容处理器;1 024 × 768 真彩色显示器,建议使用 1 280 × 1 024 或更高配置;CD - ROM 驱动器;Windows 支持的显示卡;128 MB 内存,建议使用 256 MB;300 MB 剩余硬盘空间;鼠标、轨迹球或其他定点设备。

软件环境包括:Microsoft Windows NT、Microsoft Windows 2000、Microsoft Windows XP Professional 或更高版本;浏览器需要 Microsoft Internet Explorer 6.0 或更高版本;TCP/IP

协议或 IPX 协议。

可选硬件包括：打印机或绘图仪、数字化仪、串口或并口、网络卡、调制解调器或其他访问 Internet 的连接设备。

1.2.2　安装步骤

（1）在安装 AutoCAD 2010 之前，请关闭所有正在运行的应用程序，将 AutoCAD 2010 的安装盘插入 CD－ROM 驱动器，稍后即可出现 AutoCAD 2010 的安装界面。如果关闭了光盘的自动运行功能，只需要找到光盘驱动器下的“Setup. exe”文件，双击运行它，也可以启动 AutoCAD 2010 的安装程序，切换到“安装”选项卡，单击“安装”链接启动安装向导，如图 1-1 所示。

图 1-1　安装步骤 1

（2）向导安装完毕后，将显示 AutoCAD 2010 中文版安装向导的“欢迎”对话框，单击“下一步”按钮继续。在“软件许可协议”对话框的“国家/地区”列表中选择所在国家“China”，并要仔细阅读对话框中的信息，只有接受协议条款，安装程序才能继续下去，选择“我接受”单选按钮，然后单击“下一步”按钮继续。

（3）在“序列号”对话框中，输入 AutoCAD 2010 安装 CD 盒上的序列号，然后单击“下一步”按钮。在“用户信息”对话框中，输入姓氏、名字、组织等。然后单击“下一步”按钮，如图 1-2 所示。

（4）在“选择安装类型”对话框中选择安装类型。可以选择“典型”、“自定义”。如果您只想使用 AutoCAD 2010 的基本绘图功能的话，那么建议选择“典型”，然后单击“下一步”按钮，如图 1-3 所示。

（5）选择 AutoCAD 2010 装入的子目录。安装向导已经提供了缺省的安装目录。也可以单击“浏览”按钮更换安装目录。如果直接单击“下一步”按钮，将接受系统缺省设

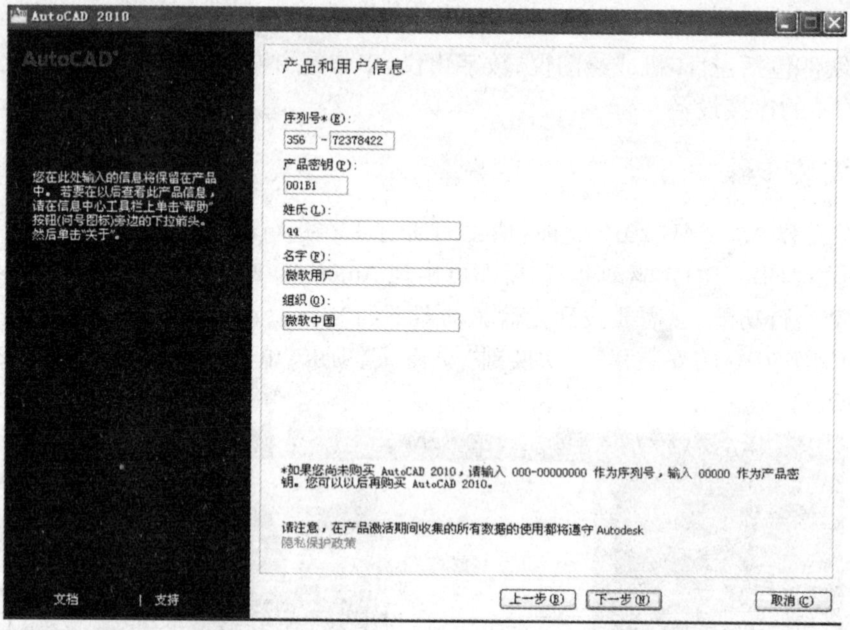

图 1-2　安装步骤 3

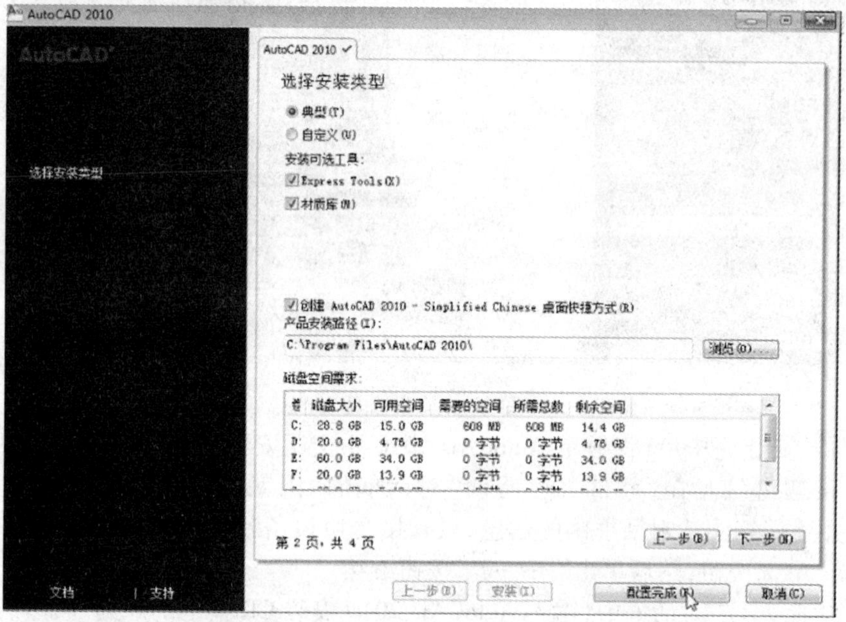

图 1-3　安装步骤 4

置，如图 1-4 所示。

(6)在“选择文本编辑器”对话框中可以指定 AutoCAD 2010 默认的文本编辑器，缺省情况下使用的是 Windows 操作系统自带的“记事本”，一般不用更改，直接单击“下一步”按钮即可。

(7)出现“开始安装”对话框，该对话框起一个确认的作用，如果用户对之前的设置不满意，可通过单击“上一步”按钮返回到先前的状态重新设置，确认无误后单击“下一步”

按钮即可以真正开始安装。安装过程将自动生成一个安装脚本,之后将出现“安装进度条”,如图 1-5 所示。

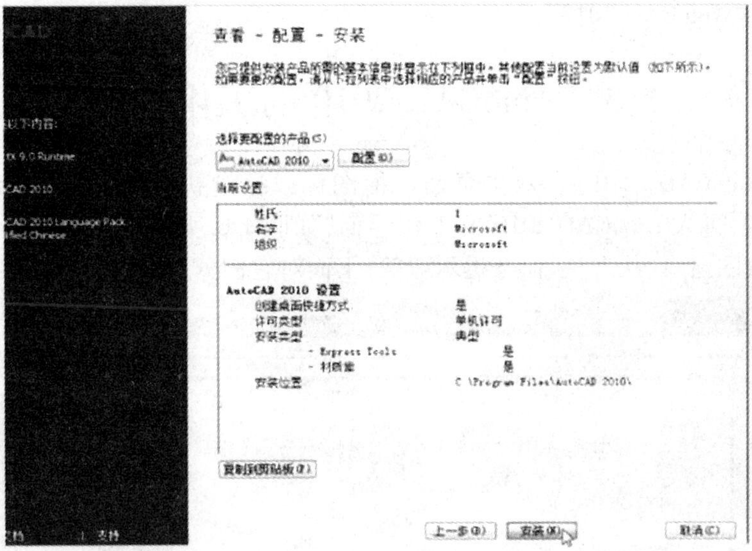

图 1-4　安装步骤 5

图 1-5　安装步骤 7

安装结束后可以看到“安装完成”对话框,单击“完成”按钮即可完成 AutoCAD 2010 的安装。

1.2.3　启动方式

(1)桌面快捷方式图标:安装 AutoCAD 2010 时,将在桌面上放置一个 AutoCAD 2010 快捷方式图标“”(除非您在安装过程中清除了该选项)。双击 AutoCAD 2010 快捷方式图标可以启动 AutoCAD 2010。

(2)“开始”菜单:在“开始”菜单(Windows)中,单击“所有程序”(或“程序”)→“Autodesk”→“AutoCAD 2010”。

1.3　AutoCAD 2010 的工作界面

安装完 AutoCAD 2010 后,双击桌面快捷图标或通过执行“程序”中相应菜单启动 AutoCAD 2010,进入 AutoCAD 2010 的工作界面,如图 1-6 所示。界面包含标题栏、菜单栏、工具栏、绘图窗口、状态栏、命令提示行等,下面对它们分别介绍。

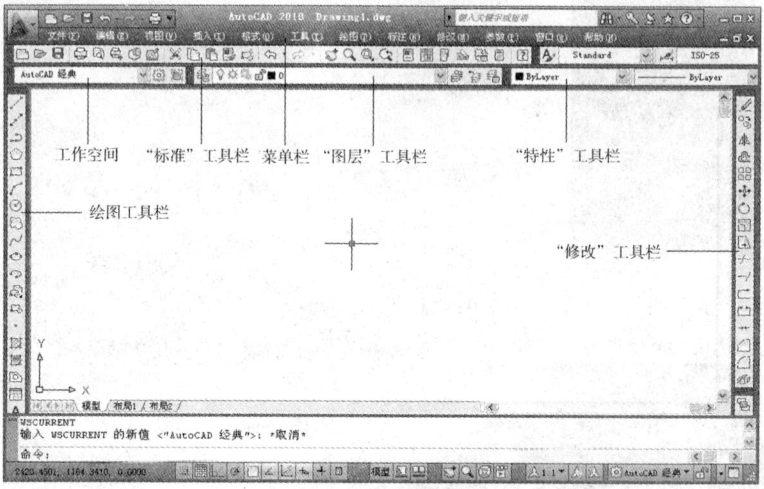

图 1-6　AutoCAD 2010 工作界面

(1)标题栏。

大多数的 Windows 应用程序里面都有标题栏,AutoCAD 2010 的标题栏在应用程序的最上面,它的左侧用来显示当前正在运行的应用程序名称,右侧为最小化、最大化(还原)和关闭按钮。如果是 AutoCAD 默认的图形文件,其名称为 DrawingN. dwg(N 是数字)。

(2)菜单栏。

菜单栏由“文件”、“编辑”、“视图”、“插入”、“格式”、“工具”、“绘图”、“标注”、“修改”、“参数”、“窗口”、“帮助”共 12 个主菜单组成,这些菜单包含了 AutoCAD 常用的功能和命令。

(3)命令提示行。

它是 AutoCAD 与用户进行交互对话的地方,用于显示系统的信息以及用户输入信息。在实际操作中我们应该仔细观察命令行所提示的信息。由于命令行窗口较小,不能容纳大量的文本信息,因此 AutoCAD 又提供了文本窗口,缺省时文本窗口是隐藏的,可以按“F2”键来显示该窗口。

(4)状态栏。

状态栏的左边显示光标位置,右边是控制用户工作状态的 8 个按钮,用鼠标单击任意一个按钮均可切换当前的工作状态。当按钮被按下时表示相应的设置处于打开状态。

(5)绘图窗口。

它是用户的工作平台,相当于桌面上的图纸,用户所做的一切工作都反映在该窗口中。绘图窗口包括绘图区、标题栏、控制菜单图标、控制按钮、滚动条和模型空间与布局标签等。

(6)工具栏。

AutoCAD 2010 提供了 29 个已命名的工具栏,每个工具栏分别包含从 2 个到 20 个不等的工具,只须单击工具栏上的工具按钮,即可使用相应的功能。打开关闭工具栏的方法有下面三种:

①通过下拉菜单执行“视图”→“工具栏”命令,弹出如图 1-7 所示的“自定义”对话框;

②在工具栏上单击右键,弹出如图 1-8 所示的快捷菜单;

③在命令行中输入 toolbar 命令,弹出如图 1-7 所示的“自定义”对话框。

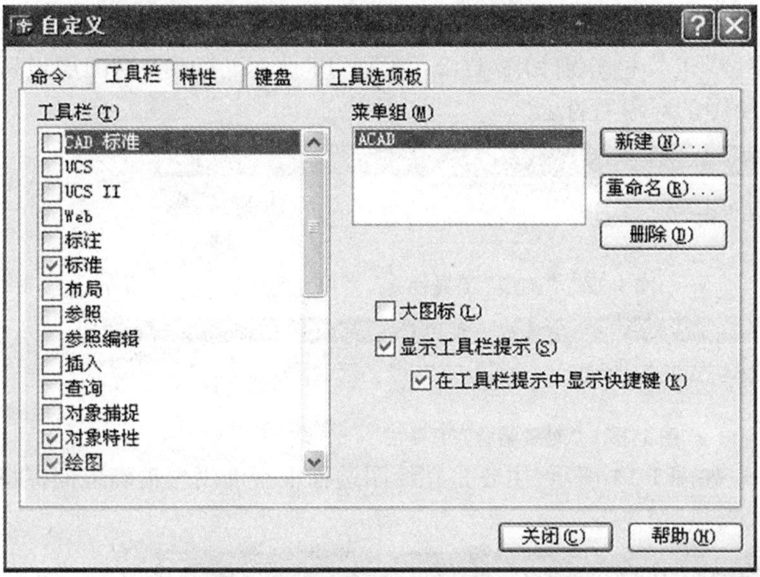

图 1-7 “自定义”对话框

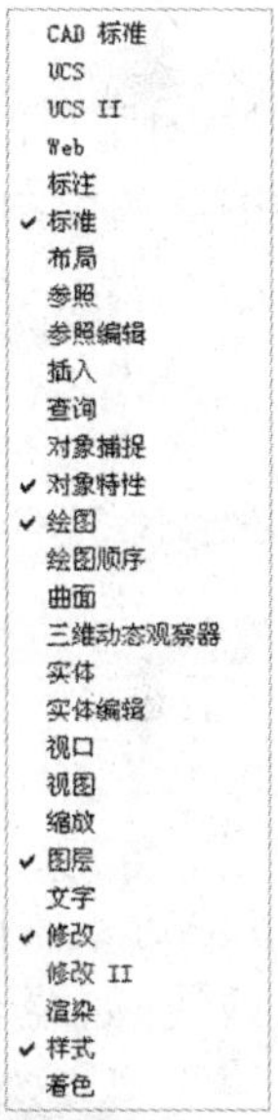

图 1-8 工具栏快捷菜单

下面介绍 AutoCAD 2010 在机械设计中经常用到的几个工具栏:“标准”工具栏、“绘图”工具栏、“修改”工具栏、“图层”和“对象特性”工具栏、“对象捕捉”工具栏、“标注”工具栏。

(1)“标准”工具栏如图 1-9 所示,汇集了 AutoCAD 基本的文件管理和编辑命令,以及视图窗口显示命令。

图 1-9 “标准”工具栏

(2)“绘图”工具栏如图 1-10 所示,是绘制常见实体的命令集,用于绘制各种线、弧、圆、椭圆和文字等二维图形。在缺省状态下该工具栏显示在 AutoCAD 窗口的左侧，该工具栏中几乎所有的命令都可以在“绘图”菜单中找到。

图 1-10　“绘图”工具栏

（3）“修改”工具栏如图 1-11 所示，用于修改已存在的实体，可对实体进行移位、复制、旋转、删除、修剪、拉伸等操作。这个工具栏中的所有命令都可以在“修改”菜单中找到。

图 1-11　“修改”工具栏

（4）“图层”和“对象特性”工具栏分别如图 1-12 和图 1-13 所示，主要包括图层设置及当前图层的控制和当前绘图的对象特性。

图 1-12　“图层”工具栏

图 1-13　“对象特性”工具栏

（5）“对象捕捉”工具栏如图 1-14 所示，主要是在绘图过程中帮助用户精确地捕捉特定的点或线，如端点、中点、圆心、切点等。

图 1-14　“对象捕捉”工具栏

（6）“标注”工具栏如图 1-15 所示，主要用于对绘制的图形进行尺寸、公差等标注。

图 1-15　“标注”工具栏

在 AutoCAD 2010 中，工具栏按照位置的不同，可以分为固定工具栏、浮动工具栏、弹出式工具栏三种。工具栏中的按钮还具有提示功能。当鼠标指向某个工具栏按钮时，稍后按钮下面将显示该按钮的名称，并在状态栏中显示该按钮的功能简短描述。这种提示功能也可以在“工具栏”对话框中进行设置。

1.4 AutoCAD 2010 的绘图参数设置

不同的企业,不同的用户所用的标准多种多样,对 AutoCAD 的绘图环境也就有了许多不同的要求,所以在绘图之前要对绘图参数进行设置。这也方便用户规划和规范图纸,使绘图风格协调统一。AutoCAD 2010 的绘图参数设置分为绘图单位设置和图形界限设置。

1.4.1 绘图单位设置

启动 AutoCAD 2010,此时将自动创建一个新文件,选择“格式”→“单位”命令,系统将打开“图形单位”对话框。通过“长度”组合框中的“类型”下拉列表选择单位格式,单击“精度”下拉列表,可选择绘图精度。在“角度”组合框的“类型”下拉列表中可以选择角度的单位。可供选择的角度单位有“十进制度数”、“度/分/秒”、“弧度”等。同样,单击“角度”组合框中的“精度”下拉列表可选择角度精度。“顺时针”复选框可以确定是否以顺时针方式测量角度。在修改单位的时候,下面的“输出样例”部分将显示此类单位的示例,如图 1-16 所示。

单击“方向”按钮,系统将弹出“方向控制”对话框,通过该对话框定义角度的方向,如图 1-17 所示。

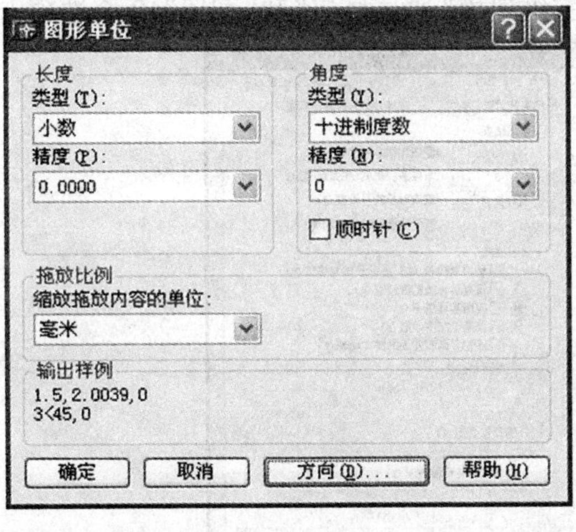

图 1-16 “图形单位”对话框

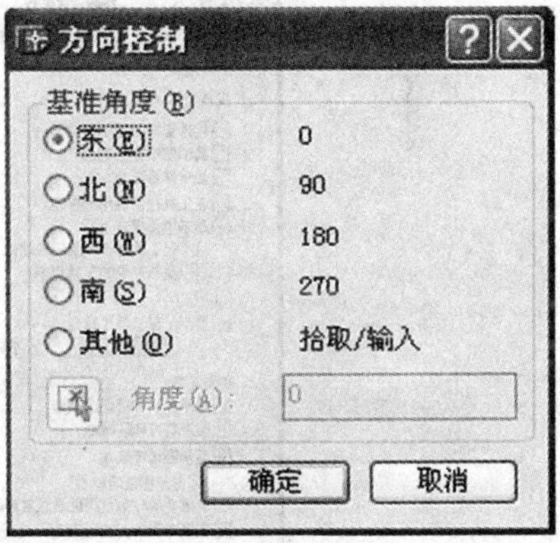

图 1-17 “方向控制”对话框

1.4.2 图形界限设置

机械制图中的图纸是有一定规格的,常用的为 A0 ~ A5。图纸的大小需要反映在 AutoCAD 中,也就是设定图形界限。图形界限确定了栅格和缩放的显示区域。

设置绘图单位后,选择“格式”→“图形界限”命令。命令行将提示指定左下角点,或选择开关选项。其中“开”表示打开图形界限检查。当界限检查打开时,AutoCAD 将会拒绝输入位于图形界限外部的点;“关”表示关闭图形界限检查,可以在界限之外绘图,缺省设置为“关”。“指定左下角点”表示给出界限左下角坐标值。输入坐标值后,系统将提示指定右上角坐标值。

【例1】 设置 A4 图纸界限。

选择"格式"→"图形界限",指定左下角(0,0),指定右上角(210,297)。

一般情况下,AutoCAD 默认图纸幅面大小为 A3(420 × 297)。下面我们设置 A2(594 ×420)图纸幅面的图纸界限。命令过程如下:

命令:LIMITS

重新设置模型空间界限: //系统提示信息

指定左下角点或[开(ON)/关(OFF)] <0.0000,0.0000 >:↙ //用鼠标或者输入坐标值定左下角点

指定右上角点 <420.0000,297.0000 >:594,420 ↙ //用鼠标或者输入坐标值定右上角点

1.4.3 设置参数选项

AutoCAD 启动后,默认了很多设置,基本能达到绘图要求。但有些内容还需要重新设置,以便达到满意的绘图效果。在"选项"对话框内,可以对相应参数进行设置。

在命令行输入 OPTIONS 或通过主菜单中的"工具"→"选项"等操作都可打开"选项"对话框。如图 1-18 所示,该对话框中包含"文件"、"显示"、"打开和保存"、"打印和发布"、"系统"、"用户系统配置"、"草图"、"三维建模"、"选择集"和"配置"10 个选项卡。

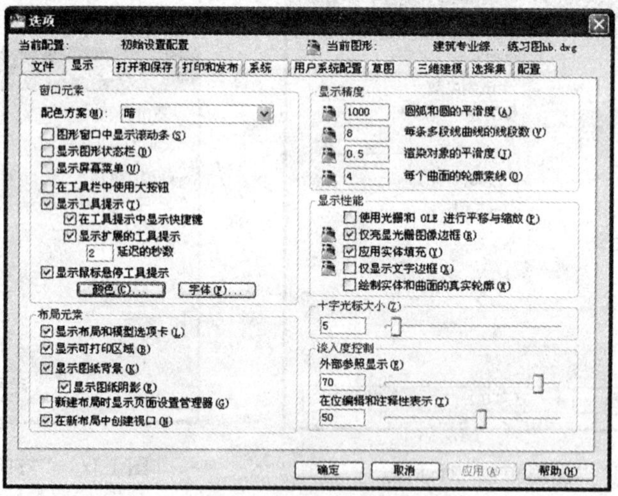

图 1-18 "选项"对话框

图 1-19 为"选项"中的"文件"选项卡,此项内容一般不要修改。

图 1-20 为"选项"中的"显示"选项卡,此项内容有 4 处可以修改。第 1 处,勾选"显示屏幕菜单",在屏幕上出现"屏幕菜单"。"屏幕菜单"在快速作图中有着非常重要的作用。勾选"在工具栏中使用大按钮",屏幕上的所有按钮均变为大图标。一般不勾选此项。第 2 处,点击"颜色"按钮,进入"颜色"设置,可以对操作环境、界面元素的颜色进行设置。改变背景色为白色,常用在文稿插入时抓取的 CAD 图。第 3 处,点击"字体"按钮,进入"命令行窗口字体",可以对命令行中的字体进行字体、字形和字号的设置。第 4 处,

拖动“十字光标大小”滑块，可以改变屏幕上光标的十字线的长短。默认值为5，除非特殊需要，一般不要改变此处的默认值。

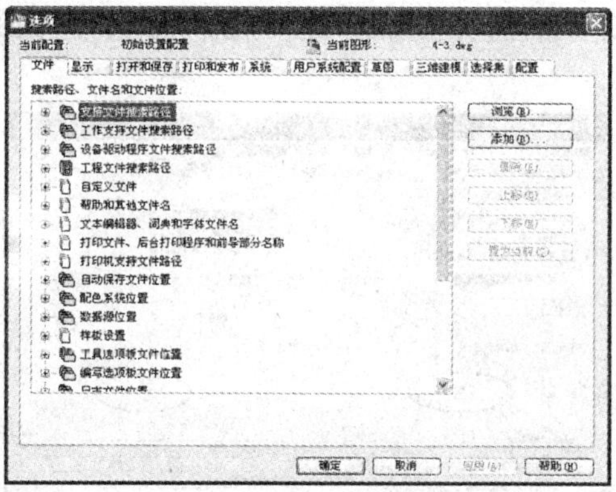

图1-19　“文件”选项卡

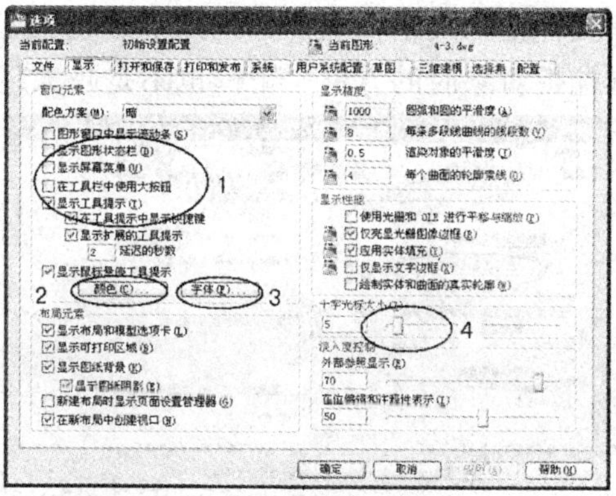

图1-20　“显示”选项卡

图1-21为“选项”中的“打开和保存”选项卡，此项内容有3处可以修改。第1处，为文件保存的版本和格式。CAD高版本的软件可以打开低版本的文件，但低版本的软件打不开高版本的文件。所以，为了交流的方便，尽量选择保存为低版本的格式文件，如选择保存为CAD 2000的版本格式。第2处，为了防止意外原因，如自动关机或死机造成文件没有保存，设置自动保存文件的时间。选择自动保存的时间越短损失的内容就会越少，但机器运行的速度却慢了。第3处，对文件进行加密处理。如果不是机要文件或特殊情况，不要对文件进行加密。

图1-22为“选项”中的“打印和发布”选项卡，如果对打印和发布不是太清楚，此处内容不要修改。

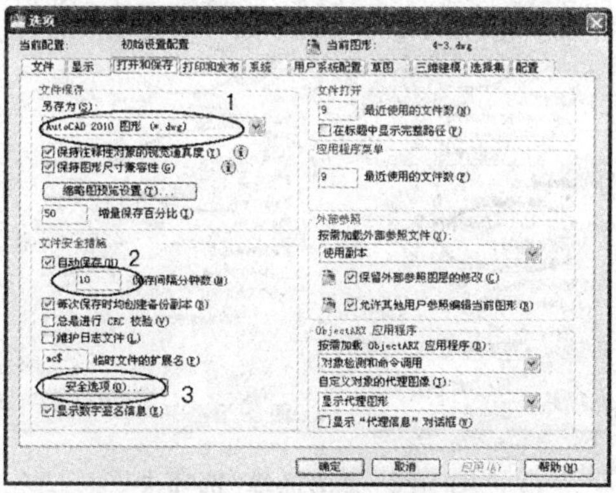

图1-21　“打开和保存”选项卡

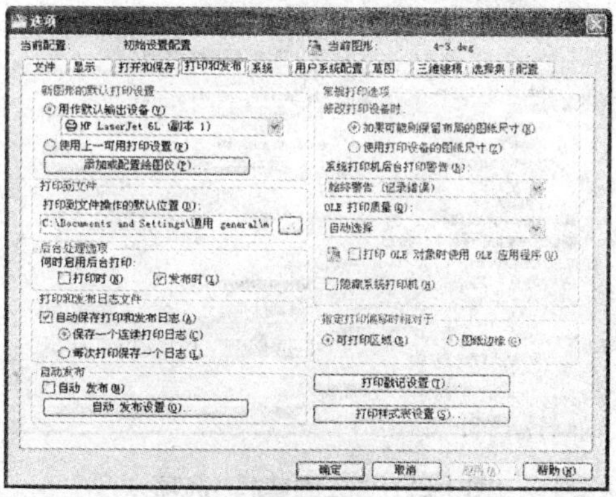

图1-22　“打印和发布”选项卡

图1-23为“选项”中的“用户系统配置”选项卡，此项内容有4处可以修改。第1处，选择是否“双击进行编辑”和是否在“绘图区域中使用快捷菜单”。此处默认较好。第2处，“自定义右键单击”时的功能。这要根据个人习惯进行设置。第3处，对绘图时的默认线宽进行设置，同时可以调整默认线宽在屏幕上的显示比例，但不改变打印时的线宽。此处设置在图形特性中有非常重要的作用。第4处，“编辑比例列表”，修改、删除或增加注释比例。

图 1-24 为“选项”中的“草图”选项卡，此处的“草图”选项卡不同于“草图设置”。此项内容有 2 处可以修改。第 1 处，“自动捕捉标记大小”，通过拖动后面的滑块，可以改变捕捉标记的大小。捕捉标记并不是越大越好，要灵活选择。第 2 处，“靶框大小”是指光标捕捉对象时的方框。靶框也不是越大越好。

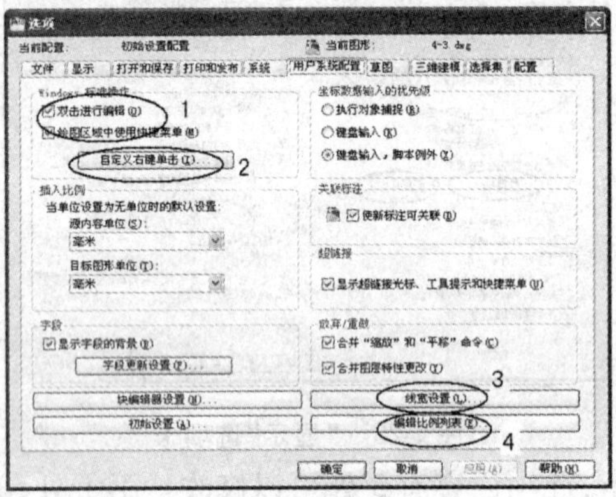

图 1-23 “用户系统配置”选项卡

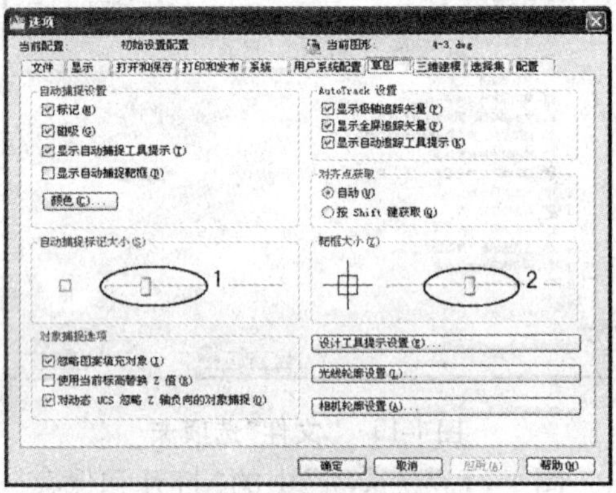

图 1-24 “草图”选项卡

图 1-25 为“选项”中的“三维建模”选项卡，此项内容在三维建模时使用，此处不作介绍。

图 1-26 为“选项”中的“选择集”选项卡，此项内容有 4 处可以修改。第 1 处，“拾取框大小”，通过拖动后面的滑块，可以改变光标在拾取对象时拾取框的大小。拾取框也不是越大越好。第 2 处，“选择集模式”，是指选择对象时的选择方式。一般选择默认，必要时才选择“用 Shift 键添加到选择集”。第 3 处，“夹点大小”，是指在进行夹点编辑时，控制夹点的大小。通过拖动后面的滑块，可以控制夹点大小。第 4 处，可修改夹点的颜色。

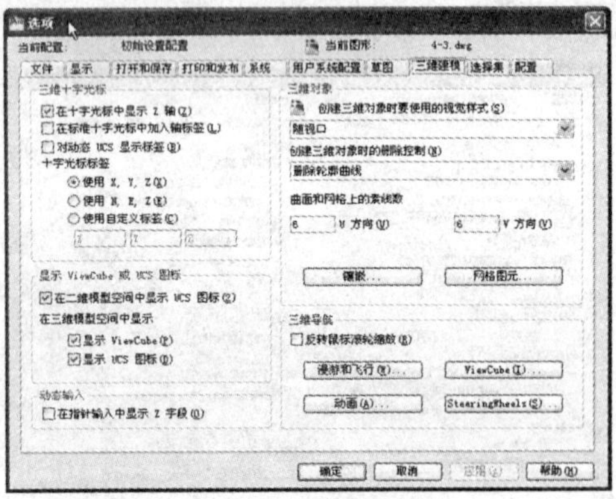

图 1-25 “三维建模”选项卡

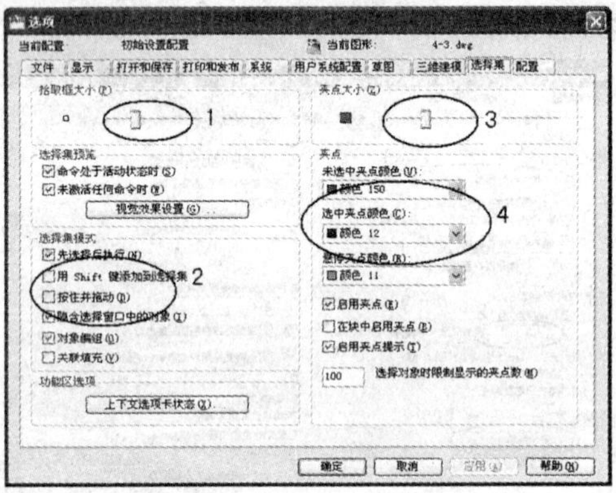

图 1-26 “选择集”选项卡

1.5 AutoCAD 2010 的基本操作

1.5.1 基本操作

1.5.1.1 鼠标操作

在绘图窗口，光标通常显示为“十”字线形式。当光标移至菜单选项、工具或对话框内时,会变成一个箭头。无论光标是"十"字线形式还是箭头形式,当单击或者按动鼠标键时,都会执行相应的命令或动作。

AutoCAD 2010 版本中,把光标移动到任意图标上,会显示提示信息,这些信息包含对命令或控制的概括说明、命令名、快捷键、命令标记以及补充工具提示,对新用户学习有很大的帮助。

(1)鼠标左键:通常作为拾取键,用于输入点、拾取实体和选择按钮、菜单、命令,双击文件名可直接打开文件。

(2)鼠标右键:相当于回车键(Enter 键),用于结束当前使用的命令,此时系统将根据当前绘图状态弹出不同的快捷菜单。另外 ,单击鼠标右键可以重复上次操作命令。

单击鼠标右键弹出快捷菜单的位置有图形窗口、命令行、对话框、窗口、工具条、状态行、模型标签和布局标签等。

(3)弹出菜单:当 Shift 键和鼠标右键组合使用时,系统将弹出一个快捷菜单,用于设置捕捉点的方法。

对于三键鼠标,鼠标的中间键通常是弹出按钮。

按下鼠标滑轮不松,光标变成手状,可以实现平移动作;双击鼠标滑轮可以实现图形全屏显示。

1.5.1.2 常用功能键操作

常用功能键如下:

(1)空格健:重复执行上一次命令。在输入文字时不同于回车键。

(2)回车键:重复执行上一次命令,相当鼠标右键。

(3)Esc 键:中断命令执行。

(4)F1 键:调用 AutoCAD 帮助对话框。

(5)F2 键:图形窗口与文本窗口相互切换键。

(6)F3 键:对象捕捉开关。

(7)F4 键:校准数字化仪开关。

(8)F5 键:不同方向正等轴测图作图平面间的转换开关。

(9)F6 键:坐标显示模式开关。

(10)F7 键:栅格模式开关。

(11)F8 键:正交模式开关。

(12)F9 键:间隔捕捉模式开关。

(13)F10 键:极轴追踪开关。

(14)F11 键:对象追踪开关。

(15)F12 键:动态输入开关。

1.5.1.3 使用命令行

用键盘输入命令:在命令行中输入完整的命令名,然后按 Enter 键或空格键。如输入 LINE,执行画直线命令。命令名字母不分大小写。某些命令还有缩写名称。例如,除了通过输入 LINE 来启动直线命令,还可以输入 L。如果启用了"动态输入"并设置为显示动态提示,用户则可以在光标附近的工具栏提示中输入多个命令。

在命令行中，可以使用 Backspace 键或 Delete 键删除命令行中的文字；也可以选中历史命令，并执行“粘贴到命令行”命令，将其粘贴到命令行中。

1.5.1.4　使用透明命令

所谓透明命令，就是在执行某一命令时，该命令不终止又去执行另一命令，当另一命令执行完后又回到原命令状态，能继续执行原命令。

不是所有命令都可以透明执行，只有那些不选择对象、不创造新对象、不导致重生成以及结束绘图任务的命令才可以透明执行。

常使用的透明命令多为修改图形设置的命令、绘图辅助工具命令，例如 SNAP、GRID、ZOOM 等。要以透明方式使用命令，应在输入命令之前输入单引号（'）。在命令行中，透明命令的提示前有一个双折号（》）。完成透明命令后，将继续执行原命令。

1.5.2　图形文件管理

1.5.2.1　创建新图形文件

选择“文件”→“新建”命令（NEW），或在“标准”工具栏中单击“新建”按钮，可以创建新图形文件，此时将打开“选择样板”对话框。

在“选择样板”对话框中，可以在“名称”列表框中选中某一样板文件，这时在其右面的“预览”框中将显示出该样板的预览图像。单击“打开”按钮，可以以选中的样板文件为样板创建新图形，此时会显示图形文件的布局（选择样板文件 acad. dwt 或 acadiso. dwt 除外）。

1.5.2.2　打开图形文件

选择“文件”→“打开”命令（OPEN），或在“标准”工具栏中单击“打开”按钮，可以打开已有的图形文件，此时将打开“选择文件”对话框。选择需要打开的图形文件，在右面的“预览”框中将显示出该图形的预览图像。默认情况下，打开的图形文件的格式为. dwg。

在 AutoCAD 中，可以以“打开”、“以只读方式打开”、“局部打开”和“以只读方式局部打开”4 种方式打开图形文件。当以“打开”、“局部打开”方式打开图形文件时，可以对打开的图形文件进行编辑，如果以“以只读方式打开”、“以只读方式局部打开”方式打开图形文件，则无法对打开的图形文件进行编辑。

如果选择以“局部打开”、“以只读方式局部打开”方式打开图形文件，这时将打开“局部打开”对话框。可以在“要加载几何图形的视图”选项组中选择要打开的视图，在“要加载几何图形的图层”选项组中选择要打开的图层，然后单击“打开”按钮，即可在视图中打开选中图层上的对象。

1.5.2.3　保存图形文件

在 AutoCAD 中，可以使用多种方式将所绘图形以文件形式存入磁盘。例如，可以选择“文件”→“保存”命令（QSAVE），或在“标准”工具栏中单击“保存”按钮，以当前使用的文件名保存图形；也可以选择“文件”→“另存为”命令（SAVEAS），将当前图形以新的名称保存。

每次保存创建的图形时，系统将打开“图形另存为”对话框。默认情况下，文件以

“AutoCAD 2010 图形(＊.dwg)”格式保存,也可以在“文件类型”下拉列表框中选择其他格式,如 AutoCAD 2010/LT2010 图形(＊.dwg)、AutoCAD 图形标准(＊.dws)等格式。

1.5.2.4 关闭图形文件

选择“文件”→“关闭”命令(CLOSE),或在绘图窗口中单击“关闭”按钮,可以关闭当前图形文件。如果当前图形没有存盘,系统将弹出 AutoCAD 警告对话框,询问是否保存文件。此时,单击“是(Y)”按钮或直接按 Enter 键,可以保存当前图形文件并将其关闭;单击“否(N)”按钮,可以关闭当前图形文件但不存盘;单击“取消”按钮,取消关闭当前图形文件操作,既不保存也不关闭。

如果当前所编辑的图形文件没有命名,那么单击“是(Y)”按钮后,AutoCAD 会打开“图形另存为”对话框,要求用户确定图形文件存放的位置和名称。

1.5.3 视图操作

1.5.3.1 “缩放”视图

在二维图形中,图形显示控制命令主要包括缩放和平移。缩放视图可以调整图形对象的大小、位置,增大或减小图形对象的屏幕显示尺寸,但对象的真实尺寸保持不变,从而可更准确、更详细地观察图形;平移视图可以改变显示区域,重新定位图形,以便清楚地查看图形的其他部分或当前图形窗口中不能显示的图形部分,此时也不会改变图形中对象的位置或比例(图形相对于图纸的实际位置并不发生变化)。在三维图形中,图形显示控制命令除了使用平移和缩放,更多的是使用导航控制盘(Steering Wheels)、动态观察和三维视图。

在 AutoCAD 2010 中,在菜单栏中选择“视图”→“缩放”命令(ZOOM)中的子命令,或使用功能区“视图”选项卡中的“导航”面板中的按钮,都可以实现缩放视图,如图 1-27 所示。

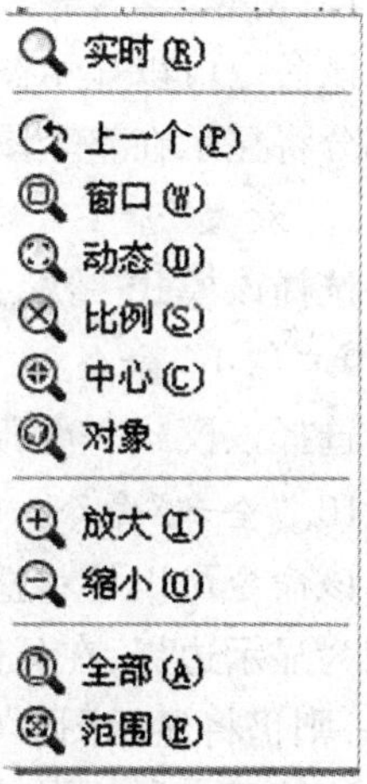

图 1-27 缩放

1. 实时缩放视图

单击“实时”按钮,进入实时缩放模式,此时鼠标指针呈形状。此时向上拖动光标可放大整个图形;向下拖动光标可缩小整个图形;按回车键停止缩放。

2. 窗口缩放视图

单击“窗口”按钮,可以在屏幕上拾取两个对角点以确定一个矩形窗口,之后系统将矩形范围内的图形放大至整个屏幕。

3. 动态缩放视图

单击“动态”按钮,可以动态缩放视图。当进入动态缩放模式时,在屏幕中将显示一个带“×”的矩形方框。单击鼠标左键,此时选择窗口中心的“×”消失,显示一个位于右边框的方向箭头,拖动鼠标可改变选择窗口的大小,以确定选择区域大小,最后按下 Enter 键,即可缩放图形。

4. 显示上一个视图

在图形中进行局部特写时,可能经常需要将图形缩小以观察总体布局,然后又希望重新显示前面的视图。单击"上一个"按钮,使用系统提供的显示上一个视图功能,快速回到最初的一个视图。

如果正处于实时缩放模式,则单击鼠标右键,从弹出的快捷菜单中选择"缩放为原窗口"命令,即可回到最初的使用实时缩放过的缩放视图。

5. 按比例缩放视图

单击"比例"按钮,可以按一定的比例来缩放视图。此时命令行显示如下提示信息:

命令: _zoom

指定窗口的角点,输入比例因子 (nX 或 nXP),或者

[全部(A)/中心(C)/动态(D)/范围(E)/上一个(P)/比例(S)/窗口(W)/对象] <实时>: _s

输入比例因子 (nX 或 nXP):

要指定相对的显示比例,可输入带 X 的比例因子数值。例如,输入 2X 将显示比当前视图大两倍的视图。如果正在使用浮动视口,则可以输入 XP 来相对于图纸空间进行比例缩放。

6. 设置视图中心点

单击"中心"按钮,在图形中指定一点,然后指定一个缩放比例因子或者指定高度值来显示一个新视图,而选择的点将作为该新视图的中心点。如果输入的数值比默认值小,则会放大图像;如果输入的数值比默认值大,则会缩小图像。

7. "对象"命令

该命令可以显示图形文件中的某一个部分。选择该模式后,单击图形中的某个部分,该部分将显示在整个图形窗口中。

8. "放大"命令

选择该模式一次,系统将整个视图放大 1 倍,即默认比例因子为 2。

9. "缩小"命令

选择该模式一次,系统将整个图形缩小 1 倍,即默认比例因子为 0.5。

10. "全部"命令

该命令可以显示整个图形中的所有对象。在平面视图中,它以图形界限或当前图形范围为显示边界,在具体情况下,范围最大的将作为显示边界。如果图形延伸到图形界限以外,则仍将显示图形中的所有对象,此时的显示边界是图形范围。

连续双击鼠标滑轮,可以同样实现"全部"显示图形对象。

11. "范围"命令

该命令可以在屏幕上尽可能大地显示所有图形对象。与"全部"缩放模式不同的是,"范围"缩放使用的显示边界只是图形范围而不是图形界限。

1.5.3.2 "平移"视图

在菜单栏中选择"视图"→"平移"命令(PAN)中的子命令,或使用功能区"视图"选项卡中的"导航"面板中的按钮,都可以实现平移视图。平移包括实时平移和定点平移。

1. 实时平移

单击“平移”按钮，此时光标指针变成一只小手。按住鼠标左键拖动，窗口内的图形就可按光标移动的方向移动。释放鼠标，可返回到平移等待状态。按 Esc 键或 Enter 键退出实时平移模式。

在绘图区，无命令的状态下，按压鼠标滑轮不松，同样可以平移图形。

2. 定点平移

在菜单栏中选择“视图”→“平移”→“定点”命令，可以通过指定基点和位移值来平移视图。

1.5.3.3 “重画与重生成”视图

1. 重画

(1)功能：当 BLIPMODE 打开时，将从所有视口中删除编辑命令留下的点标记。

(2)命令输入：

命令：REDRAWALL。

菜单：“视图”→“重画”。

2. 重生成

(1)功能：当前视口中重生成整个图形并重新计算所有对象的屏幕坐标。它还重新创建图形数据库索引，从而优化显示和对象选择的性能。

(2)命令输入：

命令：REGEN。

菜单：“视图”→“重生成”。

3. 全部重生成

(1)功能：重新计算并生成当前图形的数据库，更新所有视口显示。该命令与 REGEN 类似。

(2)命令输入：

命令：REGENALL。

菜单：“视图”→“全部重生成”。

1.5.3.4 放弃(撤销)与重做(恢复)

1. 放弃(撤销)

(1)功能：放弃(撤销)上次操作。

(2)命令输入：

命令：UNDO。

菜单：“编辑”→“放弃”。

工具栏：。

(3)命令使用：

命令：UNDO

当前设置：自动 = 开，控制 = 全部，合并 = 是，图层 = 是

输入要放弃的操作数目或［自动(A)/控制(C)/开始(BE)/结束(E)/标记(M)/后退(B)］<1>：输入正数、输入选项或按 Enter 键放弃一个操作。

参数说明:

①"数目":放弃指定数目的以前的操作。效果与多次输入 U 相同。

②"自动":将单个命令的操作编组,从而可以使用单个 U 命令放弃这些操作。如果"自动"选项设置为开,则启动一个命令将对所有操作进行编组,直到退出该命令。可以将操作组当作一个操作放弃。

③"控制":限制或关闭 UNDO。

④"开始"、"结束":将一系列操作编组为一个集合。输入"开始"选项后,所有后续操作都将成为此集合的一部分,直至使用"结束"选项。编组已激活时输入 undo begin 将结束当前集合,并开始新的集合。UNDO 和 U 将编组操作视为单步操作。

⑤"标记"、"后退":"标记"是在放弃信息中放置标记。"后退"是放弃直到该标记为止所做的全部工作。如果一次放弃一个操作,到达该标记时程序会给出通知。

2. 重做(恢复)

(1)功能:重做(恢复)上次 UNDO 操作的效果。

(2)命令输入:

命令:REDO。

菜单:"编辑"→"重做"。

工具栏:。

(3)命令使用:

REDO 可恢复单个 UNDO 或 U 命令放弃的效果。REDO 必须紧跟随在 U 或 UNDO 命令之后。

注意 命令的重做:对于已撤销放弃的命令,如果还想找回来,重做可以满足。重做不可以无限次重做,它和 AutoCAD 默认的次数有关。命令的放弃:对于已执行过的命令想撤销,那么执行放弃。它与撤销有区别。命令的撤销:撤销正在执行中的命令。常用连续按两次 Esc 键的方法来完成。它与前面讲的重做(撤销)中的撤销有着本质的不同。

本章小结

本章主要介绍 CAD 的发展历史、AutoCAD 2010 的安装、工作界面和绘图环境及基本操作,使读者对 AutoCAD 2010 有了初步的认识,同时也为后面的学习打下了基础。

思考与练习

1. 单项选择题

(1)重新执行上一个命令的最快方法是(　　)。

A. 按 Enter 键　　B. 按空格键　　C. 按 Esc 键　　D. 按 F1 键

(2)AutoCAD 2010 的图形文件和样板文件的扩展名分别是(　　)。

A. DWT,DWG　　B. DWG,DWT　　C. BMP,BAK　　D. BAK,BMP

(3)取消命令执行的键是(　　)。

A. Enter 键　B. Esc 键　C. 鼠标右键　D. F1 键

(4)在十字光标处被调用的菜单,称为(　　)。

A. 鼠标菜单　B. 十字交叉线菜单

C. 快捷菜单　D. 此处不出现菜单

(5)当丢失了下拉菜单时,可以用下面(　　)命令重新加载标准菜单。

A. LOAD　B. NEW　C. OPEN　D. MENU

(6)在命令行状态下,不能调用帮助功能的操作是(　　)。

A. 键入 HELP 命令　B. 快捷键 Ctrl + H　C. 功能键 F1　D. 键入?

(7)缺省的世界坐标系的简称是(　　)。

A. CCS　B. UCS　C. UCS1　D. WCS

(8)设置"夹点"大小及颜色是在"选项"对话框中的(　　)选项卡中。

A. 打开和保存　B. 系统　C. 显示　D. 选择

(9)在 AutoCAD 中,使用(　　)可以在打开的图形间来回切换,但是,在某些时间较长的操作(例如重生成图形)期间不能切换图形。

A. Ctrl + F9 键或 Ctrl + Shift 键　B. Ctrl + F8 键或 Ctrl + Tab 键

C. Ctrl + F6 键或 Ctrl + Tab 键　D. Ctrl + F7 键或 Ctrl + Lock 键

(10)"缩放"(ZOOM)命令在执行过程中改变了(　　)。

A. 图形的界限范围大小　B. 图形的绝对坐标

C. 图形在视图中的位置　D. 图形在视图中显示的大小

(11)当启动向导时,如果选"使用样板"选项,每一个 AutoCAD 的样板图形的扩展名应为(　　)。

A. DWG　B. DWT　C. DWK　D. TEM

(12)可以利用以下(　　)方法来调用命令。

A. 在命令状态行输入命令　B. 单击工具栏上的按钮

C. 选择下拉菜单中的菜单项　D. 三者均可

(13)哪个功能键可以进入文本窗口?(　　)

A. 功能键 F1　B. 功能键 F2　C. 功能键 F3　D. 功能键 F4

(14)设置光标大小需在"选项"对话框中的(　　)选项卡中设置。

A. 草图　B. 打开和保存　C. 系统　D. 显示

2. 多项选择题

(1)可以利用以下的(　　)方法来调用命令。

A. 在命令提示区输入命令　B. 单击工具栏上的按扭

C. 选择下拉菜单中的菜单项　D. 在图形窗口单击鼠标左键

(2)在 AutoCAD 中,有下列几种文档排列方式:(　　)。

A. 层叠　B. 水平平铺　C. 垂直平铺　D. 排列图标

第 2 章 AutoCAD 2010 绘图基础

【本章要点】

- 命令输入
- 坐标与坐标系
- 精确绘图

为了精确地绘制所需要的图形，我们首先应对命令的输入、坐标系统、精确绘图等进行必要的掌握。

2.1 命令输入

命令是用户与 AutoCAD 之间交流的载体，用户通过命令实现与软件的人机对话。AutoCAD 为用户提供了多种命令输入方式。

2.1.1 命令行输入

用键盘直接在命令行中输入命令名（不限大小写），并按空格键或回车键予以确认。在输入时一般采用快捷命令名。

2.1.2 工具栏输入

在工具栏中直接单击所需输入命令的图标，并根据对话框中的选项或命令行中的提示执行命令。这种方法形象、直观、快捷，便于鼠标操作。

2.1.3 菜单栏输入

单击菜单栏中的某项标题，出现下拉菜单后，在下拉菜单中调用 AutoCAD 的命令。

2.1.4 历史命令

在命令行中单击鼠标右键，可选择“近期使用的命令”。在执行完某一命令后，直接按空格键或回车键可重复上一命令。

2.2 坐标与坐标系

在手工绘图中，用丁字尺和三角板进行定位和度量，而在 AutoCAD 中要用坐标系定位,用坐标度量。AutoCAD 为用户提供了一个固定的坐标系,称之为世界坐标系(WCS, World Coordinate System),这个坐标系存在于任何一个图形之中,并且不可更改。

2.2.1　直角坐标系

直角坐标系由坐标原点和两个通过原点的、相互垂直的坐标轴构成。其中,水平方向的坐标轴为 X 轴,以向右为其正方向;垂直方向的坐标轴为 Y 轴,以向上为其正方向。平面上任何一点 P 都可以由 X 轴和 Y 轴的坐标所定义,即用一对坐标值(X,Y)来定义一个点。如图 2-1 所示,某点坐标为(200,100)。

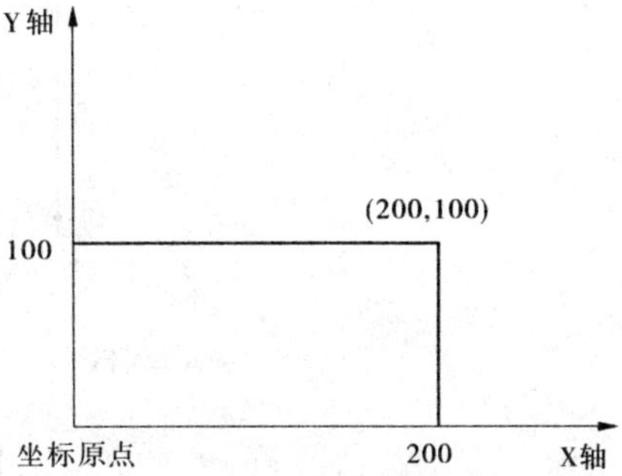

图 2-1　直角坐标系

2.2.2　极坐标系

极坐标系由一个极点和一个极轴构成,极轴的方向为水平向右。平面上任何一点 P 都可以由该点到极点的连线长度 L(>0)和连线与极轴的交角 α(极角,逆时针方向为正)所定义,即用一对坐标值(L<α)来定义一个点,其中"<"表示角度。如图 2-2 所示,某点坐标为(100<30)。

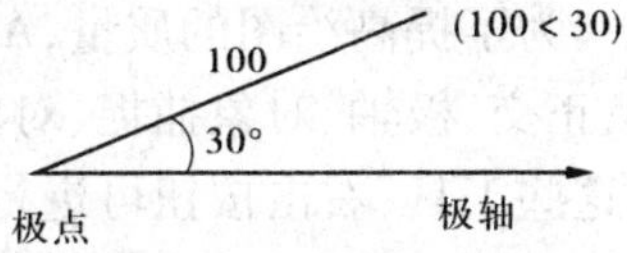

图 2-2　极坐标系

2.2.3　相对坐标

在某些情况下,用户需要直接通过点与点之间的相对位移来绘制图形,而不想指定每个点的绝对坐标。为此,AutoCAD 提供了使用相对坐标的办法。所谓相对坐标,就是某点与相对点的相对位移值,在 AutoCAD 中相对坐标用"@"标示。表示相对坐标时可以使用直角坐标系,也可以使用极坐标系,可根据具体情况而定。

例如,某一直线的起点坐标为(100,100)、终点坐标为(100,200),则终点相对于起点的相对坐标为(@0,100),用相对极坐标表示应为(@100<90)。

在 AutoCAD 中利用点的坐标值确定点的位置,绘图时首先要将尺寸转化为点的坐标值。显然,用相对坐标要比用绝对坐标方便得多。如图 2-3 所示,使用直线命令绘制边长为 100 的等边三角形,首先要确定 A、B、C 三点坐标:

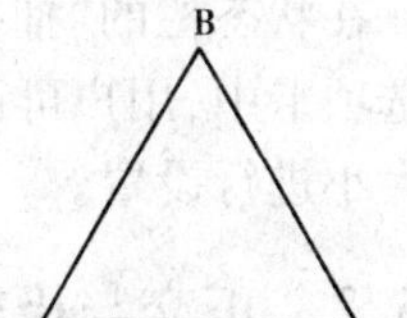

图 2-3　相对坐标

(1)绝对直角坐标系。A:(X_A,Y_A);B:(X_A + 50,Y_A + 86.60);C:(X_A+100,Y_A)。

(2)相对直角坐标系。A:(X_A,Y_A);B:(@50,86.60);C:(@50,-86.60)。

(3)相对极坐标系。A:(X_A,Y_A);B:(@100<60);C:(@100<-60)。

【例 1】　如图 2-4 所示,绘制长 50,宽 40 的矩形。

命令:_rectang

指定第一个角点或[倒角(C)/标高(E)/圆角(F)/厚度(T)/宽度(W)]:30,20↙(绝对坐标确定 A 点)

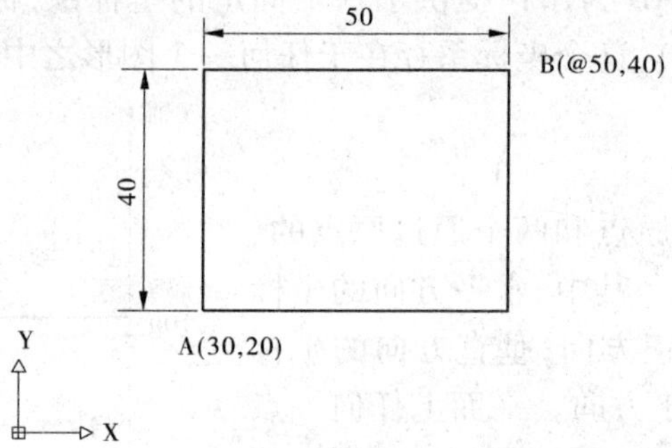

图 2-4　坐标输入

指定另一个角点或[面积(A)/尺寸(D)/旋转(R)]: @50,40↙　(相对坐标确定 B 点)

2.3　精确绘图

为了提高绘图的质量,AutoCAD 2010 提供了精确绘图的一些辅助工具,包括捕捉、栅格、正交、极轴、对象捕捉、对象追踪等,如图 2-5 所示。可以通过单击状态栏中的按钮调用这些工具,右击按钮可进行相应辅助工具的设置。

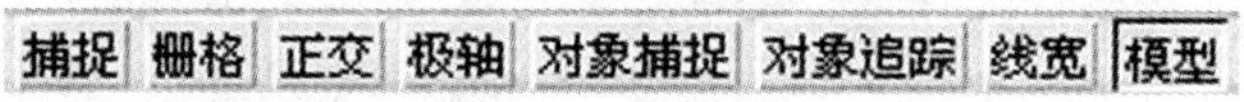

图 2-5　辅助工具

2.3.1　捕捉与栅格

"捕捉"是使光标按照设定的步长移动,定位在某些固定间距的点上。可以通过单击状态栏中的"捕捉"按钮或按键盘上的 F9 键来控制其开启与关闭。

"栅格"是使屏幕上绘图边界内显示有固定间距的小点,类似手工绘图中画草图用的方格纸。可以通过单击状态栏中的"栅格"按钮或按键盘上的 F7 键来控制其开启与关闭。

在状态栏的"捕捉"或"栅格"按钮上单击右键可进行相应的设置,如图 2-6 所示。在此选项卡中,用户可设置"捕捉"和"栅格"的间距,间距的大小可根据图形的精度和图幅的大小进行设置。

2.3.2　正交与极轴

"正交"是用来绘制水平线和铅垂线的,可以通过单击状态栏中的"正交"按钮或按键盘上的 F8 键来控制其开启与关闭。

"极轴追踪"是按设定的极坐标角度增量来追踪特征点。打开极轴追踪后,当沿着设定的极坐标方向移动光标时,会在该方向上显示一条无限延伸的辅助线,这时就可以沿着辅助线追踪所需要的点。可以通过单击状态栏中的"极轴追踪"按钮或按键盘上的 F10 键来控制其开启与关闭。

在状态栏的"极轴追踪"按钮上单击右键可进行相应的设置,如图 2-7所示。在此选

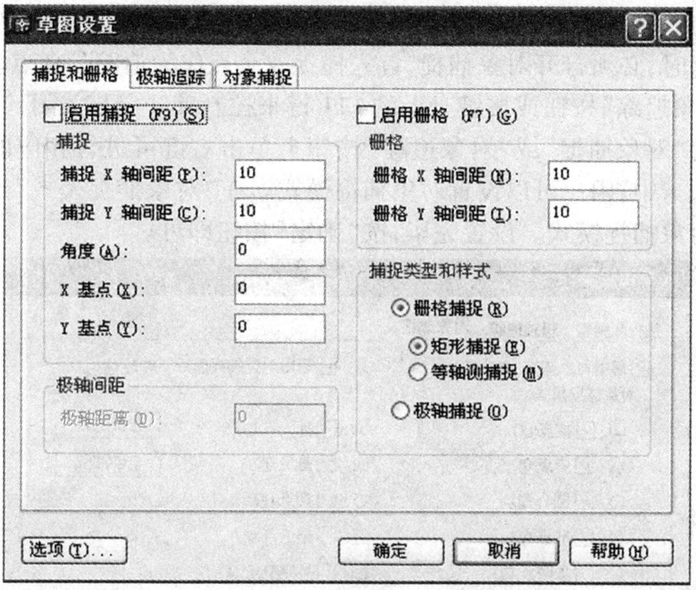

图 2-6　“捕捉和栅格”选项卡

项卡中,用户可以设置极轴追踪角度。

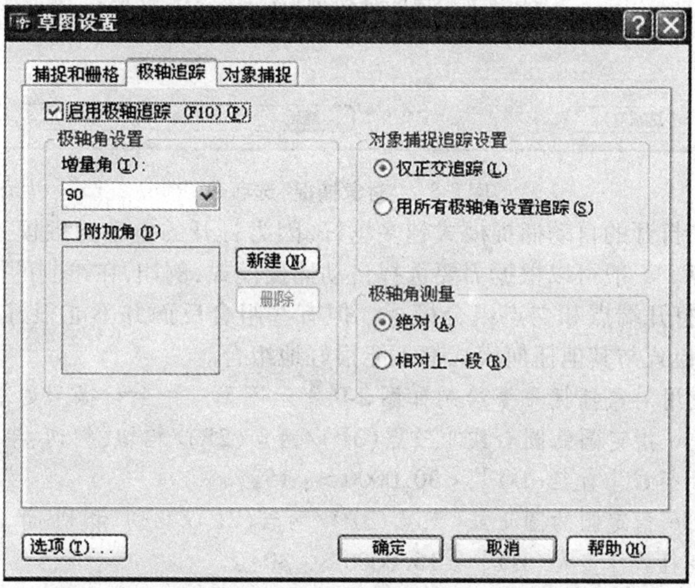

图 2-7　“极轴追踪”选项卡

2.3.3　对象捕捉与对象追踪

“对象”是当执行某个绘图命令需要输入一点时,系统会自动找出已画图形上的端点、交点、中点、垂足、切点等特殊位置的点。可以通过单击状态栏中的“对象捕捉”按钮或按键盘上的 F3 键来控制其开启与关闭。

“对象追踪”是指当自动捕捉到图形中一个特征点后,再以这个点为基点沿设置的极坐标角度增量追踪另一点,并在追踪方向上显示一条辅助线,可以在该辅助线上定位点。在使用对象追踪时,必须打开对象捕捉,首先捕捉一个点作为追踪参考点。可以通过单击状态栏中的"对象追踪"按钮或按键盘上的 F11 键来控制其开启与关闭。

在状态栏的"对象捕捉"或"对象追踪"按钮上单击右键可进行相应的设置,如图 2-8 所示。在此选项卡中,用户可以设置对象捕捉模式。在"对象捕捉模式"选项组内可以选择一种或多种对象捕捉模式。设置完毕,按"确定"按钮即可。

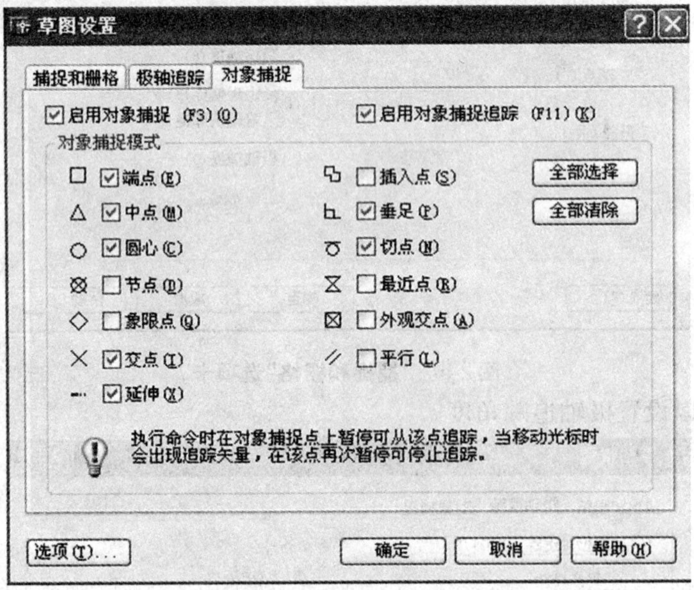

图 2-8 "对象捕捉"选项卡

注意 并非打开的自动捕捉模式越多越好,因为打开的自动捕捉模式太多会使系统无法识别选定点。一般可以根据需要选择自动捕捉模式,例如,在绘制的图形中端点和交点较多,就可以打开端点和交点组合模式。但有些组合反而并不能很好地工作,实践证明,最近点捕捉模式与其他任何模式都不能很好地组合。

【例 2】 使用对象捕捉命令绘制如图 2-9 所示图形。命令行提示如下:

命令: _circle 指定圆的圆心或 [三点(3P)/两点(2P)/相切、相切、半径(T)]:

指定圆的半径或 [直径(D)] <30.0000>: 15↙

命令: _circle 指定圆的圆心或[三点(3P)/两点(2P)/相切、相切、半径(T)]:

指定圆的半径或 [直径(D)] <15.0000>: 30:↙

命令: _line 指定第一点: _tan 到　　　　//选择捕捉切点,并选中其中一个圆

指定下一点或[放弃(U)]: _tan 到　　　　//选择捕捉切点,并选中另一个圆

指定下一点或[放弃(U)]:

命令: _line 指定第一点: _tan 到

指定下一点或[放弃(U)]: _tan 到

指定下一点或 [放弃(U)]:

2.3.3.1 单点捕捉

在绘图时,需要用到一些特殊点,而此时又不是对象捕捉的点,那么就要用到临时追

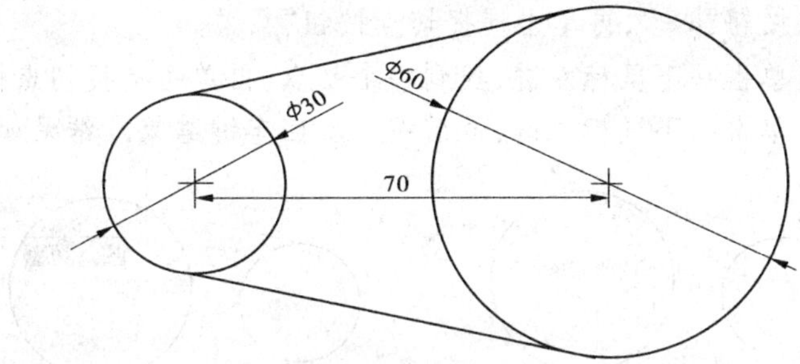

图 2-9　切线绘制

踪点。常用的临时追踪点集中在“对象捕捉”工具栏上。利用“对象捕捉”工具栏可以进行单点捕捉。调用“对象捕捉”工具栏的方法如下：

(1)在任意工具栏上单击鼠标右键，出现工具栏快捷菜单，勾选“对象捕捉”，则出现“对象捕捉”工具栏，如图 2-10 所示。

图 2-10　“对象捕捉”工具栏

(2)在绘图区，按住 Shirt 或 Ctrl 键，同时单击鼠标右键，可以调出“对象捕捉”快捷菜单，如图 2-11 所示，其内容与图 2-10 基本一致。

“对象捕捉”工具栏上的各捕捉点意义如下。

(1) ：临时追踪点。
(2) ：捕捉自某一点。
(3) ：捕捉到端点。
(4) ：捕捉到中点。
(5) ：捕捉到交点。
(6) ：捕捉到外观交点。
(7) ：捕捉延长线。
(8) ：捕捉到圆心。
(9) ：捕捉到象限点。
(10) ：捕捉到切点。
(11) ：捕捉到垂足。
(12) ：捕捉到平行线。
(13) ：捕捉到节点。
(14) ：捕捉到插入点。
(15) ：捕捉到最近点。
(16) ：无捕捉。
(17) ：对象捕捉设置。

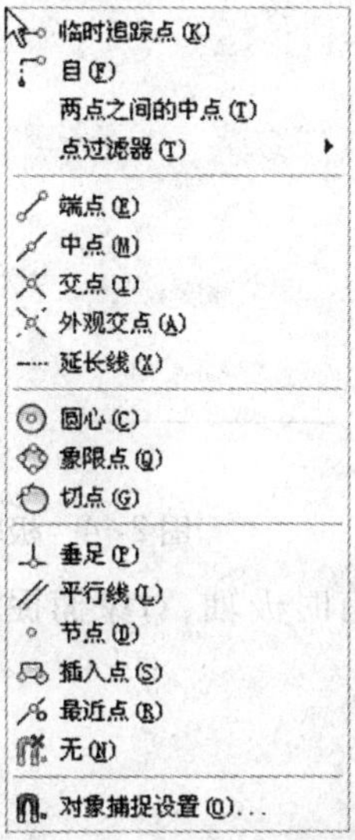

图 2-11　“对象捕捉”快捷菜单

【例 3】　绘制图 2-12 中两圆的公切线。

(1)先单击直线按钮“”,再单击捕捉切点按钮“”。

(2)在小圆周上单击一下鼠标左键,找到一个切点,再单击捕捉切点按钮“”。

(3)在大圆周上单击一下鼠标左键,最后按一次回车键结束。结果如图 2-13 所示。

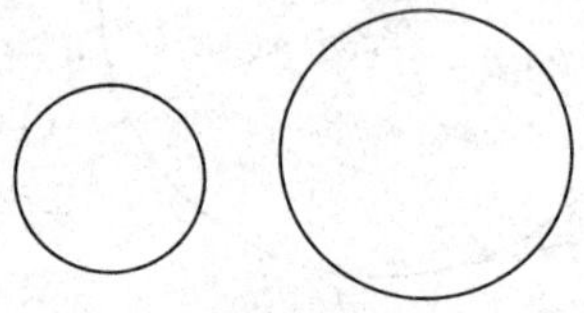

图 2-12　已知两圆

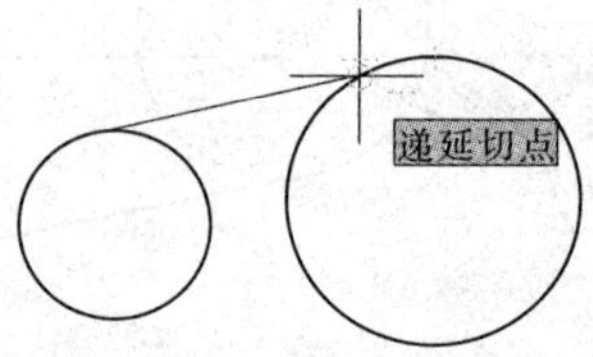

图 2-13　绘两圆切线

探究:如果在小圆上单击切点后,光标不再单击按钮“”,直接单击大圆,能否画出切线?

2.3.3.2　自动捕捉

自动捕捉分“极轴追踪”捕捉与“对象追踪”捕捉,具体操作如下:

(1)极轴追踪捕捉:打开极轴和对象捕捉,移动光标到与设置好的极轴角的位置处,动点与上一点之间产生一条虚线,并给出极轴角和极轴长度,如图 2-14 所示。

(2)对象追踪捕捉:打开极轴和对象追踪,移动光标到与需要对应的两点位置,结果在两点之间产生两条相交虚线,并给出极轴角,如图 2-15 所示。

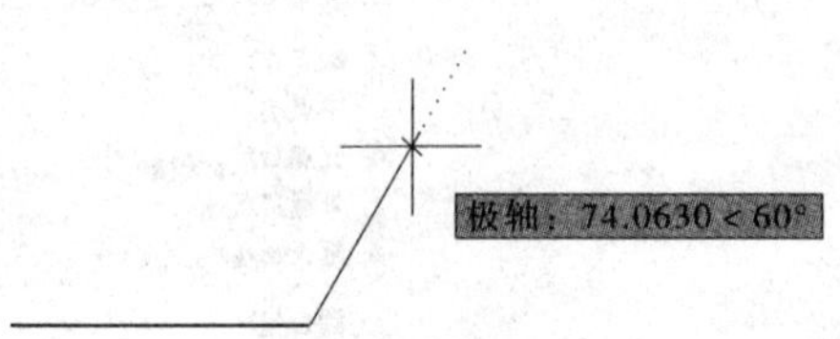

图 2-14　极轴追踪捕捉

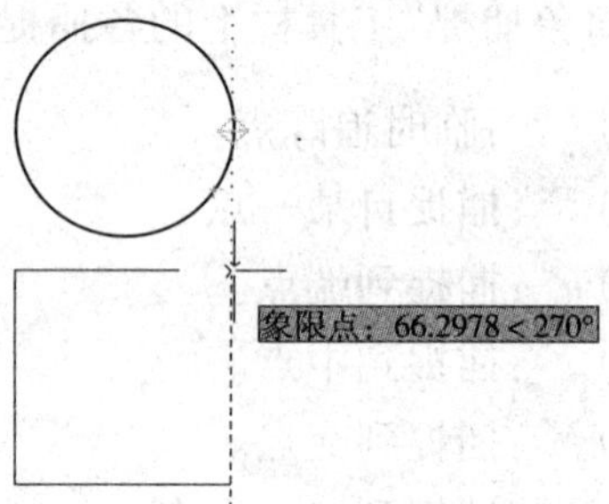

图 2-15　对象追踪捕捉

有时极轴、对象捕捉和对象追踪同时打开,三者协同操作对绘图更有利,如图 2-16 所示。

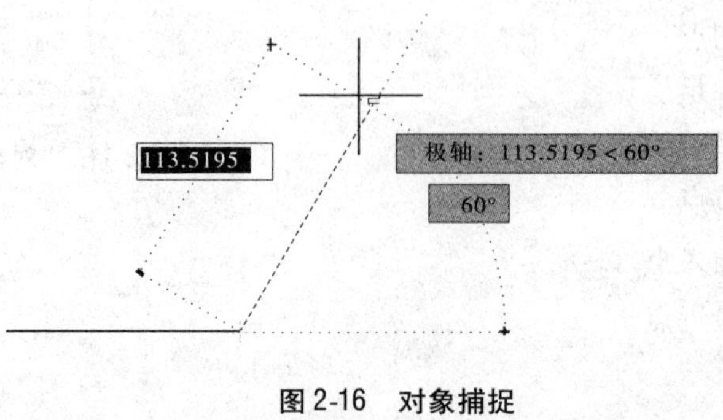

图 2-16　对象捕捉

2.3.4　动态输入

动态输入(DYN):可以代替命令行,在光标行进过程中,随时进行距离、角度和坐标等值的输入,大大简化了在命令行中来回输入数据的麻烦。

动态输入(DYN)“打开”时,正交、极轴、对象捕捉、对象追踪无论处于“打开”还是“关闭”,都能进行动态输入;如果动态输入(DYN)“关闭”,正交、极轴、对象捕捉、对象追踪处于“打开”,只能进行动态显示,不能动态输入。按 F12 键可以打开或关闭动态输入。

2.3.5　绘图空间

我们常在模型空间绘制图形,在布局(图纸空间)中打印图形。在绘图与打印时,经常要对图形进行空间转换。

2.3.5.1　模型空间

模型空间是一个真实的、无限的绘图区域。在模型空间中,可以绘制、查看和编辑模型,也可以在模型空间里打印。

在模型空间中,可以按 1:1 的比例绘制模型,并确定一个单位表示 1 毫米、1 分米、1 英寸、1 英尺还是表示其他在工作中使用最方便或最常用的单位,也可以按工程设计将图形按比例进行绘制,但要在标注时对图形进行注释比例。在模型空间中完成图形后,可以选择一个“布局”选项卡,开始设计用于打印的布局环境。

2.3.5.2　图纸空间

“布局”选项卡提供了一个称为图纸空间的区域,它是将在模型空间里绘制的图形形象地按比例布置在一张图纸上。“图纸空间”相当我们手工绘图时的图纸。在图纸空间中,可以放置标题栏、创建用于显示视图的布局视口、标注图形以及添加注释。在图纸空间中,一个单位表示打印图纸上的图纸距离。根据绘图仪的打印设置,单位可以是毫米或英寸。

在布局选项卡上,可以查看和编辑图纸空间对象,例如布局视口和标题栏。也可以将对象(如引线或标题栏)从模型空间移到图纸空间(反之亦然)。

“模型”选项卡与“布局”选项卡之间随时可以进行切换。点击绘图区下面的“模型”与“布局”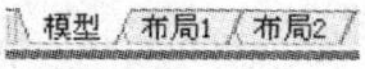

,或状态栏中“模型”

按钮,图形自动进行切换。同时,状态栏中“模型”与“图纸”空间进行转换

。

本章小结

本章讲述了 AutoCAD 2010 的命令输入方式、坐标与坐标系以及精确绘图。本章内容是 AutoCAD 2010 绘图的基础知识,读者通过本章的学习,对 AutoCAD 2010 系统有了一定的了解,为今后的绘图打下基础。

思考与练习

1. AutoCAD 2010 的命令输入方式有哪些?
2. 简述直角坐标系与极坐标系的不同。
3. 简述绝对坐标与相对坐标的关系。

第3章　绘制二维图形对象

【本章要点】

- 点
- 直线、构造线、多段线、多线
- 正多边形与矩形
- 圆、圆弧、椭圆、圆环
- 各种曲线

任何一个平面图形,不论其复杂与否,都是由一些基本的图形元素组成的。本章介绍这些基本图形元素的绘制方法和过程及如何更加精确地绘制平面图形。用户可以在"绘图"菜单中选择相应的命令执行,也可以直接选择"绘图"工具栏中的按钮,"绘图"工具栏如图3-1所示。

图3-1　"绘图"工具栏

3.1　点

3.1.1　点样式的设置

3.1.1.1　功能

指定点对象的显示样式及大小。

3.1.1.2　命令输入

命令:DDPTYPE。

菜单:"格式"→"点样式"。

3.1.1.3　命令使用

执行"DDPTYPE"命令后,系统会弹出如图3-2所示的"点样式"对话框。

参数说明:

(1)“点大小”：用百分比表示。有两种尺寸选择，一种是“相对于屏幕设置大小”，另一种是“按绝对单位设置大小”。

(2)在该对话框中列出了 20 种点的样式图例，用户可以根据实际情况进行选择。

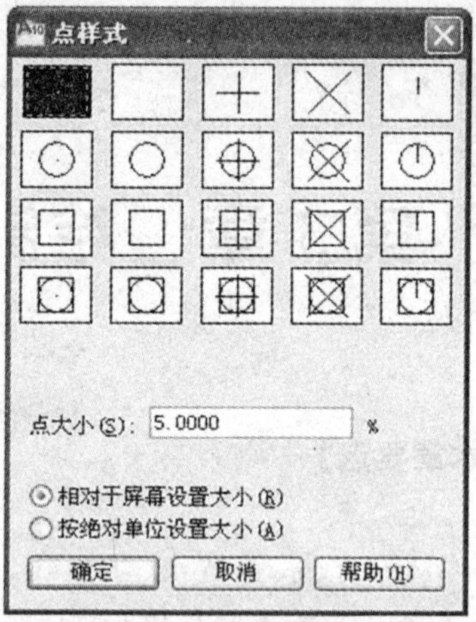

图 3-2 “点样式”对话框

3.1.2　绘制点

3.1.2.1　单点、多点

1. 功能

指定位置绘制单个或多个点。

2. 命令输入

命令：POINT。

菜单：“绘图”→“点”→“单点”。

工具栏：。

3.1.2.2　定数等分点

1. 功能

在图形对象中定数等分或插入点。

2. 命令输入

命令：DIVIDE。

菜单：“绘图”→“点”→“定数等分”。

3. 命令使用

执行“DIVIDE”命令后，命令行提示：

命令：_divide

选择要定数等分的对象：　　　　　　//选择要等分的对象

输入线段数目或［块(B)］：　　　　　//将选择的对象平均分成相同的几段

参数说明：

(1)“输入线段数目”：输入要将对象分成相同几段的段数。

(2)“块(B)”：在选定的对象上等间距地放置“块”(“块”的含义在以后章节中介绍)。

注意　定数等分不仅能等分直线，还可以等分圆、多段线、曲线和一些在选择对象时能够一次选定的对象。

4. 操作示例

定数等分圆弧，如图 3-3、图 3-4 所示。

3.1.2.3　定距等分点

1. 功能

在图形对象中定距等分或插入点。

2. 命令输入

命令：MEASURE。

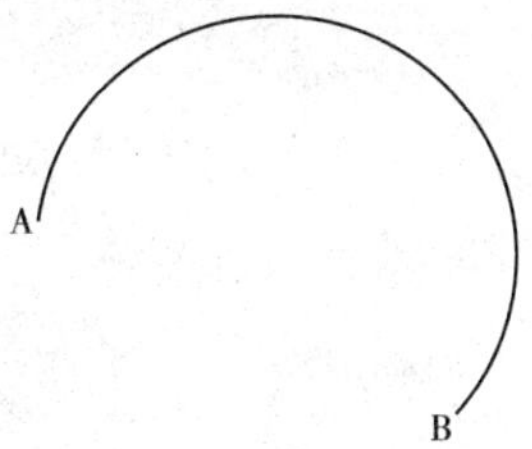

图3-3　已知圆弧

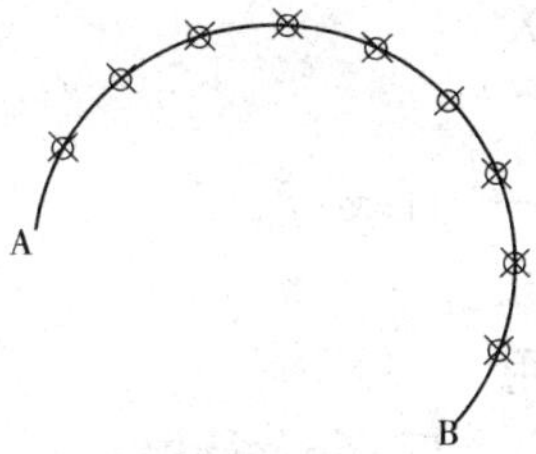

图3-4　定数等分圆弧

菜单:“绘图”→“点”→“ 定距等分”。

3. 命令使用

执行“MEASURE”命令后,命令行提示:

命令: _measure

选择要定距等分的对象:　　　　　　　//选择要等分的对象

指定线段长度或［块(B)］:　　　　　//将选择的对象按输入的长度进行等分

参数说明:

(1)“指定线段长度”:输入一个长度数值按回车键后,点对象就会沿选择的对象按指定的长度依次放置。

(2)“块(B)”:在选定的对象上按指定的长度放置“块”(“块”的含义在以后章节中介绍)。

注意　点对象或其他块对象在所选对象上放置时,首先从离选择对象时单击左键位置最近的端点处开始放置。最后对象上被分割的一段长度有可能等于或小于输入的长度数值。起点不标点样式。

4. 操作示例

定距等分圆弧,如图3-5、图3-6所示。

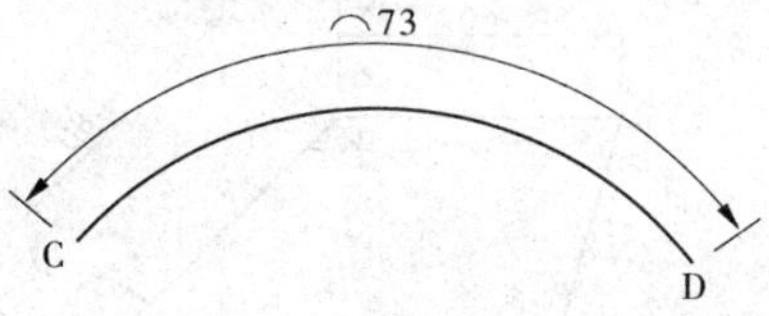

图3-5　已知圆弧

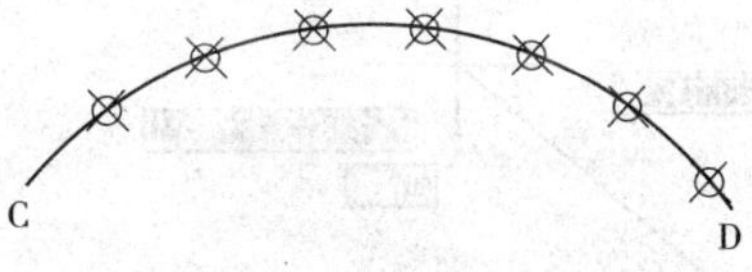

图3-6　定距等分圆弧

3.2　直线、构造线、多段线、多线

3.2.1　直线

直线是组成工程图形的最基本的图形元素,直线命令也是在绘图过程中使用最多、最频繁的绘图命令之一。

3.2.1.1　功能

绘制直线段、折线或线框。

3.2.1.2 命令输入

命令:LINE。

菜单:“绘图”→“直线”。

工具栏:⁄。

3.2.1.3 命令使用

执行“LINE”命令后,命令行提示:

命令: _line 指定第一点:　　　　//输入起点

指定下一点或 [放弃(U)]:　　　　//输入下一点

…………　　　　//连续输入各点

指定下一点或 [闭合(C)/放弃(U)]:　　　　//按 Enter 键结束

参数说明:

(1)闭合(C):键入 C,则将刚才所画的折线封闭起来,形成一个封闭的多边形。

(2)放弃(U):键入 U,则取消刚画的线段,退回到前一线段的终点。

注意　绘制水平和竖直直线时,我们可以打开正交模式(点击状态栏上的“正交”按钮或按 F8 键)直接输入两点之间的距离,来确定直线。

把状态栏上的(动态输入,或按 F12 键)按钮打开后,绘制直线时,可以动态绘制任意方向和长度的线段,如图 3-7 所示。在图 3-7 中,执行直线命令,在屏幕上确定第一点后,可以先把光标移动到已知夹角,如 40°(直线与水平线的夹角)的位置上,然后输入线段的长度 100,按回车键,接着绘制下一段直线。

3.2.1.4 操作示例

(1)绘制如图 3-8 所示的图形。

命令: _line 指定第一点:　　　　//指定 A 点

指定下一点或 [放弃(U)]: 100↙　　　　//确定 B 点

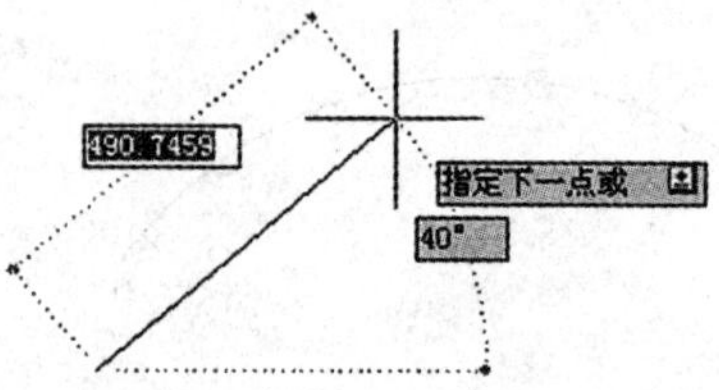

图 3-7　动态输入

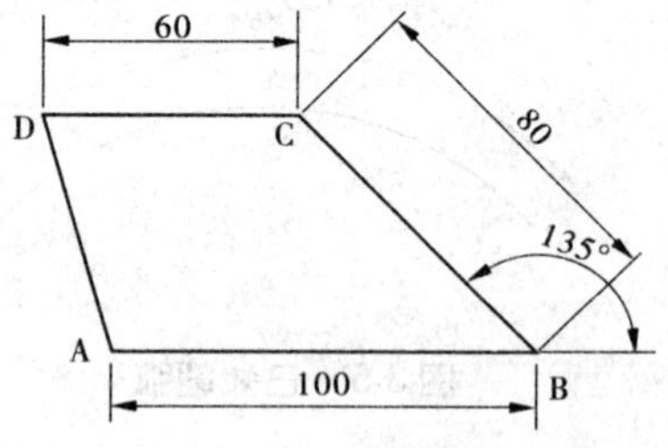

图 3-8　已知图形

指定下一点或 [放弃(U)]: 135↙　　　　//动态输入,绘制 BC

指定下一点或 [闭合(C)/放弃(U)]: 60↙　　　　//确定 D 点

指定下一点或 [闭合(C)/放弃(U)]: C↙　　　　//图形自动闭合

注意　在动态输入绘制 BC 时,先输入长 80,然后用 Tab 键进入角度,输入 135,按回车键。如图 3-9 所示。

(2)用直线命令绘制如图 3-10 所示图形。

命令行提示如下:

命令:_line 指定第一点: 80,70　　//指定 A 点的坐标
指定下一点或［放弃(U)］: @0,100　　//指定 B 点的坐标
指定下一点或［放弃(U)］: @60,0　　//指定 C 点的坐标
指定下一点或［闭合(C)/放弃(U)］: @40, -60　　//指定 D 点的坐标
指定下一点或［闭合(C)/放弃(U)］: @60 <0　　//指定 E 点的坐标
指定下一点或［闭合(C)/放弃(U)］: @0, -40　　//指定 F 点的坐标
指定下一点或［闭合(C)/放弃(U)］: C　　//闭合

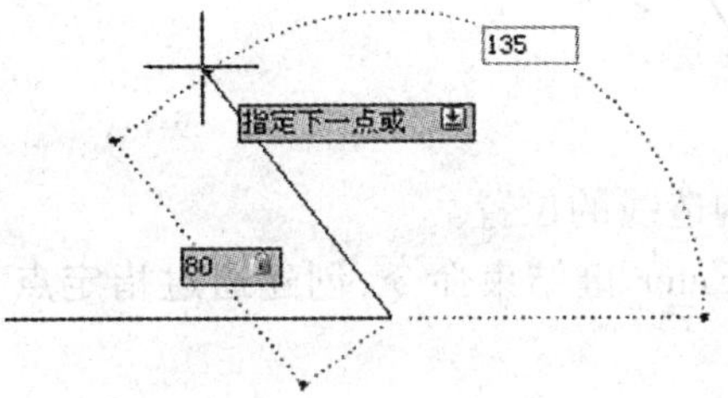

图 3-9　动态输入

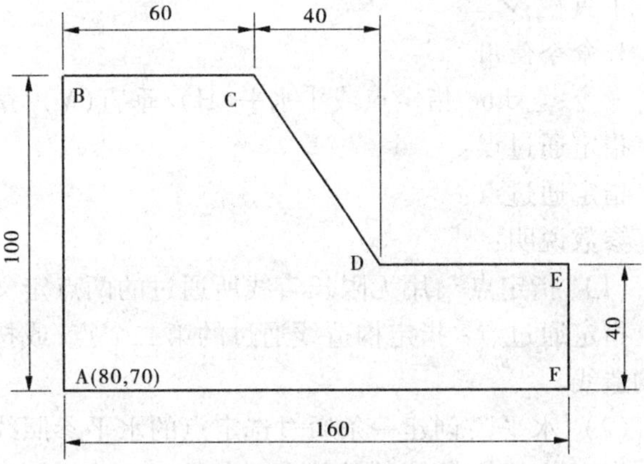

图 3-10　直线示例

3.2.2　射线与构造线

3.2.2.1　射线

1. 功能

创建始于一点并向一个方向无限延伸的直线。

2. 命令输入

命令:RAY。

菜单:"绘图"→"射线"。

工具栏: ↗。

3. 命令使用

(1)在命令行提示下,输入 RAY。

(2)指定射线的起点。

(3)指定射线要经过的点。

(4)根据需要继续指定点创建其他射线。

(5)所有后续射线都经过第一个指定点。

(6)按 Enter 键结束命令。

注意　射线是一条单向无限长的线段,起点和通过点确定了射线延伸的方向,它通常作为我们作图时的辅助线来使用。

3.2.2.2 构造线

绘制复杂图形时，有时需要作辅助线，以方便捕捉不同视图中的图形关系。

1. 功能

绘制辅助线。

2. 命令输入

命令：XLINE。

菜单："绘图"→"构造线"。

工具栏：。

3. 命令使用

命令：_xline 指定点或 [水平(H)/垂直(V)/角度(A)/二等分(B)/偏移(O)]：

指定通过点：

指定通过点：

参数说明：

(1)"指定点"：用无限长直线所通过的两点定义构造线的位置。

指定通过点：指定构造线通过的第二个点，或按 Enter 键结束命令，创建通过指定点的构造线。

(2)"水平"：创建一条通过选定点的水平参照线。

指定通过点：指定构造线通过的第二个点，或按 Enter 键结束命令，创建平行于 X 轴的构造线。

(3)"垂直"：创建一条通过选定点的垂直参照线。

指定通过点：指定构造线通过的第二个点，或按 Enter 键结束命令，创建平行于 Y 轴的构造线。

(4)"角度"：以指定的角度创建一条参照线。

输入构造线的角度 <0> 或 [参照(R)]：指定角度或输入 r

构造线的角度：指定放置直线的角度。

指定通过点：指定构造线通过的点，将使用指定角度创建通过指定点的构造线。

参照：指定与选定参照线之间的夹角。此角度从参照线开始按逆时针方向测量。

选择直线对象：选择直线、多段线、射线或构造线。

输入构造线的角度 <0>：

指定通过点：指定构造线通过的点，或按 Enter 键结束命令，使用指定角度创建通过指定点的构造线。

(5)"二等分"：创建一条参照线，它经过选定的角顶点，并且将选定的两条线之间的夹角平分。

指定角的顶点：指定顶点。

指定角的起点：指定起始边点。

指定角的端点：指定终止边点，或按 Enter 键结束命令，此构造线位于由三个点确定的平面中。

(6)"偏移"：创建平行于另一个对象的参照线。

指定偏移距离或［通过(T)］<当前>:指定偏移距离,输入 t,或按 Enter 键。

偏移距离:指定构造线偏离选定对象的距离。

选择直线对象:选择直线、多段线、射线或构造线,或按 Enter 键结束命令。

指定向哪侧偏移:指定一点或按 Enter 键退出命令。

通过:创建从一条直线偏移并通过指定点的构造线。

选择直线对象:选择直线、多段线、射线或构造线,或按 Enter 键结束命令。

指定通过点:指定构造线通过的点,然后按 Enter 键退出命令。

3.2.3　多段线

多段线是由直线段和圆弧的组成的统一实体,可以进行统一编辑。

3.2.3.1　功能

作为单个对象创建的相互连接的线段序列。可以创建直线段、弧线段或两者的组合线段。

3.2.3.2　命令输入

命令:PLINE。

菜单:"绘图"→"多段线"。

工具栏:。

3.2.3.3　命令使用

命令行提示:

命令: _pline

指定起点:

当前线宽为 0.0000

指定下一个点或［圆弧(A)/半宽(H)/长度(L)/放弃(U)/宽度(W)］: a

指定圆弧的端点或

［角度(A)/圆心(CE)/方向(D)/半宽(H)/直线(L)/半径(R)/第二个点(S)/放弃(U)/宽度(W)］:

指定圆弧的端点或

［角度(A)/圆心(CE)/闭合(CL)/方向(D)/半宽(H)/直线(L)/半径(R)/第二个点(S)/放弃(U)/宽度(W)］:

参数说明:

(1)圆弧(A):以画圆弧的方式绘制多段线。

(2)角度(A):指定圆弧的圆心角。

(3)圆心(CE):指定圆弧圆心。

(4)方向(D):取消直线与圆弧的相切关系设置,改变圆弧的起始方向。

(5)半宽(H):设置多段线的半宽值。AutoCAD 提示用户输入起点和终点的半宽值。

(6)直线(L):指定直线方式。

(7)半径(R):指定圆弧半径。

(8)第二个点(S):指定三点画弧。

(9)放弃(U):取消刚刚绘制的那一段多段线。

(10)长度(L):指定下一段多段线的长度。

(11)宽度(W):设置多段线的宽度值。

3.2.3.4　**操作示例**

(1)使用多段线命令绘制如图 3-11 所示的图形。

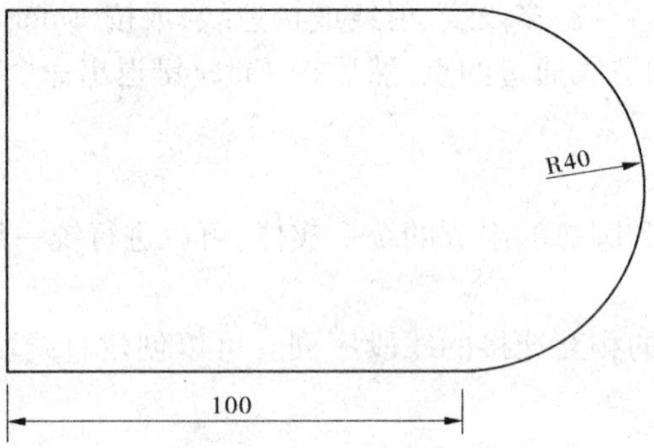

图 3-11　多段线示例

命令行提示如下:

命令: _pline↙

指定起点:

当前线宽为 1.0000

指定下一个点或 [圆弧(A)/半宽(H)/长度(L)/放弃(U)/宽度(W)]: @100,0

指定下一点或 [圆弧(A)/闭合(C)/半宽(H)/长度(L)/放弃(U)/宽度(W)]: a

指定圆弧的端点或

[角度(A)/圆心(CE)/闭合(CL)/方向(D)/半宽(H)/直线(L)/半径(R)/第二个点(S)/放弃(U)/宽度(W)]: a

指定包含角: 180

指定圆弧的端点或 [圆心(CE)/半径(R)]: r

指定圆弧的半径: 40

指定圆弧的弦方向 <0>:

指定圆弧的端点或

[角度(A)/圆心(CE)/闭合(CL)/方向(D)/半宽(H)/直线(L)/半径(R)/第二个点(S)/放弃(U)/宽度(W)]: l

指定下一点或 [圆弧(A)/闭合(C)/半宽(H)/长度(L)/放弃(U)/宽度(W)]: @ -100,0

指定下一点或 [圆弧(A)/闭合(C)/半宽(H)/长度(L)/放弃(U)/宽度(W)]: c

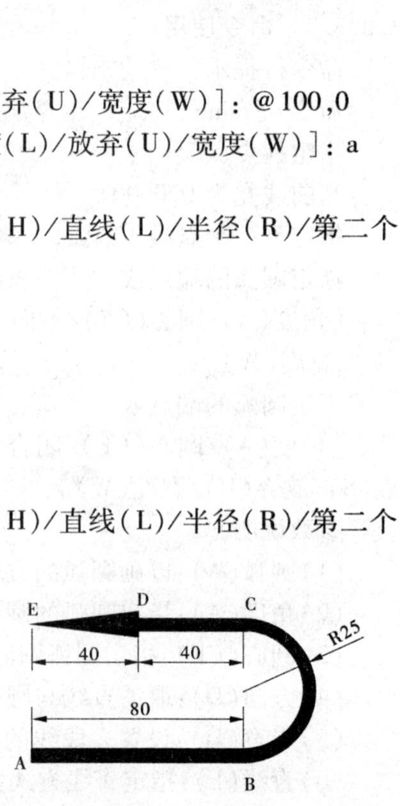

图 3-12　多段线

(2)用多段线的命令绘制如图 3-12 所示的图形。

①绘制 AB 直线↙。

命令: _pline↙

指定起点：

当前线宽为 0.0000

指定下一个点或［圆弧(A)/半宽(H)/长度(L)/放弃(U)/宽度(W)］：w↙

指定起点宽度 <0.0000>：5↙

指定端点宽度 <5.0000>：5↙

指定下一个点或［圆弧(A)/半宽(H)/长度(L)/放弃(U)/宽度(W)］：80↙

②绘制 BC 圆弧。

指定下一点或［圆弧(A)/闭合(C)/半宽(H)/长度(L)/放弃(U)/宽度(W)］：a↙

指定圆弧的端点或

［角度(A)/圆心(CE)/闭合(CL)/方向(D)/半宽(H)/直线(L)/半径(R)/第二个点(S)/放弃(U)/宽度(W)］：50↙

③绘制 CD 直线。

指定圆弧的端点或

［角度(A)/圆心(CE)/闭合(CL)/方向(D)/半宽(H)/直线(L)/半径(R)/第二个点(S)/放弃(U)/宽度(W)］：l↙

指定下一点或［圆弧(A)/闭合(C)/半宽(H)/长度(L)/放弃(U)/宽度(W)］：40↙

④绘制 DE 前头。

指定下一点或［圆弧(A)/闭合(C)/半宽(H)/长度(L)/放弃(U)/宽度(W)］：w↙

指定起点宽度 <5.0000>：10↙

指定端点宽度 <10.0000>：0↙

指定下一点或［圆弧(A)/闭合(C)/半宽(H)/长度(L)/放弃(U)/宽度(W)］：↙

3.2.4 多线

3.2.4.1 多线的绘制

1. 功能

创建多条平行线。常用来绘制建筑墙线。

2. 命令输入

命令：MLINE。

菜单："绘图"→"多线"。

工具栏：多线(U)。

3. 命令使用

命令：_mline↙

当前设置：对正 = 上，比例 = 20.00，样式 = STANDARD

指定起点或［对正(J)/比例(S)/样式(ST)］：

指定下一点：

指定下一点或［放弃(U)］：

指定下一点或［闭合(C)/放弃(U)］：

参数说明：

(1)“起点”、“下一点”:指定多线的起点和端点。

(2)“对正(J)”:指定绘制多线时光标所在的位置,有上、无、下之分。

(3)“比例(S)”:以在多线样式定义中建立的多线宽度为基数,进行扩大或缩小,允许输入负值和零。

(4)“闭合(C)”:将连续绘制两条以上的多线闭合。

(5)“样式(ST)”:输入 st 按回车键后,命令行提示输入多线样式的名称。我们将在后面介绍“多线样式”的设置方法。

注意　多线由 1 至 16 条平行线组成,这些平行线称为元素。绘制多线时,可以使用包含两个元素的 STANDARD 样式,也可以指定一个以前创建的样式。开始绘制之前,可以修改多线的对正和比例。“对正”用来确定将在光标的哪一侧绘制,或者是否位于光标的中心上。“比例”用来控制多线的全局宽度(使用当前单位)。多线比例不影响线型比例。如果要修改多线比例,可能需要对线型比例做相应的修改,以防点画线的尺寸不正确。

3.2.4.2　多线的样式

1. 功能

命名新的多线样式并创建新的多线样式。

2. 命令输入

命令:MLSTYLE。

菜单:“格式”→“多线样式”。

3. 命令使用

命令: _mlstyle ↙

系统弹出“多线样式”对话框,如图 3-13 所示。在该对话框中,首先点击“新建”按钮来设置新建的样式名,如图 3-14 所示。然后点击“继续”来设置所建样式的特性,如图 3-15所示,在该对话框中各项的含义如下:

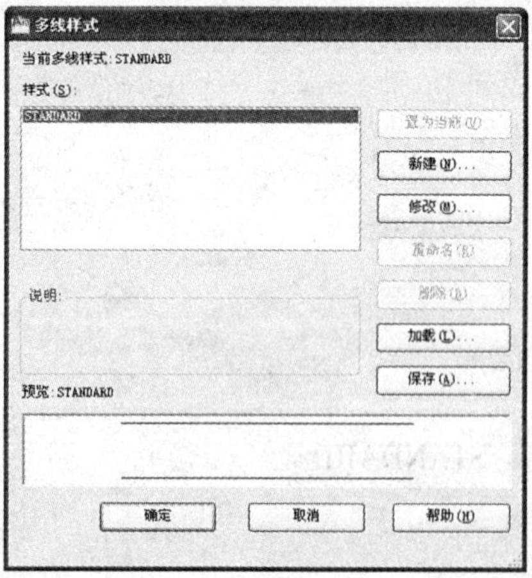

图 3-13　多线样式

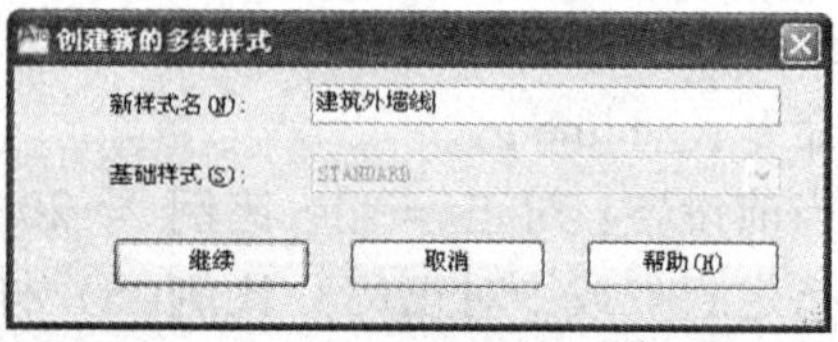

图 3-14　创建新的多线样式

(1)“说明”:对新建的多线样式添加一个说明。

(2)“封口”:有四个复选框,分别是直线、外弧、内弧和角度,通过不同的选择来改变

图 3-15　设置新的多线样式

所绘多线起点和端点的形状。

(3)"图元":在这个区域中,可以增加多线的数量,设置多线之间的距离,改变多线中每条线的颜色,还可加载不同的线型。

(4)"填充":设置绘制多线的背景填充色。

(5)"显示连接":控制相邻的两条多线顶点处接头的显示。

3.2.4.3　多线编辑

1. 功能

编辑多线交点、打断点和顶点。

2. 命令输入

命令:MLEDIT。

菜单:"修改"→"对象" →"多线"。

3. 命令使用

命令: mledit ↙

选择第一条多线:

选择第二条多线:

选择第一条多线或[放弃(U)]:

参数说明:

(1)输入"MLEDIT"后按回车键,系统会弹出如图 3-16 所示的"多线编辑工具"对话框,用户可在该对话框中选择一种工具,来编辑多线交接的方式。该对话框将以四列显示样例图像。第一列控制交叉的多线,第二列控制 T 形相交的多线,第三列控制角点结合和顶点,第四列控制多线中的打断。

(2)十字闭合:在两条多线之间创建闭合的十字交点。

(3)十字打开:在两条多线之间创建打开的十字交点。打断将插入第一条多线的所有元素和第二条多线的外部元素。

(4)十字合并:在两条多线之间创建合并的十字交点。多线的选择顺序并不重要。

(5)T 形闭合:在两条多线之间创建闭合的 T 形交点。将第一条多线修剪或延伸到与

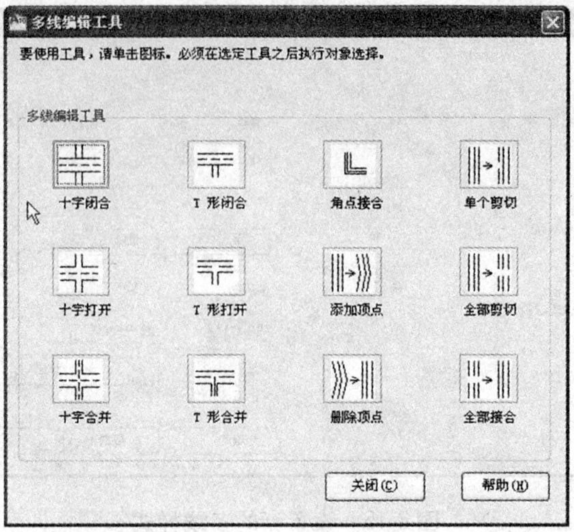

图 3-16　多线编辑工具

第二条多线的交点处。注意多线的选择顺序。

(6)T 形打开:在两条多线之间创建打开的 T 形交点。将第一条多线修剪或延伸到与第二条多线的交点处。注意多线的选择顺序。

(7)T 形合并:在两条多线之间创建合并的 T 形交点。将多线修剪或延伸到与另一条多线的交点处。注意多线的选择顺序。

(8)角点接合:在多线之间创建角点接合。将多线修剪或延伸到它们的交点处。

(9)添加顶点:向多线上添加一个顶点。

(10)删除顶点:从多线上删除一个顶点。

(11)单个剪切:在选定多线元素中创建可见打断。

(12)全部剪切:创建穿过整条多线的可见打断。

(13)全部接合:将已被剪切的多线线段重新接合起来。

3.3　正多边形与矩形

3.3.1　正多边形

3.3.1.1　功能

绘制 3 到 1 024 条边的正多边形。

3.3.1.2　命令输入

命令:POLYGON。

菜单:"绘图"→"正多边形"。

工具栏:⬠。

3.3.1.3　命令使用

命令行提示:

命令: _polygon 输入边的数目 <4>:　　　//输入正多边形边数,默认为正方形

指定正多边形的中心点或［边(E)］：　　　//指定正多边形的中心点或一条边

输入选项［内接于圆(I)/外切于圆(C)］<I>：

指定圆的半径：

参数说明：

(1)“指定正多边形的中心点”：输入或指定中心点的位置来确定正多边形的中心点。正多边形的大小由外接圆或内切圆的半径确定。

(2)“边(E)”：用多边形的一条边长来确定正多边形的大小。命令行要求输入一条边的两个端点，确定多边形的边长。

(3)“内接于圆(I)/外切于圆(C)”：输入正多边形内接于圆“I”时，圆的半径等于中心点到多边形顶点的距离；输入正多边形外切于圆“C”时，圆的半径等于中心点到多边形边的中点的距离。

注意　在应用“正多边形”命令的过程中，注意区分“内接于圆(I)”和“外切于圆(C)”的实际意义。“内接于圆(I)”的圆半径是多边形的中心距多边形顶点的距离；“外切于圆(C)”的圆半径是多边形的中心距多边形边的距离。如图3-17所示。

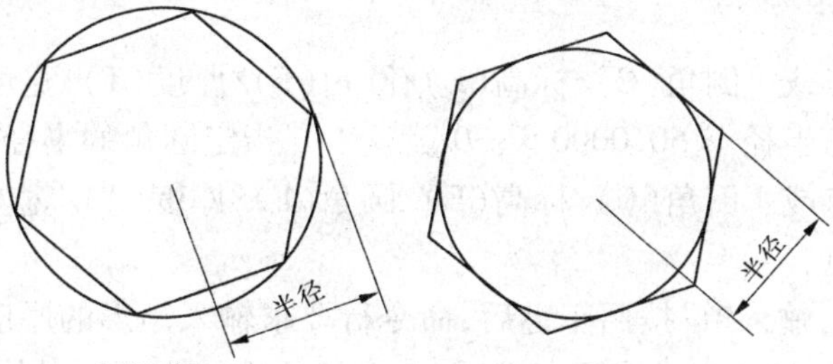

内接于圆　　　外切于圆

图3-17　内接于圆和外切于圆的半径

使用指定边来绘制正多边形时，系统默认是从第一个端点沿逆时针方向到第二个端点绘制正多边形的。

3.3.2　矩形

矩形是工程图纸的重要组成之一。AutoCAD通过指定两个对角点来绘制矩形。

3.3.2.1　功能

绘制矩形。

3.3.2.2　命令输入

命令：RECTANG。

菜单：“绘图”→“矩形”。

工具栏：□。

3.3.2.3　命令使用

命令：_rectang

指定第一个角点或［倒角(C)/标高(E)/圆角(F)/厚度(T)/宽度(W)］：　　//在屏幕上指定或键盘上输入一角点

指定另一个角点或 [面积(A)/尺寸(D)/旋转(R)]：　//在屏幕上指定或从键盘上输入相对坐标,确定另一对角点

参数说明：

(1)"倒角(C)"：输入"c"按回车键后,命令行有如下的命令过程：

命令：_rectang

指定第一个角点或 [倒角(C)/标高(E)/圆角(F)/厚度(T)/宽度(W)]：c↙

指定矩形的第一个倒角距离 < 0.0000 >：50↙　//指定第一个角点的竖直方向的距离

指定矩形的第二个倒角距离 < 50.0000 >：50↙　//指定第一个角点的水平方向的距离

指定第一个角点或 [倒角(C)/标高(E)/圆角(F)/厚度(T)/宽度(W)]：

指定另一个角点：

(2)"标高(E)"：输入"e"按回车键后,命令行要求输入标高。

(3)"圆角(F)"：输入"f"按回车键后,命令行有如下的命令过程：

命令：_rectang

指定第一个角点或 [倒角(C)/标高(E)/圆角(F)/厚度(T)/宽度(W)]：f↙

指定矩形的圆角半径 < 50.0000 >：30↙　//指定圆角的半径

指定第一个角点或 [倒角(C)/标高(E)/圆角(F)/厚度(T)/宽度(W)]：

指定另一个角点：

(4)"厚度(T)"：输入"t"按回车键后,命令行要求输入矩形的厚度。

(5)"宽度(W)"：输入"w"按回车键后,命令行要求输入矩形的线宽。

(6)"面积(A)"：输入"a"按回车键后,命令行有如下的命令过程：

命令：_rectang

指定第一个角点或 [倒角(C)/标高(E)/圆角(F)/厚度(T)/宽度(W)]：

指定另一个角点或 [面积(A)/尺寸(D)/旋转(R)]：a↙

输入以当前单位计算的矩形面积 < 200.0000 >：200↙　//输入要绘制矩形的面积

计算矩形标注时依据 [长度(L)/宽度(W)] < 长度 >：↙　//以长度作为另一已知数据

输入矩形长度 < 10.0000 >：20↙

(7)"尺寸(D)"：输入"D"按回车键后,命令行有如下的命令过程：

命令：_rectang

指定第一个角点或 [倒角(C)/标高(E)/圆角(F)/厚度(T)/宽度(W)]：

指定另一个角点或 [面积(A)/尺寸(D)/旋转(R)]：d↙

指定矩形的长度 < 20.0000 >：20↙　//输入要绘制矩形的长度

指定矩形的宽度 < 100.0000 >：20↙　//输入要绘制矩形的宽度

指定另一个角点或 [面积(A)/尺寸(D)/旋转(R)]：　//在指定的点上单击左键

(8)"旋转(R)"：输入"r"按回车键后,命令行有如下的命令过程：

命令：_rectang

指定第一个角点或［倒角(C)/标高(E)/圆角(F)/厚度(T)/宽度(W)］：

指定另一个角点或［面积(A)/尺寸(D)/旋转(R)］：r↙

指定旋转角度或［拾取点(P)］ <0>：30↙　　//输入要绘制矩形与水平线的夹角，有正、负之分

指定另一个角点或［面积(A)/尺寸(D)/旋转(R)］：

注意　矩形是闭合的多段线，它具有多段线的一些属性。另外，在以上的参数说明中，"标高(E)"、"厚度(T)"在三维绘图时会用到。

绘制一个矩形有输入对角点相对坐标、利用矩形面积、利用矩形长和宽、利用矩形与水平线的夹角四种方法绘制。

3.3.2.4　**操作示例**

绘制长 30 和宽 26、圆角半径为 3、旋转角度 30°、线宽 0.5 的矩形，如图 3-18 所示。

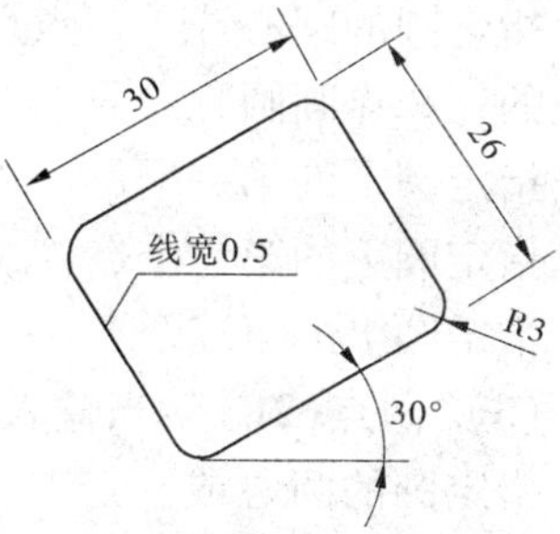

图 3-18　绘制矩形

操作步骤：

在功能区中，选择"常用"→"绘图"→"矩形"，命令过程如下：

命令：_rectang

指定第一个角点或［倒角(C)/标高(E)/圆角(F)/厚度(T)/宽度(W)］：f↙

指定矩形的圆角半径 <0.0000>：3↙

指定第一个角点或［倒角(C)/标高(E)/圆角(F)/厚度(T)/宽度(W)］：w↙

指定矩形的线宽 <0.0000>：0.5↙

指定第一个角点或［倒角(C)/标高(E)/圆角(F)/厚度(T)/宽度(W)］：

指定另一个角点或［面积(A)/尺寸(D)/旋转(R)］：r↙

指定旋转角度或［拾取点(P)］ <0>：30↙

指定另一个角点或［面积(A)/尺寸(D)/旋转(R)］：d↙

指定矩形的长度 <20.0000>：30↙

指定矩形的宽度 <20.0000>：26↙

指定另一个角点或［面积(A)/尺寸(D)/旋转(R)］：

3.4　圆、圆弧、椭圆、圆环

3.4.1　圆

圆命令也是绘图中使用最多的命令之一，在不方便绘制圆弧的情况下，可以通过绘制圆，再剪切来得到圆弧。

3.4.1.1　**功能**

绘制圆。

3.4.1.2 **命令输入**

命令:CIRCLE。

菜单:“绘图”→“圆”。

工具栏:⊘。

3.4.1.3 **命令使用**

命令: _circle 指定圆的圆心或 [三点(3P)/两点(2P)/相切、相切、半径(T)]:

指定圆的半径或 [直径(D)]:

参数说明:

(1)“指定圆的圆心”:确定圆心的位置。

(2)“三点(3P)”:当输入“3P”然后按回车键时,系统会出现以下的命令过程:

指定圆的圆心或 [三点(3P)/两点(2P)/相切、相切、半径(T)]:3p↙ (输入圆周上的三个点画圆)

指定圆上的第一个点: //在屏幕上指定第一点

指定圆上的第二个点: //在屏幕上指定第二点

指定圆上的第三个点: //在屏幕上指定第三点

(3)“两点(2P)”:当输入“2P”然后按回车键时,系统会出现以下的命令过程:

指定圆的圆心或 [三点(3P)/两点(2P)/相切、相切、半径(T)]:2p↙ (输入圆直径的二个端点画圆)

指定圆直径的第一个端点: //在屏幕上指定第一点

指定圆直径的第二个端点: //在屏幕上指定第二点

(4)“相切、相切、半径(T)”:当输入“T”然后按回车键时,系统会出现以下的命令过程:

指定圆的圆心或 [三点(3P)/两点(2P)/相切、相切、半径(T)]:t↙ //指定圆上的二个切点并输入半径画圆)

指定对象与圆的第一个切点: //在屏幕上指定切点

指定对象与圆的第二个切点: //在屏幕上指定切点

指定圆的半径 <126.0015>:200↙ //输入圆的半径

3.4.1.4 **绘制方法**

圆的绘制方法很多,可以利用“绘图”菜单中的“圆选”项的子菜单操作,如图 3-19 所示。下面以实例来分别介绍这六种方法。

(1)圆心、半径方式,绘制如图 3-20 所示的圆,命令行提示如下:

命令: _circle 指定圆的圆心或 [三点(3P)/两点(2P)/相切、相切、半径(T)]: 100,100

指定圆的半径或 [直径(D)] <29.4960>: 25

(2)圆心、直径方式,绘制如图 3-20 所示的圆,命令行提示如下:

命令: _circle 指定圆的圆心或 [三点(3P)/两点(2P)/相切、相切、半径(T)]: 100,100

指定圆的半径或 [直径(D)] <25.0000>: d

指定圆的直径 <50.0000>: 50

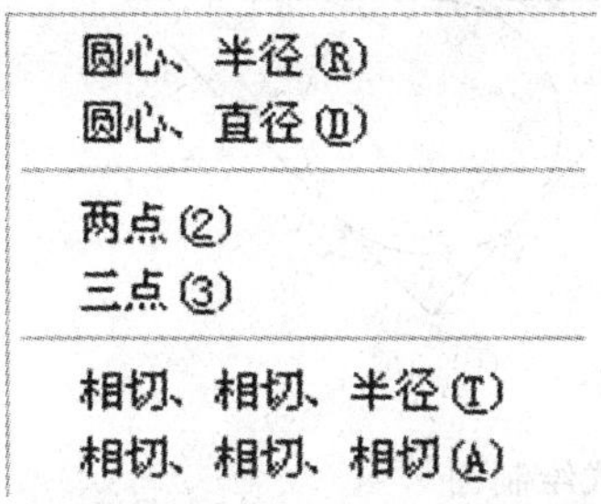

图 3-19　“圆”子菜单

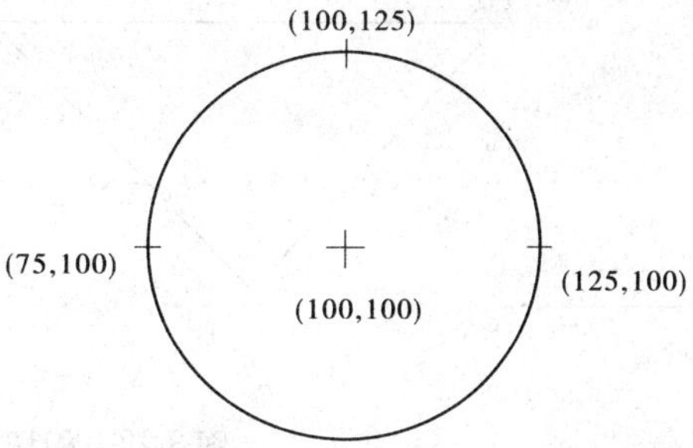

图 3-20　圆的绘制

(3)三点方式,绘制如图 3-20 所示的圆,命令行提示如下:

命令: _circle 指定圆的圆心或［三点(3P)/两点(2P)/相切、相切、半径(T)］: 3p
指定圆上的第一个点: 75,100
指定圆上的第二个点: 100,125
指定圆上的第三个点: 125,100

(4)两点方式,绘制如图 3-20 所示的圆,命令行提示如下:

命令: _circle 指定圆的圆心或［三点(3P)/两点(2P)/相切、相切、半径(T)］: 2p
指定圆直径的第一个端点: 75,100
指定圆直径的第二个端点: 125,100

(5)相切、相切、半径方式,绘制如图 3-21 所示的圆,命令行提示如下:

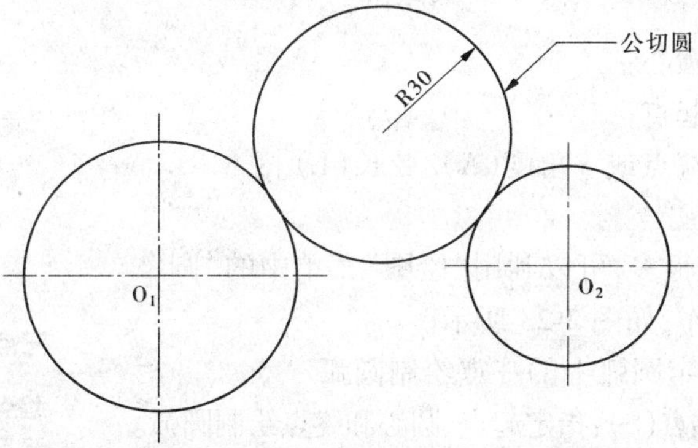

图 3-21　相切、相切、半径方式绘制圆

命令: _circle 指定圆的圆心或［三点(3P)/两点(2P)/相切、相切、半径(T)］: t
指定对象与圆的第一个切点:
指定对象与圆的第二个切点:
指定圆的半径 <5.5319>: 40

(6)相切、相切、相切方式,绘制如图 3-22 所示的圆,命令行提示如下:

命令: _circle 指定圆的圆心或［三点(3P)/两点(2P)/相切、相切、半径(T)］: _3p
指定圆上的第一个点: _tan 到
指定圆上的第二个点: _tan 到

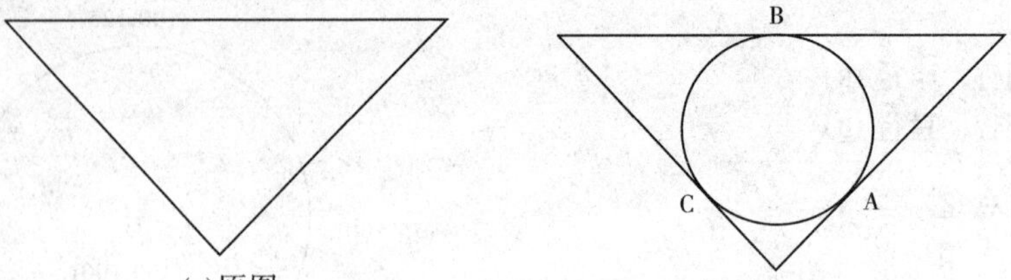

(a)原图　　(b)完成

图 3-22　相切、相切、相切方式绘制圆

指定圆上的第三个点：_tan 到

3.4.2　圆弧

3.4.2.1　功能

绘制圆弧。

3.4.2.2　命令输入

命令：ARC。

菜单："绘图"→"圆弧"。

工具栏：。

3.4.2.3　命令使用

命令：_arc 指定圆弧的起点或 [圆心(C)]：c

参数说明：

(1)指定圆弧的圆心：

(2)指定圆弧的起点：

(3)指定圆弧的端点或 [角度(A)/弦长(L)]：

3.4.2.4　绘制方法

圆弧的绘制方法很多，可以利用"绘图"菜单中的"圆弧"选项的子菜单操作，如图 3-23 所示。

(1)三点(P)：指定圆弧上的三点绘制圆弧。

(2)起点、圆心、端点(S)：指定起点、圆心和终点绘制圆弧。

(3)起点、圆心、角度(T)：指定起点、圆心和圆心角绘制圆弧。

(4)起点、圆心、长度(A)：指定起点、圆心和弦长绘制圆弧。

(5)起点、端点、角度(N)：指定起点、终点和圆心角绘制圆弧。

(6)起点、端点、方向(D)：指定起点、终点和圆弧起点的切线方向绘制圆弧。

(7)起点、端点、半径(R)：指定起点、终点和圆弧半径绘制圆弧。

三点(P)

起点、圆心、端点(S)
起点、圆心、角度(T)
起点、圆心、长度(A)

起点、端点、角度(N)
起点、端点、方向(D)
起点、端点、半径(R)

圆心、起点、端点(C)
圆心、起点、角度(E)
圆心、起点、长度(L)

继续(O)

图 3-23　"圆弧"子菜单

(8)圆心、起点、端点(C):指定圆心、起点和终点绘制圆弧。

(9)圆心、起点、角度(E):指定圆心、起点和圆心角绘制圆弧。

(10)圆心、起点、长度(L):指定圆心、起点和弦长绘制圆弧。

(11)继续(O):从已有圆弧开始绘制圆弧。

注意　圆弧的角度和半径有正、负之分。角度为正,系统沿逆时针方向绘制圆弧,角度为负,系统沿顺时针方向绘制圆弧;半径为正,系统沿顺时针方向绘制圆弧,半径为负,系统沿逆时针方向绘制圆弧。

3.4.2.5　操作示例

1. 绘制圆弧

如图 3-24 所示,绘制一圆弧。

经过分析,本题适宜采用"起点、端点、角度"绘制圆弧。注意角度的正负值。

绘制圆弧,主要考虑采用哪种方法,如绘制图 3-25 所示的圆弧。

注意起点、端点的顺序。

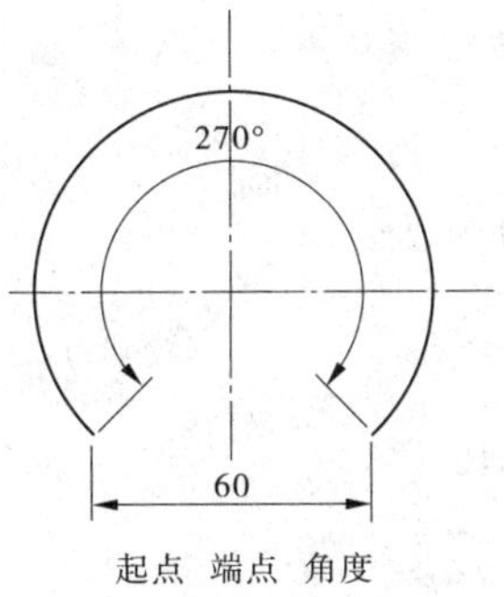

图 3-24　圆弧的画法 1

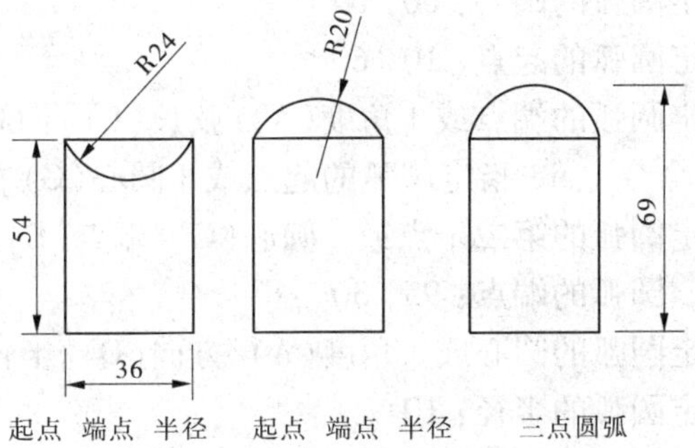

图 3-25　圆弧的画法 2

2. 使用直线、圆弧、圆命令绘制平面图形

使用直线、圆弧、圆命令绘制如图 3-26 所示的平面图形。

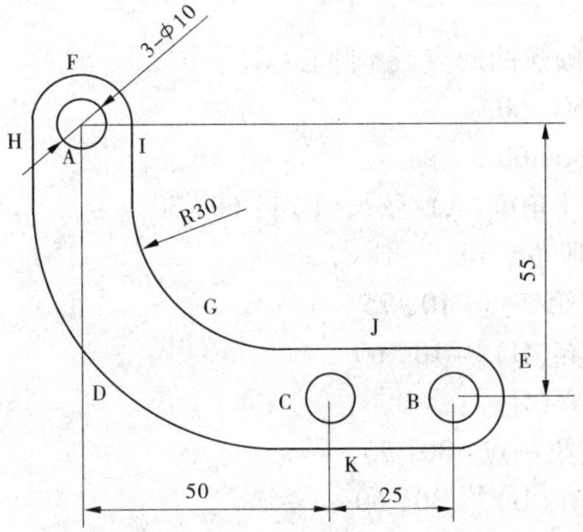

图 3-26　平面图形的绘制

(1)绘制 A、B、C 三个圆。

① 命令:_circle 指定圆的圆心或［三点(3P)/两点(2P)/相切、相切、半径(T)］: 20, 75

指定圆的半径或［直径(D)］ <5.0000 >: d

指定圆的直径 <10.0000 >:

② 命令:_circle 指定圆的圆心或［三点(3P)/两点(2P)/相切、相切、半径(T)］: @75, -55

指定圆的半径或［直径(D)］ <5.0000 >:

③ 命令:_circle 指定圆的圆心或［三点(3P)/两点(2P)/相切、相切、半径(T)］: @ -25, 0

指定圆的半径或［直径(D)］ <5.0000 >:

(2)绘制 D、E、F、G 四段圆弧。

① 命令:_arc 指定圆弧的起点或［圆心(C)］: c

指定圆弧的圆心: 60, 60

指定圆弧的起点: 10, 60

指定圆弧的端点或［角度(A)/弦长(L)］: 60, 10

② 命令:_arc 指定圆弧的起点或［圆心(C)］: 95, 10

指定圆弧的第二个点或［圆心(C)/端点(E)］: E

指定圆弧的端点: 95, 30

指定圆弧的圆心或［角度(A)/方向(D)/半径(R)］: R

指定圆弧的半径: 10

③ 命令:_arc 指定圆弧的起点或［圆心(C)］: 30, 75

指定圆弧的第二个点或［圆心(C)/端点(E)］: E

指定圆弧的端点: 10, 75

指定圆弧的圆心或［角度(A)/方向(D)/半径(R)］: A

指定包含角: 180

④ 命令:_arc 指定圆弧的起点或［圆心(C)］: C

指定圆弧的圆心: 60, 60

指定圆弧的起点: 30, 60

指定圆弧的端点或［角度(A)/弦长(L)］: 60, 30

(3)画 H、I、J、K 四段直线段。

① 命令:_line 指定第一点: 10, 75

指定下一点或［放弃(U)］: 10, 60

指定下一点或［放弃(U)］:

② 命令:_line 指定第一点: 30, 75

指定下一点或［放弃(U)］: 30, 60

指定下一点或［放弃(U)］:

③ 命令:_line 指定第一点: 60, 30

指定下一点或［放弃(U)］: 95, 30

指定下一点或［放弃(U)］:

④ 命令:_line 指定第一点: 60, 10

指定下一点或［放弃(U)］: 95, 10

指定下一点或［放弃(U)］:

作一个圆与直线 AB、BC 和直径 40 的圆相切,如图 3-27 所示。

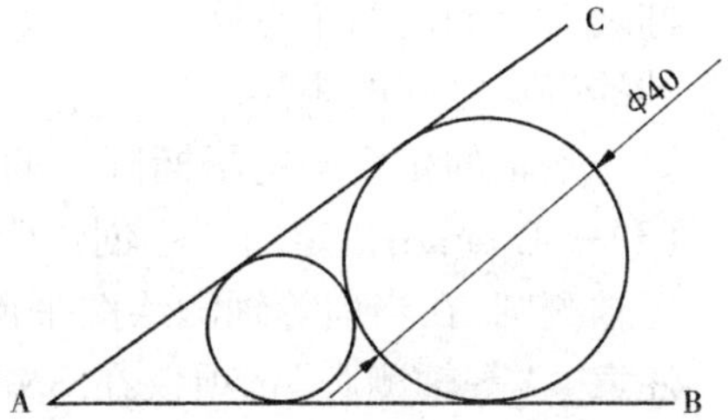

图 3-27　与两直线和圆相切的圆

(1)作两直线 AB 与 AC 相交;

(2)作一圆与两直线相切;

在功能区中,单击“常用”→“绘图”→“圆” 相切, 相切, 半径,命令过程如下:

命令: _circle 指定圆的圆心或［三点(3P)/两点(2P)/相切、相切、半径(T)］: t

指定对象与圆的第一个切点:

指定对象与圆的第二个切点:

指定圆的半径 <21.3862>: 20 ↙

(3)作一圆与两直线和圆相切;

在功能区中,单击“常用”→“绘图”→“圆” 相切, 相切, 相切,命令过程如下:

命令: _circle 指定圆的圆心或［三点(3P)/两点(2P)/相切、相切、半径(T)］: _3p

指定圆上的第一个点: _tan 到

指定圆上的第二个点: _tan 到

指定圆上的第三个点: _tan 到

3.4.3　椭圆

3.4.3.1　功能

创建椭圆或椭圆弧。

3.4.3.2　命令输入

命令:ELLIPSE。

菜单:“绘图”→“椭圆”。

工具栏:。

3.4.3.3　命令使用

命令: _ellipse

指定椭圆的轴端点或［圆弧(A)/中心点(C)］:

指定轴的另一个端点: <正交 开>

指定另一条半轴长度或［旋转(R)］:

参数说明:

(1)轴端点:根据两个端点定义椭圆的第一条轴。第一条轴的角度确定了整个椭圆的角度。第一条轴既可定义椭圆的长轴,也可定义短轴。

指定轴的另一个端点:指定另一条半轴长度或［旋转(R)］，通过输入值或定位点来指定距离,或者输入 r。

另一条半轴长度：使用从第一条轴的中点到第二条轴的端点的距离定义第二条轴。

旋转:通过绕第一条轴旋转圆来创建椭圆。

(2)圆弧:创建一段椭圆弧。

椭圆弧上的前两个点确定第一条轴的位置和长度。第三个点确定椭圆弧的圆心与第二条轴的端点之间的距离。第四个点和第五个点确定起始和终止角度。

第一条轴的角度确定了椭圆弧的角度。第一条轴可以根据其大小定义长轴或短轴。

(3)中心点:用指定的圆心创建椭圆弧。

等轴测圆:在当前等轴测绘图平面绘制一个等轴测圆。

注意　“等轴测圆”选项仅在 SNAP 的“样式”选项设置为“等轴测”时才可用。

3.4.3.4　操作示例

绘制椭圆有两种方法,如图 3-28 所示。第一种是用中心点定位,输入长短轴半轴长绘制;第二种是用两条轴的端点定位,先确定一条轴的总长度,再输入另一条轴的半轴长。

(1)利用椭圆命令绘制两个椭圆,如图 3-29 所示。

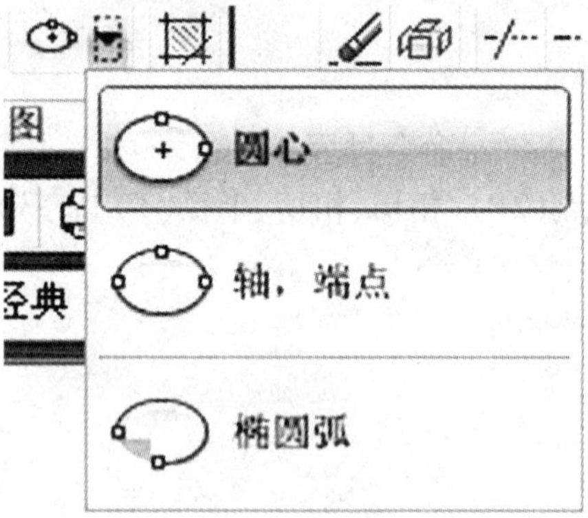

图 3-28　椭圆绘制菜单

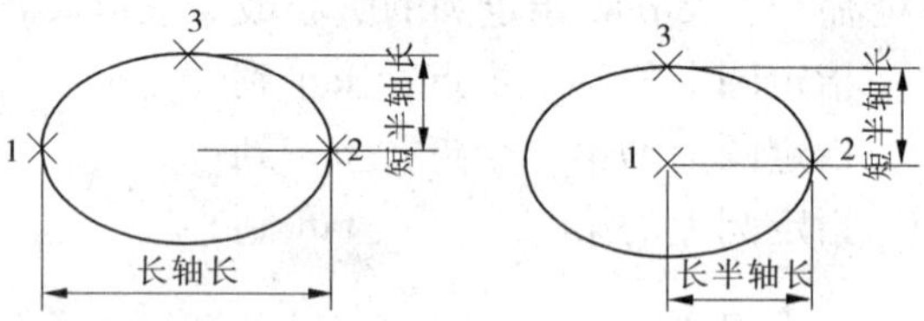

(a)轴端点定位　　(b)中心点定位

图 3-29　椭圆的画法

(2)利用椭圆命令绘制椭圆弧,如图 3-30 所示,注意绘制椭圆弧时的起始点不同结果也不一样。

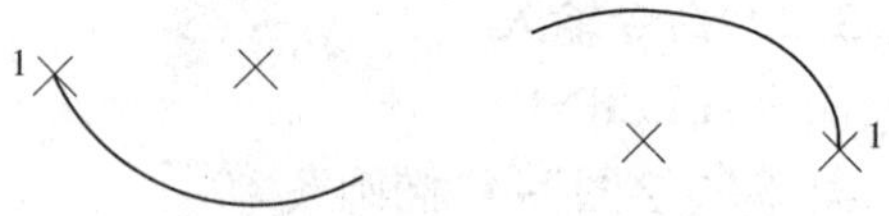

图 3-30　椭圆弧的画法

利用“椭圆弧”命令绘制椭圆弧结果一样。这里就不再讲解“椭圆弧”命令了。

(3)利用椭圆命令在六面体(见图 3-31)上绘制等轴测圆(见图 3-32)。

绘制“等轴测圆”需在草图设置中对“捕捉类型”进行选择,选为“等轴测”时才可进行。前面已讲解过“草图设置”的方法,这里不再重复。

具体步骤如下:

①在六面体上分别画中线,目的是为后面画等轴测圆时找圆心;

②画左测面等轴测圆:

命令:<等轴测平面 左视>　　　　//按 F5 键转换等轴测平面为左视

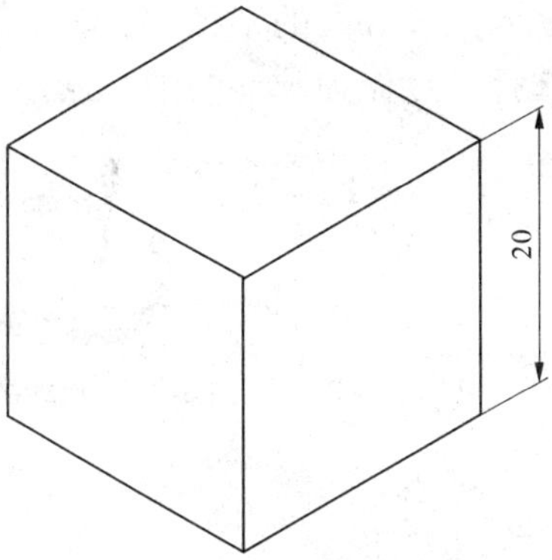

图 3-31 六面体

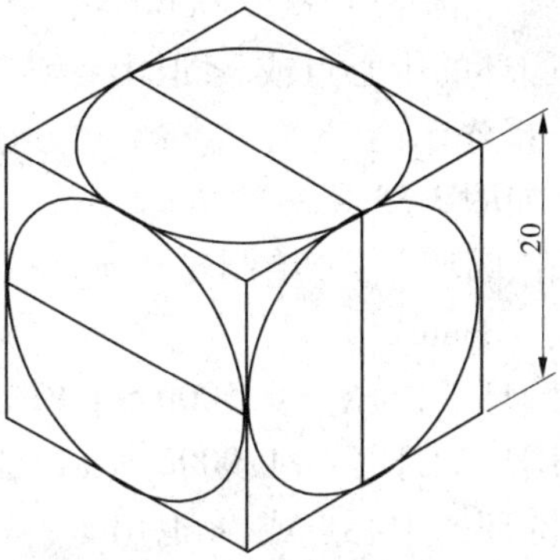

图 3-32 等轴测圆

命令: _ellipse
指定椭圆轴的端点或 [圆弧(A)/中心点(C)/等轴测圆(I)]: i↙
指定等轴测圆的圆心:
指定等轴测圆的半径或 [直径(D)]:10 ↙
③画水平面等轴测圆:
命令: <等轴测平面 俯视> //按 F5 键转换等轴测平面为俯视
命令: _ellipse
指定椭圆轴的端点或 [圆弧(A)/中心点(C)/等轴测圆(I)]: i↙
指定等轴测圆的圆心:
指定等轴测圆的半径或 [直径(D)]: 10 ↙
④画右测面等轴测圆:
命令: <等轴测平面 右视> //按 F5 键转换等轴测平面为右视
命令: _ellipse
指定椭圆轴的端点或 [圆弧(A)/中心点(C)/等轴测圆(I)]: i↙
指定等轴测圆的圆心:
指定等轴测圆的半径或 [直径(D)]:10 ↙

3.4.4 圆环

3.4.4.1 功能

绘制填充环或实体填充圆,即带有宽度的闭合多段线。

3.4.4.2 命令输入

命令:DONUT。

菜单:"绘图"→"圆环"。

工具栏:◎。

3.4.4.3 命令使用

命令: _donut ↙
指定圆环的内径 <10.0000>: 30 ↙ //输入圆环内圆的半径

指定圆环的外径 <20.0000>：50↙　　　　//输入圆环外圆的半径

指定圆环的中心点或 <退出>：　　　　　//选择一点作为圆环的中心点

3.4.4.4　操作示例

绘制如图 3-33 所示的徽标。

图 3-33　圆环的运用

(1)用“圆环”命令绘制轮椅圆环。

命令：_donut

指定圆环的内径 <0.5000>：12↙

指定圆环的外径 <1.0000>：15↙

指定圆环的中心点或 <退出>：

(2)用“多段线”命令绘制人体。

命令：_pline

指定起点：

当前线宽为 2.0000

指定下一个点或［圆弧(A)/半宽(H)/长度(L)/放弃(U)/宽度(W)］：w↙

指定起点宽度 <2.0000>：1.5↙

指定端点宽度 <1.5000>：1.5↙

指定下一个点或［圆弧(A)/半宽(H)/长度(L)/放弃(U)/宽度(W)］：

指定下一点或［圆弧(A)/闭合(C)/半宽(H)/长度(L)/放弃(U)/宽度(W)］：

(3)用“圆环”命令绘制人头。

命令：_donut

指定圆环的内径 <12.0000>：0↙

指定圆环的外径 <15.0000>：3↙

指定圆环的中心点或 <退出>：

3.5　各种曲线

3.5.1　样条曲线

样条曲线是一种通过或接近指定点的拟合曲线，适于表达具有不规则变化曲率半径的曲线。例如，机械图形的剪切面及地形外貌轮廓线等样条曲线是一种通过空间一系列的点生成的光滑曲线。

3.5.1.1　样条曲线的绘制

1. 功能

绘制样条曲线。

2. 命令输入

命令：SPLINE。

菜单：“绘图”→“样条曲线”。

工具栏：~。

3. 命令使用

命令：_spline

指定第一个点或［对象(O)］：

指定下一点：

指定下一点或［闭合(C)/拟合公差(F)］<起点切向>：

指定起点切向：

指定端点切向：

参数说明：

(1)对象(O)：把一条多段线拟合生成样条曲线。

(2)拟合公差(F)：样条曲线与输入点之间所能允许的最大偏移距离。

(3)起点切向：样条曲线起点处的切线方向。

(4)端点切向：样条曲线端点处的切线方向。

注意　绘制样条曲线时，至少需要已知的三个点。

4. 操作示例

通过点A、B、C、D绘制一条曲线(见图3-34)。

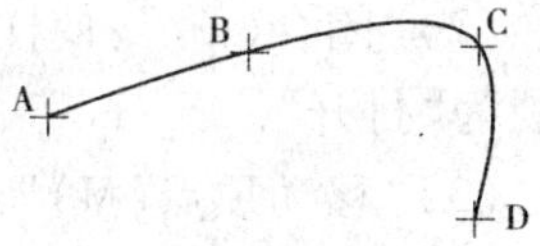

图3-34　样条曲线

命令：_spline

指定第一个点或［对象(O)］：　//选择A点

指定下一点：　(选择B点)

指定下一点或［闭合(C)/拟合公差(F)］<起点切向>：　//选择C点

指定下一点或［闭合(C)/拟合公差(F)］<起点切向>：　//选择D点

指定下一点或［闭合(C)/拟合公差(F)］<起点切向>：↙

指定起点切向：　(指定A点的切线方向)

指定端点切向：　(指定D点的切线方向)

3.5.1.2　样条曲线的编辑

1. 功能

编辑样条曲线或样条曲线拟合多段线。

2. 命令输入

命令：SPLINEDIT。

菜单："修改"→"对象"→"样条曲线"。

工具栏：。

3. 命令使用

命令：splinedit↙

选择样条曲线：　//选择要编辑的样条曲线

输入选项［拟合数据(F)/闭合(C)/移动顶点(M)/精度(R)/反转(E)/放弃(U)］：(输入要修改的参数，然后按回车键)

参数说明：

(1)"拟合数据(F)"：输入"F"按回车键后，系统有以下的命令提示：

命令：_splinedit↙

选择样条曲线:

输入选项[拟合数据(F)/闭合(C)/移动顶点(M)/精度(R)/反转(E)/放弃(U)]: f↙

输入拟合数据选项

[添加(A)/闭合(C)/删除(D)/移动(M)/清理(P)/相切(T)/公差(L)/退出(X)] <退出>:

"添加(A)":在样条线中增加控制点。

"闭合(C)":使样条曲线闭合。

"删除(D)":在样条曲线中删除控制点。

"移动(M)":将控制点进行移动。

"清理(P)":把给样条曲线添加的拟合数据清理掉。

"相切(T)":改变样条曲线起点和端点的切向。

"公差(L)":编辑样条曲线的公差。

"退出(X)":退出对拟合数据的操作。

(2)"闭合(C)":使样条曲线的起点和端点光滑地连接在一起。当样条线闭合时,此选项为"打开"。

(3)"移动顶点(M)":移动在样条曲线上的控制点。

(4)"精度(R)":通过增加控制点、提高阶数和调节权值来调整样条曲线的圆滑度。

(5)"反转(E)":用来反转样条曲线。

(6)"放弃(U)":退出对样条曲线的编辑。

3.5.2 螺旋线

3.5.2.1 功能

创建二维螺旋线或三维弹簧。

3.5.2.2 命令输入

命令:HELIX。

菜单:"绘图"→"螺旋"。

工具栏:。

3.5.2.3 命令使用

命令: _helix

圈数 = 3.0000　　扭曲 = CCW

指定底面的中心点:　　(指定螺旋中心点)

指定底面半径或[直径(D)] <1.0000>:　　//指定底面半径、输入 d 指定直径或按 Enter 键指定默认的底面半径值

指定顶面半径或[直径(D)] <10.0000>:　　//指定顶面半径、输入 d 指定直径或按 Enter 键指定默认的顶面半径值

指定螺旋高度或[轴端点(A)/圈数(T)/圈高(H)/扭曲(W)] <1.0000>:　　//指定螺旋高度或输入选项

参数说明:

(1)直径(底面):指定螺旋底面的直径。

(2)直径(顶面):指定螺旋顶面的直径。

(3)轴端点:指定螺旋轴的端点位置。轴端点可以位于三维空间的任意位置。轴端点定义了螺旋的长度和方向。

(4)圈数:指定螺旋的圈(旋转)数。螺旋的圈数不能超过 500。最初,圈数的默认值为 3。绘制图形时,圈数的默认值始终是先前输入的圈数值。

(5)圈高:指定螺旋内一个完整圈的高度。当指定圈高值时,螺旋中的圈数将相应地自动更新。如果已指定螺旋的圈数,则不能输入圈高的值。如果指定的高度值为 0,则将创建扁平的二维螺旋。

(6)扭曲:指定是以顺时针（CW）方向还是以逆时针（CCW)方向绘制螺旋。螺旋扭曲的默认值是逆时针。

输入螺旋的扭曲方向[顺时针(CW)/逆时针(CCW)] <逆时针>:指定螺旋的扭曲方向。

注意　绘制螺旋线时,最初默认底面半径设置为 1。绘制图形时,底面半径的默认值始终是先前输入的任意实体图元或螺旋的底面半径值。顶面半径的默认值始终是底面半径的值。如果底面半径和顶面半径不一致,则绘制锥形螺旋。底面半径和顶面半径不能都设置为 0。

3.5.2.4　操作示例

绘制如图 3-35 所示的两条螺旋线。过程如下:

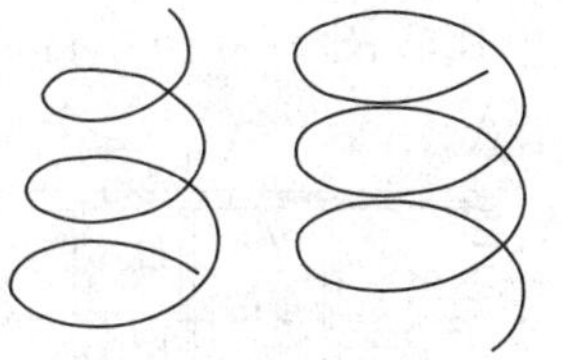

图 3-35　螺旋线

(1)命令: _helix

圈数 = 3.0000　　扭曲 = CCW

指定底面的中心点:

指定底面半径或[直径(D)] <10.0000>: 5↙

指定顶面半径或[直径(D)] <5.0000>:↙

指定螺旋高度或[轴端点(A)/圈数(T)/圈高(H)/扭曲(W)] <3.0000>: 15↙

(2)命令: _helix

圈数 = 3.0000　　扭曲 = CCW

指定底面的中心点:

指定底面半径或[直径(D)] <5.0000>:↙

指定顶面半径或[直径(D)] <5.0000>: 3↙

指定螺旋高度或[轴端点(A)/圈数(T)/圈高(H)/扭曲(W)] <15.0000>: 15↙

注意　在二维草图下绘制的螺旋线,二维观察是看不出其形状的,需进行三维视图。将螺旋用作 SWEEP 命令的扫掠路径可以创建弹簧、螺纹和环形楼梯。

3.5.3　修订云线

3.5.3.1　功能

修订云线是由连续圆弧组成的多段线。用于在检查阶段提醒用户注意图形的某个部分。在检查或用红线圈阅图形时,可以使用修订云线功能亮显标记以提高工作效率。

3.5.3.2　**命令输入**

命令:REVCLOUD。

菜单:"绘图"→"修订云线"。

工具栏:☁。

3.5.3.3　**命令使用**

命令: _revcloud

最小弧长: 15　　最大弧长: 15　　样式: 普通

指定起点或 [弧长(A)/对象(O)/样式(S)] <对象>:

沿云线路径引导十字光标...

反转方向 [是(Y)/否(N)] <否>:↙

修订云线完成。

参数说明:

(1)"弧长(A)":指定云线中弧线的长度,其中有最小弧长和最大弧长之分。

(2)"对象(O)":将一个对象转换为云线。其中要转换的对象的长度应该大于或等于指定的弧长,否则就无法转换。

(3)"样式(S)":确定云线的样式,通过选择圆弧样式 [普通(N)/手绘(C)] 来实现。

3.5.3.4　**操作示例**

比较图 3-36 所示普通云线和手绘云线的区别。

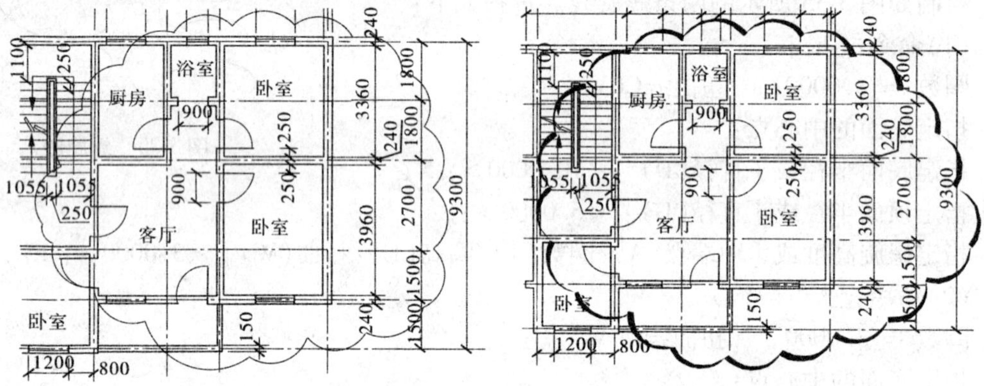

(a)普通云线　　(b)手绘云线

图 3-36　修订云线

注意　利用修订云线命令绘制的对象为多段线。

3.5.4　徒手画线

3.5.4.1　**功能**

创建一系列徒手画线段。

3.5.4.2　**命令输入**

命令:SKETCH。

3.5.4.3 命令使用

命令：SKETCH

记录增量 <1.0000>：

徒手画. 画笔(P)/退出(X)/结束(Q)/记录(R)/删除(E)/连接(C)

参数说明：

(1)记录增量：定义直线段的长度。定点设备移动的距离必须大于记录增量，才能生成线段。

(2)画笔：提笔和落笔。在用定点设备选取菜单项前必须提笔。

(3)退出：记录及报告临时徒手画线段数并结束命令。

(4)结束：放弃从开始调用 SKETCH 命令或上一次使用“记录”选项时所有徒手画的临时线段，并结束命令。

(5)记录：永久记录临时线段且不改变画笔的位置。

(6)删除：删除临时线段的所有部分，如果画笔已落下则提起画笔。

(7)连接：落笔，继续从上次所画的线段的端点或上次删除的线段的端点开始画线。

本章小结

本章主要介绍了 AutoCAD 2010 的基本绘图命令，包括点、直线、构造线、多段线、正多边形、矩形、圆弧、圆、椭圆、各种曲线等图形元素的绘制。通过本章的学习，读者可以进行基本平面图形的绘制。

思考与练习

1. 单项选择题

(1)为了方便地绘制如图 3-37 所示的几何图形，可以(　　)。

A. 动态输入(DYN)　　B. 用极坐标、极轴追踪和对象追踪

C. 用极轴追踪(设置增量角为 18)

D. 用极轴追踪(设置增量角为 18)，并在“草图设置 > 极轴追踪 > 极轴角测量”中选择“相对上一段”

(2)如图 3-38 所示的多边形，未标注边长的边，其边长为(　　)

A. 19.12　　B. 20.00　　C. 143　　D. 没有固定长度

(3)对图形对象进行移动操作时，给定了基点坐标为(90,60)，系统要求给定第二点时输入@，按回车键结束，那么图形对象移动量是(　　)。

A. 图形移动到原点　　B. 90,60　　C. −90, −60　　D. 0,0

(4)在进行移动操作时，选择对象结束后，选择“位移(D)”选项，然后给定坐标(12,15)，则图形对象移动量为(　　)。

A. 图形移动到原点　　B. −12, −15　　C. 12,15　　D. 0,0

(5)图 3-39 中圆弧长度为(　　)。

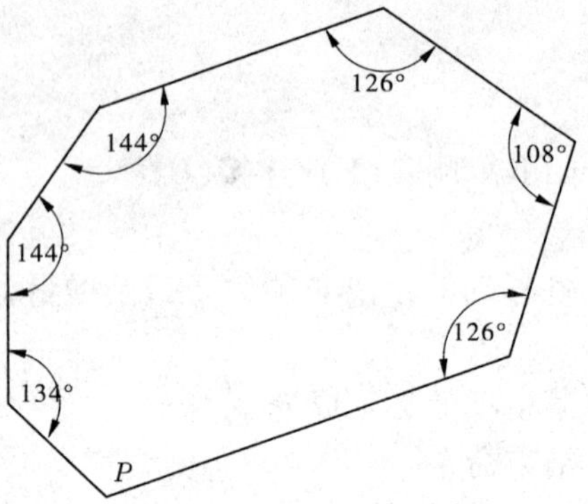

图 3-37

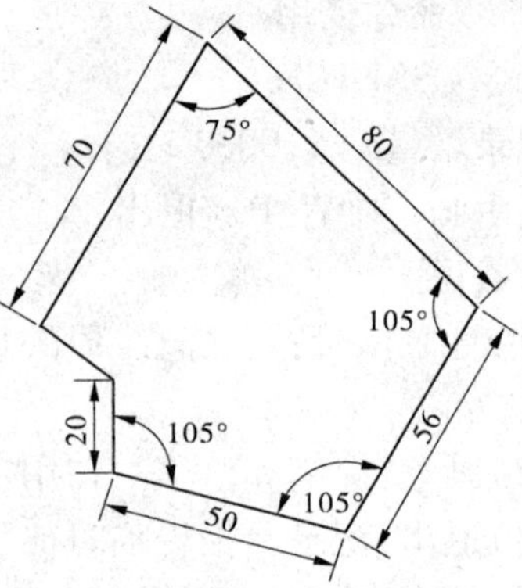

图 3-38

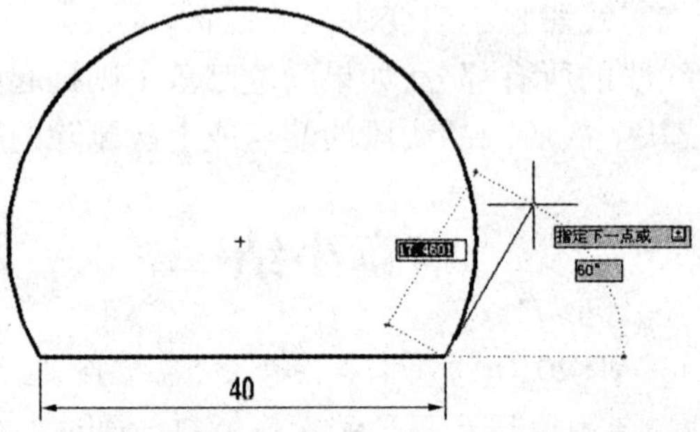

图 3-39　圆弧

A. 96.7360　　B. 23.0940　　C. 48.3680　　D. 不确定

(6) 圆弧的半径为 35，弦长为 60，则其最小弧长为(　　)。

A. 72.08　　B. 118

C. 147.8327　　D. 不存在这样的圆弧

(7) 如果起点为(5,5)，要画出与 X 轴正方向成 30°夹角，长度为 50 的直线段，应输入(　　)。

A. 50,30　　B. @30,50　　C. @50<30　　D. 30,50

(8) 用相对直角坐标绘图时以(　　)为参照点。

A. 上一指定点或位置　B. 坐标原点　　C. 屏幕左下角点　　D. 任意一点

(9) 下面(　　)不可以使用 PLINE 命令来绘制。

A. 直线　　B. 圆弧　　C. 具有宽度的直线　D. 椭圆弧

(10) 应用相切、相切、相切方式画圆时(　　)。

A. 相切的对象必须是直线　　B. 不需要指定圆的半径和圆心

C. 从下拉菜单激活圆命令

D. 不需要指定圆心，但要输入圆的半径

(11) 下列命令中将选定对象的特性应用到其他对象的是(　　)。

A. “夹点”编辑　　B. AutoCAD 设计中心

C. 特性　　D. 特性匹配

(12)在制图中,常使用"绘图"|"圆"命令中的(　　)子命令绘制连接弧。

A. 三点　　B. 相切、相切、半径

C. 相切、相切、相切　　D. 圆心、半径

2. 多项选择题

(1)下面哪些命令可以绘制矩形:(　　)。

A. LINE　　B. PLINE　　C. RECTANG　　D. POLYGON

(2)使用圆心(CEN)捕捉类型可以捕捉到以下哪几种图形的圆心位置:(　　)。

A. 圆　　B. 圆弧　　C. 椭圆　　D. 椭圆弧

(3)执行"特性匹配"命令可将(　　)所有目标对象的颜色修改成源对象的颜色。

A. OLE 对象　　B. 长方体对象　　C. 圆对象　　D. 直线对象

(4)下面关于栅格的说法,哪些是正确的:(　　)。

A. 打开"栅格"模式,可以直观地显示图形的绘制范围和绘图边界。

B. 当捕捉设定的间距与栅格所设定的间距不同时,捕捉也按栅格进行,也就是说,当两者不匹配时,捕捉点也是栅格点。

C. 当捕捉设置的间距与栅格相同时,捕捉就可对屏幕上的栅格点进行。

D. 当栅格过密时,屏幕上将不会显示出栅格,对图形进行局部放大观察时也看不到

(5)在 AutoCAD 中,可以创建打断的对象有圆、直线、射线和以下哪几种对象:(　　)。

A. 圆弧　　B. 构造线　　C. 样条曲线　　D. 多段线

(6)在设置绘图单位时,系统提供的长度单位的类型除了小数,还有(　　)。

A. 分数　　B. 建筑　　C. 工程　　D. 科学

3. 绘图题

(1)练习点坐标输入,绘制图3-40所示图形(注意点顺序:A—B—C—D);练习距离输入,绘制图3-41所示图形。

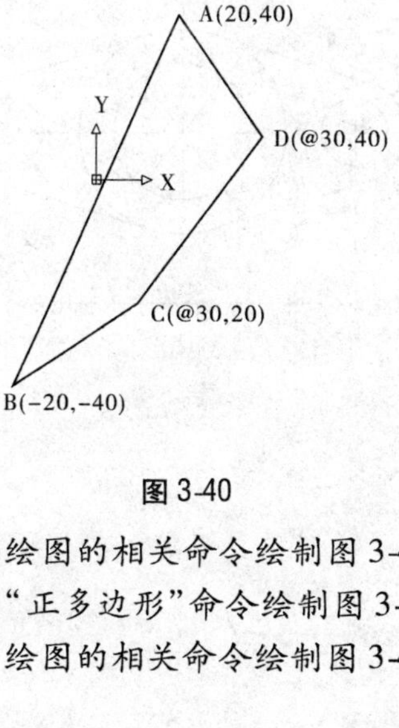

图3-40

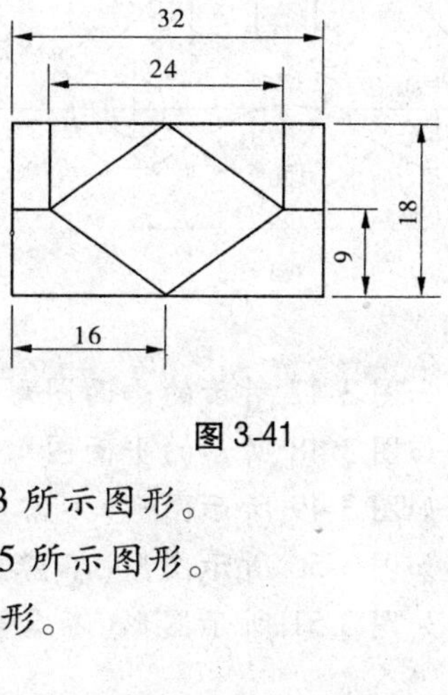

图3-41

(2)利用绘图的相关命令绘制图3-42、图3-43所示图形。

(3)利用"正多边形"命令绘制图3-44、图3-45所示图形。

(4)利用绘图的相关命令绘制图3-46所示图形。

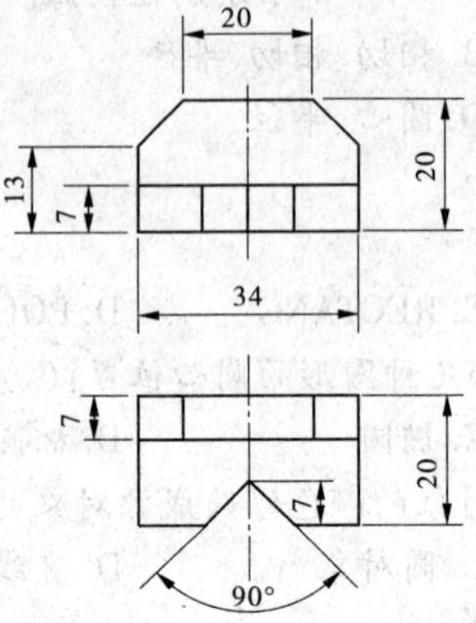

图 3-42

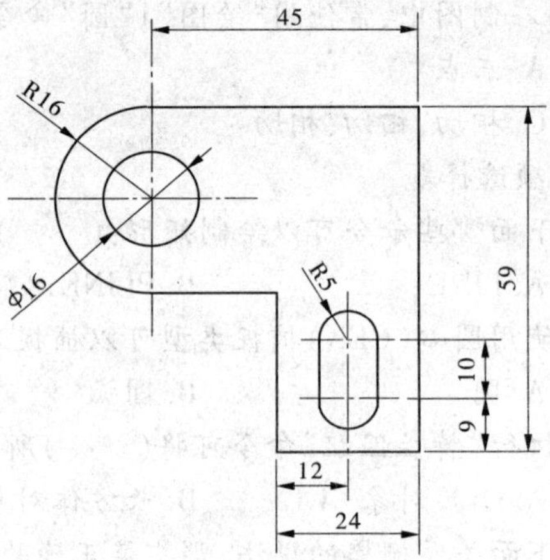

图 3-43

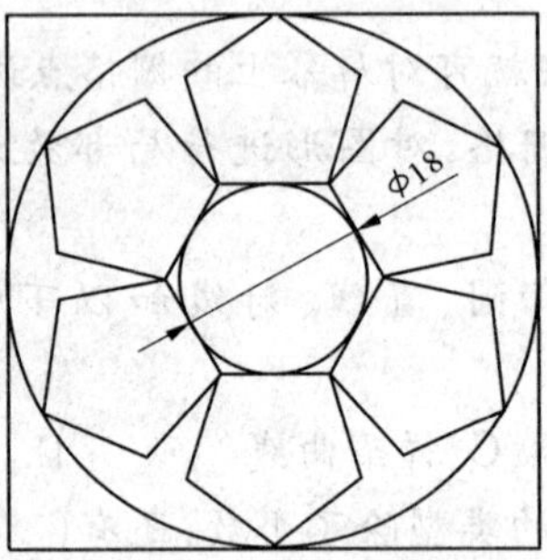

图 3-44

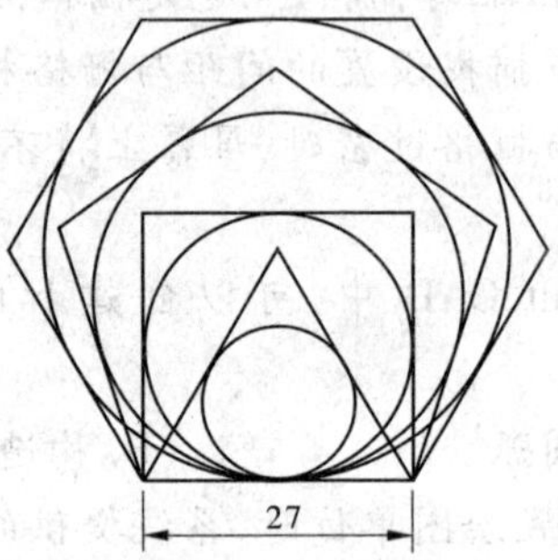

图 3-45

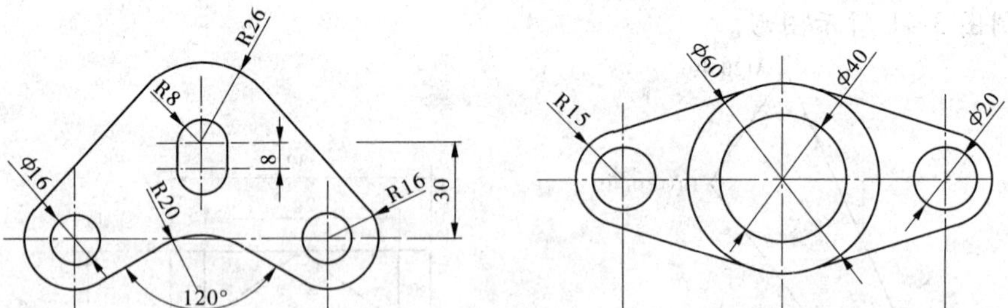

图 3-46

(5)绘制如图 3-47 所示的平面图形。

(6)绘制如图 3-48 所示的平面图形。

(7)绘制如图 3-49 所示图形(不需要标注)。

(8)绘制如图 3-50 所示图形(不需要标注)。

(9)绘制如图 3-51 所示图形(不需要标注)。

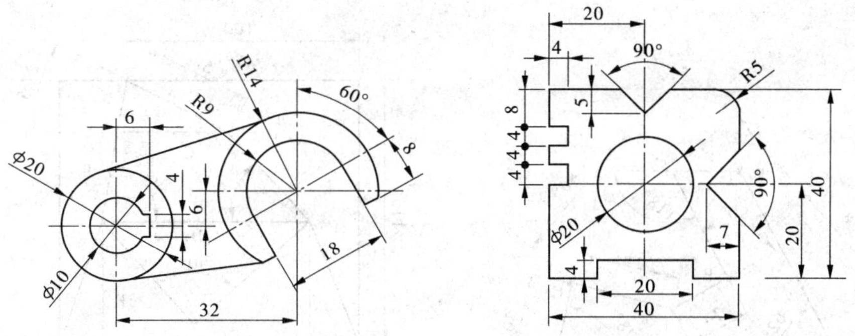

(a)　(b)

图 3-47

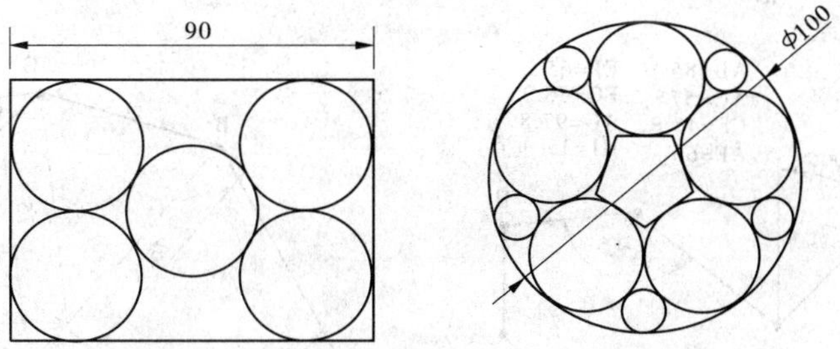

(a)　(b)

图 3-48

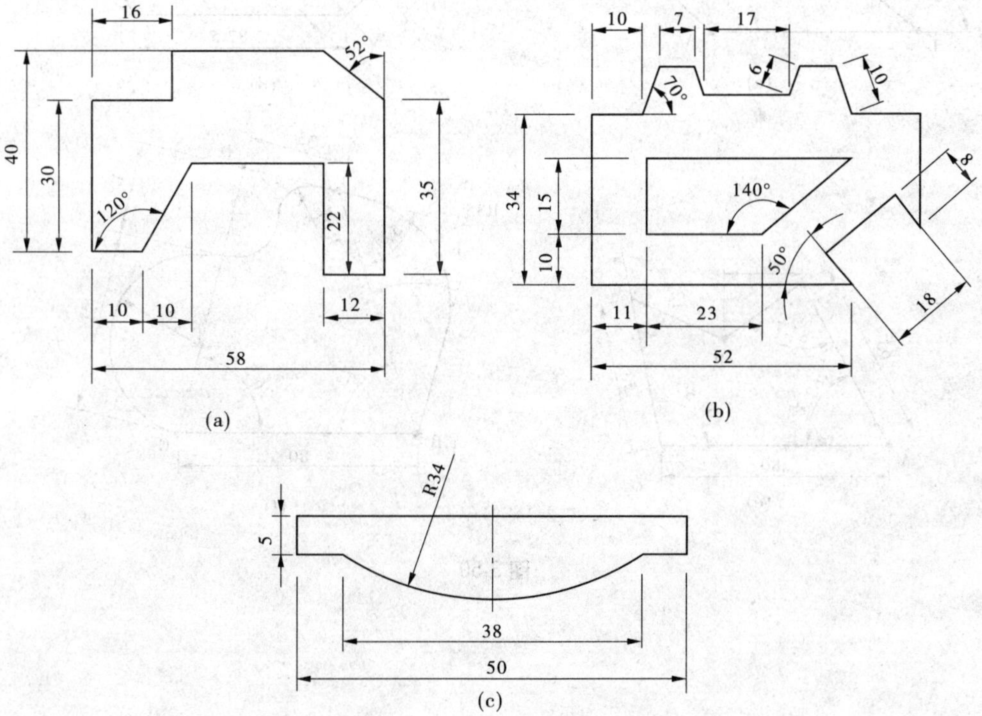

图 3-49

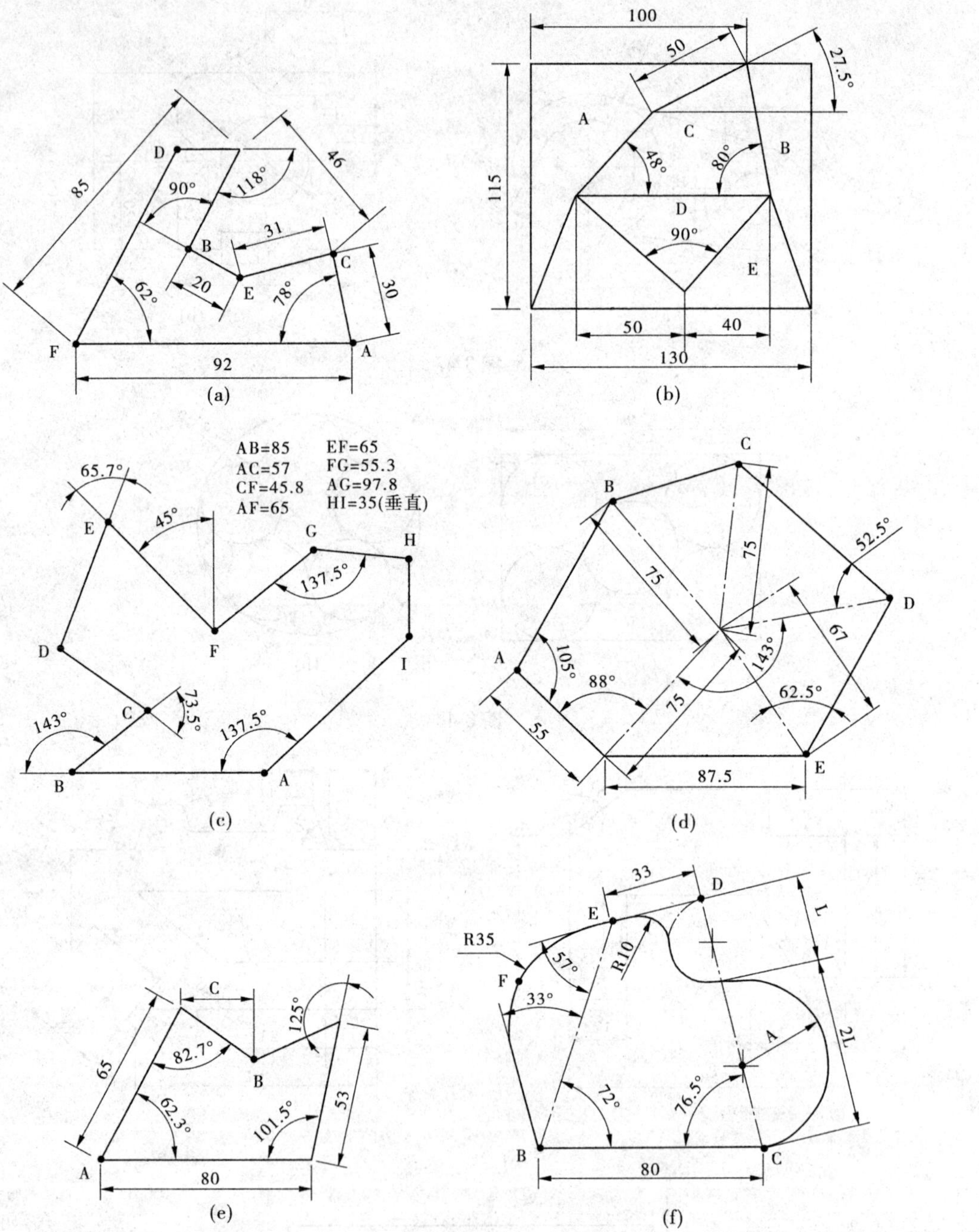
85
46
D
90°
118°
31
B
C
20
E
62°
78°
30
F
A
92
(a)
100
50
27.5°
A
C
B
48°
80°
115
D
90°
E
50
40
130
(b)
AB=85
AC=57
CF=45.8
AF=65
EF=65
FG=55.3
AG=97.8
HI=35(垂直)
65.7°
E
45°
G
H
137.5°
F
D
I
C
73.5°
143°
137.5°
B
A
(c)
C
B
75
75
52.5°
D
67
A
105°
143°
88°
75
62.5°
55
87.5
E
(d)
C
125°
65
82.7°
B
53
62.3°
101.5°
A
80
(e)
33
D
E
L
R35
57°
R10
F
33°
A
2L
72°
76.5°
B
80
C
(f)

图 3-50

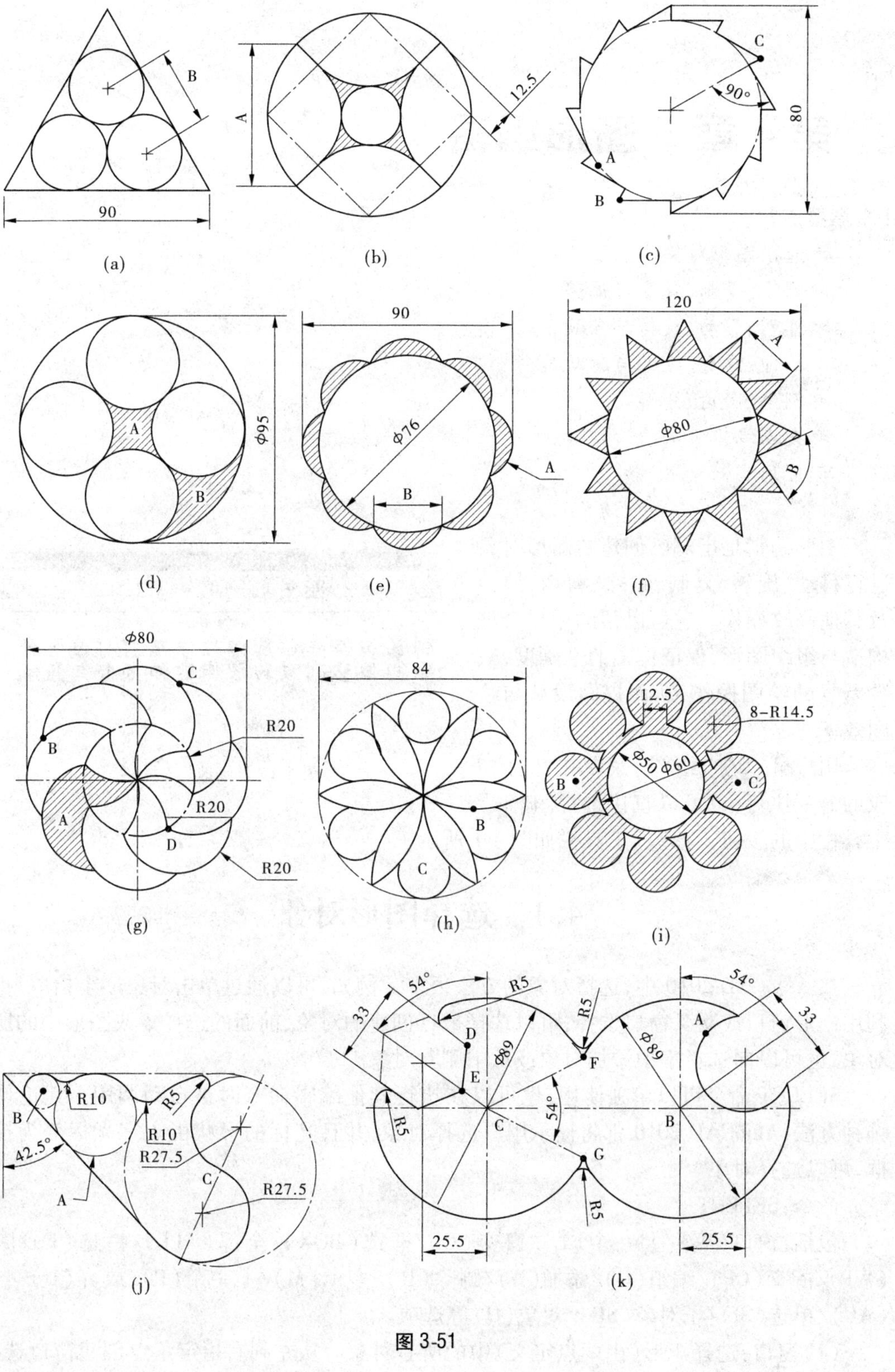
B
90
(a)
A
12.5
(b)
C
90°
80
A
B
(c)
A
B
Φ95
(d)
90
Φ76
B
A
(e)
120
A
Φ80
B
(f)
Φ80
C
B
R20
R20
A
D
R20
(g)
84
B
C
(h)
12.5
8-R14.5
Φ50
Φ60
B
C
(i)
B
R10
R10
R5
R27.5
42.5°
C
R27.5
A
(j)
54°
33
R5
D
E
Φ89
R5
F
54°
C
R5
G
R5
25.5
54°
A
33
Φ89
B
25.5
(k)

图 3-51

第 4 章　图形编辑

【本章要点】

☞选择图形对象
☞删除、复制、镜像与偏移
☞阵列、移动、旋转与缩放
☞拉伸、修剪、延伸与打断
☞倒角、圆角、分解
☞夹点编辑
☞应用实例

图形编辑是指对已创建的图形对象进行移动、旋转、复制、删除、剪切、拉伸及其他修改操作。它可以帮助用户合理构造与组织图形，保证作图的准确度，减少重复的绘图操作，从而提高设计与绘图效率。

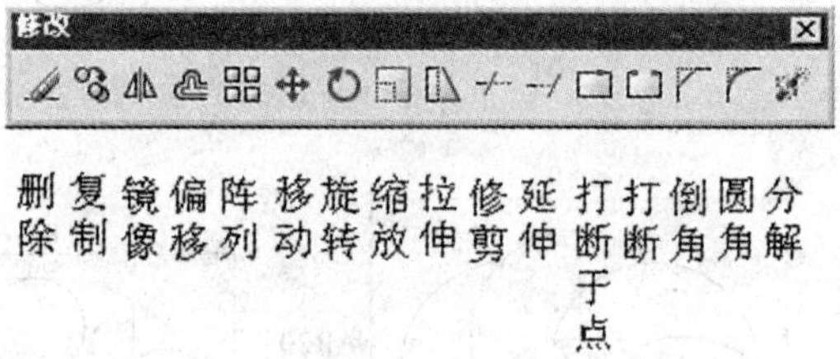

图 4-1　“修改”工具栏

用户可以在“绘图”菜单中选择相应的命令执行，也可以直接选择“修改”工具栏中的按钮，“修改”工具栏如图 4-1 所示。

4.1　选择图形对象

在 AutoCAD 2010 中，选择对象的方法很多。例如，可以通过单击对象逐个拾取，也可利用矩形窗口或交叉窗口选择；可以选择最近创建的对象、前面的选择集或图形中的所有对象，也可以向选择集中添加对象或从中删除对象。

SELECT 命令可以单独使用，也可以在执行其他编辑命令时被自动调用。无论使用哪种方法，AutoCAD 2010 都将提示用户选择对象，并且光标的形状由十字光标变为拾取框，可以选择对象。

命令：SELECT。

包括：窗口（W）/上一个（L）/窗交（C）/框选（BOX）/全部（ALL）/栏选（F）/圈围（WP）/圈交（CP）/编组（G）/添加（A）/删除（R）/多个（M）/上一个（P）/放弃（U）/自动（AU）/单选（SI）/子对象（SU）/对象（O）等选项。

（1）窗口：选择矩形（由两点定义）中的所有对象。从左到右指定角点创建窗口选择。

(从右到左指定角点则创建窗交选择)。

(2)上一个(L):选择最近一次创建的可见对象。对象必须在当前空间(模型空间或图纸空间)中,并且一定不要将对象的图层设置为冻结或关闭状态。

(3)窗交:选择区域(由两点确定)内部或与之相交的所有对象。窗交显示的方框为虚线或高亮度方框,这与窗口选择框不同。从右到左指定角点创建窗交选择(从左到右指定角点则创建窗口选择)。

(4)框选:选择矩形(由两点确定)内部或与之相交的所有对象。如果矩形的点是从右至左指定的,则框选与窗交等效;否则,框选与窗口选择等效。

(5)全部:选择模型空间或当前布局中除冻结图层或锁定图层上的对象外的所有对象。

(6)栏选:选择与选择栏相交的所有对象。栏选方法与圈交方法相似,只是栏选不闭合,并且栏选可以自交。

(7)圈围:选择多边形(通过待选对象周围的点定义)中的所有对象。该多边形可以为任意形状,但不能与自身相交或相切。将绘制多边形的最后一条线段,所以该多边形在任何时候都是闭合的。

(8)圈交:选择多边形(通过在待选对象周围指定点来定义)内部或与之相交的所有对象。该多边形可以为任意形状,但不能与自身相交或相切。将绘制多边形的最后一条线段,所以该多边形在任何时候都是闭合的。

(9)编组:选择指定组中的全部对象。

(10)添加:切换到添加模式,可以使用任何对象选择方法将选定对象添加到选择集中。添加模式为默认模式。

(11)删除:切换到删除模式,可以使用任何对象选择方法从当前选择集中删除对象。删除模式的替换模式是在选择单个对象时按下 Shift 键,或者是使用“自动”选项。

(12)多个:指定多次选择而不高亮显示对象,从而加快对复杂对象的选择过程。如果两次指定相交对象的交点,“多个”也将选中这两个相交对象。

(13)上一个(P):选择最近创建的选择集。从图形中删除对象将清除“上一个”选项设置。

程序将跟踪是在模型空间中还是在图纸空间中指定每个选择集。如果在两个空间中切换将忽略“上一个”选择集。

(14)放弃:放弃选择最近加到选择集中的对象。

(15)自动:切换到自动模式,指向一个对象即可选择该对象。指向对象内部或外部的空白区,将形成框选方法定义的选择框的第一个角点。自动模式为默认模式。

(16)单选:切换到单选模式,选择指定的第一个或第一组对象而不继续提示进一步选择。

(17)子对象:使用户可以逐个选择原始形状,这些形状是复合实体的一部分或三维实体上的顶点、边和面。可以选择这些子对象的其中之一,也可以创建多个子对象的选择集。选择集可以包含多种类型的子对象。

(18)对象:结束选择子对象的功能,使用户可以使用对象选择方法。

注意　SELECT 命令可以单独使用,也可以在执行其他编辑命令时被自动调用。无论使用哪种方法,AutoCAD 2010 都将提示用户选择对象,并且光标的形状由十字光标变为拾取框,可以选择对象。其中下列三种方法最常见。

(1)直接用鼠标选择对象;

(2)窗口选择。从左向右拖动光标,以选择完全位于矩形区域中的对象;

(3)交叉选择。从右向左拖动光标,以选择矩形窗口包围的或相交的对象。

4.2　删除、复制、镜像与偏移

4.2.1　删除

4.2.1.1　功能

删除选中的图形。

4.2.1.2　命令输入

命令:EARSE。

菜单:“修改”→“删除”。

工具栏:。

4.2.1.3　命令使用

执行 EARSE 后,在“选择对象”提示下,使用一种选择方法选择要删除的对象或输入选项:

输入 L(上一个),删除绘制的上一个对象。

输入 P(上一个),删除上一个选择集。

输入 ALL,从图形中删除所有对象。

输入?,查看所有选择方法列表。

按 Enter 键结束命令。

注意　删除时,可以直接使用回车键,也可使用鼠标右键。另外,也可以直接选中删除对象,使用键盘上的 Delete 键。

4.2.2　复制

4.2.2.1　功能

将选中对象复制到指定位置,可作重复复制。

4.2.2.2　命令输入

命令:COPY。

菜单:“修改”→“复制”。

工具栏:。

4.2.2.3　命令使用

命令:_copy

选择对象:找到 1 个　　(可以同时选择多个对象)

选择对象：

当前设置：复制模式 = 多个

指定基点或[位移(D)/模式(O)] <位移>：指定第二个点或<使用第一个点作为位移>：　（可以指定两个基点或位移作为复制对象和源对象的距离）

参数说明：

(1)"指定基点"：复制对象时的基准点。

(2)"位移"：复制对象时，对象所要偏移的距离。

(3)"模式"：如果当前模式为"复制模式 = 多个"，那么

指定基点或[位移(D)/模式(O)] <位移>：o　（转换复制模式）

输入复制模式选项[单个(S)/多个(M)] <多个>：s　（转换模式为单个复制）

指定基点或[位移(D)/模式(O)/多个(M)] <位移>：m　（转换模式为多个复制）

输入 M 可以对所选目标进行多次复制，如图 4-2 所示。

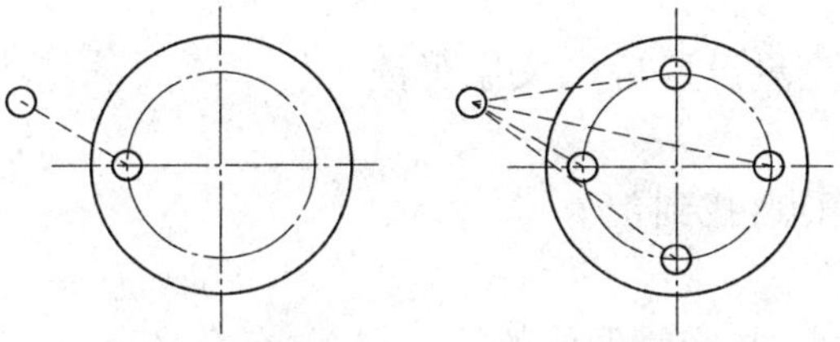

(a)单一复制　(b)重复复制

图 4-2　复制命令示例

注意　复制对象时，一次可以复制一个几何元素，也可以复制整个图形。

4.2.3　镜像

4.2.3.1　功能

将选中对象镜像复制，主要用于对称图形的绘制。

4.2.3.2　命令输入

命令：MIRROR。

菜单："修改"→"镜像"。

工具栏：。

4.2.3.3　命令使用

命令：_mirror

选择对象：指定对角点：找到 7 个

选择对象：

指定镜像线的第一点：指定镜像线的第二点：　//选择镜像线上的两点（如图 4-3 所示）

是否删除源对象？[是(Y)/否(N)] <N>：

(1)输入 Y，则将删除原有的图形，只保留镜像后的图形。

(2)输入 N，则保留所有图形，不删除源对象。

图 4-3　镜像命令示例

注意　在默认情况下,镜像文字、属性和属性定义时,它们在镜像图像中不会反转或倒置。文字的对齐和对正方式在镜像对象前后相同。如果确实要反转文字,请将 MIRRTEXT系统变量设置为 1,否则设置为 0。MIRRTEXT 会影响使用 TEXT、ATTDEF 或 MTEXT 命令、属性定义和变量属性创建的文字。镜像插入块时,作为插入块一部分的文字和常量属性都将被反转,而不管 MIRRTEXT 设置。

4.2.3.4　操作示例

将图 4-4 进行镜像。

(1)将 MIRRTEXT 变量设置为 0,文字可读。

命令:_mirror

选择对象:指定对角点:找到 4 个

选择对象:

指定镜像线的第一点:指定镜像线的第二点: <正交 开>

是否删除源对象?[是(Y)/否(N)] <N>:↙

结果如图 4-5 所示。

(2)将 MIRRTEXT 变量设置为 1,文字不可读。

命令:mirrtext

输入 MIRRTEXT 的新值 <0>:1

命令:_mirror

选择对象:指定对角点:找到 4 个

选择对象:

指定镜像线的第一点:指定镜像线的第二点:

要删除源对象吗?[是(Y)/否(N)] <N>:

结果如图 4-6 所示。

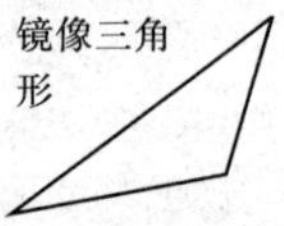

图 4-4　源图形

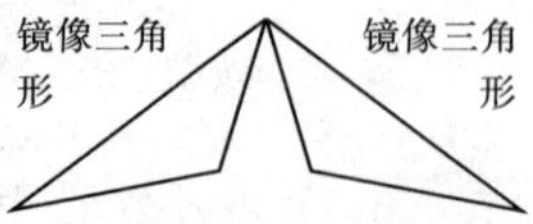

图 4-5　镜像图形

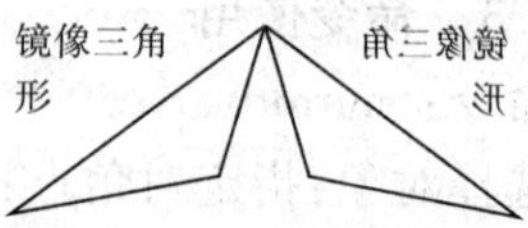

图 4-6　镜像图形

4.2.4　偏移

4.2.4.1　功能

对一个选择的图形实体生成等距线。

4.2.4.2 命令输入

命令:OFFSET。

菜单:“修改”→“偏移”。

工具栏:。

4.2.4.3 命令使用

命令:_offset

当前设置:删除源 = 否　图层 = 源　OFFSETGAPTYPE = 0

指定偏移距离或[通过(T)/删除(E)/图层(L)] <通过>:5↙　（输入要偏移的距离）

选择要偏移的对象,或[退出(E)/放弃(U)] <退出>:　（指定要偏移的对象）

指定要偏移的那一侧上的点,或[退出(E)/多个(M)/放弃(U)] <退出>:　（指定要偏移的对象偏向的一侧）

参数说明:

(1)“通过(T)”:输入“T”后按回车键,系统有如下的命令提示:

命令:_offset

指定偏移距离或[通过(T)] <10.0000>:t↙

选择要偏移的对象或 <退出>:

指定通过点:　（选择一个点作为偏移对象的通过点）

选择要偏移的对象或 <退出>:

(2)“删除(E)”:输入“E”后按回车键,系统有如下的命令提示:

命令:_offset

当前设置:删除源 = 否　图层 = 源　OFFSETGAPTYPE = 0

指定偏移距离或[通过(T)/删除(E)/图层(L)] <通过>:e↙

要在偏移后删除源对象吗? [是(Y)/否(N)] <否>:y↙　（偏移时是否删除源对象）

指定偏移距离或[通过(T)/删除(E)/图层(L)] <通过>:5↙

选择要偏移的对象,或[退出(E)/放弃(U)] <退出>:

指定要偏移的那一侧上的点,或[退出(E)/多个(M)/放弃(U)] <退出>:

(3)“图层(L)”:输入“L”后按回车键,系统有如下的命令提示:

命令:_offset

当前设置:删除源 = 是　图层 = 源　OFFSETGAPTYPE = 0

指定偏移距离或[通过(T)/删除(E)/图层(L)] <5.0000>:l↙

输入偏移对象的图层选项[当前(C)/源(S)] <源>:c↙　（偏移时是否改变源对象的图层特性）

指定偏移距离或[通过(T)/删除(E)/图层(L)] <5.0000>:5↙

选择要偏移的对象,或[退出(E)/放弃(U)] <退出>:

指定要偏移的那一侧上的点,或[退出(E)/多个(M)/放弃(U)] <退出>:

选择要偏移的对象,或[退出(E)/放弃(U)] <退出>:

4.2.4.4　操作示例

绘制一组间距为 5 的同心圆、平行线和任意曲线，如图 4-7、图 4-8 所示。（步骤略）

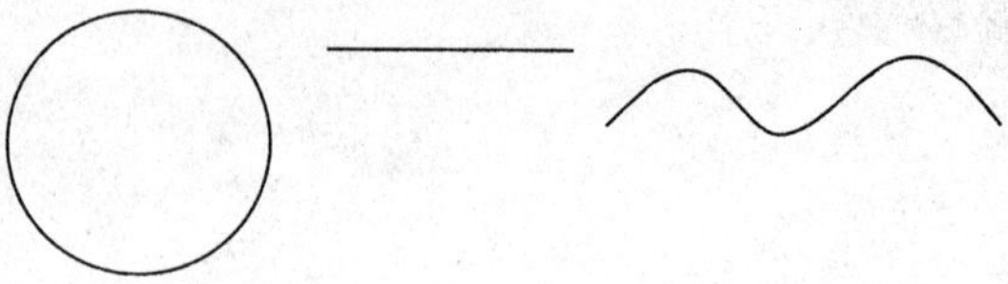

图 4-7　源对象

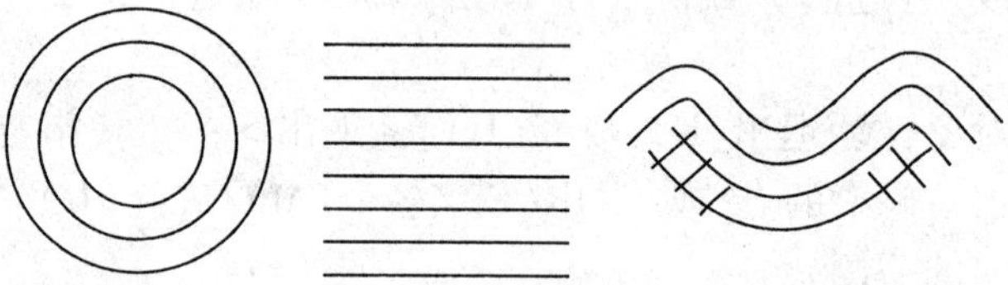

图 4-8　偏移对象

注意　偏移曲线时，注意曲线的弯曲程度。超过弯曲极限时，一部分曲线则不会偏移。

4.3　阵列、移动、旋转与缩放

4.3.1　阵列

4.3.1.1　功能

将选定对象按矩形或环形阵列进行多重复制。

4.3.1.2　命令输入

命令：ARRAY。

菜单："修改"→"阵列"。

工具栏：。

4.3.1.3　命令使用

输入命令或单击工具栏中的阵列图标后，弹出"阵列"对话框，在该对话框中设置矩形或环形阵列的相关参数。

1. 矩形阵列

矩形阵列是指将选定对象按指定的行数和列数进行多重复制。如图 4-9 所示将小圆按照 4 行 4 列的方式进行矩形阵列。在图 4-10 所示的"阵列"对话框中进行设置。

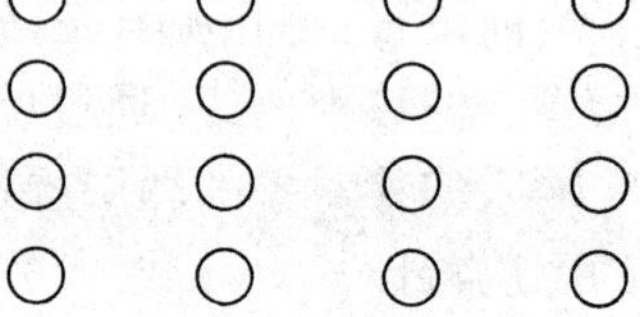

图 4-9　矩形阵列示例

参数说明：

(1)"行"、"列"：输入矩形阵列的行数和列数。

(2)"行偏移"、"列偏移"：确定矩形阵列中的行间距和列间距。注意，当输入正值和

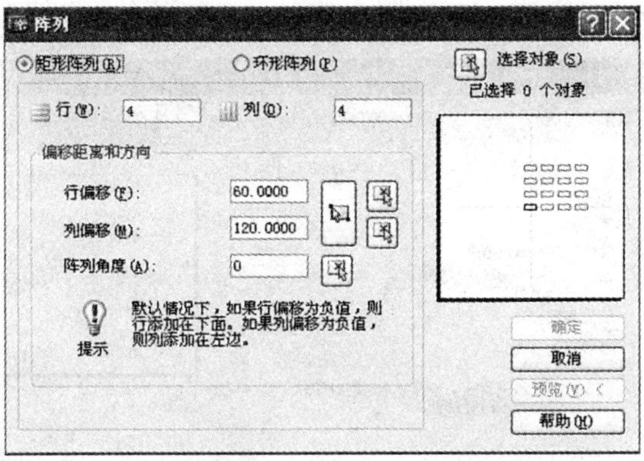

图 4-10 “阵列”对话框

负值时，添加对象的方向不同。

(3)“阵列角度”：确定矩形阵列的角度，正值为逆时针旋转，负值为顺时针旋转。

(4)“选择对象”按钮：用于选择要阵列的对象。点击该按钮后，系统又回到绘图界面，进行选择对象。

创建矩形阵列的步骤如下：

(1)在如图 4-10 所示“阵列”对话框中选取“矩形阵列”；

(2)单击“选择对象”按钮，则“阵列”对话框自动隐藏，提示选择操作对象；

(3)选择图 4-9 中要创建阵列的对象(左下角小圆)，按回车键确定，重新回到“阵列”对话框；

(4)在“行”和“列”文本框中，分别输入“4”和“4”；

(5)在“行偏移”和“列偏移”文本框中，输入行间距和列间距数值；也可单击“拾取两个偏移”按钮，直接捕捉其中一个单元方框的对角点来指定行间距和列间距；

(6)输入阵列角度为 0；

(7)选择“确定”，则创建如图 4-9 所示的矩形阵列。

2. 环形阵列

环形阵列是指将选定对象绕指定的中心点旋转并多重复制。如图 4-11 所示，将三角形绕圆心进行环形阵列。在图 4-12 所示的“阵列”对话框中进行设置。

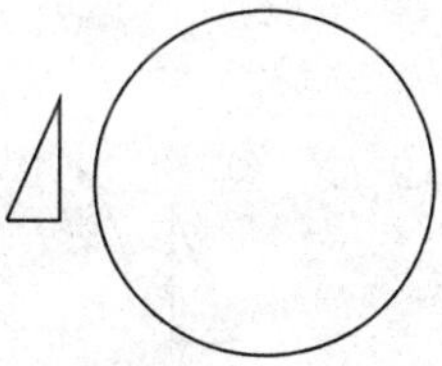

图 4-11 环形阵列示例

参数说明：

(1)“中心点”：输入或选择环形阵列的中心点。

(2)“方法”：有三种方法可以选择，即项目总数和填充角度、项目总数和项目间角度、填充角度和项目间角度。

(3)“项目总数”、“填充角度”、“项目间角度”：是环形阵列的三个参数，根据选择的方法不同，系统只要求确定其中的两个即可，项目总数只能输入，而填充角度和项目间角度可以输入，也可以在屏幕上指定。

(4)“复制时旋转项目”：控制阵列时对象是否旋转。

创建环形阵列的步骤如下：

（1）在如图 4-12 所示“阵列”对话框中选取“环形阵列”。

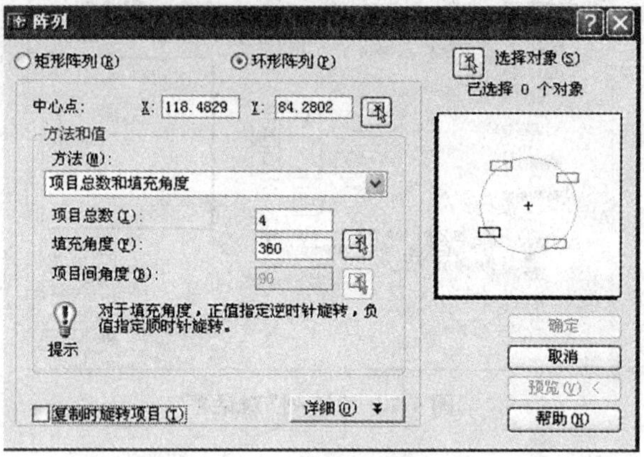

图 4-12　“阵列”对话框

（2）点击“选择对象”按钮，则“阵列”对话框自动隐藏，提示选择操作对象。

（3）选择图 4-11 中要创建阵列的对象（三角形），按回车键确定，重新回到“阵列”对话框。

（4）点击“拾取中心点”按钮，则“阵列”对话框自动隐藏；捕捉圆心，“阵列”对话框重新弹出。

（5）设置“项目总数”文本框值为“4”。

（6）设置“填充角度”文本框值为“360”。

（7）勾选“复制时旋转项目”，按“确定”，则得到如图 4-13 所示图形。若不勾选，则阵列时图形不旋转，得到如图 4-14 所示图形。

图 4-13　环形阵列旋转

图 4-14　环形阵列不旋转

注意　在矩形阵列中，输入的行间距为正值时，向对象的上方阵列；输入的行间距为负值时，向对象的下方阵列。而输入的列间距为正值时，向对象的右边阵列；输入的列间距为负值时，向对象的左边阵列。

4.3.1.4　操作示例

将如图 4-15 所示的椅子进行矩形阵列（见图 4-16）和环形阵列（见图 4-17）。

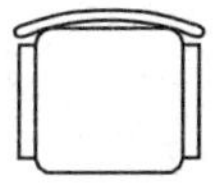

图 4-15　椅子

图 4-16　矩形阵列椅子

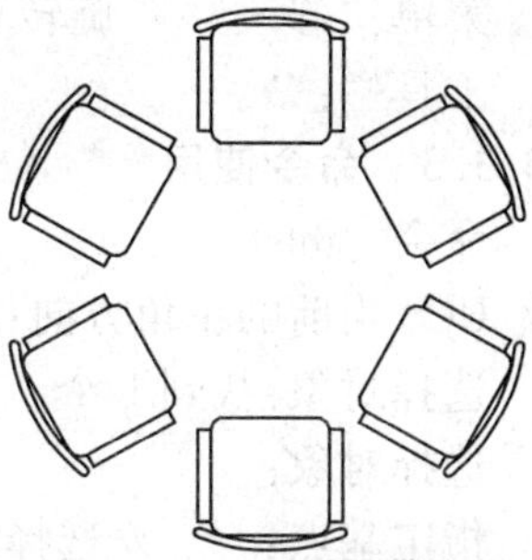

图 4-17　环形阵列椅子

4.3.2　移动

4.3.2.1　功能

将图形实体从一个位置移动到另一个位置。

4.3.2.2　命令输入

命令:MOVE。

菜单:“修改”→“移动”。

工具栏:。

4.3.2.3　命令使用

命令:_move

选择对象:找到 1 个

选择对象:

指定基点或位移:指定位移的第二点或 <用第一点作位移>:　　(如图 4-18 所示)

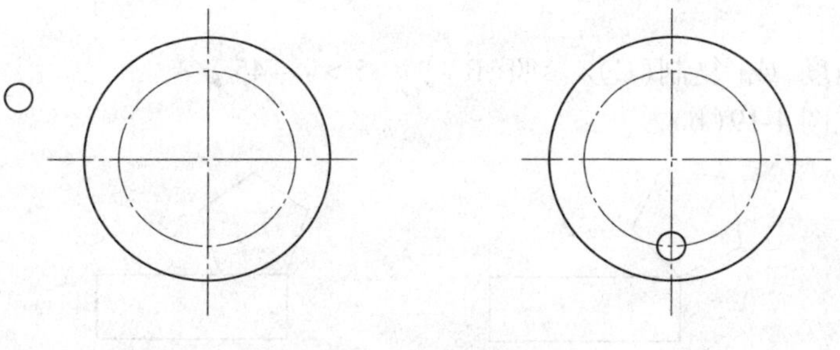

图 4-18　移动命令示例

注意　图形或几何元素经过移动后,源对象就不会存在了,它被移动到一个新的位置。它与“复制”有相同地方,但也有区别。

4.3.3　旋转

4.3.3.1　功能

将所选对象绕指定点(称为旋转基点)旋转指定角度。

4.3.3.2　命令输入

命令:ROTATE。

菜单:“修改”→“旋转”。

工具栏:O。

4.3.3.3 命令使用

命令:_rotate

UCS 当前的正角方向:ANGDIR = 逆时针　ANGBASE = 0

选择对象:找到 1 个

选择对象:

指定基点:　//选择旋转中心

指定旋转角度,或[复制(C)/参照(R)] <0>:　//输入正值按逆时针旋转,输入负值按顺时针旋转

参数说明:

(1)“复制(C)”:输入“C”按回车键后,可以将源对象复制一份旋转到指定的角度,而原对象还在原来的位置。

(2)“参照(R)”:输入“R”按回车键后,命令行要求输入一个参照角度值和一个新角度值。而对象最终旋转的角度是新角度减去参照角度。

注意　在应用“旋转”命令时要注意 ANGDIR 的取值,当 ANGDIR 的值是 0 时,输入正值按逆时针旋转;当 ANGDIR 的值是 1 时,输入正值按顺时针旋转。

4.3.3.4 操作示例

将图 4-19(a)中的正多边形旋转 -45°。

命令:_rotate

UCS 当前的正角方向:ANGDIR = 逆时针　ANGBASE = 0

选择对象:指定对角点:找到 5 个

选择对象:

指定基点:

指定旋转角度,或[复制(C)/参照(R)] <45>: -45↙

旋转结果见图 4-19(b)。

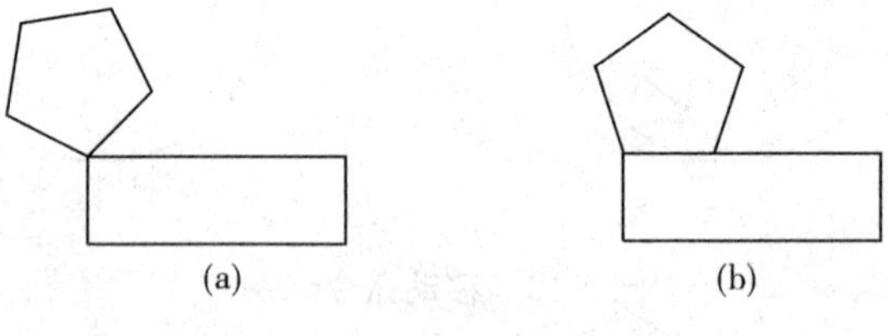

图 4-19　旋转命令示例

4.3.4 缩放

4.3.4.1 功能

将选择对象按指定的比例相对于指定的基点放大或缩小。

4.3.4.2 命令输入

命令:SCALE。

菜单:“修改”→“缩放”。

工具栏:□。

4.3.4.3　命令使用

命令:_scale

选择对象:指定对角点:找到 2 个　　//选择所要缩放的对象

选择对象:

指定基点:　（选择一点作为缩放的基点）

指定比例因子或[复制(C)/参照(R)] <1.0000 >:　　//输入缩放的比例因子或用参照方式进行缩放

参数说明:

(1)“指定基点”:指定比例缩放的中心。

(2)“指定比例因子”:指定缩放的比例,小于 1 为缩小,大于 1 为放大。

(3)“复制(C)”:在源对象不删除的情况下,重新复制一个对象进行缩放。

(4)“参照(R)”:用参考值作为比例因子缩放操作对象。执行该选项后,系统会继续提示:“指定参照长度 <1.0000 >:”,指定参照长度,默认值是 1。在此提示下如果指定一点,系统提示指定第二点,则两点之间决定一个长度;系统又提示:“指定新长度:”,则由新长度值与前一长度值之间的比值决定缩放的比例因子。此外,也可以在指定参考长度的提示下键入参考长度值,系统会继续提示指定新长度,则由参考长度和新长度的比值决定缩放的比例因子。此功能意义非凡,可参考下面示例。

注意　缩放命令是改变图形的实际尺寸,而不是改变图形在屏幕上的显示大小。经过比例缩放过的图形,因它的实际大小发生了变化,因此在标注尺寸时应注意设置尺寸标注的样式。另外,输入的比例因子均为正值,大于 1 时为放大,小于 1 时为缩小。

4.3.4.4　操作示例

绘制如图 4-20 所示的平面图形。

(1)任意画一个长:宽 =2:1的矩形,如长 40,宽 20;

(2)以矩形中心为圆心,画一个矩形外接圆;

(3)“参照”直径缩放矩形和圆,步骤如下:

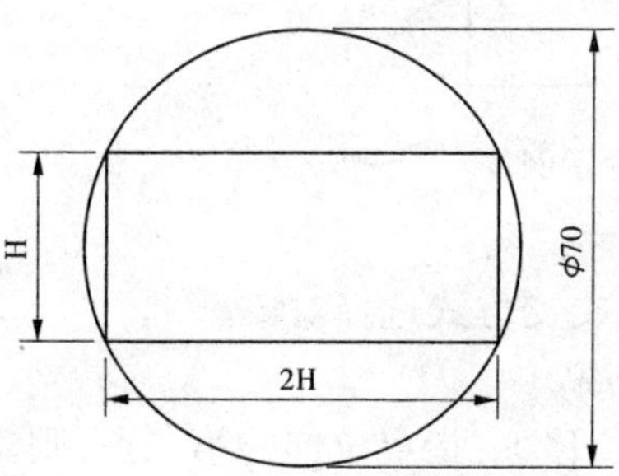

图 4-20　已知图形

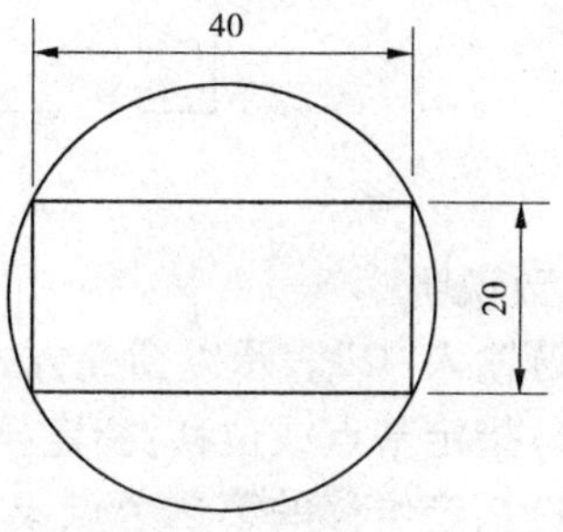

图 4-21　任意绘制矩形和圆

命令:_scale　　//点击缩放命令

选择对象:指定对角点:找到 4 个　　//选择矩形和圆

选择对象:

指定基点:　//选择圆的圆心为基点

指定比例因子或[复制(C)/参照(R)]<1.0000>:r↙　　//输入参照选项,回车

指定参照长度<1.0000>:指定第二点:　　//点击圆心为第一参照点,点击圆周任意象限点为第二参照点

指定新的长度或[点(P)]<1.0000>:35↙　　//输入圆的半径为 35,回车

4.4　拉伸、修剪、延伸与打断

4.4.1　拉伸

4.4.1.1　**功能**

将选中的一部分图形进行移动,图形的其余部分位置不变;中间连接图形不会断开,但边界部分的图形将产生拉伸或压缩变形。

4.4.1.2　**命令输入**

命令:STRETCH。

菜单:"修改"→"拉伸"。

工具栏:。

4.4.1.3　**命令使用**

命令:_stretch

以交叉窗口或交叉多边形选择要拉伸的对象...

选择对象:C

指定第一个角点:指定对角点:找到 4 个

选择对象:

指定基点或位移:

指定位移的第二个点或<用第一个点作位移>:　（如图 4-22 所示）

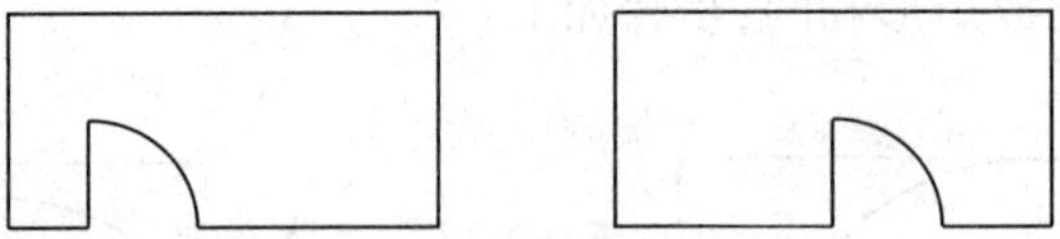

图 4-22　拉伸命令示例

参数说明:

(1)输入"C"表示以窗交方式,输入"CP"表示交交方式选择对象。

(2)指定基点或位移:指定拉伸基点或拉伸距离。

(3)指定位移的第二个点或<用第一个点作位移>:指定拉伸的第二点,则由基点与第二点决定拉伸距离。

注意　拉伸仅拉伸交叉窗口部分包围的对象。而移动(不是拉伸)则移动完全包含在交叉窗口中的对象或单独选定的对象。若干对象(例如圆、椭圆和块)无法拉伸。

拉伸仅移动位于窗交选择内的顶点和端点，不更改那些位于窗交选择外的顶点和端点。拉伸不修改三维实体、多段线宽度、切向或者曲线拟合的信息。

一般采用虚线框的选择模式（窗交选择）来选择对象。

4.4.2 修剪

4.4.2.1 功能

用指定图线（剪切边）修剪指定对象。

4.4.2.2 命令输入

命令：TRIM。

菜单："修改"→"修剪"。

工具栏：-/--。

4.4.2.3 命令使用

命令：_trim

当前设置：投影 = UCS，边 = 无

选择剪切边...

选择对象或 < 全部选择 >：找到 1 个　　//选择要剪切对象的边界

选择对象：

选择要修剪的对象，或按住 Shift 键选择要延伸的对象，或

[栏选(F)/窗交(C)/投影(P)/边(E)/删除(R)/放弃(U)]：指定对角点：

选择要修剪的对象，或按住 Shift 键选择要延伸的对象，或

[栏选(F)/窗交(C)/投影(P)/边(E)/删除(R)/放弃(U)]：

参数说明：

(1)"栏选(F)"：用栏选方式选择要修剪的对象。

(2)"窗交(C)"：用窗交方式选择要修剪的对象。

(3)"投影(P)"：输入"P"后回车，系统有如下的命令提示：

选择要修剪的对象或[投影(P)/边(E)/放弃(U)]：p↙

输入投影选项[无(N)/UCS(U)/视图(V)] < UCS >：　　//确定在哪个绘图环境中进行修剪

(4)"边(E)"：输入"E"后回车，系统有如下的命令提示：

选择要修剪的对象或[投影(P)/边(E)/放弃(U)]：e↙

输入隐含边延伸模式[延伸(E)/不延伸(N)] < 不延伸 >：e↙

选择要修剪的对象或[投影(P)/边(E)/放弃(U)]：

"延伸"：按延伸的方式剪切。即如果剪切边太短，未与被剪切边相交，则系统会假想将剪切边延长至与被剪切边相交，然后再进行剪切。

"不延伸"：按实际位置、长度进行剪切，未相交的边不会产生剪切效果。

(5)"放弃(U)"：退出操作过程。

"指定对角点"：指定窗交选择的第一个对角点。

注意　执行修剪命令时，先选择的是修剪边界，确认后，选择的才是要修剪的对象。一定要注意执行命令过程中，点击左右键的顺序。

同一对象既可作剪切边，也可同时被选作被剪切边。当剪切对象较多时，可同时选中多个对象，相互作为剪切边和被剪切边，以提高剪切速度。

4.4.2.4 操作示例

修剪图 4-23(a)中多余的线，结果如图 4-23(b)、(c)所示，步骤略。

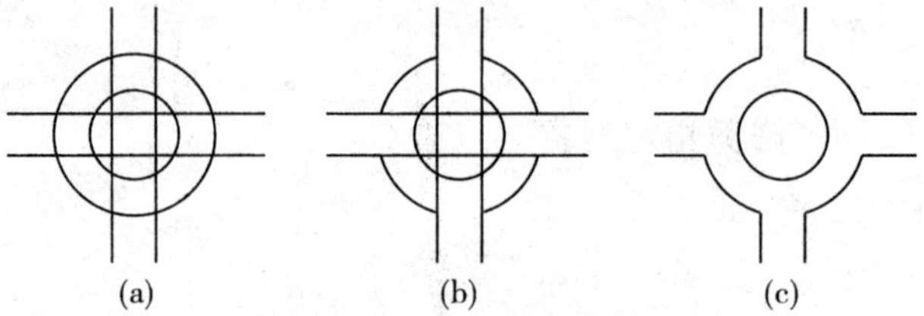

图 4-23 修剪命令示例

4.4.3 延伸

4.4.3.1 功能

延长指定的对象，使其达到图中指定的边界。

4.4.3.2 命令输入

命令：EXTEND。

菜单："修改"→"延伸"。

工具栏：。

4.4.3.3 命令使用

命令：_extend

当前设置：投影 = UCS，边 = 无

选择边界的边...

选择对象或 <全部选择>：指定对角点：找到 2 个　　//选择要延伸到的边界对象

选择对象：　（单击右键确认）

选择要延伸的对象，或按住 Shift 键选择要修剪的对象，或

[栏选(F)/窗交(C)/投影(P)/边(E)/放弃(U)]：

参数说明：与修剪中的参数类似。

4.4.3.4 操作示例

延伸图 4-24(a)中不足的线，结果如图 4-24(b)所示，步骤略。

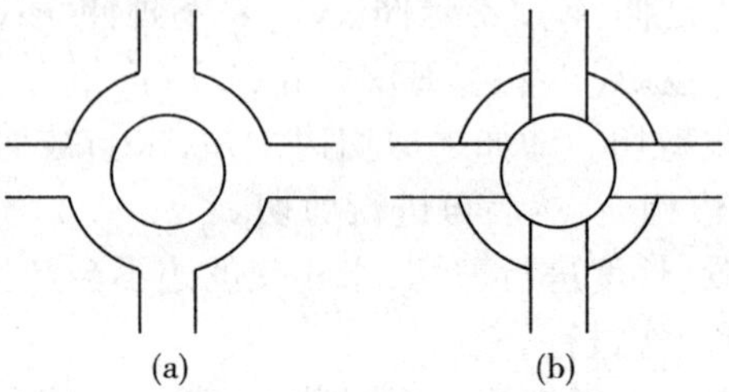

图 4-24 延伸命令示例

4.4.4 打断

4.4.4.1 功能

将选择的对象切断，或者切掉对象中的一部分。

4.4.4.2 命令输入

命令：BREAK。

菜单："修改"→"打断"。

工具栏：和。

4.4.4.3 命令使用

命令：_break 选择对象：

指定第二个打断点或[第一点(F)]：f

指定第一个打断点：

指定第二个打断点： （如图 4-25 所示）

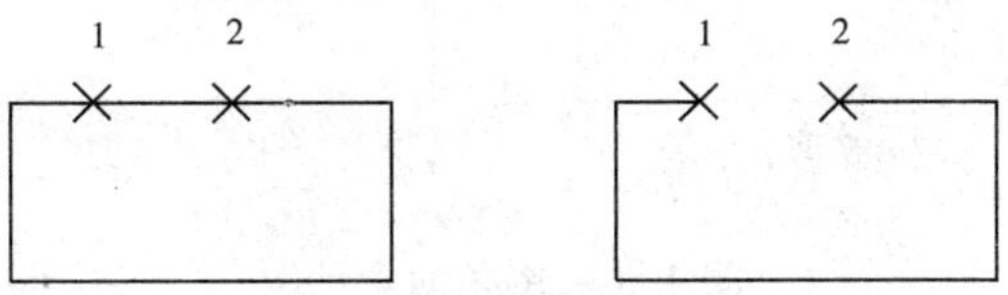

图 4-25 打断命令示例

执行"打断"命令时，其打断点的选取有以下几种情况：

(1)直接拾取的点作为第一个打断点，然后选择第二个打断点。即在"选择对象"操作时所选中的点默认为第一个打断点。

(2)直接拾取的点作为第一个打断点，而第二个打断点与第一个打断点重合。此时输入符号"@"来确认一、二两点重合。

(3)在"选取对象"操作时所拾取的点不作为第一个打断点，而重新确定第一、第二打断点。此时必须在要求"指定第二个打断点或[第一点(F)]："时，输入选项"F"并根据后续提示来重新指定第一、第二个打断点。

(4)不论第一个打断点以何种方式确定，均可在要求指定第二个打断点时输入符号"@"以确定第二点同第一点重合，此时对象在打断点处被切断(一分为二)。

(5)如果第二个打断点选取在对象外部，则对象的该端被切掉。

注意 在打断圆时，注意被切掉部分是从第一个打断点起，按逆时针方向到第二个打断点之间的部分。所以，在打断圆时，必须注意选取第一、第二个打断点的顺序。

4.5 倒角、圆角、分解

4.5.1 倒角

4.5.1.1 功能

对两条不平行的直线边倒棱角。

4.5.1.2 **命令输入**

命令:CHAMFER。

菜单:“修改”→“倒角”。

工具栏:[图标]。

4.5.1.3 **命令使用**

命令:_chamfer

(“修剪”模式)当前倒角距离 1 =0.0000,距离 2 =0.0000

选择第一条直线或[放弃(U)/多段线(P)/距离(D)/角度(A)/修剪(T)/方式(E)/多个(M)]:

选择第二条直线,或按住 Shift 键选择要应用角点的直线: (如图 4-26 所示)

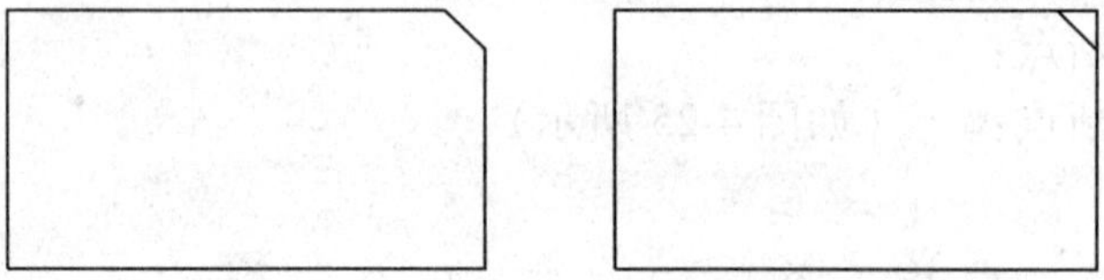

(a)修剪 (b)不修剪

图 4-26 倒角命令示例

参数说明:

(1)多段线(P):表示对二位多段线按指定的模式倒角。用点选的方式选择一条多段线,AutoCAD 会在多段线的各个顶点处倒直角。

(2)距离(D):指定新的倒角的两个倒角距离。执行该选项后,系统会接着提示:“指定第一个倒角距离:”和“指定第二个倒角距离:”。

(3)角度(A):根据一个倒角距离和一个角度进行倒角。执行该选项后,系统会接着提示:“指定第一条直线的倒角长度:”和“指定第一条直线的倒角角度:”。

(4)修剪(T):指定倒角时是否对相应的倒角边进行修剪。执行该选项后,系统会接着提示:“输入修剪模式选项[修剪(T)/不修剪(N)]”,要求用户选择是否修剪。两种方式见图 4-26。

(5)方式(E):指定采用什么方式倒角,即是按设定好的两个倒角距离方式倒角还是按距离与角度的方式倒角。执行该选项后,系统会接着提示:“输入修剪方式[距离(D)/角度(A)]:”。

(6)“放弃(U)”:放弃上一次操作命令。

(7)“多个(E)”:输入“E”回车后,系统提示选择修剪的方法(按距离或角度)。

注意 输入的两个倒角距离,可以相等,也可以不相等。

4.5.1.4 **操作示例**

将图 4-27 中的正六边形进行倒角。距离 1 =5,距离 2 =5。

命令:_chamfer

(“修剪”模式)当前倒角距离 1 =0.0000,距离 2 =0.0000

选择第一条直线或[放弃(U)/多段线(P)/距离(D)/角度(A)/修剪(T)/方式(E)/多个(M)]:d↙

指定第一个倒角距离<0.0000>:5↙

指定第二个倒角距离<5.0000>:5↙

选择第一条直线或[放弃(U)/多段线(P)/距离(D)/角度(A)/修剪(T)/方式(E)/多个(M)]:p↙

选择二维多段线:

6条直线已被倒角

结果如图4-28所示。

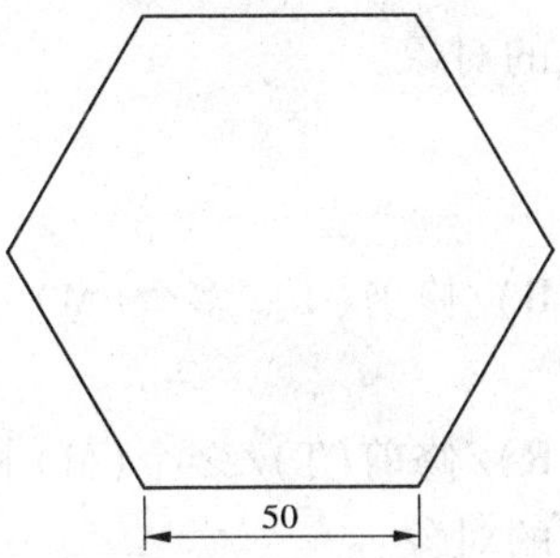

图4-27　正六边形

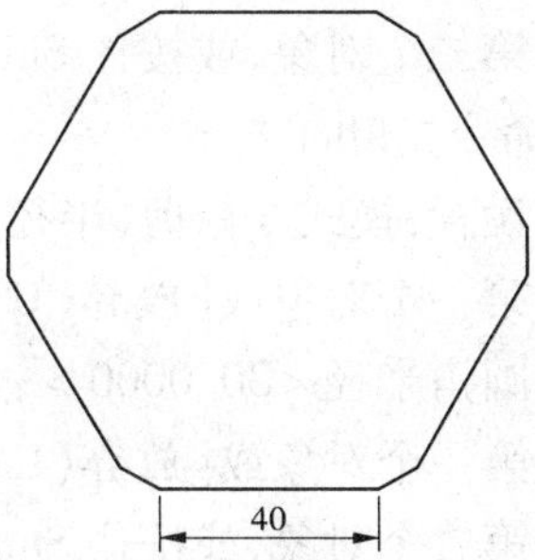

图4-28　倒角正六边形

4.5.2　圆角

4.5.2.1　功能

在指定的对象间(直线、圆、圆弧)按指定半径倒圆角。

4.5.2.2　命令输入

命令:FILLET。

菜单:"修改"→"圆角"。

工具栏:◜。

4.5.2.3　命令使用

命令:_fillet

当前设置:模式=修剪,半径=0.0000

选择第一个对象或[放弃(U)/多段线(P)/半径(R)/修剪(T)/多个(M)]:

选择第二个对象,或按住Shift键选择要应用角点的对象:　(如图4-29所示)

参数说明:提示中的参数含义与倒角命令中的参数含义一致。

4.5.2.4　操作示例

将图4-30中的两圆分别用半径为30、15的圆弧连接起来。

(1)命令:_fillet

当前设置:模式=修剪,半径=5.0000

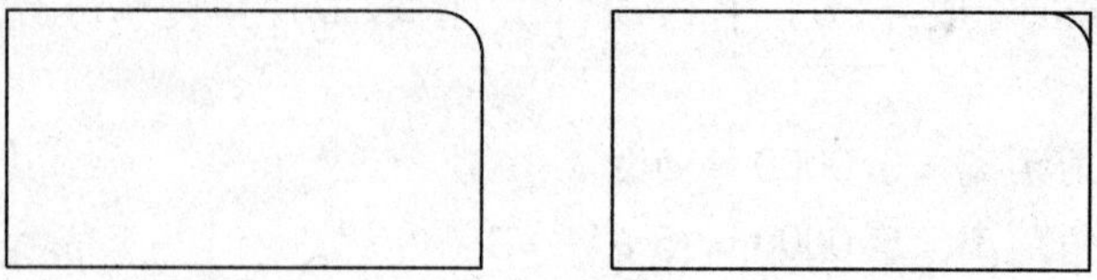

(a)修剪　　(b)不修剪

图 4-29　圆角命令示例

选择第一个对象或[放弃(U)/多段线(P)/半径(R)/修剪(T)/多个(M)]:r↙

指定圆角半径<5.0000>:30↙

选择第一个对象或[放弃(U)/多段线(P)/半径(R)/修剪(T)/多个(M)]:

选择第二个对象,或按住 Shift 键选择要应用角点的对象:

(2)命令:_fillet

当前设置:模式 = 修剪,半径 = 30.0000

选择第一个对象或[放弃(U)/多段线(P)/半径(R)/修剪(T)/多个(M)]:r↙

指定圆角半径<30.0000>:15↙

选择第一个对象或[放弃(U)/多段线(P)/半径(R)/修剪(T)/多个(M)]:

选择第二个对象,或按住 Shift 键选择要应用角点的对象:

结果如图 4-31 所示。

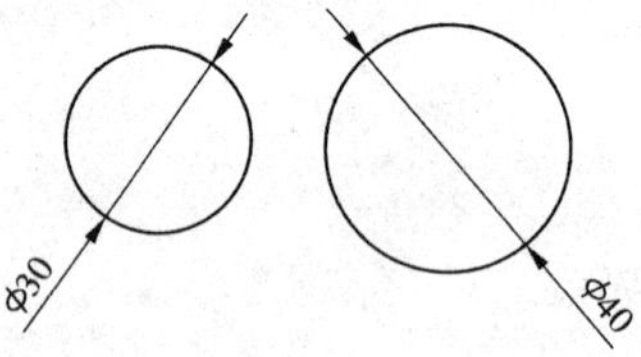

图 4-30　已知两圆

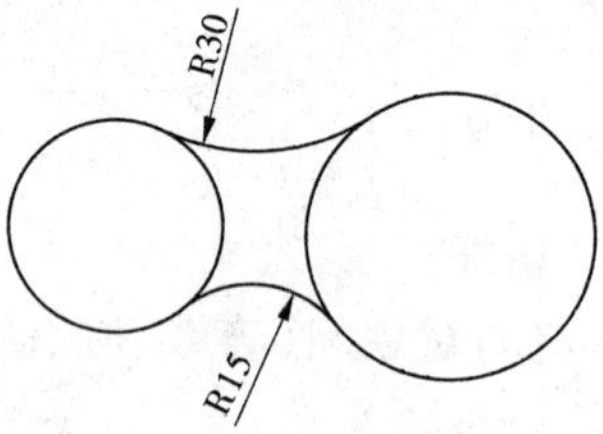

图 4-31　倒圆两圆

4.5.3　分解

4.5.3.1　功能

分解由多个 AutoCAD 基本对象组合而成的复杂对象。

4.5.3.2　命令输入

命令:EXPLODE。

菜单:"修改"→"分解"。

工具栏:。

4.5.3.3　命令使用

命令:_explode

选择对象:找到 1 个

选择对象:

4.6 夹点编辑

夹点是控制对象形状的特殊点。在用AutoCAD进行绘图时,所绘制的每一个对象都有一系列的控制点。要对对象进行编辑,可以修改对象的控制点,来达到编辑对象的目的。夹点编辑,可以对对象执行拉伸、移动、旋转、缩放或镜像操作。

4.6.1 启动命令的方法

首先选择要编辑的对象,使它的周围出现一系列的控制点,这些控制点默认为蓝色,我们叫它为"冷点"。然后把鼠标放在要编辑的控制点上单击左键,选择该控制点,此时选择的控制点变为红色,我们叫它为"热点"。在"热点"状态下则系统就进入了对该点的编辑状态(如果在选择控制点时按Shift键,则可以同时选择多个控制点,并在要编辑的控制点上再单击左键,系统就进入了对这些点的编辑状态)。

夹点可以在"选项"→"选择集"里进行配置。

4.6.2 执行命令的过程

当我们选择控制点后,系统有如下的命令提示:

命令:

* * 拉伸 * *

指定拉伸点或[基点(B)/复制(C)/放弃(U)/退出(X)]: //按空格键进行切换

* * 移动 * *

指定移动点或[基点(B)/复制(C)/放弃(U)/退出(X)]: //按空格键进行切换

* * 旋转 * *

指定旋转角度或[基点(B)/复制(C)/放弃(U)/参照(R)/退出(X)]: //按空格键进行切换

* * 比例缩放 * *

指定比例因子或[基点(B)/复制(C)/放弃(U)/参照(R)/退出(X)]: //按空格键进行切换

* * 镜像 * *

指定第二点或[基点(B)/复制(C)/放弃(U)/退出(X)]: //按空格键进行切换

参数说明:

(1)"指定拉伸点或[基点(B)/复制(C)/放弃(U)/退出(X)]"。

"指定拉伸点":将控制点拉伸到一个新的位置。可以通过将选定夹点移动到新位置来拉伸对象。文字、块参照、直线中点、圆心和点对象上的夹点将移动对象而不是拉伸它。

"基点(B)":指定一点作为拉伸的基点。

"复制(C)":将源对象复制一份进行拉伸,即源对象保持不变。

"放弃(U)":放弃已做的拉伸操作。

"退出(X)":退出夹点编辑命令。

(2)“指定移动点或[基点(B)/复制(C)/放弃(U)/退出(X)]”。

“指定移动点”:将控制点移动到一个新的位置。可以通过选定的夹点移动对象。选定的对象被亮显并按指定的下一点位置移动一定的方向和距离。

[基点(B)/复制(C)/放弃(U)/退出(X)]的含义同前。

(3)“指定旋转角度或[基点(B)/复制(C)/放弃(U)/参照(R)/退出(X)]”。

“指定旋转角度”:输入旋转的角度,以控制点为圆心,进行旋转。

[基点(B)/复制(C)/放弃(U)/退出(X)]的含义同前。

(4)“指定比例因子或[基点(B)/复制(C)/放弃(U)/参照(R)/退出(X)]”。

“指定比例因子”:输入放大或缩小的比例因子。

[基点(B)/复制(C)/放弃(U)/退出(X)]的含义同前。

(5)“指定第二点或[基点(B)/复制(C)/放弃(U)/退出(X)]”。

“指定第二点”:指定镜像线上的第二点(第一点是控制点)。

[基点(B)/复制(C)/放弃(U)/退出(X)]的含义同前。

注意　夹点编辑命令完成后,可以连续按 Esc 键退出操作。另外,在切换夹点编辑命令时,也可以用快捷菜单来完成,比如在选择完某一个控制点后,把鼠标放在该控制点上,然后单击右键,系统会弹出如图 4-32 所示的快捷菜单,用户可以通过此快捷菜单进行命令选择。

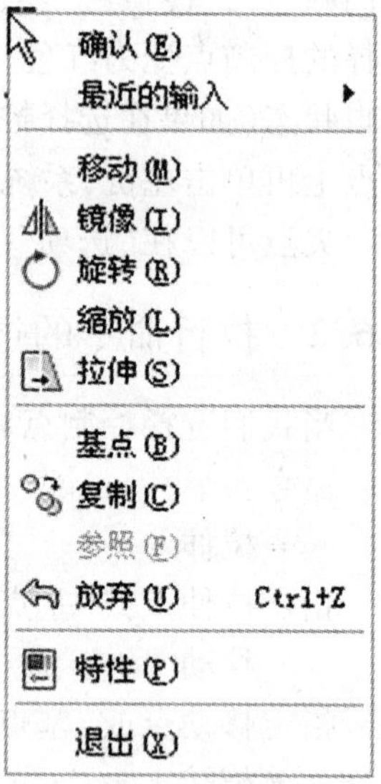

图 4-32　“夹点编辑”快捷菜单

4.6.3　操作指导

4.6.3.1　使用夹点编辑创建多个旋转副本的步骤

使用夹点编辑创建多个旋转副本的步骤如下:

(1)选择要旋转的对象。

(2)在对象上通过单击选择基夹点,亮显选定夹点,并激活默认夹点模式“拉伸”。

(3)按 Enter 键或空格键遍历夹点模式,直到显示夹点模式“旋转”。另外,可以单击鼠标右键显示模式和选项的快捷菜单。

(4)输入 c(复制)。

(5)旋转捕捉对象,或输入选定夹点和指定的副本位置之间的角度。按下 Ctrl 键并通过指定其他位置来放置其他副本,这些副本以与上一个副本相同的旋转捕捉角度创建。

(6)按 Enter 键、空格键或 Esc 键关闭夹点。

4.6.3.2　使用夹点为对象创建镜像并保留源对象的步骤

使用夹点为对象创建镜像并保留源对象的步骤如下:

(1)选择要镜像的对象。

(2)在对象上单击,亮显选定夹点,并激活默认夹点模式“拉伸”。通过按 Enter 键或空格键,遍历夹点模式,直到出现“镜像”夹点模式。另外,可以单击鼠标右键显示模式和选项的快捷菜单。

(3)按下 Ctrl 键(或输入 c,代表“复制”)保留原始图像,然后指定镜像线的第二点。

为对象创建镜像时,打开“正交”模式常常是很有用的。

(4)按 Enter 键、空格键或 Esc 键关闭夹点。

4.6.3.3 使用夹点编辑缩放对象并保留源对象的步骤

使用夹点编辑缩放对象并保留源对象的步骤如下:

(1)选择要缩放的对象。

(2)在对象上通过单击选择基夹点,亮显选定夹点,并激活默认夹点模式“拉伸”。

(3)按 Enter 键或空格键遍历夹点模式,直到显示夹点模式“比例缩放”。另外,可以单击鼠标右键显示模式和选项的快捷菜单。

(4)输入 c(复制)。

(5)缩放捕捉对象,或输入缩放比例因子。

(6)按 Enter 键、空格键或 Esc 键关闭夹点。

4.6.4 操作示例

用夹点编辑绘制图 4-33。

(1)绘制直径为 140.5 的圆,如图 4-34 所示。

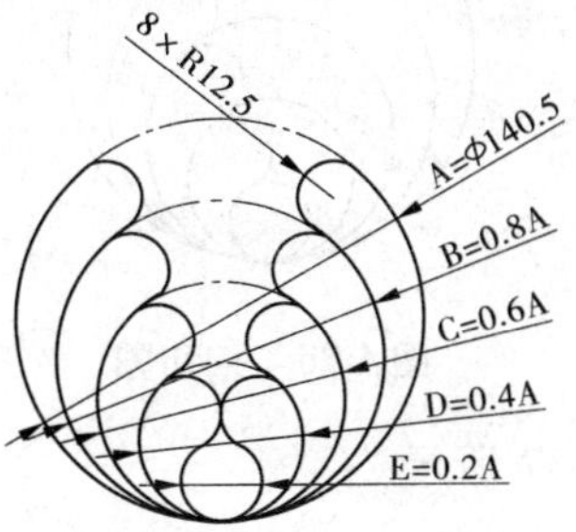

图 4-33 平面图形

图 4-34 直径为 140.5 的圆

(2)使用夹点编辑绘制其他圆,如图 4-35 所示。

命令: (点击圆周)

命令: (点击圆下面的“冷点”使之成为“热点”)

＊＊拉伸＊＊

指定拉伸点或[基点(B)/复制(C)/放弃(U)/退出(X)]: //按空格键

＊＊移动＊＊

指定移动点或[基点(B)/复制(C)/放弃(U)/退出(X)]: //按空格键

＊＊旋转＊＊

指定旋转角度或[基点(B)/复制(C)/放弃(U)/参照(R)/退出(X)]: //按空格键

＊＊比例缩放＊＊

指定比例因子或[基点(B)/复制(C)/放弃(U)/参照(R)/退出(X)]:b↙

指定基点: (选择圆下面的“热点”为基点)

＊＊比例缩放＊＊

指定比例因子或[基点(B)/复制(C)/放弃(U)/参照(R)/退出(X)]:c↙

* * 比例缩放(多重) * *
指定比例因子或[基点(B)/复制(C)/放弃(U)/参照(R)/退出(X)]:0.8↙
* * 比例缩放(多重) * *
指定比例因子或[基点(B)/复制(C)/放弃(U)/参照(R)/退出(X)]:0.6↙
* * 比例缩放(多重) * *
指定比例因子或[基点(B)/复制(C)/放弃(U)/参照(R)/退出(X)]:0.4↙
* * 比例缩放(多重) * *
指定比例因子或[基点(B)/复制(C)/放弃(U)/参照(R)/退出(X)]:0.2↙
* * 比例缩放(多重) * *
指定比例因子或[基点(B)/复制(C)/放弃(U)/参照(R)/退出(X)]:↙
命令： (按 Esc 键退出)

(3)用“相切、相切、半径”方式画半径为 12.5 的四个小圆,并用“修剪”命令修剪,如图 4-36 所示。

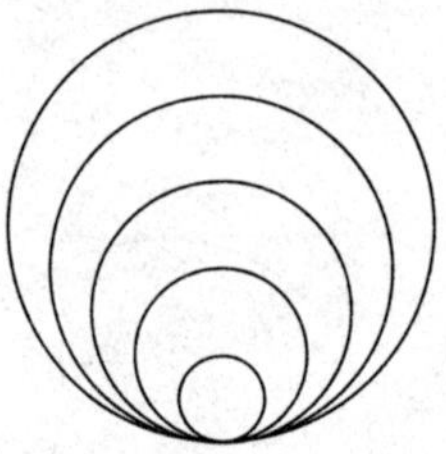
图 4-35 比例圆

图 4-36 相切圆

(4)用“镜像”命令镜像另一侧的四个小圆,如图 4-37 所示。
(5)用“修剪”命令修剪多余部分,如图 4-38 所示。

图 4-37 镜像圆

图 4-38 修剪圆

(6)用“对象捕捉”捕捉圆心,绘点画圆。

4.7 应用实例

(1)绘制如图 4-39 所示的平面图形(建筑花格窗的基本单元)。
步骤:
①绘中心线及正方形:
命令:_rectang

指定第一个角点或[倒角(C)/标高(E)/圆角(F)/厚度(T)/宽度(W)]:

指定另一个角点或[尺寸(D)]:@115,115↙

结果如图 4-40 所示。

②偏移正方形:

命令:_offset

指定偏移距离或[通过(T)]<4.6200>:9↙

选择要偏移的对象或<退出>:

指定点以确定偏移所在一侧:

结果如图 4-41 所示。

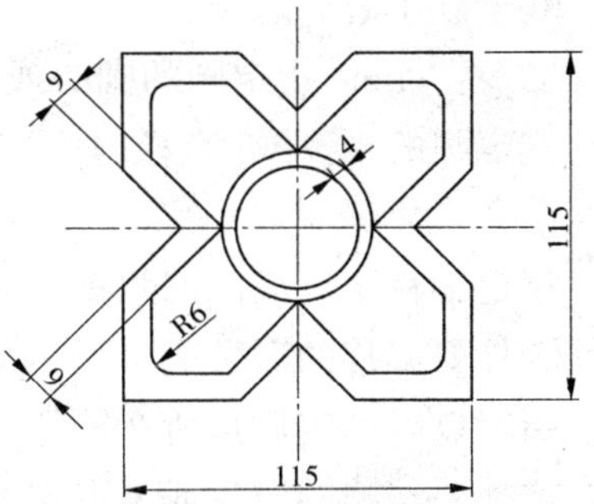

图 4-39　建筑花格

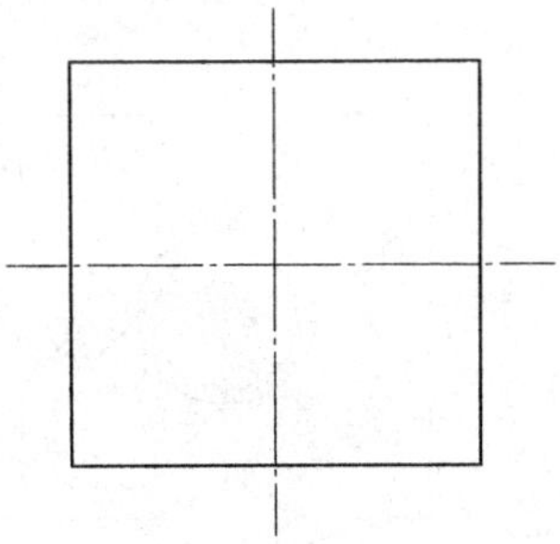

图 4-40　绘中心线及正方形

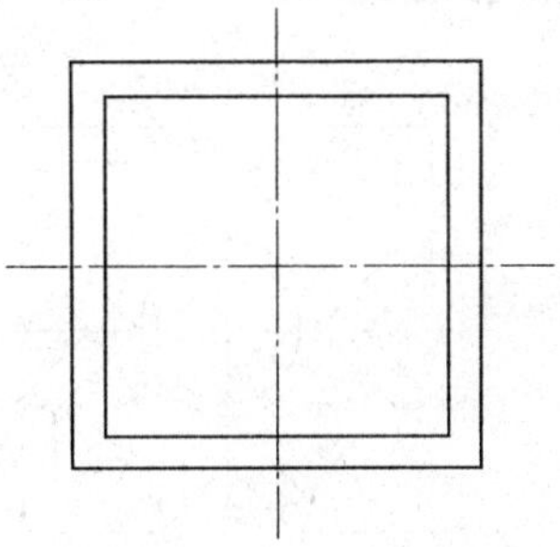

图 4-41　偏移正方形

③分解外正方形并三等分底边:

命令:_explode

选择对象:找到 1 个

选择对象:

命令:_divide

选择要定数等分的对象:

输入线段数目或[块(B)]:3↙

④用构造线绘制下边的开口,如图 4-42 所示。

⑤同理,绘制其他三边开口,如图 4-43 所示。

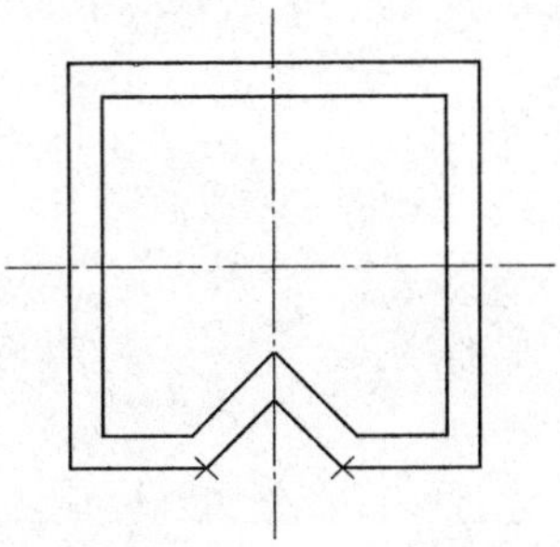

图 4-42　绘制下边的开口

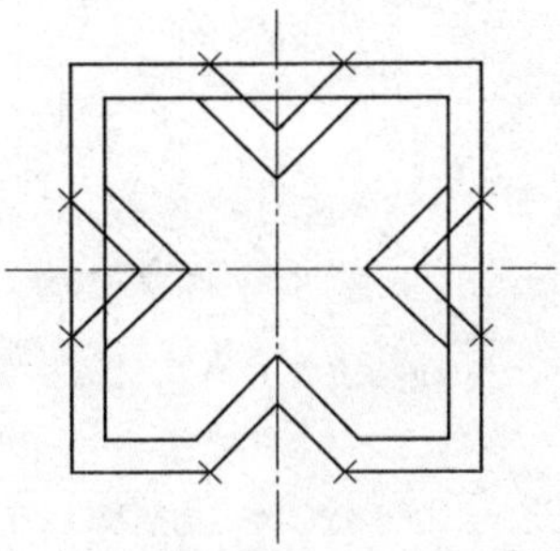

图 4-43　绘制另三边的开口

⑥绘制中心同心圆:

命令:_circle 指定圆的圆心或[三点(3P)/两点(2P)/相切、相切、半径(T)]:

指定圆的半径或[直径(D)]<24.8700>:

命令:_offset

指定偏移距离或[通过(T)]<9.5200>:4↙

选择要偏移的对象或<退出>:

指定点以确定偏移所在一侧:

选择要偏移的对象或<退出>:*取消*

结果如图 4-44 所示。

⑦用"相切、相切、半径"命令绘制内部四个角,如图 4-45 所示,绘制完成。

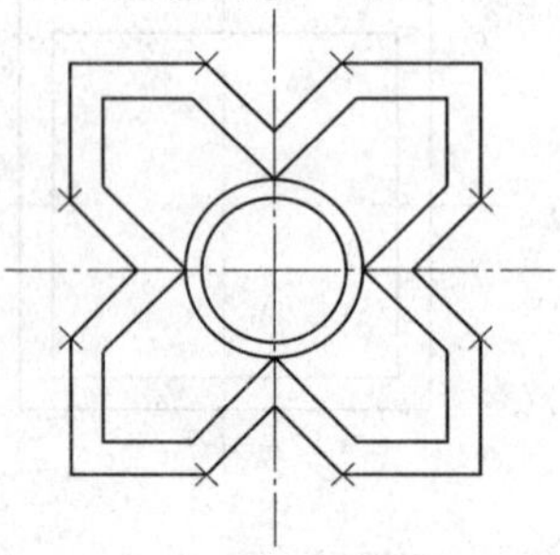

图 4-44　绘制中心同心圆

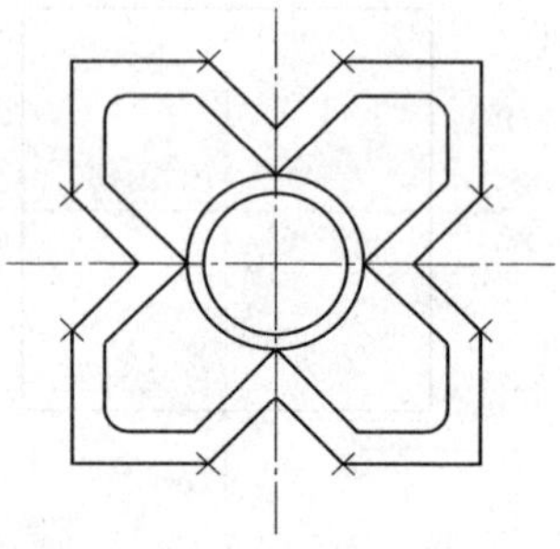

图 4-45　绘制内部四个角

(2)绘制如图 4-46 所示的建筑花格窗。

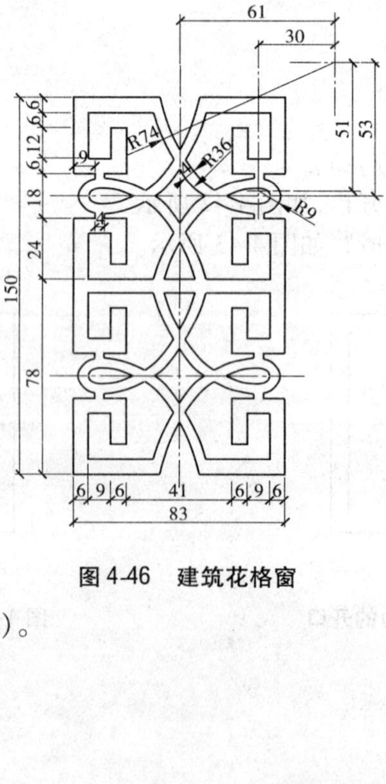

图 4-46　建筑花格窗

步骤:见图 4-47(a)~(h)。

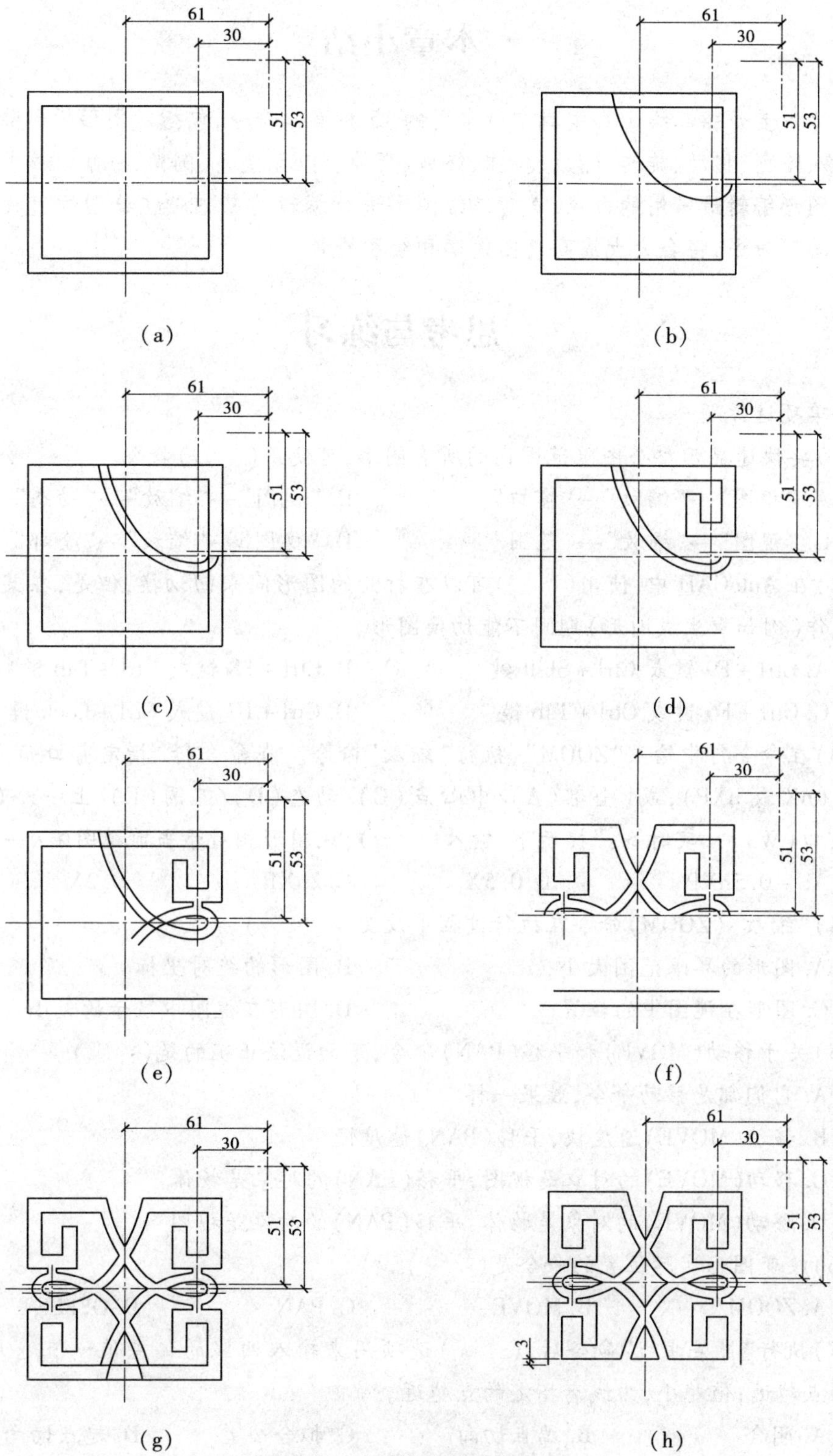

图 4-47　建筑花格窗的绘制

本章小结

本章主要介绍二维图形编辑中最常用的 15 种操作命令，包括对图形的删除、复制、镜像、偏移、阵列、移动、旋转、缩放、拉伸、修剪、延伸、打断、倒角、圆角、分解。这些命令是进行二维图形编辑最常用的命令，是对二维图形进行编辑的基础。在绘图的过程中灵活运用上述编辑命令，将会大大提高绘图效率和绘图质量。

思考与练习

1. 单项选择题

(1) 要快速显示整个图限范围内的所有图形，可使用(　　)命令。

A. "视图"→"缩放"→"窗口"　　B. "视图"→"缩放"→"动态"

C. "视图"→"缩放"→"范围"　　D. "视图"→"缩放"→"全部"

(2) 在 AutoCAD 中，使用(　　)可以在打开的图形间来回切换，但是，在某些时间较长的操作(例如重生成图形)期间不能切换图形。

A. Ctrl + F9 键或 Ctrl + Shift 键　　B. Ctrl + F8 键或 Ctrl + Tab 键

C. Ctrl + F6 键或 Ctrl + Tab 键　　D. Ctrl + F7 键或 Ctrl + Lock 键

(3) 在命令行中输入"ZOOM"，执行"缩放"命令。在命令行"指定窗口角点，输入比例因子(nX 或 nXP)，或[全部(A)/中心点(C)/动态(D)/范围(E)/上一个(P)/比例(S)/窗口(W)] <实时>:"提示下，输入(　　)，该图形相对于当前视图缩小一半。

A. -0.5nXP　　B. 0.5X　　C. 2nXP　　D. 2X

(4) "缩放"(ZOOM)命令在执行过程中改变了(　　)。

A. 图形的界限范围大小　　B. 图形的绝对坐标

C. 图形在视图中的位置　　D. 图形在视图中显示的大小

(5) 关于移动(MOVE)和平移(PAN)命令，下面说法正确的是(　　)。

A. 它们都是移动命令，效果一样

B. 移动(MOVE)速度快，平移(PAN)速度慢

C. 移动(MOVE)的对象是视图，平移(PAN)的对象是物体

D. 移动(MOVE)的对象是物体，平移(PAN)的对象是视图

(6) 改变图形实际位置的命令是(　　)。

A. ZOOM　　B. MOVE　　C. PAN　　D. OFFSET

(7) 执行"样条曲线"命令后，(　　)选项用来输入曲线的偏差值。值越大，曲线离指定的点越远；值越小，曲线离指定的点越近。

A. 闭合　　B. 端点切向　　C. 拟合公差　　D. 起点切向

(8) 当用 MIRROR 命令对文本属性进行镜像操作时，要想让文本具有可读性，应将变

量 MIRRTEXT 的值设置为(　　)。

A. 0　　B. 1　　C. 2　　D. 3

(9)(　　)对象适用“拉长”命令中的“动态”选项。

A. 多段线　　B. 多线　　C. 样条曲线　　D. 直线

(10)如果想把直线、弧和多线段的端点延长到指定的边界,则应该使用(　　)命令。

A. EXTEND　　B. PEDIT　　C. FILLET　　D. ARRAY

(11)下面(　　)命令可以将直线、圆、多线段等对象作同心复制,且如果对象是闭合的图形,则执行该命令后对象将被放大或缩小。

A. OFFSET　　B. SCALE　　C. ZOOM　　D. COPY

(12)下面(　　)命令用于把单个或多个对象从它们的当前位置移至新位置,且不改变对象的尺寸和方位。

A. ARRAY　　B. COPY　　C. MOVE　　D. ROTATE

(13)在下列目标选择方式中,(　　)方式可以快速全选绘图区中所有的对象。

A. ESC　　B. BOX　　C. ALL　　D. ZOOM

(14)(　　)命令用于绘制多条相互平行的线,每一条的颜色和线型可以相同,也可以不同,此命令常用来绘制建筑工程上的墙线。

\. 多段线　　B. 多线　　C. 样条曲线　　D. 直线

(15)在 AutoCAD 中,使用交叉窗口选择对象时,所产生选择集(　　)。

A. 仅为窗口的内部的实体

B. 仅为与窗口相交的实体(不包括窗口内部的实体)

C. 同时与窗口四边相交的实体加上窗口内部的实体

D. 以上都不对

2. 多项选择题

(1)扩展的绘图命令有(　　)。

A. COPY　　B. MIRROR　　C. ARRAY　　D. SNAP

(2)下面关于样条曲线的说法正确的是(　　)。

A. 样条曲线可以是二维曲线或三维曲线

B. 样条曲线是按照给定的某些数据点(控制点)拟合生成的光滑曲线

C. 样条曲线最少应有三个顶点

D. 在工程图样中样条曲线常用来绘制波浪线、凸轮曲线等

(3)阵列命令有以下几种复制形式:(　　)。

A. 矩形阵列　　B. 环形阵列　　C. 三角阵列　　D. 样条阵列

(4)图形的复制命令主要包括(　　)。

A. 直接复制　　B. 镜像复制　　C. 阵列复制　　D. 偏移复制

(5)样条曲线能使用下面的(　　)命令进行编辑。

A. 分解　　B. 删除　　C. 修剪　　D. 移动

(6) 在 AutoCAD 中，可以创建打断的对象有圆、直线、射线和(　　)对象。

A. 圆弧　　B. 构造线　　C. 样条曲线　　D. 多段线

(7) 在“格式”→“多线样式”命令对话框中单击“元素特性”按钮，在弹出的对话框中，可以(　　)。

A. 改变多线的数量和偏移　　B. 可以改变多线的颜色

C. 可以改变多线的线型　　D. 可以改变多线的封口方式

(8) 对(　　)对象执行“拉伸”命令无效。

A. 多段线宽度　　B. 矩形　　C. 圆　　D. 三维实体

3. 作图题

(1) 作如图 4-48、图 4-49 所示的平面图形。

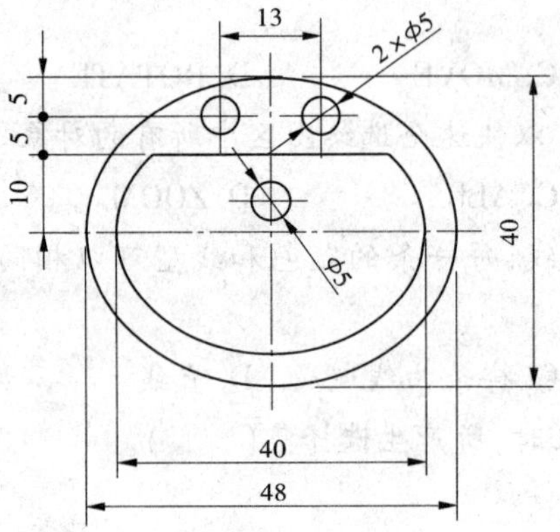

图 4-48

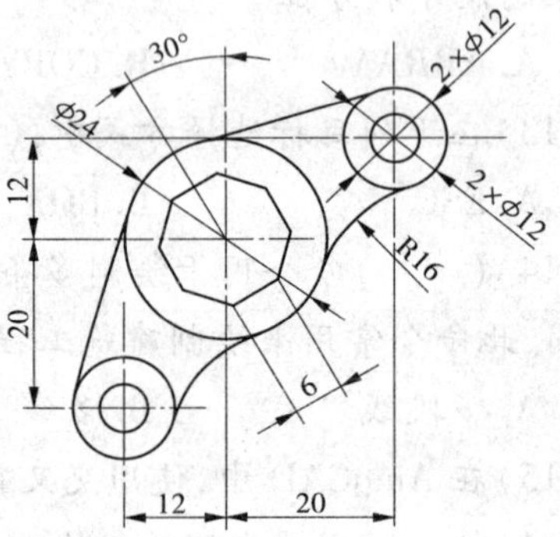

图 4-49

(2) 作如图 4-50、图 4-51 所示的平面图形。

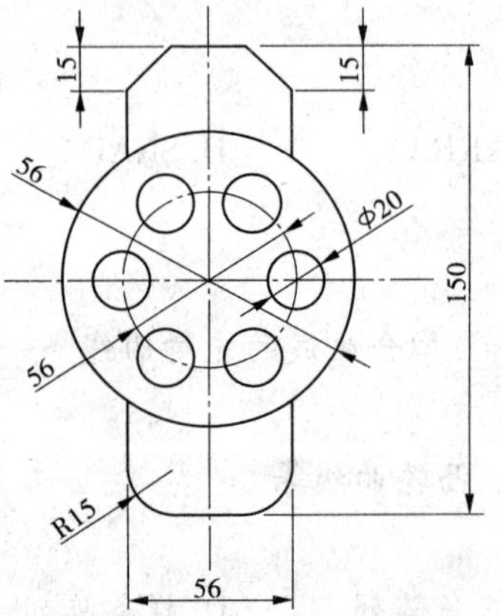

图 4-50

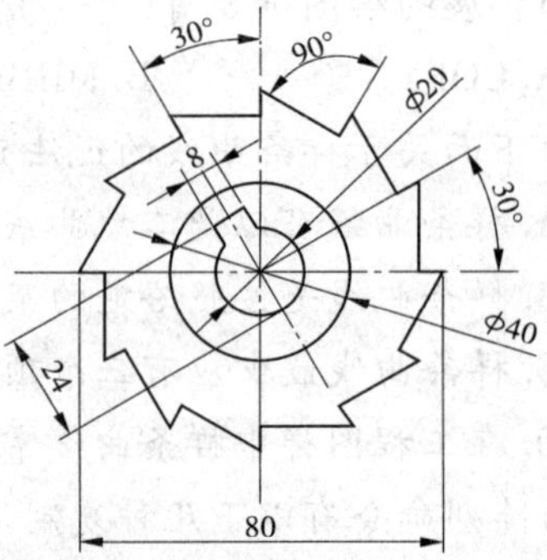

图 4-51

(3) 作如图 4-52、图 4-53 所示的平面图形。

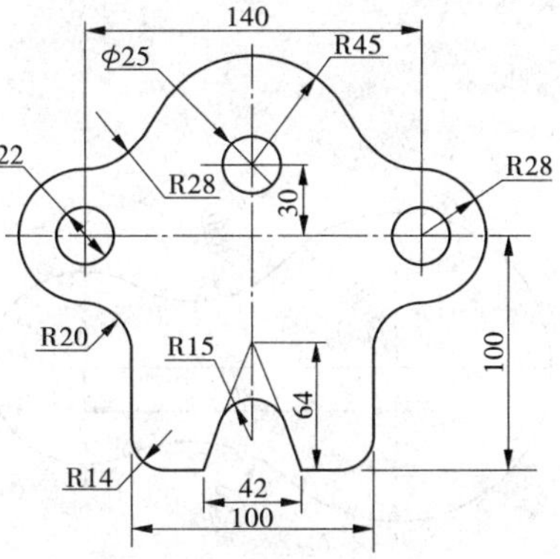

图 4-52

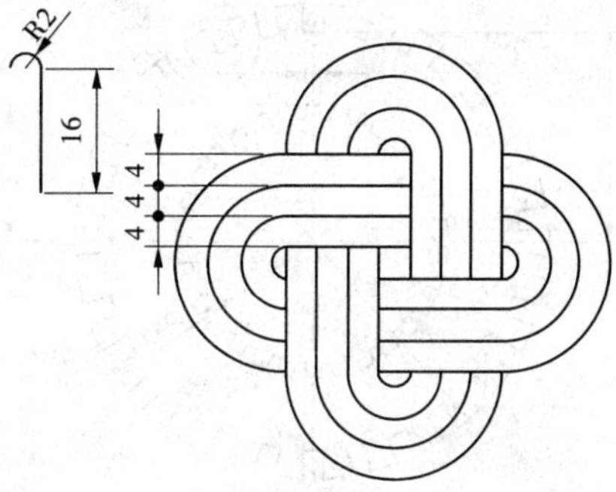

图 4-53

(4) 作如图 4-54、图 4-55 所示的平面图形。

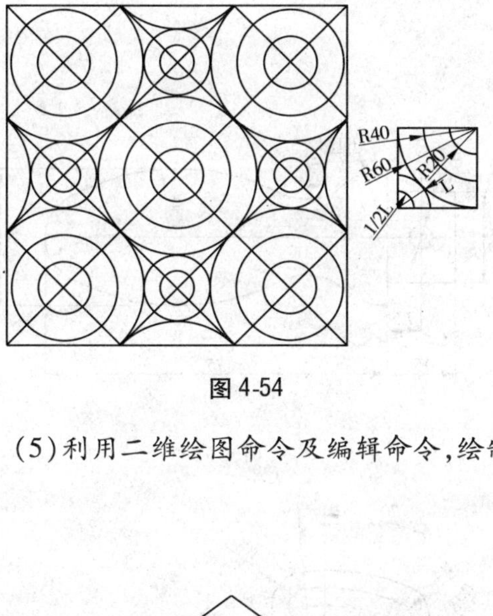

图 4-54

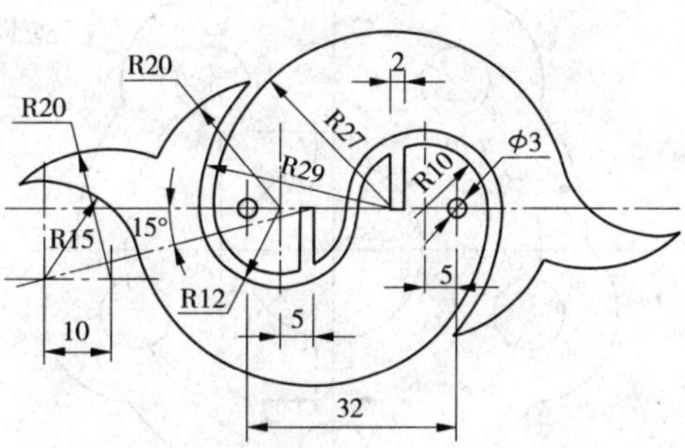

图 4-55

(5) 利用二维绘图命令及编辑命令，绘制如图 4-56 所示的图形（不标注）。

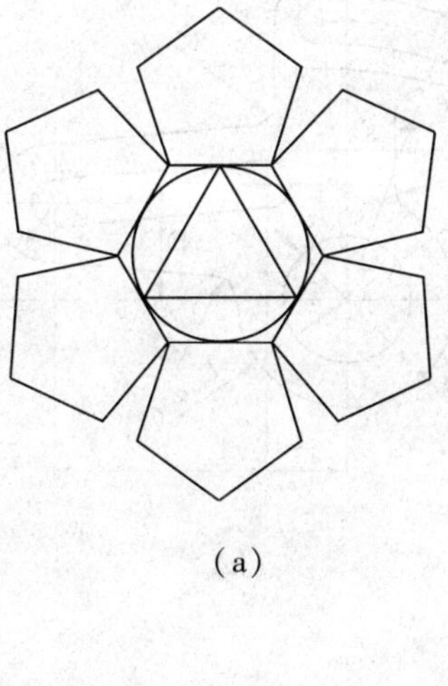

(a)

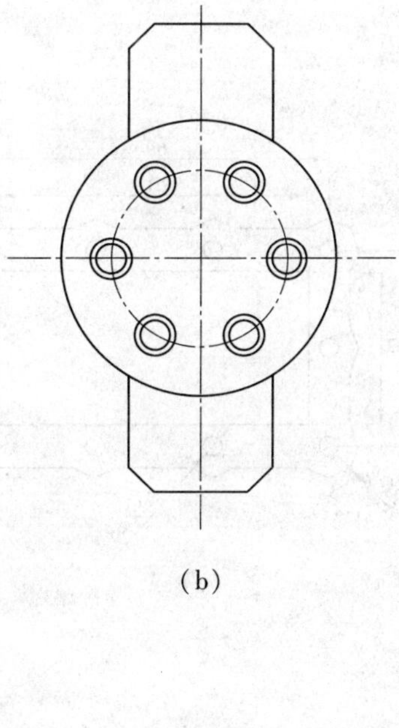

(b)

图 4-56

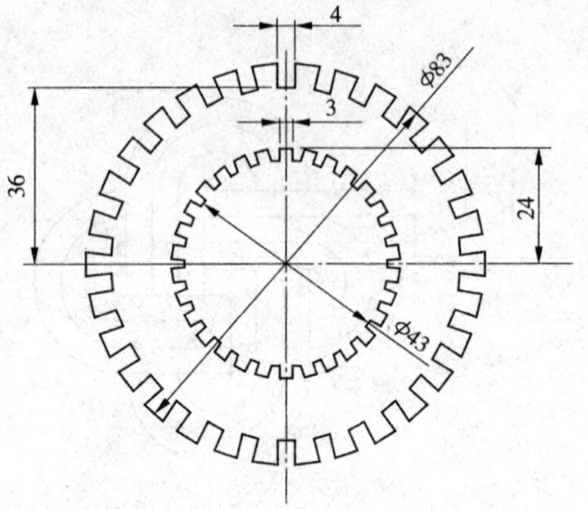

(c)

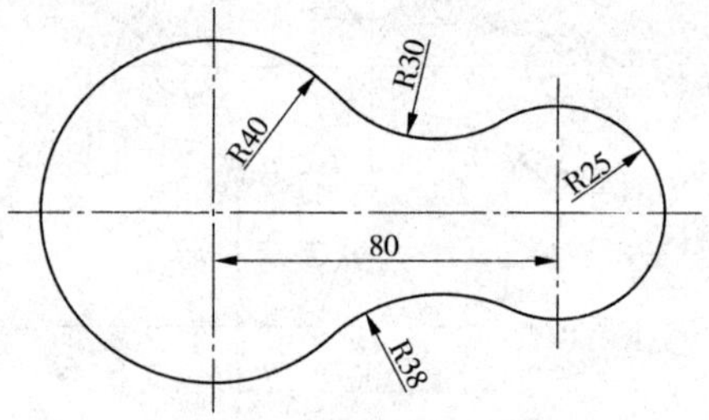

(d)

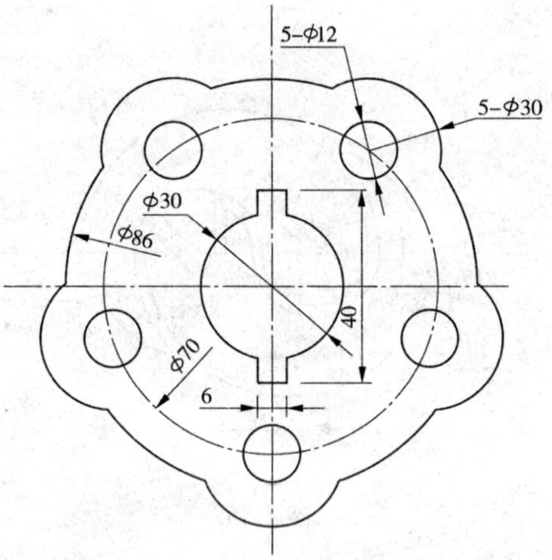

(e)

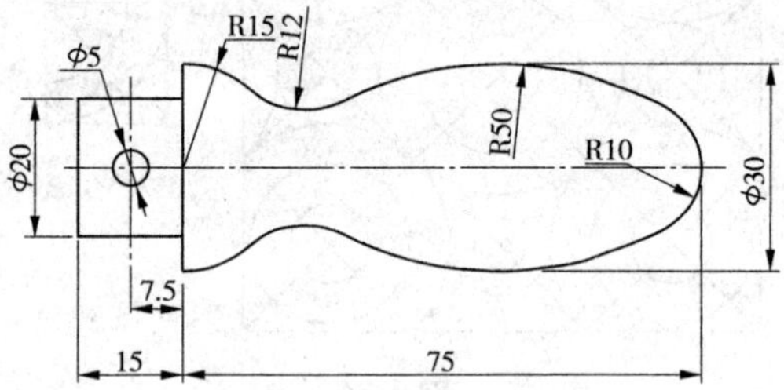

(f)

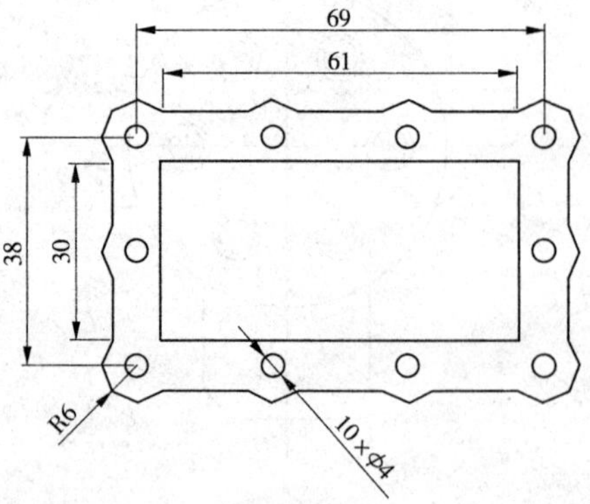

(g)

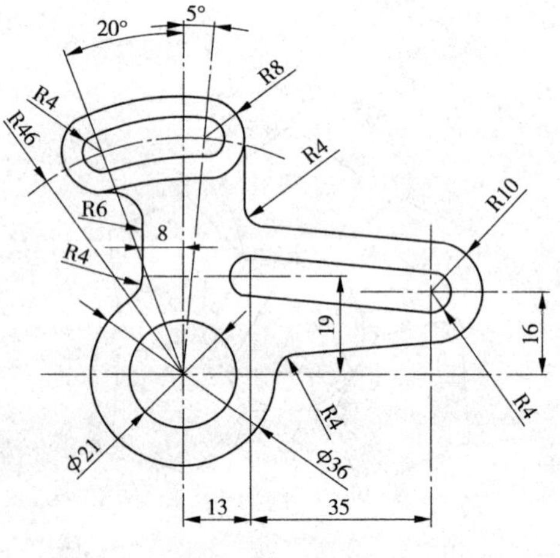

(h)

续图 4-56

(6)利用二维绘图命令及编辑命令,绘制如图 4-57 所示的图形(不标注)。

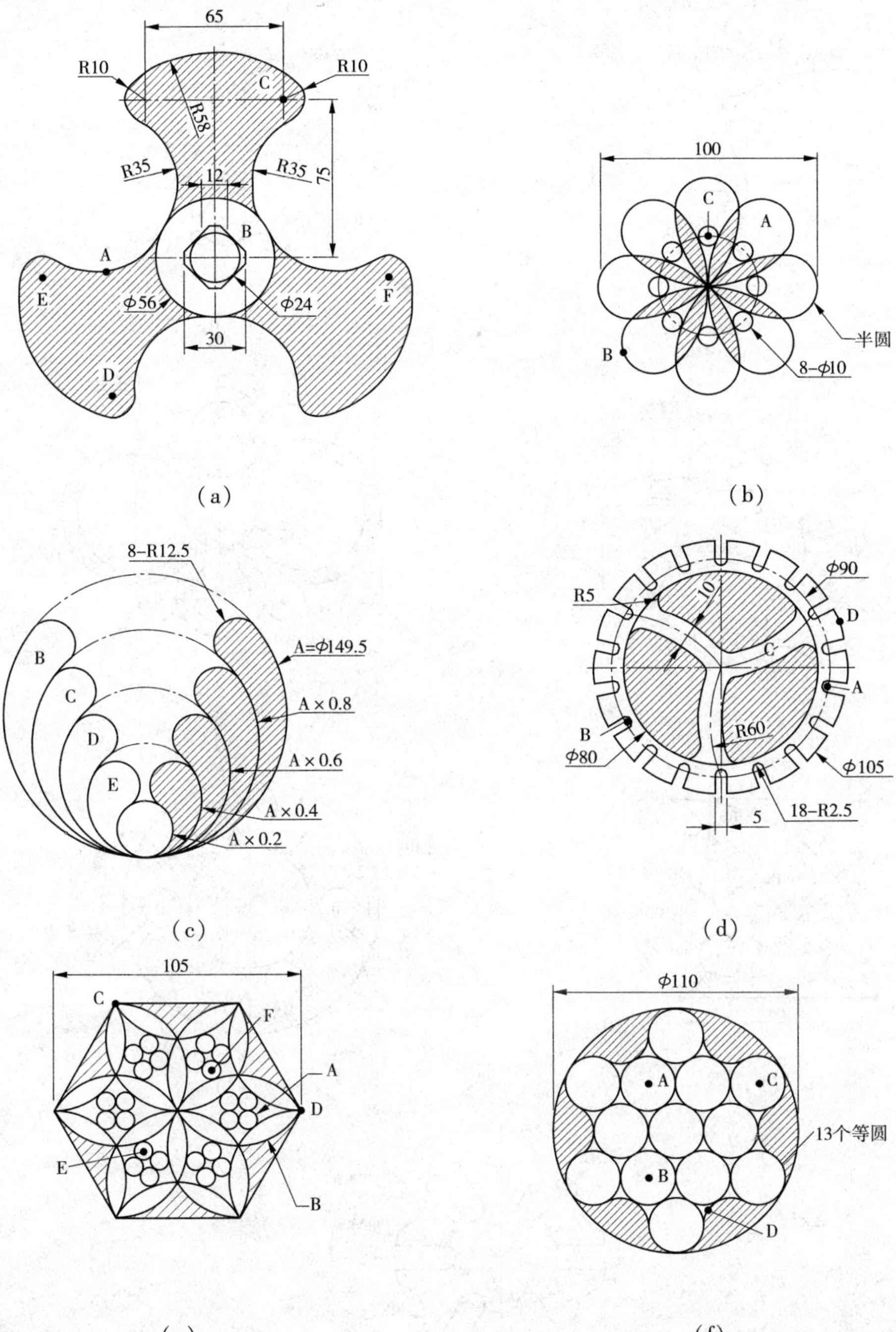

图 4-57

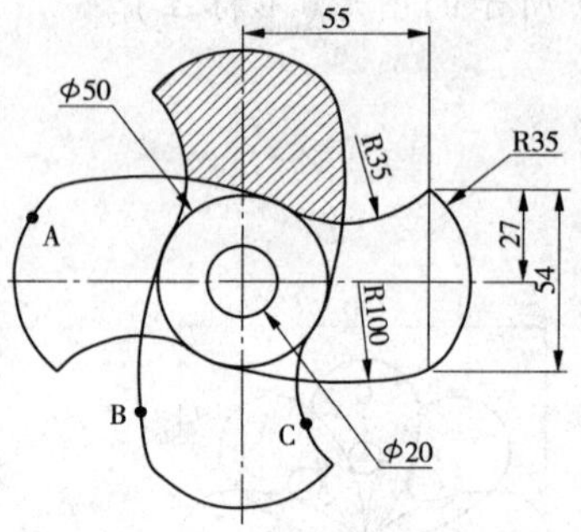

(g)

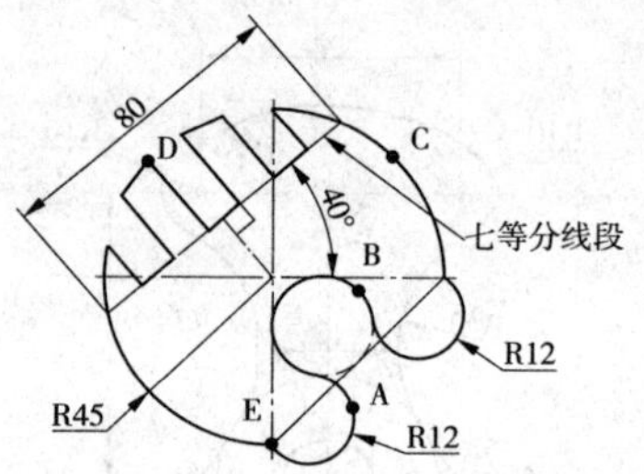

(h)

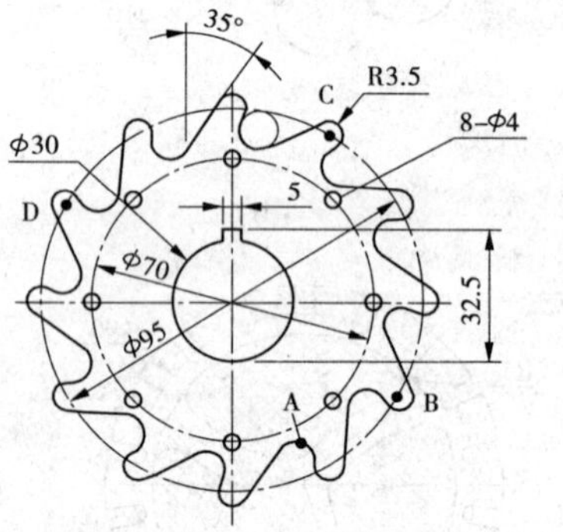

(i)

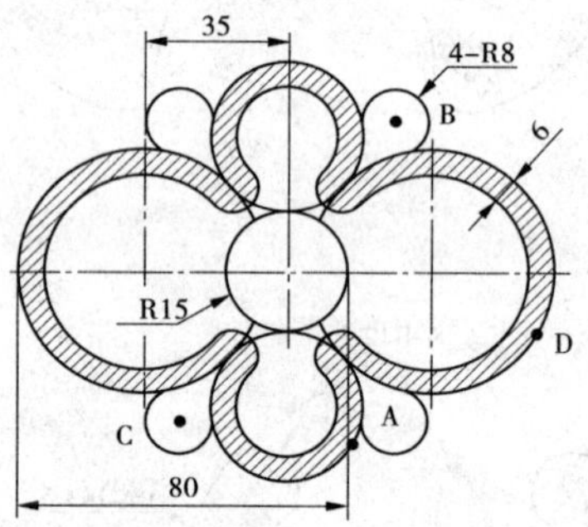

(j)

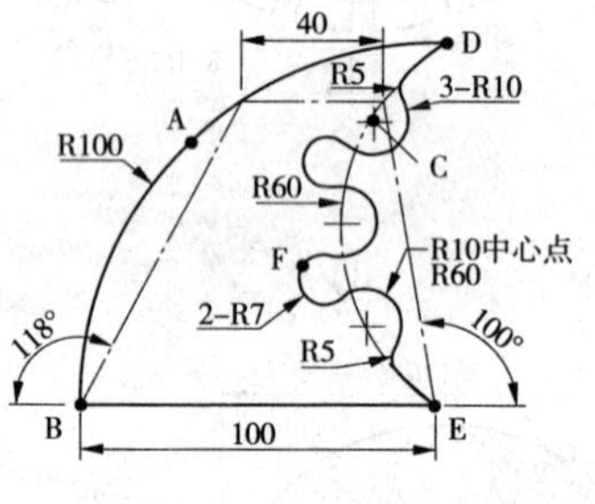

(k)

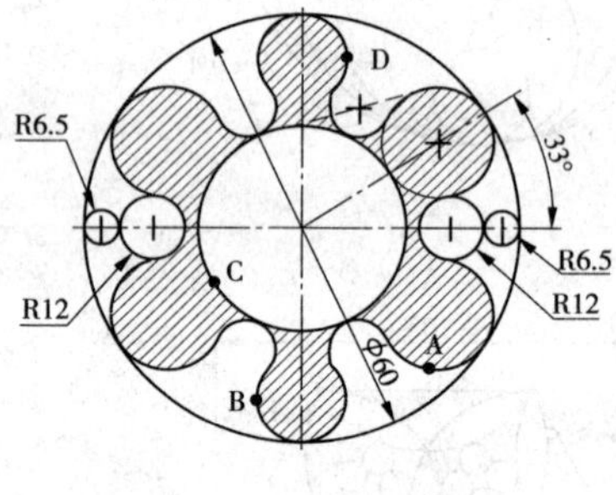

(l)

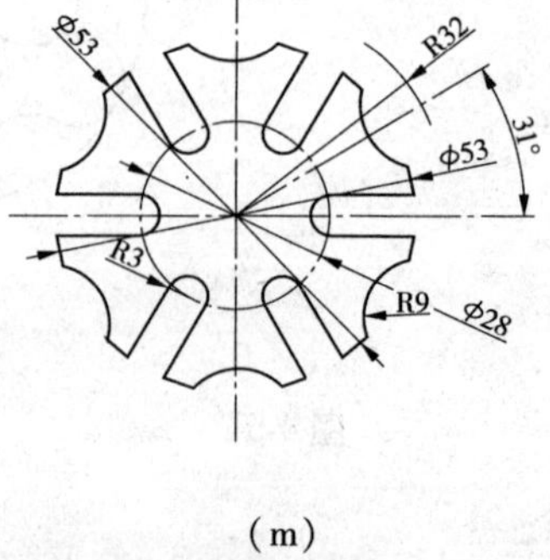

(m)

续图 4-57

第 5 章　图案填充与图块

【本章要点】

☞图案填充

☞图块

AutoCAD 提供了灵活的图案填充与编辑功能。图案填充是指对选择的区域绘制剖面符号或剖面线,表现表面的纹理或涂色。图块是可由用户定义的子图形,利用图块操作有利于用户建立图形库,便于对子图形的修改和重定义,为用户节省大量的空间和制图时间。图案填充命令和图块命令集中在“绘图”下拉菜单中,快捷图标集中在“绘图”工具栏中。

5.1　图案填充

AutoCAD 2010 的图案填充功能常用于绘制剖面符号或者剖面线,表现表面的纹理或者涂色,广泛应用在绘制机械图、建筑图、地质构造图等各类图形中。

5.1.1　功能

图案填充命令可将某种图案填充到指定的图形区域。

5.1.2　命令输入

图案填充命令有以下三种输入方式。

命令:BHATCH。

菜单:“绘图”→“图案填充”。

工具栏:▦。

5.1.3　命令使用

在运行图案填充命令后,AutoCAD 弹出“图案填充和渐变色”对话框,如图 5-1 所示。在此对话框中,包括“图案填充”、“渐变色”两个选项卡。

5.1.3.1　“图案填充”选项卡

“图案填充”选项卡的主要选项及操作如下。

(1)“类型”:用于选择图案类型,可选项为预定义、用户定义、自定义。

①预定义类型:用图案文件 ACAD. PAT(英制)或 ACADISO. PAT(公制)预先已定义好的图案类型。

②用户定义类型:图案由一组平行线或两组相互垂直的线条组成,可由用户定义其间

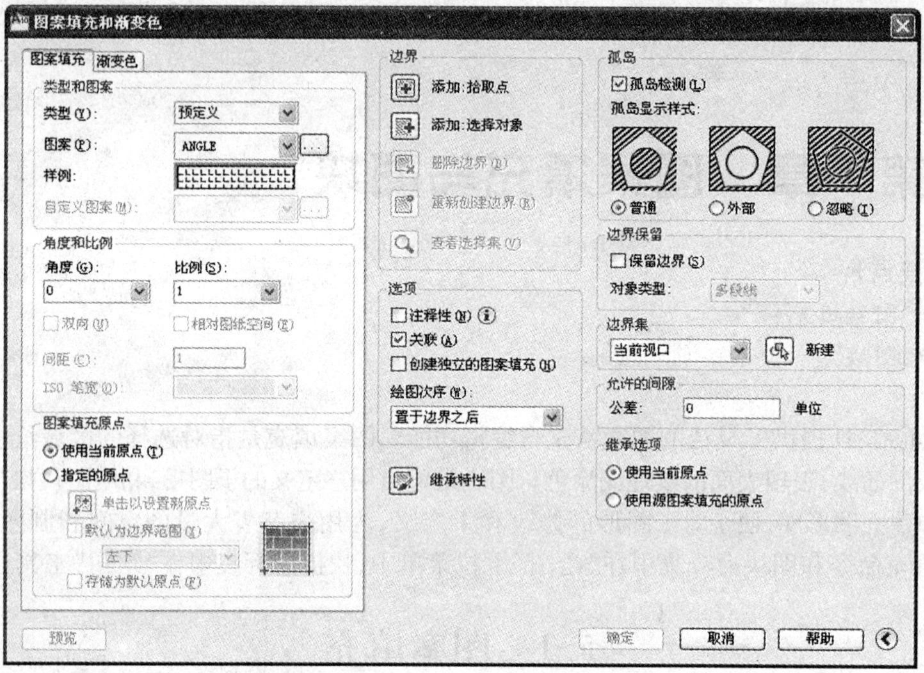

图 5-1 “图案填充和渐变色”对话框

距、角度,以及是否产生双向网格。

③自定义类型:使用用户事先定义好的图案。

(2)“图案”:显示当前填充图案名,点击其后的“...”按钮,弹出“填充图案选项板”对话框,如图 5-2 所示,供用户选择图案。

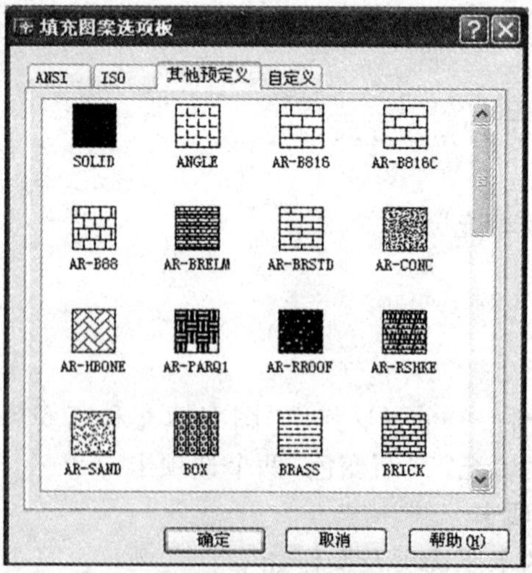

图 5-2 “填充图案选项板”对话框

(3)“样例”:显示当前填充图案的图例,点其右边的对话框,可以进行图例的选择。

(4)“角度”:设置填充图案的倾斜角度。

(5)“比例”:设置填充图案的比例,默认值为 1。数值越小,表示填充图案的图线越密集;数值越大,表示填充图案的图线越稀疏。

(6)“间距”:用于设置填充图案中线与线之间的距离。在选择用户定义类型时,此选项可用。

(7)添加“拾取点”:在一个封闭区域内单击,则此封闭区域被选中。

(8)添加“选择对象”:选取欲填充的对象以确定填充边界。

(9)“查看选择集”:返回图形,查看当前选择集。

(10)“继承特性”:表示在图案填充时,选择图形中已有的填充图案,将其图案类型、特性用于当前填充对象。

(11)“关联”:图案填充区域与边界关联,控制当前边界改变时,填充图案是否跟随改变。反之则为“不关联”

(12)孤岛显示样式:设置图案填充时对图案中存在的孤岛的处理方式。

①“普通”:从最外边界向里画填充线,采用隔层填充。

②“外部”:从最外边界向里画填充线,只对孤岛最外层进行填充。

③“忽略”:忽略内部结构,所有内部结构全部填充。

(13)对象类型:用于设置是否将填充边界以对象的形式保留下来以及保留的类型。

当使用填充命令时,会建立一些临时多段线来描述边界及孤岛,一般情况下,在填充完成后,系统会自动清除这些多段线。若选择“保留边界”选项,则可保留这些线条为多段线或是面域。

5.1.3.2 “渐变色”选项卡

“渐变色”选项卡中的主要选项如图 5-3 所示。

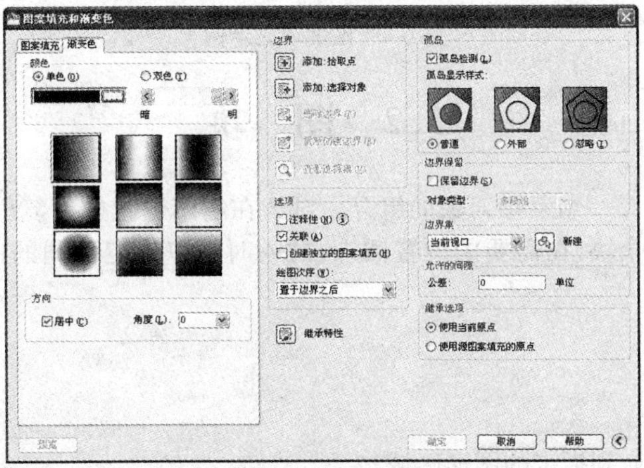

图 5-3 “渐变色”选项卡

该选项卡主要用来定义填充颜色及是否应用渐变色填充。

(1)“单色”:使用从较深色调到较浅色调平滑过渡的单色填充,可以使用下方给出的 9 种渐变方式。其右方按钮可设置不同的单色。

(2)“双色”:指定在两种颜色之间平滑过渡的双色渐变填充。此时可单独设置“颜色

1”及“颜色 2”，以及下方的 9 种渐变方式。

(3)“居中”：设置对称的渐变配置。如果没有选定此选项，渐变填充将朝左上方变化，创建光源在对象左边的图案。

(4)“角度”：设置渐变填充的角度。此选项与指定给图案填充的角度互不影响。

5.1.4　操作示例

绘制如图 5-4 所示的图形。

(1)作出如图 5-4(a)所示的图形。

(2)单击“图案填充”快捷图标，弹出“图案填充”选项卡。

(3)“类型”选择“预定义”。“图案”选择“ANSI31”。

(4)单击“拾取点”按钮，返回图形中，在需要绘制剖面线的封闭区域的中间空白处的任意位置点击，选中三个区域。按回车键返回到“图案填充”选项卡。

(5)根据图形的尺寸大小设置“比例”项。图形尺寸小时，可将比例调小，尺寸大时，可设置较大的比例。

(6)单击“确定”，得到如图 5-4(b)所示的图形。

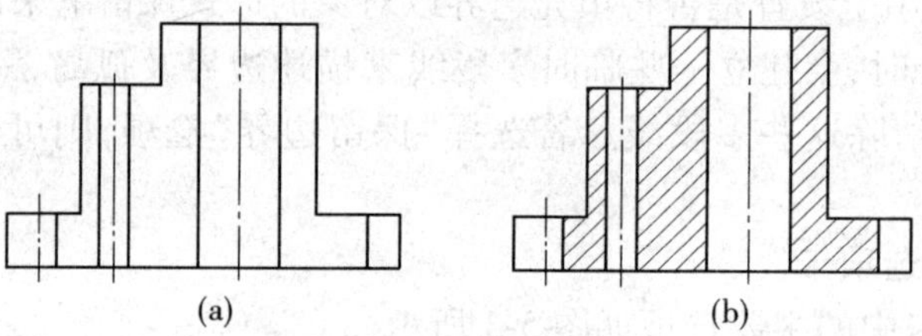

图 5-4　图案填充示例

5.2　图　块

图块(简称块)是一组复杂对象的组合。对于在绘图过程中反复出现的图形组合，可以将它们定义成一个块，在需要的位置插入，插入时可以指定不同的比例系数和旋转角度。

5.2.1　创建块

5.2.1.1　功能

将某种图案填充到指定的图形区域。

5.2.1.2　命令输入

命令：BLOCK。

菜单：“绘图”→“块”→“创建”。

工具栏：。

5.2.1.3　命令使用

在运行“创建块”命令后，AutoCAD 弹出“块定义”对话框，如图 5-5 所示。各选项含义如下：

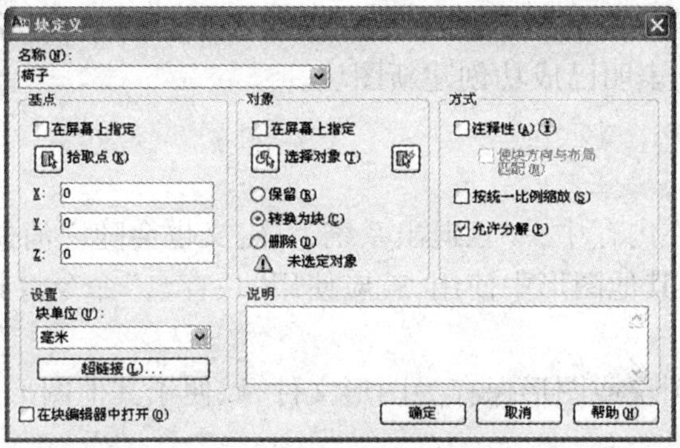

图5-5 “块定义”对话框

(1)“名称”：在方框中输入新创建的图块名称。

(2)“基点”：单击“拾取点”按钮，返回图形，选择插入基点。也可在X、Y、Z后的方框内输入插入基点的坐标值。

(3)“对象”：点击“选择对象”按钮，返回图形，选择用于创建图块的对象。

其后续选项含义：

①“保留”：从选择对象中生成块后，所选对象不转化为块，即图形中用于创建块的图形对象，在图形中仍保留原样，不成为块图形。

②“转化为块”：从选择对象中生成块后，所选对象转化为块。

③“删除”：从选择对象中生成块后，删除所选对象。

(4)“设置”：选择图块插入的单位。

(5)“方式”：包括“注释性”、“按统一比例缩放”、“允许分解”。

①“注释性”：按注释性比例进行插入。

②“按统一比例缩放”：指定在插入图块时是否按统一比例缩放。

③“允许分解”：指定插入图块时是否分解。

(6)“说明”：与块有关系的说明。

注意 ①用“创建块”命令定义的块是内部块，即它只保存在当前的图形中，且只能在当前图形用“块插入”命令引用，不能在其他图形文件中使用。若要在其他图形中使用，必须用“块存盘”命令(WBLOCK)存为图形文件。②图块可以嵌套定义，即在块成员中可以包含插入的其他图块。

5.2.1.4 操作示例

创建如图5-6所示粗糙度符号的图块。

(1)绘制如图5-6所示粗糙度符号。

(2)单击“创建块”按钮，在弹出的“块定义”对话框中，在“名称”框中输入块名“粗糙度符号”。

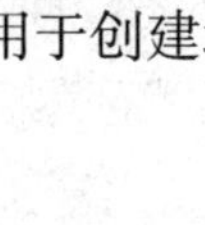

图5-6 粗糙度符号

(3)单击“拾取点”按钮，返回图形中选择图形的最下方顶点作为基点；单击“选择对象”，返回图形中选择整个图形；按回车键返回对话框，选择“转换为块”选项，其余选项不变;单击“确定”,则创建了一个形状如图 5-6 所示,名称为“粗糙度符号”的图块。

(4)单击“插入”菜单下的“块”命令,弹出“插入”对话框,在“名称”栏可以找到新建的“粗糙度符号”图块,表明已成功创建新图块。

5.2.2 块存盘

图块定义后储存在内存中,一旦退出系统,其定义也会随之消失。要想长期保留这些定义的图块,以便于在其他图形中使用,就应使用“块存盘”命令将其保存到磁盘上。

5.2.2.1 功能

将当前图形中的图块或图形保存为图形文件,以便于其他图形文件引用。

5.2.2.2 命令输入

命令:WBLOCK。

5.2.2.3 命令使用

输入“WBLOCK”命令后,弹出“写块”对话框,如图 5-7 所示。对话框中各选项含义如下:

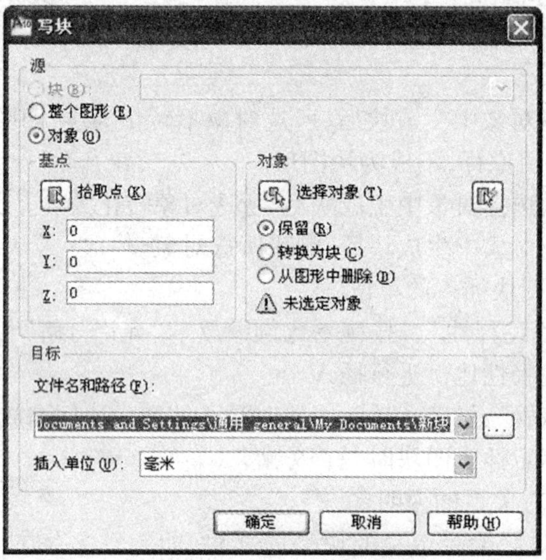

图 5-7 “写块”对话框

(1)“源”:设置要保存的块文件或图形文件。该选项组有三个选项:

①块:选择已有的块,可从下拉列表中选取。

②整个图形:将当前整个图形文件作为一个块存盘。

③对象:新建一个块,即将当前图形中指定的图形对象赋名存盘。

(2)“基点”和“对象”中各选项的含义与“块定义”对话框中相同。

(3)“目标”:设置图块的文件名、存放位置、插入单位。

图块被定义后,若需要更新,可采用以下操作:

(1)插入要修改的块或使用图形中已存在的块;

(2)用 EXPLODE 命令将块分解,使之成为独立的对象;

(3)按新块图形要求修改旧块图形；

(4)执行 BMAKE 或 BLOCK 命令，选择新块图形作为块定义选择对象，给出与块分解前相同的名字；

(5)完成此命令后会出现警告框，提示"旧块已定义，是否重定义？"，单击"是"，则旧块被重新定义，且图中所有对该块的引用在重新打开图形文件时会自动修改更新。

5.2.3　插入块

5.2.3.1　功能

插入块到另一图形中。

5.2.3.2　命令输入

命令：INSERT。

菜单："插入"→"块"。

工具栏：。

5.2.3.3　命令使用

在运行"插入块"命令后，AutoCAD 弹出"插入"对话框，如图 5-8 所示。各选项含义如下：

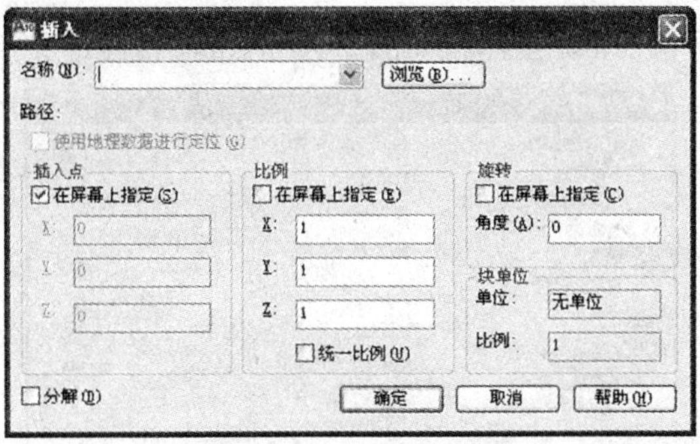

图 5-8　"插入"对话框

(1)"名称"：用右边的下拉箭头，选择要插入的图块名称；单击"浏览"按钮，可选择一图形文件插入当前图形，并在当前图形中生成一内部块。

(2)"插入点"：指定图块插入的位置。若选中"在屏幕上指定"，则可通过鼠标直接单击确定插入点。也可去掉此项，直接输入插入点的坐标值。如果选择"在屏幕上指定"，则"X、Y、Z"均不亮显，系统回到屏幕中，让用户在屏幕上选择插入的点，并在命令行出现以下的命令过程：

指定插入点或[基点(B)/比例(S)/X/Y/Z/旋转(R)/预览比例(PS)/PX/PY/PZ/预览旋转(PR)]：

如果不选择"在屏幕上指定"，则"X、Y、Z"均亮显。用户可以通过输入 X、Y、Z 的坐标来确定插入点。

(3)"比例"：设置图块插入后的比例。可以在 X、Y、Z 三个方向分别设置不同的比例。比例值若使用负值，可产生镜像插入的效果。

(4)“旋转”:设置图块插入后的旋转角度,正值为逆时针旋转,负值为顺时针旋转。

(5)“分解”:选中此项,可将插入的块分解为构成图块的各成员对象。对于未分解的块,可以用 EXPLODE 命令将其分解。

注意　在输入“X、Y、Z”方向上的缩放比例时,若 X 为负值,则插入的图块将沿着 Y 轴进行镜像;若 Y 为负值,则插入的图块将沿着 X 轴进行镜像。另外,在用该对话框插入图块时,插入的点一般是在屏幕上指定的,其他的选项可以直接在命令行中输入完成。

5.2.4　创建图块属性

创建图块时,在图块上附属一些文字说明以及其他信息,以便在插入图块时,连同图块和属性一起插入到图形中。附属到图块上的文字说明以及其他信息叫块属性。

5.2.4.1　功能

给图块赋予文字信息。

5.2.4.2　命令输入

命令:ATTDEF。

菜单:“绘图”→“块”→“定义属性”。

5.2.4.3　命令使用

执行 ATTDEF 命令后,系统会弹出如图 5-9 所示的“属性定义”对话框。

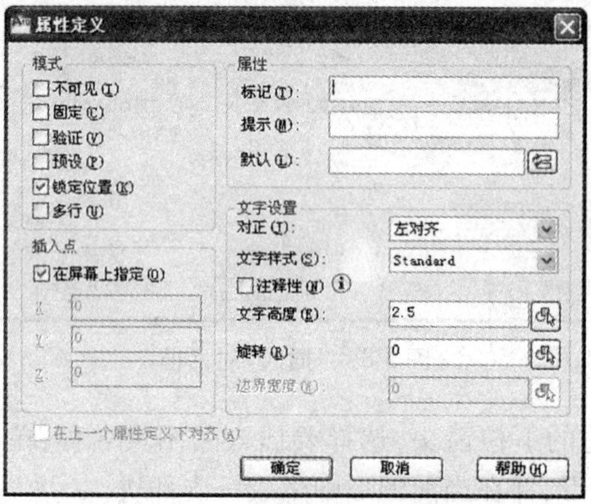

图 5-9　“属性定义”对话框

在“属性定义”对话框中,有四个部分选项,各选项的含义如下:

(1)“模式”:可以通过不可见、固定、验证、预设、锁定位置、多行六个可选的模式选项来选择图块的模式。

(2)“属性”:有标记、提示、默认三个属性输入框,通过输入一些数据来确定图块的属性。

(3)“插入点”:如果选择“在屏幕上指定”,则“X、Y、Z”均不亮显,系统回到屏幕中,让用户在屏幕上选择插入的点;如果不选择“在屏幕上指定”,则“X、Y、Z”均亮显,用户可以通过输入 X、Y、Z 的坐标来确定插入点。

(4)“文字设置”:通过对正、文字样式、文字高度、旋转等选项的选择,来设置定义属性文字的特征。

注意　图块的属性是图块固有的特性,常用在形状相同而性质不同的图形中,如标高、标题栏、轴线编号等。

5.2.4.4　操作示例

给高程符号赋予属性,并写成块,插入到图形中。

(1)绘制高程符号。

(2)给高程符号赋予属性。

①执行“ATTDEF”的命令,弹出“属性定义”对话框(见图 5-10)。在该对话框中“标记”栏后输入“高程”;在“提示”栏后输入“请输入高程值:”;在“默认”栏后输入“%%p0.000”(±0.000)。

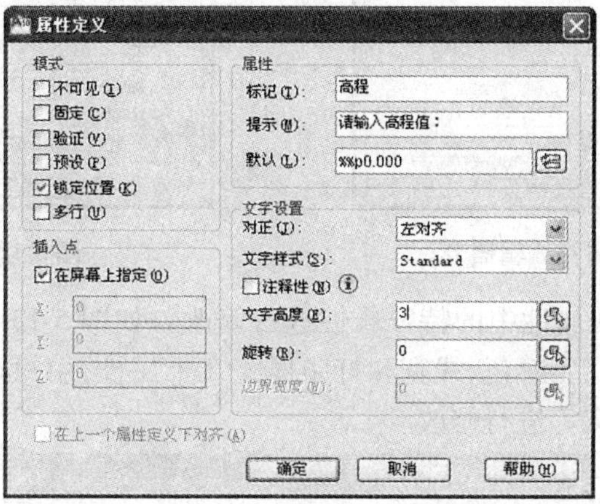

图 5-10　高程属性定义

②在“对正”栏后输入“左对齐”,在“文字高度”栏后输入“3”,其他默认。

③单击“确定”按钮,在屏幕上指定放置文字的位置。

(3)将高程符号与高程属性一同生成图块。

(4)在图形中插入高程符号。

5.2.5　编辑图块属性

用“DDEDIT”命令可以对应用到图形中的图块的属性进行修改编辑。

5.2.5.1　功能

编辑带有属性图块的属性信息。

5.2.5.2　命令输入

命令:DDEDIT。

菜单:“绘图”→“块”→“编辑属性”。

5.2.5.3　命令使用

命令:ddedit ↙

选择注释对象或[放弃(U)]:

参数说明:

在选择注释对象后,系统弹出如图 5-11 所示的“增强属性编辑器”对话框,在该对话框中各选项的含义如下:

(1)“属性”:对图块的变量属性进行修改。分别列出了标记、提示和值几个属性,能修改的是图块的属性值,而标记和提示则不能修改。

(2)“文字选项”:对图块的文字属性进行修改。如图 5-12 所示,在“文字选项”选项卡中,分别列出了文字样式、对正、反向、倒置、高度、宽度因子、旋转和倾斜角度几个属性,用户可以根据需要对这几个文字显示方式属性值进行修改。

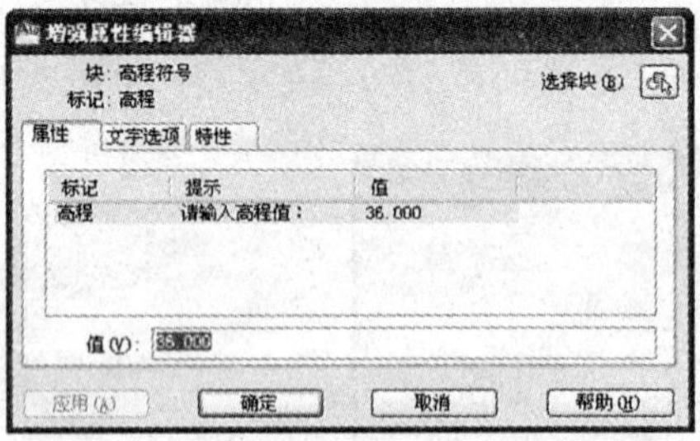

图 5-11　属性编辑器

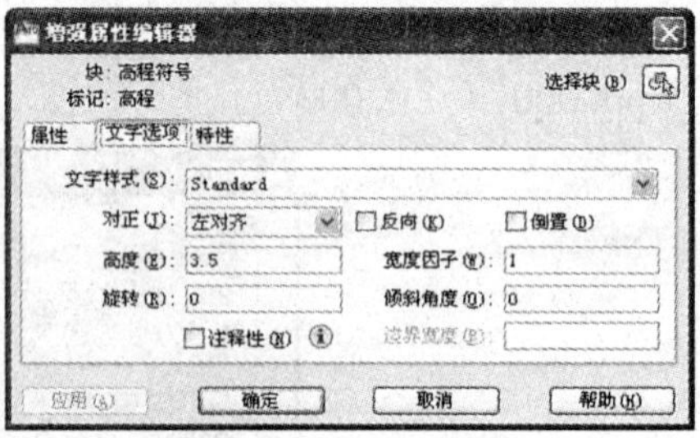

图 5-12　文字选项

(3)“特性”:对图块属性中的特征属性进行修改。如图 5-13 所示,在“特性”选项卡中,分别列出了图层、线型、颜色、线宽和打印样式几个属性,用户可以根据需要对属性所在图层、线型、颜色、线宽等进行修改。

图 5-13　特性

本章小结

本章主要介绍图案填充和图块两大部分操作。在图案填充部分,重点介绍对指定区域进行图案填充时的操作格式,各选项卡中各选项的具体含义及操作,通过实例演示了图案填充的操作步骤。在图块部分,重点介绍创建块、插入块、块存盘以及块更新的操作。应掌握图块创建插入、保存、更新的具体操作方法。可以自己动手创建一个常用的图块,然后练习对图块的四种操作。

思考与练习

1. 单项选择题

(1)在图案填充操作中(　　)。

A. 只能单击填充区域中任意一点来确定填充区域

B. 所有的填充样式都可以调整比例和角度

C. 图案填充可以和原来轮廓线关联或者不关联

D. 图案填充只能一次生成，不可以编辑修改

(2)在(　　)命令可自动地将包围指定点的最近区域定义为填充边界。

A. BHATCH　　B. BOUNDARY　　C. HATCH　　D. PTHATCH

(3)设 A 板组包括“图案填充”和“命令组”两个工具选项板，B 板组包含“机械”和“电力”两个工具选项板，并嵌套在 A 板组的下面，先设置 A 为当前板组，则显示(　　)。

A.“图案填充”和“命令组”

B.“图案填充”、“命令组”、“机械”和“电力”

C.“机械”和“电力”

(4)在进行图案填充时，在“图案填充原点”中选择“指定的原点”，“单击以设定原点”后输入(80,60)，并勾选“存储为默认原点”，则(　　)。

A. 图案填充原点为(0,0)

B. 图案填充原点为(60,80)

C. 图案填充原点为(80,60)，系统变量 Hporigin 为(60,80)

D. 图案填充原点和系统变量都为(80,60)

(5)图案填充后删除边界，则填充图案(　　)。

A. 没有变化　　B. 若填充选择“关联”，则图案消失

C. 若填充不选择“关联”，则图案消失　　D. 图案可以自动生成边界

(6)对图 5-14 所示的图形进行图案填充，现在编辑图案填充，重新创建边界，则文字周围(　　)。

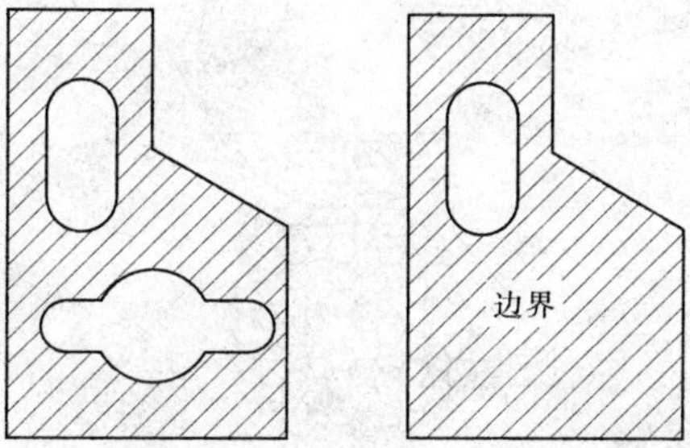

图 5-14

A. 一定为矩形

B. 如果在生成过程中选择“多段线”，则文字周围有矩形

C. 如果在生成过程中选择“面域”,则文字周围有矩形

D. 剖面线穿过文字

(7) 在图案填充时勾选“保留边界”,则填充后(　　)。

A. 填充图案和边界关联　　B. 沿图案填充创建新的边界

C. 填充图案和边界没有关联　　D. 以上说法都不对

(8) 在定义块属性时,要使属性为定值,可选择(　　)模式。

A. 不可见　　B. 固定　　C. 验证　　D. 预置

(9) 用(　　)命令可以创建图块,且只能在当前图形文件中调用,而不能在其他图形文件中调用。

A. BLOCK　　B. WBLOCK　　C. EXPLODE　　D. MBLOCK

(10) 在创建块时,在“块定义”对话框中必须确定的要素为(　　)。

A. 块名、基点、对象　　B. 块名、基点、属性

C. 基点、对象、属性　　D. 块名、基点、对象、属性

2. 多项选择题

(1) 编辑块属性的途径有(　　)。

A. 单击属性定义进行属性编辑　　B. 双击包含属性的块进行属性编辑

C. 应用块属性管理器编辑属性　　D. 只可以用命令进行编辑属性

(2) 关于块的属性的定义,下面说法正确的是(　　)。

A. 块必须定义属性　　B. 一个块中最多只能定义一个属性

C. 多个块可以共用一个属性　　D. 一个块中可以定义多个属性

3. 作图题

(1) 完成图 5-15 的图案填充。

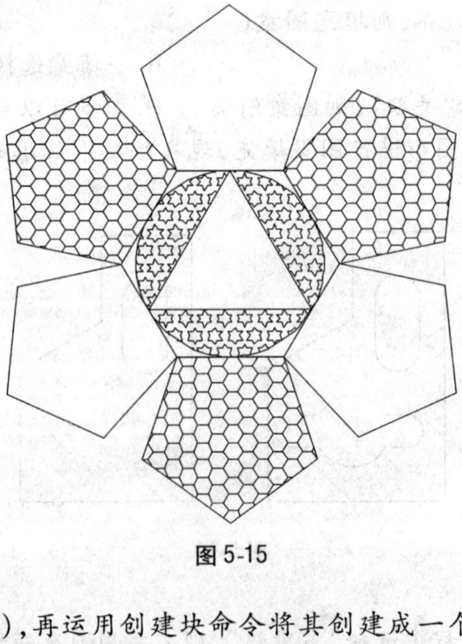

图 5-15

(2) 先绘制图 5-16(a),再运用创建块命令将其创建成一个新块,并用其创建“办公

室”图形。

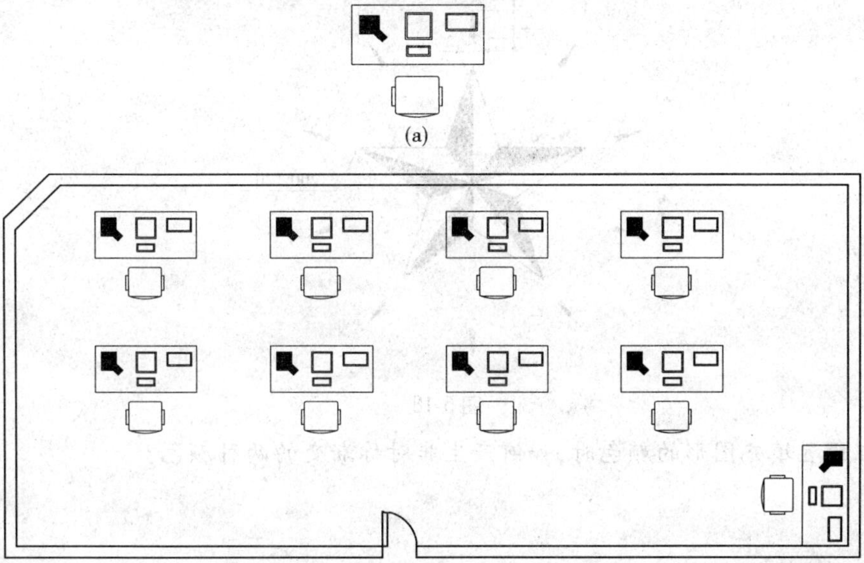

(a)

(b)

图 5-16

(3) 完成图 5-17 的图案填充。

绘制五星红旗,绘制如图 5-17 所示的五星红旗。注意:将五角星内填满黄色,旗面填成红色。

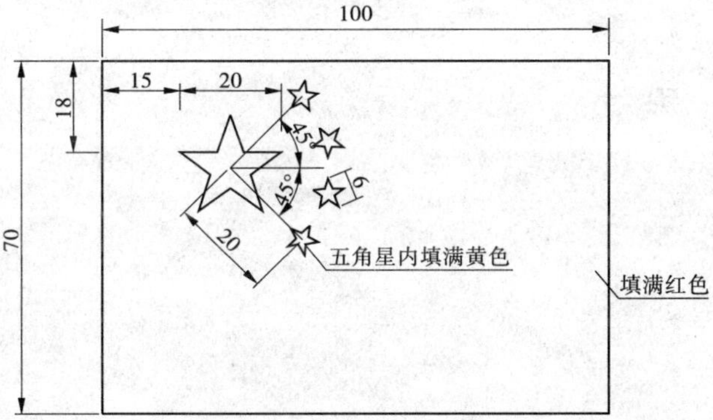

图 5-17

(4) 完成图 5-18 的图案填充。

4. 思考题

(1) 在图案填充命令中填充样式如何选取?

(2) 什么是孤岛? 在图案填充时如何将孤岛也进行填充?

(3) 如何在填充图案时修改自定义图案的线条角度和比例?

(4) 在一个图形文件中定义的图块是否可以直接用于其他图形文件? 如果不能,需要通过什么操作才能用于其他图形文件?

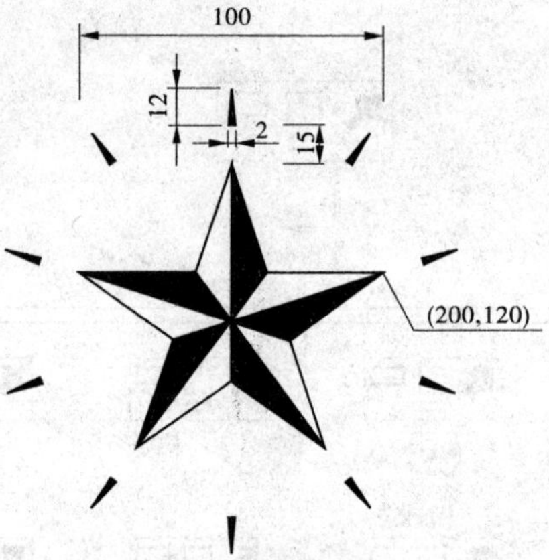

图 5-18

(5)在设置填充图形的颜色时,如何产生非对称渐变的两种颜色?

第6章　图层与查询图形几何信息

【本章要点】

☞图层

☞图形转换为面域

☞查询图形几何信息

6.1　图　层

6.1.1　图层基本知识

用 AutoCAD 2010 绘制的每一个图形对象，不仅具有形状、尺寸等几何特性，而且还具有相应的图形信息，如颜色、线型、线宽以及状态等。

6.1.1.1　图层的概念

在绘制图形时，将每个图形元素或同一类图形对象组织成一个图层，并给每一个图层指定相应的名称、线型、线宽、颜色和打印样式。例如，在一张图纸上包括了图框、实线、虚线、中心线、尺寸标注等众多信息，我们可以将组成图形各个部分的信息分别绘制在不同的图层中，例如，将图框放置在某一个图层上，将尺寸标注放置在另外一个图层上，将实线、虚线、中心线分别放置在另外一些图层上，然后将这些不同的图层重叠在一块就成为了一张完整的图纸，如图6-1所示。若要对某一类图形对象进行操作，则只需要通过管理工具打开它所在的图层即可。如果需要针对某部分图形对象操作，可以将需要进行操作的图形显示出来，而关闭无关的图层。

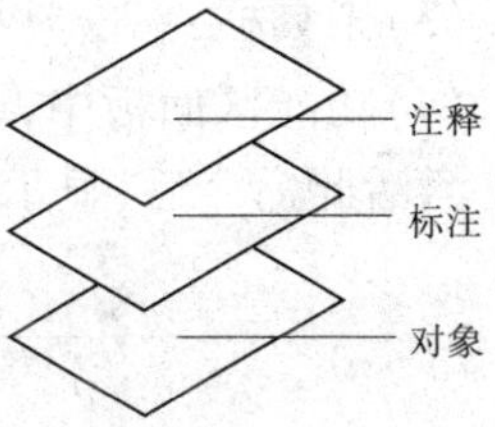

图6-1　图层的概念

简单地理解，图层就好像一张没有厚度的透明纸。每张透明纸都可以绘制图线、尺寸和文字等不同的图形信息。对于一张含有不同线型、不同颜色且由多个图形对象构成的复杂图形，如果把同一种线型和颜色的图形对象都放在同一张透明纸上，那么一张图纸上的完整图形就可以看成是由以上若干张具有相同坐标系的透明纸所绘制的图形叠加而成的。

图层是 AutoCAD 中非常有效的工具之一，合理地运用图层的各项操作，将会提高图形绘制的质量和绘图速度。图层可以理解为将若干张透明的电子图纸叠在一起，每一张图纸用于绘制不同性质的图形。不同的图层可以定义不同的颜色、线型、线宽等，同时也可以任意开关、冻结、解冻、锁定、解锁某些图层来辅助绘图。

6.1.1.2　图层的特点

(1)图层名:每一个图层都有自己的名字,以便查找。在同一张图形中,不能建立两个具有相同名称的图层。图层名最多可以包含 255 个字符(双字节字符或由字母和数字组成的字符):字母、数字、空格和几种特殊字符。图层名不能包含以下字符:< >/\“:;?*|=‘。

用户可以在一幅 CAD 图中创建任意数量的图层。系统对一幅 CAD 图中的图层数量没有限制,对每一图层上的实体数量也没有任何限制。

(2)颜色、线型、线宽设置:每个图层只能设置一种颜色、一种线型和一种线宽,不同的图层可以具有相同的颜色、线型和线宽。

(3)图层的状态:系统提供了控制图层状态的方法,用户可以对各图层进行打开和关闭、冻结和解冻、锁定和解锁等操作,以决定各图层的可见性和可操作性。

虽然系统允许用户建立多个图层,但用户只能在当前图层中进行绘图操作。AutoCAD 的当前图层只有一个。各图层具有相同的坐标系、绘图界限、显示时的缩放倍数。

6.1.2　图层特性管理器

AutoCAD 提供了“图层特性管理器”工具,用户通过对话框中的各个选项可以很方便地对图层进行设置,从而实现建立新图层、设置图层的颜色和线型等操作。

6.1.2.1　进入“图层特性管理器”的方式

进入“图层特性管理器”的方式有四种:

(1)在命令提示符下输入 Layer 命令,并按 Enter 键或空格键。

(2)菜单栏:选择“格式”→“图层”命令。

(3)工具栏:单击“图层”工具栏上的“图层特性管理器”按钮。

(4)功能区面板中,单击“常用”→“图层”→“图层特性管理器”按钮。

激活此命令后,显示“图层特性管理器”对话框,如图 6-2 所示。

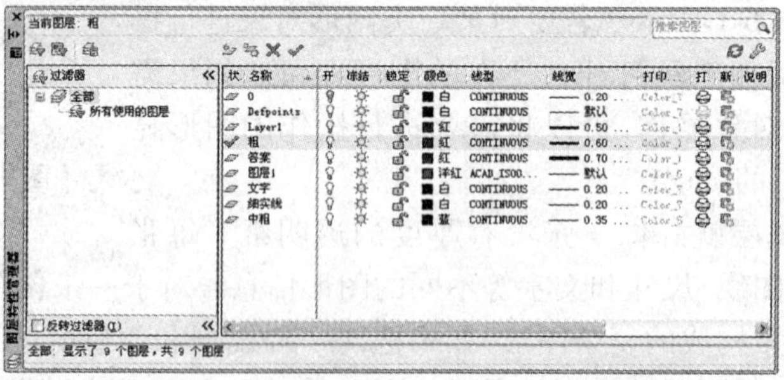

图 6-2　“图层特性管理器”对话框

6.1.2.2　图层设置

在“图层特性管理器”对话框中,可以通过对话框中的一系列按钮对图层进行基本操作。

(1)“新建”按钮:单击该按钮,图层列表框中显示新创建的图层。第一次新建,列表中将显示名为“图层 1”的图层,随后名称便递增为“图层 2”、“图层 3”……该名称处于选中状态，可以直接输入一个新图层名，例如“墙线”等。通常图层名称应使用描述性文字，例如标注、墙线、柱子和轴线等。

修改图层名称：选择某一图层后单击“名称”选项，可修改该图层的名称。图层名称和颜色只能在图层特性管理器中修改，不能在“图层”控件中修改。

(2)“删除”✖按钮：单击该按钮，可以删除用户选中的要删除的图层。注意不能删除 0 图层、当前图层及包含图形对象的图层。

(3)“置为当前”✔按钮：单击该按钮，将选中图层设置为当前图层。将要创建的对象会被放置到当前图层中。

6.1.2.3　图层控制管理

图层的控制管理包括图层打开/关闭、图层冻结/解冻和图层锁定/解锁。

(1)打开/关闭图层：如果图层被打开，则该图层上的图形可以在显示器或打印机(绘图仪)上显示或输出；当图层关闭时，被关闭的图层仍然是图形的一部分，它们不被显示和输出。用户可以根据需要随意单击图标切换层开关状态。

(2)冻结/解冻图层：如果图层被冻结，则该图层上的图形不被显示或绘制出来，而且和关闭的层是相同的，但前者的实体不参加重生成、消隐、渲染或打印等操作，而关闭的图层则要参加这些操作。所以，对复杂的图形，冻结不需要的图层可以大大加快系统重新生成图形的速度。需要注意的是用户不能冻结当前层。

(3)锁定/解锁图层：锁定并不影响图形实体的显示，但用户不能改变锁定层上的实体，不能对其进行编辑操作。如果锁定层是当前层，用户仍可在该层上作图。当只想将某一层作为参考层而不想对其修改时，可以将该层锁定。

6.1.2.4　图形特性设置

(1)设置层的颜色：选定某层，单击该层对应的颜色选项，弹出“选择颜色”对话框。从调色板中选择一种颜色，或者在“颜色”文本框中直接输入颜色名(或颜色号)，指定颜色(见图 6-3)。AutoCAD 提供了丰富的颜色，共 255 种，以颜色号(ACI)来表示，颜色号是从 1 到 255 的整数，其中 1 到 7 号颜色为基本颜色，颜色的名称分别为：1 红色、2 黄色、3 绿色、4 青色、5 蓝色、6 品红色、7 黑色/白色。

图 6-3　选择颜色

(2)设置层的线型：在所有新建的图层上，如果用户不指明线型，则按默认方式把该图层的线型设置为 Continuous，即为实线。选定某层，单击该层对应的线型选项，系统弹出“选择线型”对话框，如图 6-4 所示。如果所需线型已经加载，可以直接在线型列表框中选择后单击“确定”按钮。若没有所需线型，可单击“加载”按钮，将弹出“加载或重载线型”对话框，如图 6-5所示，用户可以通过此对话框选择一个或多个线型加载。如果要使用其他线型库中的线型，可单击“文件”按钮，弹出“选择线型文件”对话框，在该对话框线型库中选择需要的线型。

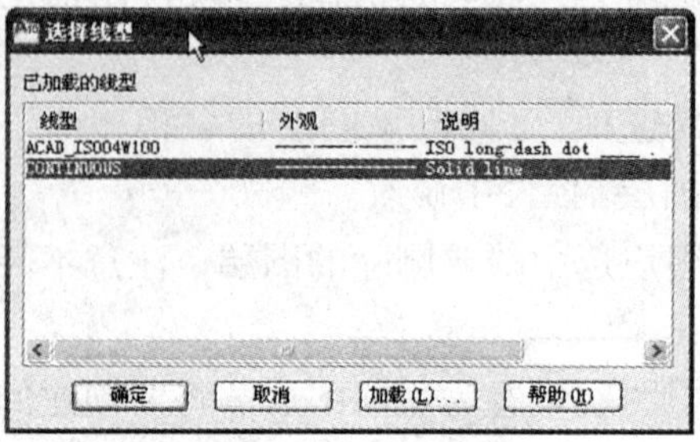

图 6-4　选择线型

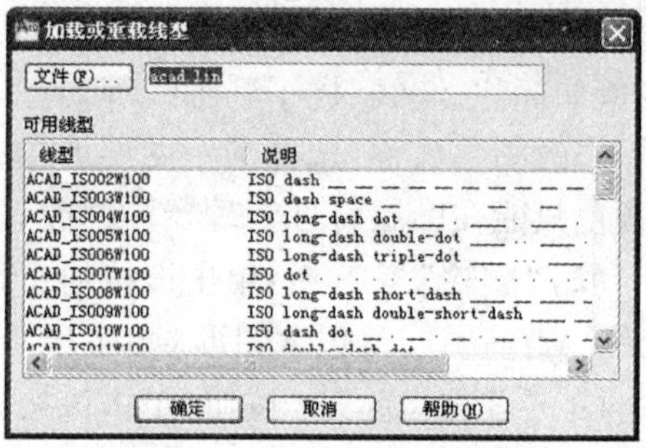

图 6-5　加载或重载线型

(3)设置层的线宽：如果用户要改变图层的线宽，可单击位于“线宽”栏下的图标，系统弹出“线宽”对话框，如图 6-6 所示。通过“线宽”对话框选择合适的线宽，然后单击“确定”按钮完成操作。

(4)设置图层的可打印性：如果关闭某一层的打印设置，那么在打印输出时就不会打印该层上的对象。但是，该层上的对象在 AutoCAD 中仍然是可见的。该设置只影响解冻层。对于冻结层，即使打印设置是打开的，也不会打印输出该层。

图层一般设置图层名、图层颜色、图层线宽、图层线型四项内容。图层的命名应以无歧义、便于记忆、输入简单为原则；图层颜色的选用以图面清晰、对比分明为原则；图层线宽度和图层线型的选用应以国家制图标准为原则。

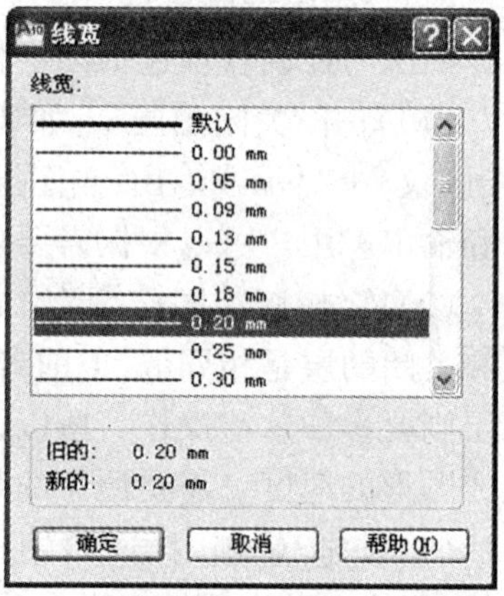

图 6-6　线宽

6.1.3　图层操作

在“AutoCAD 经典”工作空间里有一个“图层”工具栏和一个“图层特性”工具栏，如图 6-7 所示。在“二维草图与注释”工作空间里有一个“图层”面板和一个“特性”面板，如图 6-8 所示。这就说明对图层操作需要从“图层”和“特性”两方面进行操作。

图 6-7　“图层”工具栏与“图层特性”工具栏

图 6-8　“图层”与“特性”面板

(1)图层的操作：在图层区域单击，在“图层特性管理器”中出现设置好的图层，包括图层状态控制按钮和图层名。可以在此选择需要的图层作为当前图层进行绘图操作，同时还能对相应图层进行开关、图层冻结/解冻和图层锁定/解锁。

(2)图层特性操作:图层特性包括图层颜色、图层线宽、图层线型和打印四项内容,其中打印一般呈灰色显示。在特性区域不同的选项中单击,可以选择不同的颜色、线宽和线型。如果是从事分图层绘图,不要在特性区修改以上内容,按照 ByLayer(随图层)或 ByBlock(随块)绘制,否则,图层特性混乱,给以后修改带来麻烦。

根据以上所学知识,分图层绘制图 6-9 所示图形。

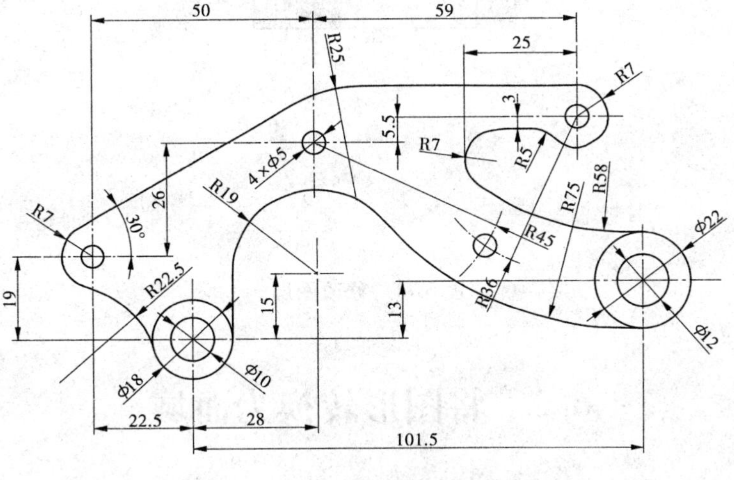

图 6-9 平面图形

步骤:见图 6-10。

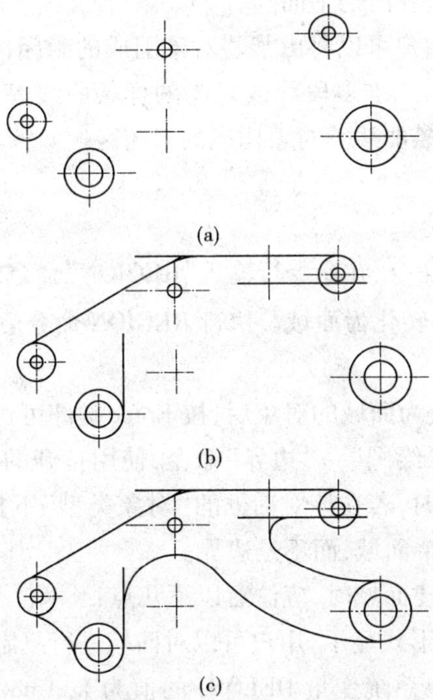

图 6-10 绘图过程

注意　如果我们想对已具有相应图形特性的图形元素进行修改，只要选中要修改的图形元素，使其处于夹点控制状态，然后更改其图层，那么该对象就会通过图层改变属性。图 6-11 所示为将处于粗实线的圆修改为细实线的圆。

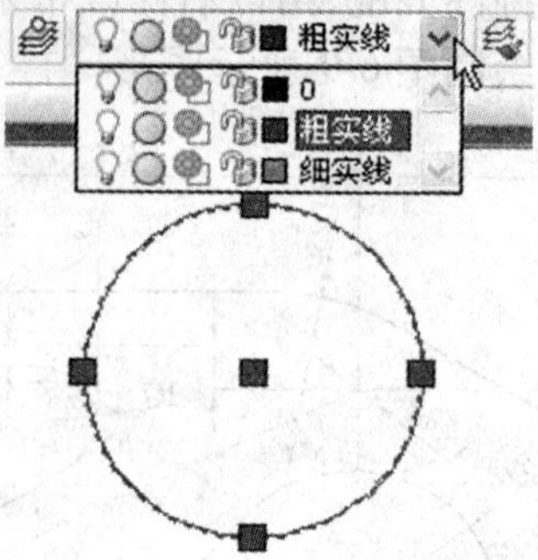

图 6-11　修改图层

6.2　将图形转换为面域

在 AutoCAD 中，面域指的是具有边界的平面区域，它是一个面对象，内部可以包含孔。从外观来看，面域和一般的封闭线框没有区别，但实际上面域就像是一张没有厚度的纸，除包括边界外，还包括边界内的平面。

在 AutoCAD 2010 中，用户可以将由某些对象围成的封闭区域转换为面域，这些封闭区域可以是圆、椭圆、封闭的二维多段线或封闭的样条曲线等对象，也可以是由圆弧、直线、二维多段线、椭圆弧、样条曲线等对象构成的封闭区域。

6.2.1　创建面域

选择"绘图"→"面域"命令、在命令行输入"REGION"命令或在"绘图"工具栏中单击"面域"按钮，可以将图形转化为面域。执行 REGION 命令后，AutoCAD 提示：

选择对象：

用户在选择要将其转换为面域的对象后，按 Enter 键即可将该图形转换为面域。

此外，用户还可以选择"绘图"→"边界"命令，使用打开的如图 6-12 所示的"边界创建"对话框来定义面域。此时，若在该对话框的"对象类型"下拉列表框中选择"面域"选项，那么创建的图形将是一个面域，而不是边界。

在 AutoCAD 2010 中创建面域时，应注意以下几点：

（1）面域总是以线框的形式显示，用户可以对面域进行复制、移动等编辑操作。

（2）在创建面域时，如果系统变量 DELOBJ 的值为 1，AutoCAD 在定义了面域后将删除原始对象；如果 DELOBJ 的值为 0，则在定义面域后不删除原始对象。

（3）如果要分解面域，可以选择"修改"→"分解"命令，将面域的各个环转换成相应

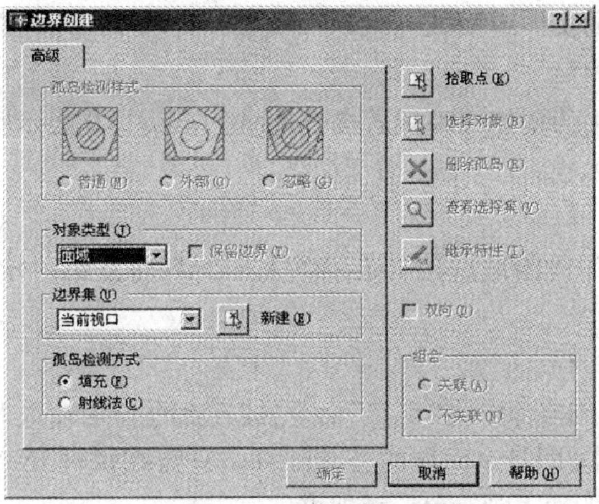

图6-12　“边界创建”对话框

的线、圆等对象。

6.2.2　对面域进行布尔运算

布尔运算是数学上的一种逻辑运算。在AutoCAD中绘图时使用布尔运算,可以大大提高绘图效率,尤其是绘制比较复杂的图形时。布尔运算的对象只包括实体和共面的面域,对于普通的线条图形对象,则无法使用布尔运算。

在AutoCAD 2010中,用户可以对面域执行“并集”、“差集”及“交集”3种布尔运算,各种运算效果如图6-13所示。

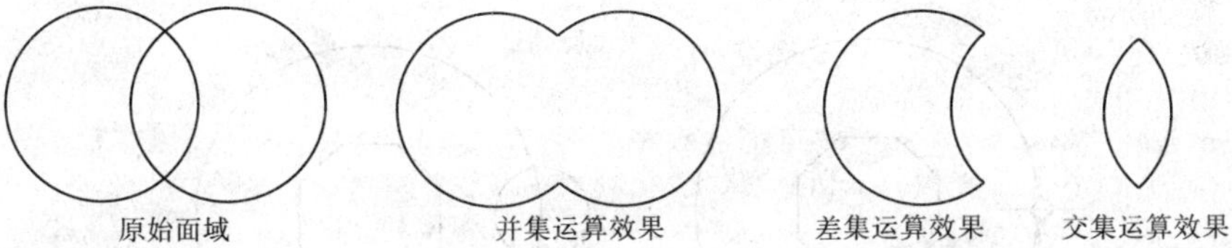

图6-13　面域的布尔运算

6.2.2.1　并集运算

选择“修改”→“实体编辑”→“并集”命令,或在命令行中输入“UNION”命令,可以执行面域的并集运算。执行UNION命令后,AutoCAD提示:

选择对象:

用户在选择需要进行并集运算的面域后按Enter键,AutoCAD即可对所选择的面域执行并集运算,将其合并为一个图形。

6.2.2.2　差集运算

选择“修改”→“实体编辑”→“差集”命令,或在命令行中输入“SUBTRACT”命令,可以执行面域的差集运算,即用一个面域减去另一个面域。执行SUBTRACT命令后,AutoCAD提示:

选择要从中减去的实体或面域…

选择对象：

在选择要从中减去的实体或面域后按 Enter 键，AutoCAD 提示：

选择要减去的实体或面域：

选择对象：

选择要减去的实体或面域后按 Enter 键，AutoCAD 将从第一次选择的面域中减去第二次选择的面域。

6.2.2.3　交集运算

选择“修改”→“实体编辑”→“交集”命令，或在命令行中输入“INTERSECT”命令，可以创建多个面域的交集，即各个面域的公共部分。只需在执行 INTERSECT 命令后，选择要执行交集运算的面域，然后按 Enter 键即可。

【例 1】 利用面域的布尔运算，绘制如图 6-14 所示的面域。

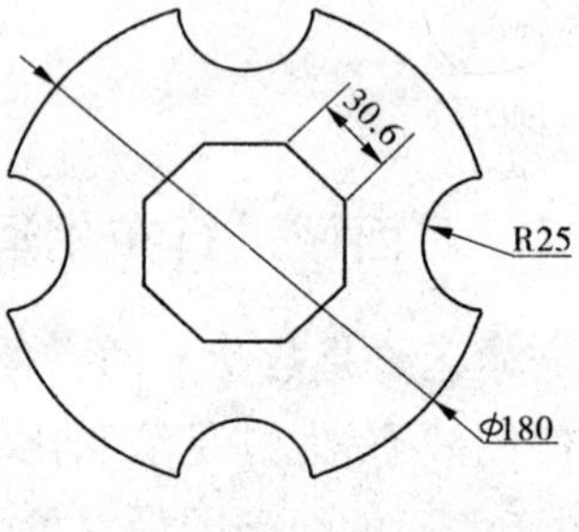

图 6-14　利用布尔运算绘制的面域

(1)在“绘图”工具栏中单击“圆”按钮，在窗口中绘制一个半径为 90 的圆。

(2)在“绘图”工具栏中单击“正多边形”按钮，以所绘圆的圆心为中心点，创建一个内接于半径为 40 的圆的正八边形。

(3)在“绘图”工具栏中单击“圆”按钮，并在“对象捕捉”工具栏中单击“捕捉到象限点”按钮，然后将指针移到圆上，当显示“象限点”提示时单击，从而以大圆的象限点为圆心，绘制一个半径为 25 的圆，如图 6-15 所示。

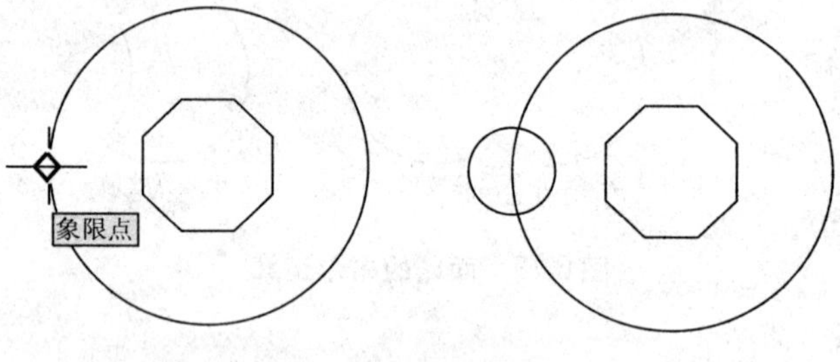

图 6-15　以大圆的象限点为圆心绘制圆

(4)采用同样的方法，绘制其他几个圆，如图 6-16 所示。

(5)选择“绘图”→“面域”命令，并在绘图窗口中选择大圆和 5 个小圆，然后按 Enter 键，将其转换为面域。

(6)选择“修改”→“实体编辑”→“差集”命令，选择大圆作为要从中减去的面域，按 Enter 键后，依次单击 5 个小圆作为被减去的面域，然后再按 Enter 键，即可得到经过差集运算的新面域(见图 6-15)。

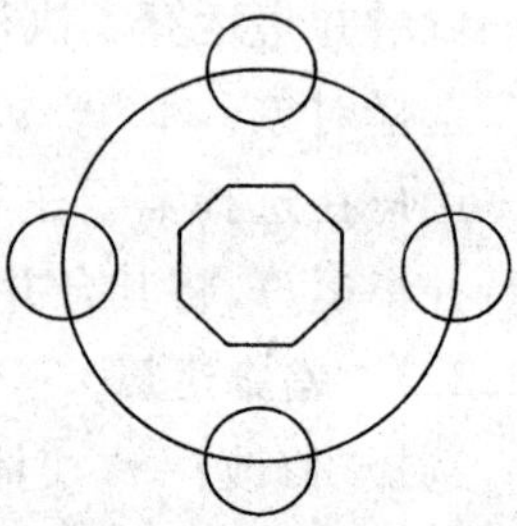

图 6-16　绘制其他的圆

6.3　查询图形几何信息

查询图形对象信息的方法很多,必须找出相应的方法才能使查询快速准确。比如利用“快捷特性”和“特性”功能,均可查出相应信息内容。本节所讲的对象几何信息查询主要是利用“查询”工具栏对图形对象的距离、半径、角度、面积、体积和质量特性等进行查询。

6.3.1　认识查询工具

查询的方法:①主菜单→工具→查询;②调出“查询”工具栏;③功能区→常用→实用工具→测量,如图6-17所示。

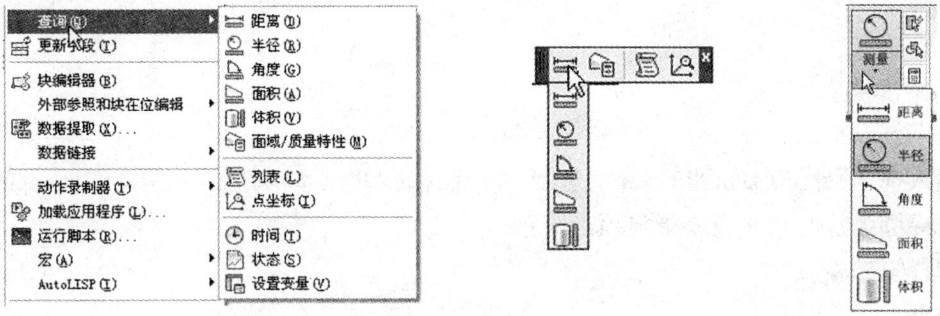

(a)　　(b)　　(c)

图6-17　查询方法

6.3.2　查询图形几何信息

6.3.2.1　查距离

1. 功能

查询两点之间的距离。

2. 操作指导

执行查询命令后,命令行提示指定第一点,然后提示指定第二点。

命令:_measuregeom

输入选项[距离(D)/半径(R)/角度(A)/面积(AR)/体积(V)]<距离>:_distance

指定第一点:　（指定第一点）

指定第二个点或[多个点(M)]:　（指定第二点）

距离=16.0128,　XY平面中的倾角=270,　与XY平面的夹角=0

X增量=0.0000,　Y增量=-16.0128,　Z增量=0.0000

输入选项[距离(D)/半径(R)/角度(A)/面积(AR)/体积(V)/退出(X)]<距离>:

取消

6.3.2.2　查半径与直径

1. 功能

查询圆弧或圆的半径与直径。

2. 操作指导

命令:_measuregeom

输入选项[距离(D)/半径(R)/角度(A)/面积(AR)/体积(V)]<距离>:_radius

选择圆弧或圆:

半径 = 7.1000

直径 = 14.2000

输入选项[距离(D)/半径(R)/角度(A)/面积(AR)/体积(V)/退出(X)]<半径>:
取消

6.3.2.3 查角度

1. 功能

查询圆弧、圆、直线的夹角。

2. 操作指导

命令:_measurgeom

输入选项[距离(D)/半径(R)/角度(A)/面积(AR)/体积(V)]<距离>:_angle

选择圆弧、圆、直线或<指定顶点>:

选择第二条直线:

角度 = 60°

输入选项[距离(D)/半径(R)/角度(A)/面积(AR)/体积(V)/退出(X)]<角度>:
取消

6.3.2.4 查面积和周长

1. 功能

计算对象或指定区域的面积和周长。

2. 操作指导

如果查询多边形的面积和周长,直接依次点击多边形的角点,如图 6-18 所示,选完最后一个角点后按 Esc 键结束。过程如下:

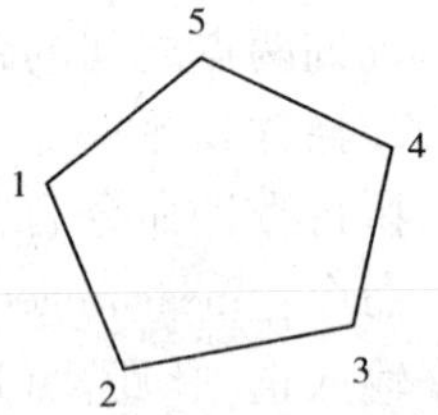

图 6-18 查询内容

命令:_measuregeom

输入选项[距离(D)/半径(R)/角度(A)/面积(AR)/体积(V)]<距离>:_area

指定第一个角点或[对象(O)/增加面积(A)/减少面积(S)/退出(X)]<对象(O)>:

指定下一个点或[圆弧(A)/长度(L)/放弃(U)]:

指定下一个点或[圆弧(A)/长度(L)/放弃(U)]:

指定下一个点或[圆弧(A)/长度(L)/放弃(U)/总计(T)]<总计>:

指定下一个点或[圆弧(A)/长度(L)/放弃(U)/总计(T)]<总计>:

指定下一个点或[圆弧(A)/长度(L)/放弃(U)/总计(T)]<总计>:

面积 =683.4319,周长 =101.0406

输入选项[距离(D)/半径(R)/角度(A)/面积(AR)/体积(V)/退出(X)]<面积>:*取消*

如果查询对象不是正多边形,需要将图形对象转化为多段线或面域,然后在命令选项后选择“对象(O)”。执行如下命令:

命令:_measuregeom

输入选项[距离(D)/半径(R)/角度(A)/面积(AR)/体积(V)]<距离>:_area

指定第一个角点或[对象(O)/增加面积(A)/减少面积(S)/退出(X)]<对象(O)>:o↙

选择对象:

面积 =127.5139,周长 =45.1705

输入选项[距离(D)/半径(R)/角度(A)/面积(AR)/体积(V)/退出(X)]<面积>:*取消*

如果查询的对象多于一个,对对象求和或相减,需要选择“增加面积(A)/减少面积(S)”。如图 6-19 所示,求正方形与圆相加或相减的面积和周长,过程如下:

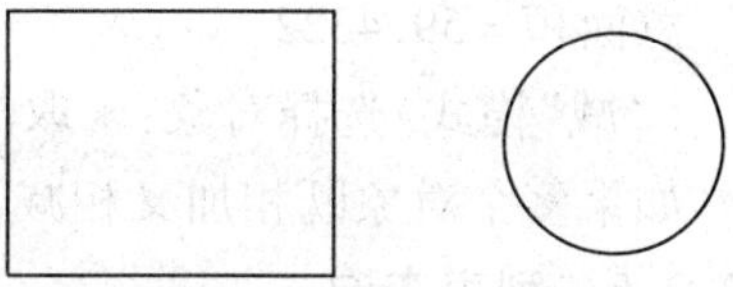

图 6-19　查询内容

(1)正方形与圆相加。

命令:_measuregeom

输入选项[距离(D)/半径(R)/角度(A)/面积(AR)/体积(V)]<距离>:_area

指定第一个角点或[对象(O)/增加面积(A)/减少面积(S)/退出(X)]<对象(O)>:a↙

指定第一个角点或[对象(O)/减少面积(S)/退出(X)]:o↙

(“加”模式)选择对象:　(选择正方形)

面积 =217.8003,周长 =59.0980

总面积 =217.8003

(“加”模式)选择对象:　(选择圆)

面积 =158.3681,圆周长 =44.6107

总面积 =376.1684

(“加”模式)选择对象:*取消*

(2)正方形与圆相减。

命令:_measuregeom

输入选项[距离(D)/半径(R)/角度(A)/面积(AR)/体积(V)]<距离>:_area

指定第一个角点或[对象(O)/增加面积(A)/减少面积(S)/退出(X)]<对象(O)>:a↙　(先选择“加”模式,求正方形的面积)

指定第一个角点或[对象(O)/减少面积(S)/退出(X)]:o↙

(“加”模式)选择对象:　(选择正方形)

面积 = 217.8003,周长 = 59.0980

总面积 = 217.8003

(“加”模式)选择对象:↙　　//转换为“减”模式,准备减圆

面积 = 217.8003,周长 = 59.0980

总面积 = 217.8003

指定第一个角点或[对象(O)/减少面积(S)/退出(X)]:s↙　　//转换为“减”模式,准备减圆

指定第一个角点或[对象(O)/增加面积(A)/退出(X)]:o↙

(“减”模式)选择对象:　//选择圆

面积 = 158.3681,圆周长 = 44.6107

总面积 = 59.4322

(“减”模式)选择对象: * 取消 *

如果多个对象既相加又相减,那么就在“增加面积(A))/减少面积(S)”模式上转换。

6.3.2.5 列表查询

1. 功能

计算面域或三维实体的质量特性。

2. 命令输入

命令:LIST。

工具条:“查询”工具条→列表。

菜单:主菜单→工具→查询→列表。

3. 命令使用

执行 LIST 命令后,命令要求选择对象。选择完对象按回车键后,系统立即弹出文本窗口,在文本窗口中显示对象的属性。这些属性包括对象类型、对象图层、相对于当前用户坐标系(UCS)的 X、Y、Z 位置以及对象是位于模型空间还是图纸空间。

如果颜色、线型和线宽没有设置为“ByLayer”,则 LIST 命令将报告这些项目的相关信息。如果对象厚度为非零,则列出其厚度。Z 坐标的信息用于定义标高。如果输入的拉伸方向与当前 UCS 的 Z 轴(0,0,1)不同,LIST 命令也会以 UCS 坐标报告拉伸方向。

LIST 命令还报告与选定的特定对象相关的附加信息。

用户可以使用 LIST 显示选定对象的特性,然后将其复制到文本文件中。

体积查询、面域及质量特性查询涉及三维实体,这里不再介绍。

4. 操作示例

绘制图 6-20,并查询阴影区域 A 的面积及周长。

(1)绘直径 40 的圆,如图 6-21 所示。

(2)16 等分圆周,如图 6-22 所示。

(3)用“相切、相切、相切”方式绘三切圆,如图 6-23 所示。

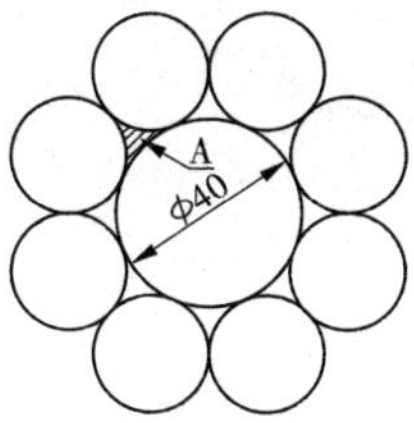

图 6-20 平面图形

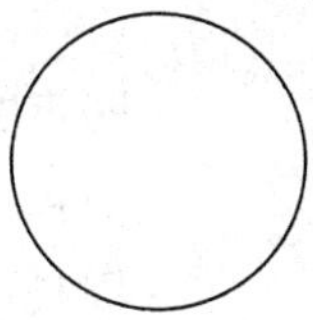

图 6-21 直径为 40 的圆

图 6-22 16 等分圆周

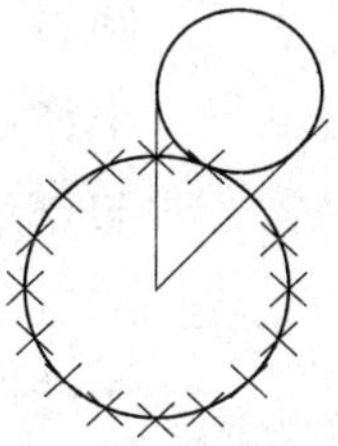

图 6-23 三切圆

(4)8 份阵列小圆,即得图 6-21。

(5)点击绘图→边界(B)...,或功能区→常用面板→边界,出现如图 6-24 所示“边界创建”对话框。

(6)在“对象类型”中选择“多段线”,然后单击“拾取点”按钮。系统退出“边界创建”对话框,回到绘图屏幕。在原图阴影内单击左键,再单击右键,创建一个边界图形。

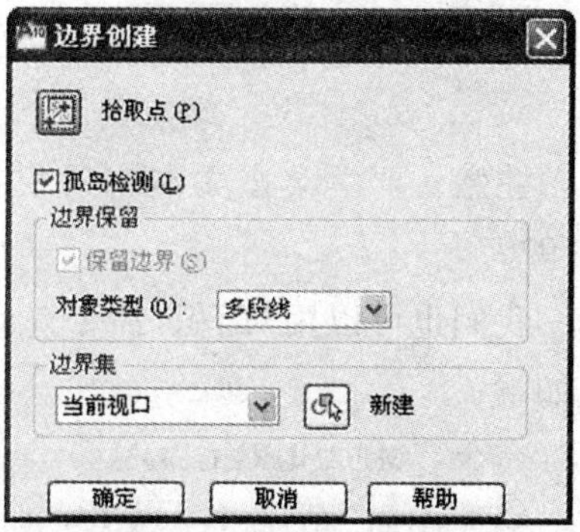

图 6-24 边界创建

注意 此时创建的边界图形是一个首尾相连的多段线,是一个整体对象。我们也可以在“对象类型”中选择“面域”。如果创建的是一个“面域”,则它是一个三维平面,也是一个整体对象。“多段线”和“面域”都可以作为一个整体对象进行整体移动,然后对该对象进行查询。

(7)用“移动”命令将创建的边界移出,如图 6-25 所示。

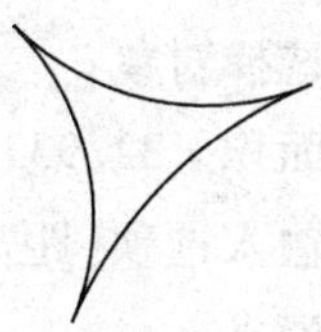

图 6-25 边界创建图形

(8)依次点击“查询”工具条→列表,在“文本窗口”中出现如下内容:

命令:_list

选择对象:找到 1 个

选择对象:

LWPOLYLINE 图层:0

空间:模型空间

线宽:0.15 毫米

闭合

固定宽度　　0.0000

面积　　32.9331

周长　　44.9207

于端点　　X = 988.9976　Y = 584.5641　Z = 0.0000

凸度　　-0.3033

圆心　　X = 984.2530　Y = 596.0186　Z = 0.0000

半径　　12.3983

起点角度　　292

端点角度　　225

于端点　　X = 975.4861　Y = 587.2517　Z = 0.0000

凸度　　-0.1989

圆心　　X = 966.7192　Y = 578.4848　Z = 0.0000

半径　　12.3983

起点角度　　45

端点角度　　0

注意　要学会在文本窗口中找寻自己所需要的信息内容。如面积 32.9331,周长 44.9207。

我们也可以用"面积"命令查询面积和周长,但它没有"列表"查询的信息内容多。过程如下:

命令:_MEASUREGEOM

输入选项[距离(D)/半径(R)/角度(A)/面积(AR)/体积(V)]<距离>:_area

指定第一个角点或[对象(O)/增加面积(A)/减少面积(S)/退出(X)]<对象(O)>:o↙

选择对象:

面积 = 32.9331,周长 = 44.9207

输入选项[距离(D)/半径(R)/角度(A)/面积(AR)/体积(V)/退出(X)]<面积>:*取消*

本章小结

本章主要介绍图层及查询图形几何信息知识。在图层部分,重点介绍图层特性管理器及图层操作,通过实例演示了图层的操作步骤。在查询图形几何信息部分,重点介绍几何信息查询的操作。

思考与练习

1. 单项选择题

(1)下面(　　)的名称不能被修改或删除。

A. 未命名的层　　B. 标准层　　C. 0层　　D. 缺省的层

(2)在 AutoCAD 中设置图层颜色时,可以使用(　　)种标准颜色。

A. 240　　B. 255　　C. 6　　D. 9

(3)使用图层插入模块将不检查图层的(　　)特性。

A. 开/关　　B. 颜色　　C. 线型　　D. 线宽

(4)关于"图层转换器"以下说法正确的是(　　)。

A. 只能在名称相同的图层之间转换特性　　B. "转换为"列表框可以多选

C. "转换自"列表框只能单选

D. 可以在"图层转换器"中清除所有未参照的图层

(5)以下说法错误的是(　　)。

A. 图层组过滤器只能嵌套在其他图层过滤器下

B. 图层组过滤器可以转化为图层特性管理器

C. 图层特性管理器可以转化为图层组过滤器

D. 对图层的名称可以使用通配符来建立过滤器

(6)要将外部参照中的图层对象有选择地绑定到当前图中,可以(　　)。

A. 在外部参照管理器中使用"插入"方式绑定

B. 用 XBIND 命令打开"外部参照绑定"对话框进行选择

C. 在"外部参照管理器"中选择"绑定"方式绑定

D. 用"外部参照"对话框

(7)以下(　　)选项不能用来定义图层特性管理器。

A. 图层是否正在使用　　B. 图层名称　　C. 图层说明　　D. 图层是否打印

2. 多项选择题

(1)当图层被锁定时,仍然可以(　　)。

A. 创建新的图形对象　　B. 把该图层设置为当前层

C. 将该图层上的图形对象作为辅助绘图时的捕捉对象

D. 可以作为"修剪"和"延伸"命令的目标对象

(2)在同一个图形中,各图层具有相同的(　　),用户可以对位于不同图层上的对象同时进行编辑操作。

A. 绘图界限　　B. 显示时缩放倍数　　C. 属性　　D. 坐标系

3. 作图题,设置相应图层。

(1)绘制如图 6-26 所示的平面图形。

(2)绘制如图 6-27 所示平面图形。

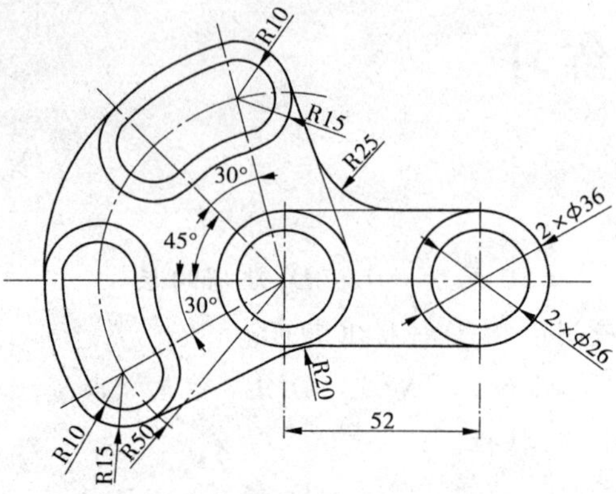

图 6-26

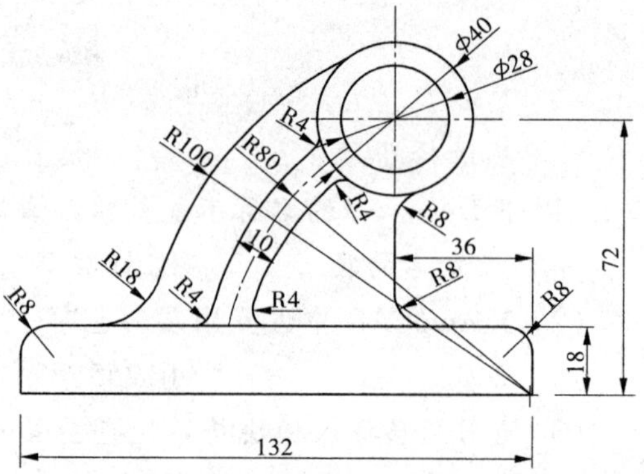

图 6-27

(3)绘制如图 6-28 所示平面图形。

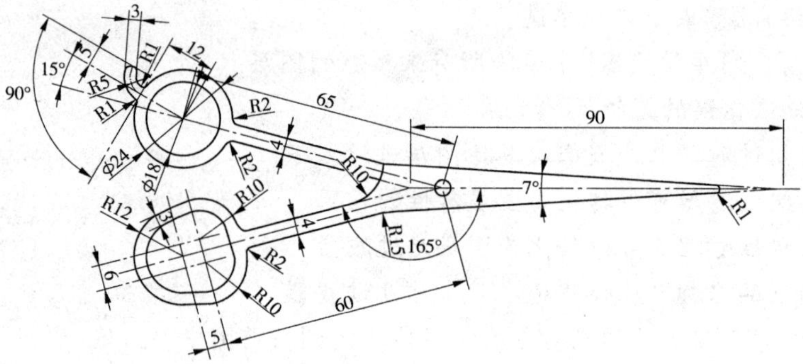

图 6-28

(4)绘制如图 6-29 所示平面图形。

(5)绘制如图 6-30 所示平面图形。

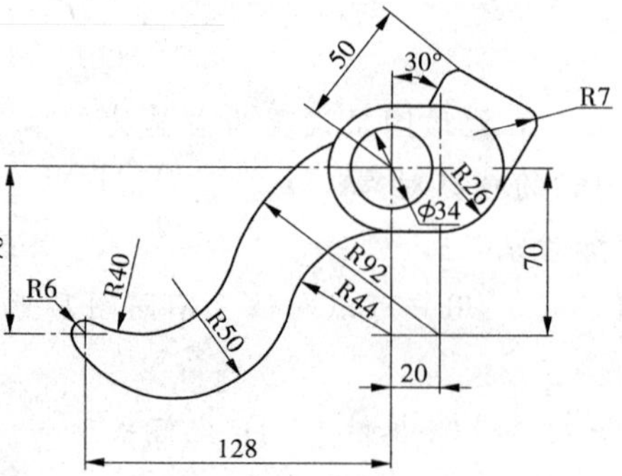

图 6-29

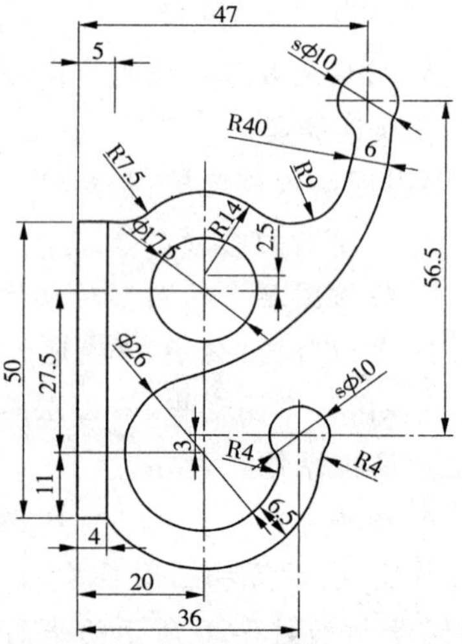

图 6-30

第 7 章　创建文字与表格

【本章要点】

☞文字样式

☞文字输入

☞文本编辑

☞表格样式

☞创建表格

在机械图纸中,技术要求和标题栏等是必不可少的,在计算机辅助制图中就需要标注文字。AutoCAD 提供了非常方便、快捷的文字标注功能。在图中可以输入单行文字,也可以输入多行文字。同时,用户还可以根据需要创建多种文字样式。

7.1　文字样式

文字样式是一组可随图形保存的文字设置的集合,这些设置包括字体、文字高度以及特殊效果等。在机械图样中,汉字一般为长仿宋体,字母和数字一般采用 B 型字体,而在 AutoCAD 中只有一个缺省的名为“Standard”的字体式样,所以应该根据不同的需要,创建文字样式。

在菜单栏中单击“格式”→“文字样式”,弹出如图 7-1 所示对话框。该对话框主要分为四个区域,下面分别对其进行说明。

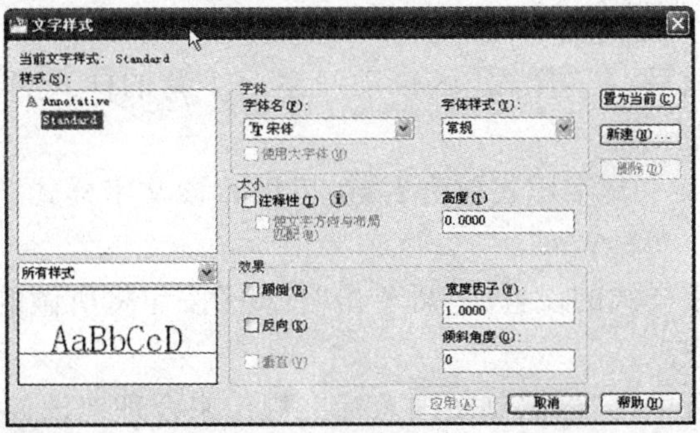

图 7-1　“文字样式”对话框

(1)“样式”名称栏:在该栏的下拉列表中包括了所有已建立的文字样式,并显示当前的文字样式。用户可单击“新建”按钮,新建一个文字样式;或单击“重命名”按钮和“删除”按钮对当前的文字样式进行重命名和删除操作。

注意 “Standard(标准)”样式不能被重命名或删除。当前的文字样式和已经被引用的文字样式则不能被删除,但可以重命名。

(2)“字体”栏:在“字体名”列表中显示所有 AutoCAD 可支持的字体,这些字体有两种类型:一种是扩展名为“.shx”的字体,该字体是利用图形技术创建的,由AutoCAD系统所提供。另一种是带有Tr图标、扩展名为“.ttf”的字体,该字体为 TrueType 字体,通常为 Windows 系统所提供。

某些 TrueType 字体可能会具有不同的字体样式,如加黑、斜体等,用户可通过“字体样式”列表进行查看和选择。而对于 SHX 字体,“使用大字体”项将被激活。选中该项后,“字体样式”列表将变为“大字体”列表。大字体是一种特殊类型的形文件,可以定义数千个非 ASCII 字符的文本文件,如汉字等。

“高度”编辑框用于指定文字高度。如果设置为 0,则引用该文字样式创建字体时需要指定文字高度,否则将直接使用框中设置的值来创建文本。

(3)“效果”栏:

①“颠倒”:用于设置是否倒置显示字符。

②“反向”:用于设置是否反向显示字符。

③“垂直”:只有在选定字体支持双向时“垂直”才可用。TrueType 字体不能设置“垂直”选项。

(4)“宽度因子”:用于设置字符宽度比例。输入值如果小于 1.0 将压缩文字宽度,输入值如果大于 1.0 则将使文字宽度扩大。

(5)“倾斜角度”:用于设置文字的倾斜角度,取值范围为 -85 到 85 之间。

(6)“预览”栏:用于预览字体和效果设置,用户的改变(文字高度的改变除外)将会引起预览图像的更新。用户可在预览图像下部的编辑框中输入不同的字母,然后单击“预览”按钮来预览它们。

(7)“置为当前”:把选定的文字样式用于当前文本。

(8)“新建”:建立新的文字样式。

(9)“删除”:删除指定的文字样式。

文字样式设置完成后,在“样式”区自动产生一个新的样式名。只需点击“应用”→“关闭”,样式文件自动保存。

在“样式”区中对某一文字样式单击右键,可以将该文字样式“置为当前”、“重命名”和“删除”。

当用户完成对文字样式的设置后,可单击“应用”按钮将所做的修改应用到图形中使用当前样式的所有文字。

注意 在绘图过程中,应根据制图国家标准规定来合理地设置字体的样式。另外,在设置字体样式的过程中,最好不要在“字体样式”对话框中设置字体的高度,而在注写字体时再单个设置。

【例1】 根据制图标准来设置一种工程常用字体(命名“工程用字”)和建筑常用文字(命名为“建筑图用字”)的字体样式。

步骤如下:

(1) 输入“STYLE”命令，按回车键，系统会弹出如图7-1所示的对话框。

(2) 单击“新建”按钮，系统弹出如图7-2所示的“新建文字样式”对话框。在该对话框中，输入新建的文字样式名：工程用字。单击“确定”，系统弹出如图7-3所示的“文字样式”对话框。

图7-2 新建文字样式

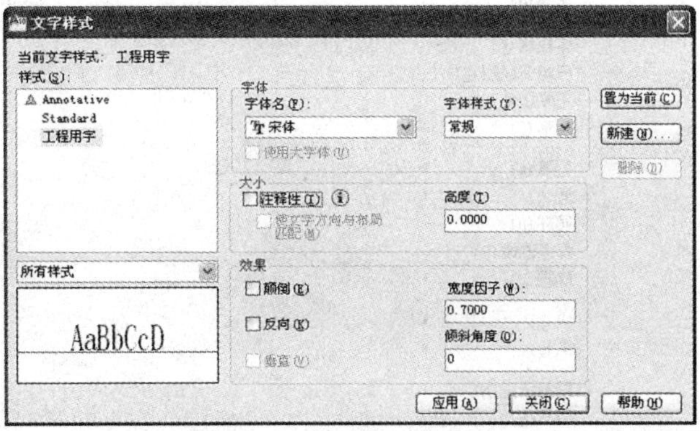

图7-3 “工程用字”文字样式

(3) 在“字体名”的列表框中，选择“宋体”。

(4)“宽度因子”：输入0.7000。其他的参数采用系统缺省值。

(5) 单击“应用”按钮。

(6) 单击“关闭”按钮，完成设置。

试一试：依此方法设置其他文字样式，如“水利图用字”、“建筑图用字”等样式，设置过程同“工程用字”。

7.2 文字输入

AutoCAD 2010提供了两种文字输入方式，即单行输入与多行输入。所谓的单行输入，并不是用该命令每次只能输入一行文字，而是输入的文字，每一行单独作为一个实体对象来处理。相反，多行输入就是不管输入几行文字，AutoCAD都把它作为一个实体对象来处理。

7.2.1 单行文字输入

在菜单栏中单击“绘图”→“文字”→“单行文字”，如图7-4所示，或调出“文字”工具栏，如图7-5所示，单击单行文字工具按钮，可以进行单行文字输入。

命令行提示如下：

命令：_dtext

当前文字样式： 文字说明 当前文字高度：2.5000 //显示当前文字样式和字高

指定文字的起点或[对正(J)/样式(S)]： //确定文本的起点

指定文字的旋转角度 <0>： //确定文本行旋转角度

输入文字：机械制图 //输入文字，回车换行

输入文字:计算机辅助绘图　　　　　　　　　　　　　　//继续输入文字,回车换行

输入文字:　　　　　　　　　　　　　　　　　　　　//回车结束命令,如图 7-6 所示

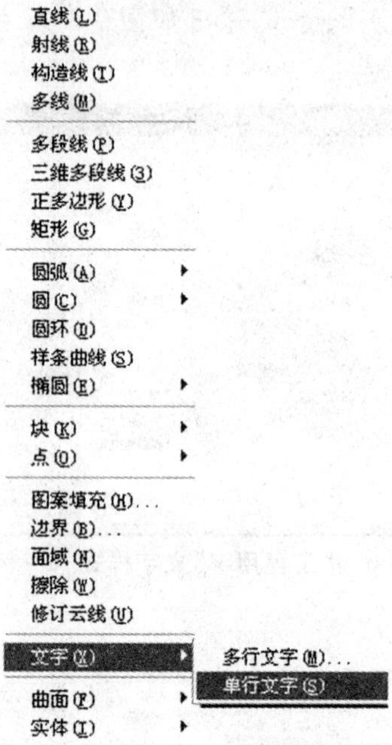

图 7-4　“绘图”菜单

图 7-5　“文字”工具栏

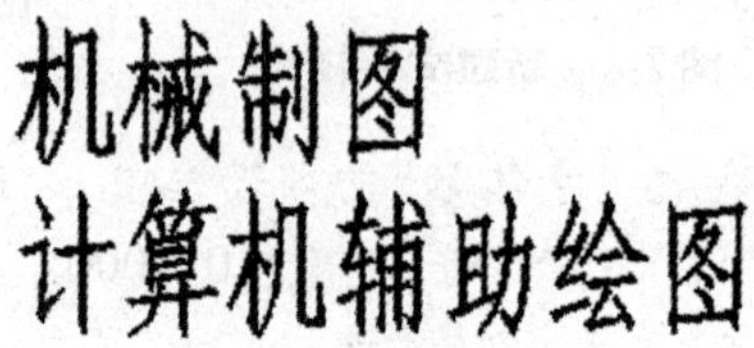

图 7-6　输出结果

参数说明:

(1)指定文字的起点:指定文字输入的起点,系统缺省状态下,文字的起点是文字的左下角。可在屏幕上选择一点,作为输入文字的起点。

(2)[对正(J)/样式(S)]:

输入“J”后,按回车键,命令行提示如下:

[对齐(A)/调整(F)/中心(C)/中间(M)/右(R)/左上(TL)/中上(TC)/右上(TR)/左中(ML)/正中(MC)/右中(MR)/左下(BL)/中下(BC)/右下(BR)]:

输入“S”后,按回车键,命令行提示如下:

输入样式名或[?] <Standard>:

(3)当前文字高度 <2.5000>:指定输入文字的高度。

(4)指定文字的旋转角度 <0>:指定输入的文字与水平线的倾斜角度,正值向左边旋转,负值向右边旋转。

执行单行文字命令时,会出现提示:

指定文字的起点或[对正(J)/样式(S)]:　　//输入“J”切换到对正选项,对正选项用于设置文字的缩排和对齐方式

输入选项

[对齐(A)/调整(F)/中心(C)/中间(M)/右(R)/左上(TL)/中上(TC)/右上(TR)/左中(ML)/正中(MC)/右中(MR)/左下(BL)/中下(BC)/右下(BR)]:　　//AutoCAD 提供的对齐选项,用户根据自己的需要,输入括号内的字母

各选项的含义说明如下：

(1)对齐(A)：将文字限制在指定基线的两个端点之间，缩排时文字高度改变，但宽度比不变。

(2)调整(F)：将文字限制在指定基线的两个端点之间，字高保持不变。

(3)中心(C)：以指定点为中点对齐文字，文字向两边缩排。

(4)中间(M)：文字基线的水平中点与文字高度的垂直中点重合。

(5)右(R)：在基线上以指定点为基准右对齐文字。

(6)左上(TL)：以指定点作为文字的最上点，并且以该点为基准左对齐文字。

(7)中上(TC)：以指定点作为文字的最上点，并且以该点为基准居中对齐文字。

(8)右上(TR)：以指定点作为文字的最上点，并且以该点为基准右对齐文字。

(9)左中(ML)：以指定点作为文字高度上的中点，并且以该点为基准左对齐文字。

(10)正中(MC)：以指定点作为文字高度上的中点，并且以该点为基准居中对齐文字。

(11)右中(MR)：以指定点作为文字高度上的中点，并且以该点为基准右对齐文字。

(12)左下(BL)：以指定点作为文字的基线，并且以该点为基准左对齐文字。

(13)中下(BC)：以指定点作为文字的基线，并且以该点为基准居中对齐文字。

(14)右下(BR)：以指定点作为文字的基线，并且以该点为基准右对齐文字。

注意　用户可以在"指定文字的起点或[对正(J)/样式(S)]："提示下输入"s"，切换到样式选项，利用这个选项可以输入已定义的文字样式名称，设置该样式为当前样式。输入"?"可以查询当前文档中定义的所有文字样式。

7.2.2　多行文字输入

多行文字输入命令用于输入内部格式比较复杂的多行文字，与单行文字输入命令不同的是，输入的多行文字是一个整体，每一单行不再是一个单独的文字对象，也不能单独编辑。

在菜单栏中单击"绘图"→"文字"→"多行文字"命令，或者单击"绘图"工具栏上的多行文字命令按钮 A，可以启动多行文字命令。

启动多行文字命令后，命令行提示指定一个矩形区域，作为多行文字输入的范围。命令行提示如下：

命令：_mtext

当前文字样式："工程用字"　文字高度：2.5　注释性：否

指定第一角点：

指定对角点或[高度(H)/对正(J)/行距(L)/旋转(R)/样式(S)/宽度(W)/栏(C)]：

当指定一个矩形文字区域后，系统弹出如图 7-7 所示的"文字格式"工具栏，在绘图区弹出如图 7-8 所示的多行文字编辑区。

参数说明：

(1)"文字格式"工具栏：

图 7-7　“文字格式”工具栏

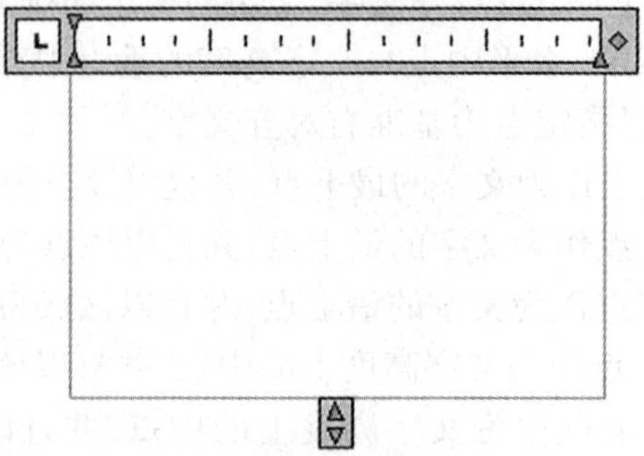

图 7-8　多行文字编辑区

“B”：粗体。

“I”：斜体。

“U”：加下划线。

“上划线”：加上划线。

“放弃”、“重做”：放弃或重做操作。

“a/b”按钮：分式按钮，用于不同分式形式的转换，转换时要先选择对象，然后再单击“分式”按钮。

“颜色”：选择文字的颜色。

“标尺”：控制在输入文字区上部标尺的显示。

“确定”按钮：完成文字输入后，单击“确定”按钮退出命令。

“选项”按钮：单击后显示“选项”快捷菜单，如图 7-9 所示。

“左对齐、居中对齐、右对齐、两边对齐”：设置段落文字的水平位置。

“分布、行距、编号”：分别设置文本分布、行距和对文本编号。

“插入字段”：字段是对当前图形说明的文字，字段值可进行更新。单击该按钮后，系统弹出“字段”对话框，如图 7-10 所示。

“全部大写、小写”：将选定的文字改为大写或小写。

“符号”：单击左键后，系统会弹出“符号”快捷菜单，如图 7-11 所示。

“倾斜角度”：当输入倾斜角度的值为正值时文字向右倾斜，倾斜角度的值为负值时文字向左倾斜。

“追踪”：设定字间距。

“宽度比例”：设定字符的宽度比例。

“栏数”：对文本分栏。

“多行文字对正”：设定多行文字的对正方式。

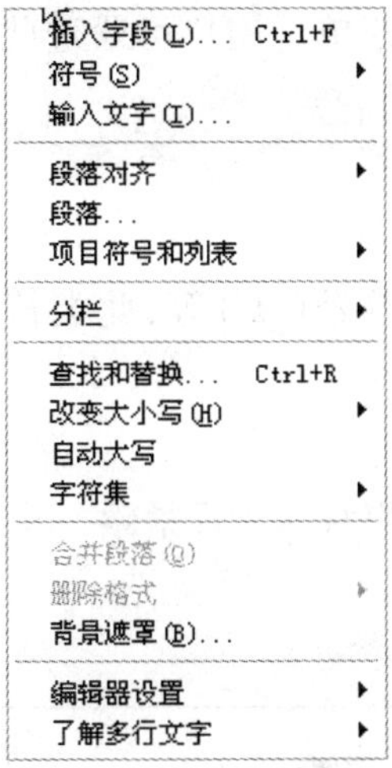

图 7-9　“选项”快捷菜单

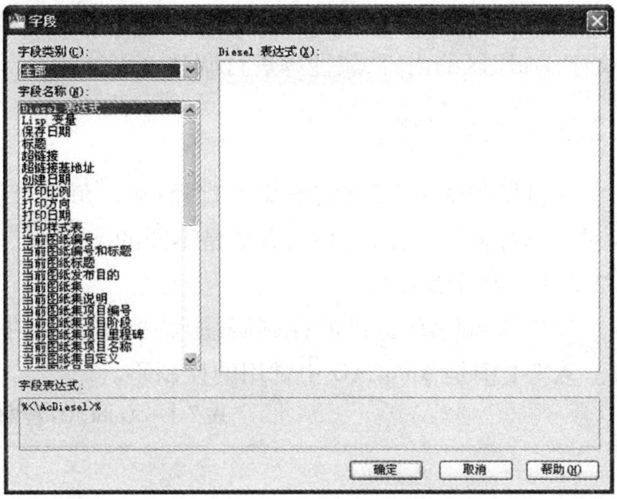

图 7-10　“字段”对话框

“段落” ：多行文字的段落对齐调整。

(2)“文字编辑”区：

各部分功能如图 7-12 所示。

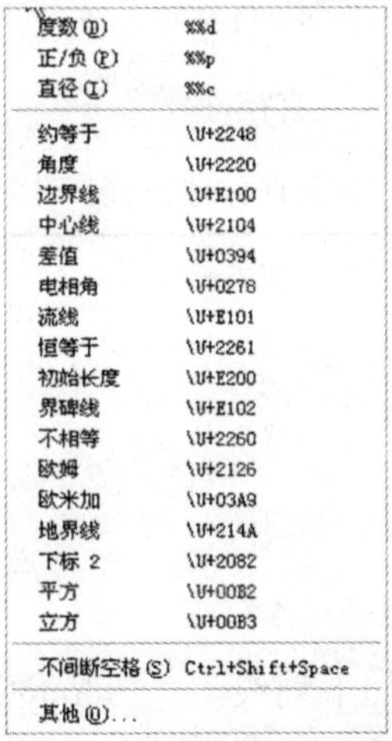

图 7-11　“符号”快捷菜单

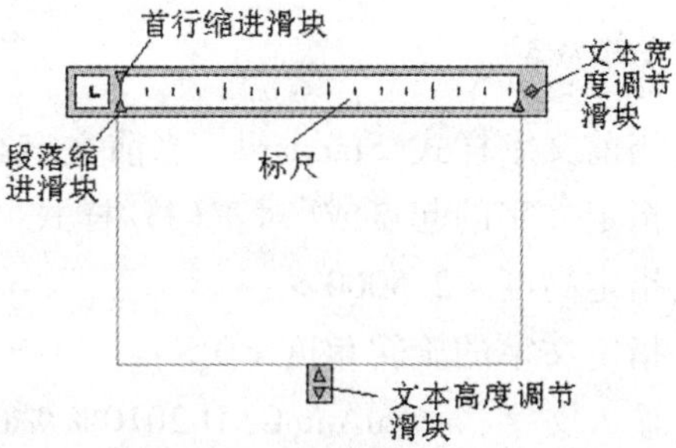

图 7-12　“文字编辑”区功能

[高度(H)/对正(J)/行距(L)/旋转(R)/样式(S)/宽度(W)/栏(C)]：

“高度”：用于设置字体的高度。

“对正”：输入文字的对正方式。

“行距”：设置输入的文字每行的距离。

“旋转”：指定文字的旋转角度。

“样式”：指定文字的样式。

“宽度”：设置矩形框的宽度。

“栏”：文本分栏。

注意 当在“文字编辑”区单击右键时,系统会弹出快捷菜单。用户可通过此菜单对“文字编辑”区的内容、属性等进行调整。

7.2.3 特殊字符输入

在机械制图中,经常需要用到直径(Φ)、角度(°)、正/负符号(±)等,此类符号的输入对于单行输入和多行输入,方法是不同的。

7.2.3.1 单行输入

使用 AutoCAD 提供的控制码输入,控制码由两个百分号(%%)后紧跟一个字母构成。表 7-1 中是 AutoCAD 中常用的控制码。

表 7-1 AutoCAD 控制码

控制码	功能
%%o	上划线
%%u	下划线
%%d	度符号
%%p	正/负符号
%%c	直径符号
%%%	百分号

命令:_dtext
当前文字样式:Standard 当前文字高度:2.5000
指定文字的起点或[对正(J)/样式(S)]:
指定高度 <2.5000>:
指定文字的旋转角度 <0>:
输入文字:%%uAutoCAD 2010%%u //加下划线 AutoCAD 2010
输入文字:60%%d //输入度符号 60°
输入文字:%%p0.02 //正/负符号 ±0.02
输入文字:%%c60 //输入直径符号 Φ60

7.2.3.2 多行输入

在如图 7-7 所示的“文字格式”编辑器中单击鼠标右键,出现快捷菜单,选择“符号”,如图 7-13 所示。如需“度数”、“正/负”、“直径”以外的特殊符号可单击“其他”。

7.2.3.3 其他方法

使用 Windows 提供的软键盘进行输入。任选一种输入法,例如全拼输入法,系统弹出如图 7-14 所示的输入法状态条。在按钮上,单击鼠标右键,出现键盘设置菜单,如图 7-15所示。通过软键盘即可输入相应符号。

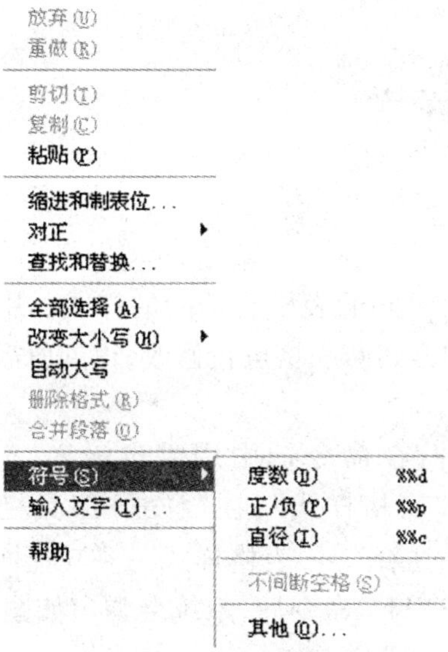

图7-13　快捷菜单

图7-14　输入法状态条

图7-15　键盘选择菜单

注意　使用 Windows 提供的软键盘进行输入方式只适合文字样式为.ttf 字体。

7.3　文本编辑

在进行文字输入时，难免出现这样或那样的错误，当遇到错误时，没有必要将输入的文字删除而重新输入，可以通过如下方法来编辑：

(1)双击鼠标左键来对文字本身进行修改。

(2)单击右键，利用特性管理器来编辑文字。

7.3.1　编辑单行文字

在命令行中用键盘输入“DDEDIT”，或在下拉菜单中单击“修改”→“对象”→“文字”→“编辑”，或在“文字”工具栏单击按钮，命令行提示选择注释对象或[放弃(U)]。如果选择的文字是用单行文字输入的，则系统会将文字激活，直接进行文字内容的修改，修改完成后按回车键确认；如果选择的文字是用多行文字输入的，则系统就会弹出多行文字输入状态，在该状态下直接进行文字内容的修改。修改完成后单击“确定”按钮。

注意　对单行文字编辑时，只能对文字的内容进行编辑，而不能对文字的属性进行编辑。因此，我们在进行文字标注时，要进行周密考虑。如果要标注的内容可能要进行属性如大小、字体等的修改，那么在标注文字时就不要用单行文字标注。

7.3.2　编辑多行文字

在命令行中用键盘输入“MTEDIT”，或在下拉菜单中点击“修改”→“对象”→“文字”→“编辑”，或在“文字”工具栏上单击按钮，命令行提示选择文字对象。选择输入的多行文字，则系统会弹出多行文字输入状态，在该状态下直接进行文字内容的修改。修改完成后单击“确定”按钮。

7.4　表格样式

7.4.1　认识表格样式

表格的外观由表格样式控制。在工程图样中，不同的表格有不同的样式。用户可以自己设定所需的表格样式，也可以利用编辑表格的方式对表格进行修改，得到所需的表格样式。

打开“表格样式”对话框的方式有以下几种：在命令行中用键盘输入“TABLESTYLE”，按回车键；在下拉菜单中单击：“格式”→“表格样式”；在“样式”工具栏上单击“表格样式”按钮；在功能面板上单击“常用”→“注释”→“表格样式”；在功能面板上单击“注释”→“表格”→“表格样式”。执行“TABLESTYLE”命令后，系统会弹出如图 7-16 所示的“表格样式”对话框。

“表格样式”对话框中各项内容的含义如下。

（1）“当前表格样式”：显示当前表格样式的名称。

（2）“样式”：创建的所有的表格样式名称列表。

（3）“列出”：控制在样式中的内容显示。包括所有样式和正在使用的样式两个选项。

（4）“预览”：对所选定表格样式的预览。

（5）“置为当前”：将选定的表格样式设置为当前样式。

（6）“新建”：创建新的表格样式，单击后系统会弹出一个“创建新的表格样式”对话框，如图 7-17 所示。在该对话框中可以输入新的表格样式名，选择以哪种样式作为基础样式。

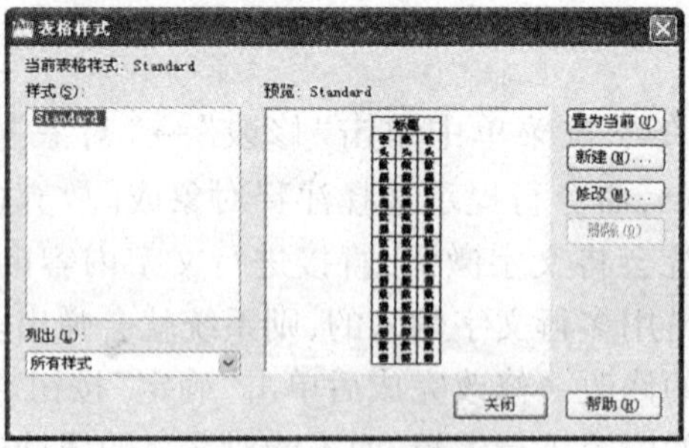

图 7-16　表格样式

图 7-17　创建新的表格样式

在“创建新的表格样式”对话框中，单击“继续”按钮后，系统会弹出如图 7-18 所示的“新建表格样式”对话框。该对话框中有三个选项卡，各选项卡面板上的内容含义如下：

（1）“起始表格”：单击，系统要求用户选择一个已有表格作为新建表格的格式。选择表格后，可以从指定表格复制表格内容和表格格式。

（2）“常规”：表格的常规表达，有“标题”向上和向下两种方式。选择其中的一种，在下面的预览框中有相应的格式。

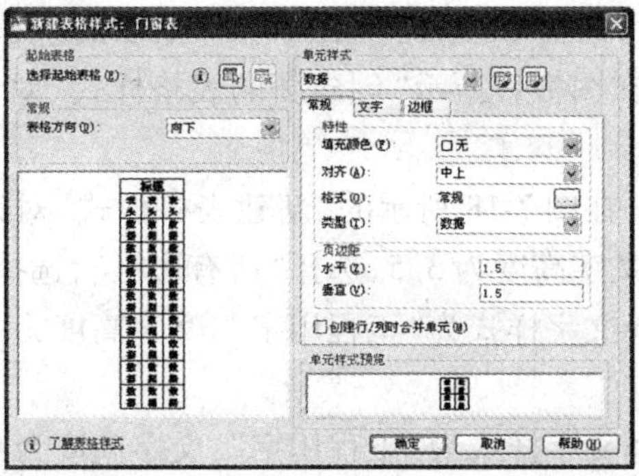

图 7-18　门窗表格常规样式

(3)“单元样式”区：有标题、表头和数据三个选项。选择其中的一个选项，如数据，可以对“数据”的常规、文字和边框进行修改。图 7-19 所示为数据的文字样式，图 7-20 所示为数据的边框样式。

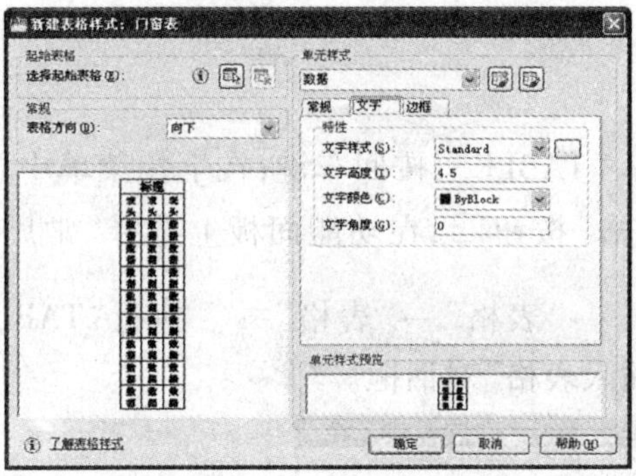

图 7-19　数据的文字样式

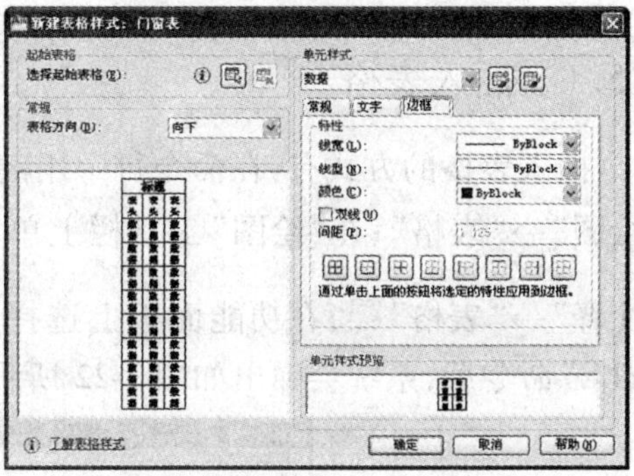

图 7-20　数据的边框样式

(4)“单元样式预览”区：预览相应的单元样式。

(5)“创建行/列时合并单元”：将使用当前表格样式所创建的行或列合并成一个单元。

单击“单元样式”中的，创建新单元格样式。

单击“单元样式”中的，弹出如图 7-21 所示的管理单元样式。

图 7-21　管理单元样式

(1)“修改”：对选定的表格样式进行修改。“修改”的界面同“新建”的界面。

(2)“删除”：删除选定的表格样式。

注意　在图 7-18 的表格样例中，第一行是标题行，由文字居中的合并单元行组成；第二行是表头行；其他行都是数据行。

7.4.2　创建表格样式

下面创建一个“门窗统计表”的表格样式，步骤如下：

(1)执行“TABLESTYLE”命令,系统弹出图 7-16 所示的“表格样式”对话框。在该对话框中单击“新建”按钮,在图 7-17所示“创建新的表格样式”对话框中,输入新样式名为“门窗统计表”。

(2)单击“继续”按钮,在图 7-18 所示的“新建表格样式”对话框中,设置“数据”行的文字样式为“工程用字”,文字高度为 3.5,选择“所有边框”,选择“正中”对齐。

(3)在“表头”行,选择文字样式为“工程用字”,文字高度为 4.5,选择“所有边框”,选择“正中”对齐。

(4)在“标题”行,选择文字样式为“工程用字”,文字高度为 6,选择“底部边框”,选择“正中”对齐。

(5)单击“确定”。

7.5　创建表格

7.5.1　插入表格

插入表格的方式有:在命令行中用键盘输入“TABLE”,按回车键;在下拉菜单中单击“绘图”→“表格”;在“绘图”工具栏上单击“表格”按钮;在功能面板上选择“常用”→“注释”→“表格”;在功能面板上选择“注释”→“表格”→“表格”。执行“TABLESTYLE”命令后,系统会弹出如图 7-22 所示的“插入表格”对话框。

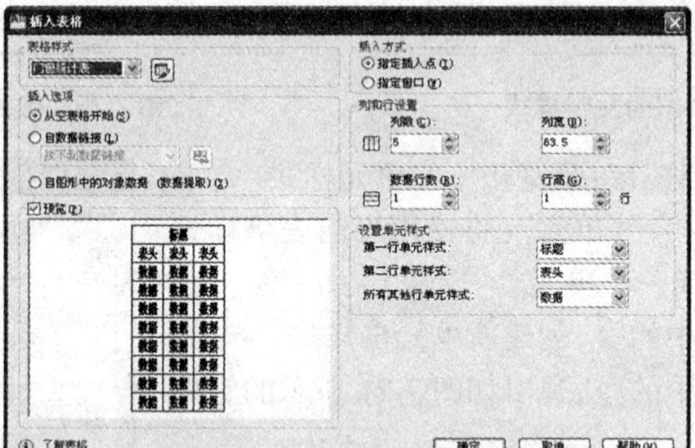

图 7-22　插入表格

“插入表格”对话框中各项内容含义如下。

(1)“表格样式”区。

选择创建好的表格样式,如“门窗统计表”。

(2)“插入选项”区。

①“从空表格开始”:在图形文件中插入一个空表格。

②“自数据链接”:从外部电子表格中的数据创建表格。选择此选项,表格样式不起

作用,呈灰色。单击,系统弹出如图7-23所示的“选择数据链接”对话框。在此对话框中,可以选择外部Excel格式的数据。单击 创建新的 Excel 数据链接,系统弹出如图7-24所示的“输入数据链接名称”对话框。在“名称”中输入如“门窗表”的Excel的文件名,单击“确定”,系统弹出如图7-25所示的Excel数据链接。

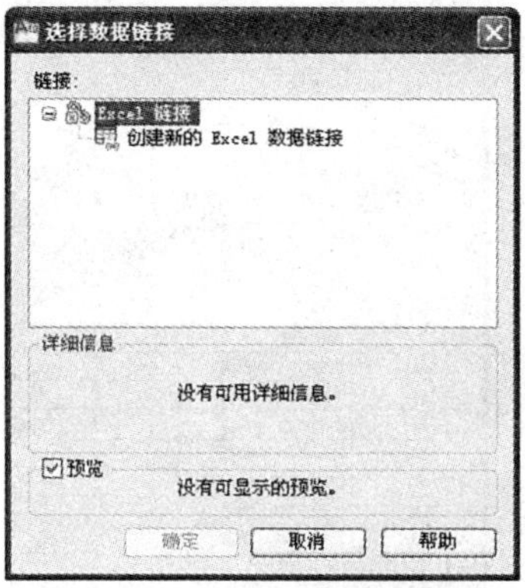

图7-23 选择数据链接

图7-24 输入数据链接名称

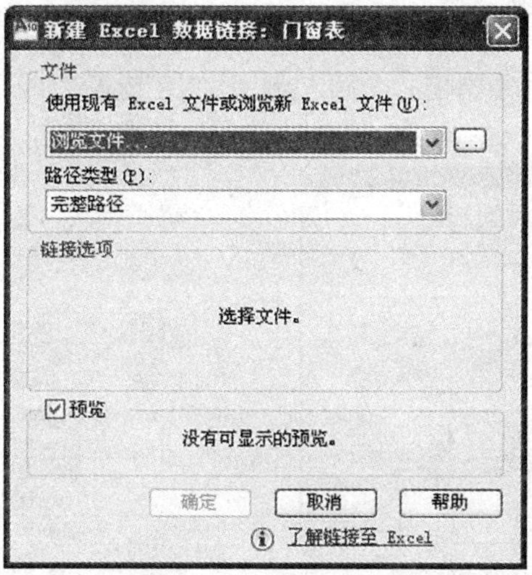

图7-25 Excel数据链接

在图7-25中单击“预览文件”后的...,选择要链接的文件,如“门窗表”Excel文件(事先用Excel表做好的表格),系统弹出图7-26所示对话框,被链接的Excel表在“预览”中显示所链接的表格内容,并在“选择Excel文件”中显示文件路径。

单击“确定”,系统弹出图7-27所示对话框。在此对话框中,“链接”栏中增加了一个链接对象“门窗表”,并在“详细信息”中显示所链接对象的相关信息,在“预览”栏中显示被链接的Excel表格内容。

单击“确定”,系统弹出图7-28所示对话框。在此对话框中,“自数据链接”选项中出现刚增加的“门窗表”,在“预览”栏中显示被链接的Excel表格内容。

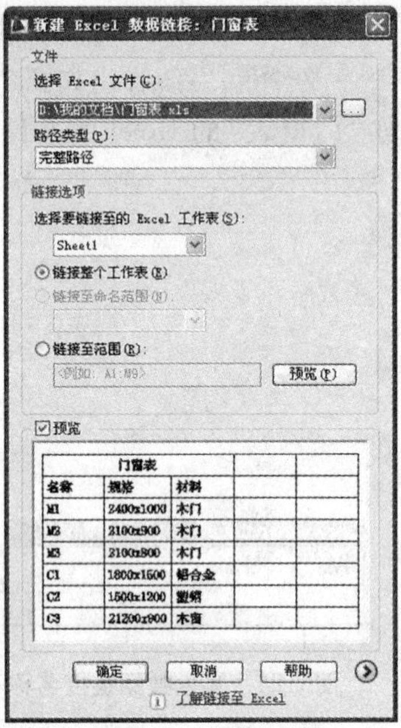

图 7-26　门窗表

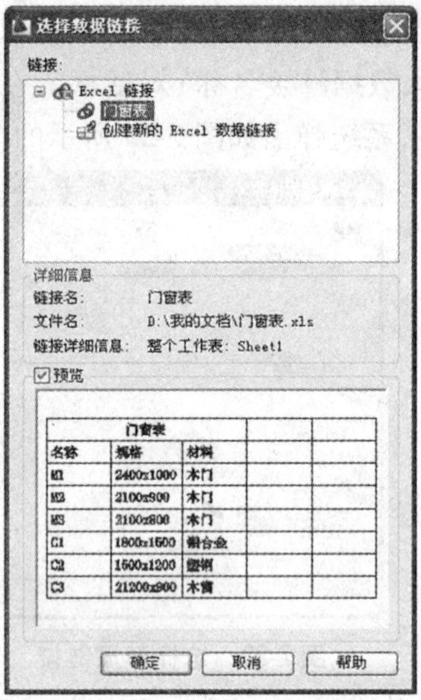

图 7-27　链接门窗表

单击“确定”,在绘图区中指定一个插入点,则在图形文件中插入一个门窗表,如图 7-29 所示。

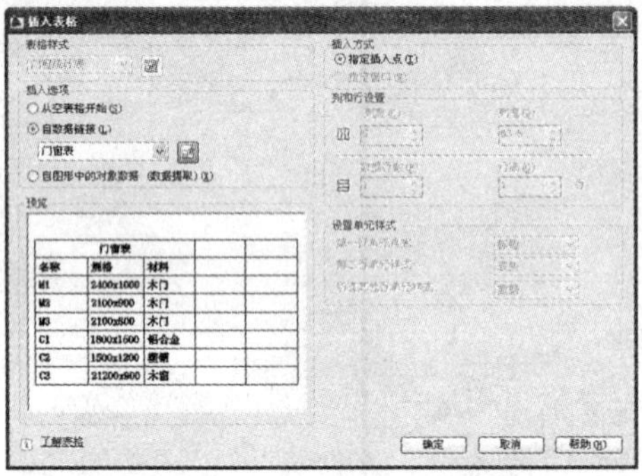

图 7-28　“插入表格”对话框

门窗表				
名称	规格	材料		
M1	2400x1000	木门		
M2	2100x900	木门		
M3	2100x800	木门		
C1	1800x1500	铝合金		
C2	1500x1200	塑钢		
C3	21200x900	木窗		

图 7-29　插入门窗表

③“自图形中的对象数据”:从已知表格中提取数据。

(3)“插入方式”区。

“指定插入点”:在屏幕上指定或用键盘输入坐标来确定表格左上角的位置。

“指定窗口”:通过在屏幕上指定两个角点的方式(或用键盘输入坐标)来确定表格的大小,选择此项后,列宽和行高取决于表格的大小。

(4)“预览”:显示表格样式的样例。

(5)“列和行设置”区:在“列数、列宽、数据行数、行高”中分别设置列数、列宽度、行数和行高。

(6)“设置单元样式”区:设置表格的第一行、第二行和其他行内容是标题、表头还是数据。

注意 “插入表格”对话框设置好后,插入的表格是一个空表格,我们可以在表格的单元中添加内容。另外,行高是以文字的行数为基准而进行设置的,具体的行高值还要根据实际值进行换算。

【例2】 将前文中创建的“门窗统计表”插入到图中。

步骤如下:

(1)执行“TABLE”命令,系统弹出图7-30所示的“插入表格”对话框,在该对话框中选择表格样式名为“门窗统计表”。

(2)选择“指定插入点”作为插入方式。

(3)在“列和行设置”区设置5列4行,列宽和行高分别为15和1。

(4)单击“确定”按钮,在屏幕上指定插入点插入表格。

结果创建如图7-31所示的一个空表格。

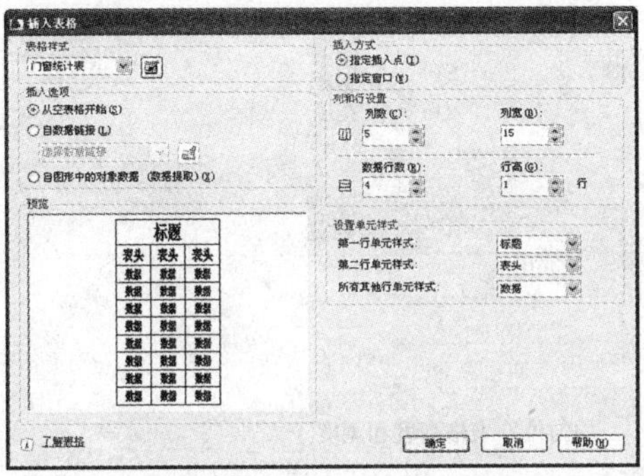

图7-30 插入门窗统计表

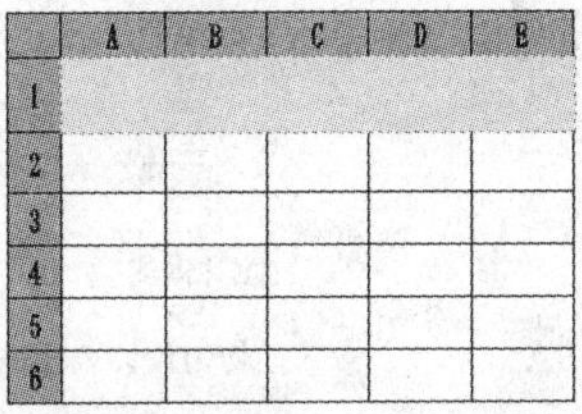

图7-31 插入门窗统计表

注意 创建完一个空表格后,系统继续要求输入文字。在输入文字前,还可以对表格进行编辑。输入文字时,采用Tab键或方向键进行单元格切换。

7.5.2 编辑表格

对插入的表格样式及内容进行修改,也是创建一个新表格的过程。

7.5.2.1 编辑表格单元

在要编辑的单元格中单击左键,系统在功能面板上弹出如图7-32所示的“表格”选项卡。

图7-32 “表格”选项卡

“表格”选项卡中各项内容的含义如下:

(1)“行”面板:对表格的行进行插入与删除编辑。

(2)“列”面板:对表格的列进行插入与删除编辑。

(3)“合并”面板:对表格进行单元格合并与取消合并。

(4)“单元样式”面板:对选定的单元格进行匹配,对单元格的背景、表格内容及单元格边框进行修改。

(5)“单元格式”面板:对选定的单元格锁定与解锁,同时也可以改变单元格内容的格式。

(6)“插入”面板:对选定的单元格插入块、字段、计算公式和管理单元格内容。

(7)“数据”面板:向选定单元格链接数据或从源下载数据。

在绘图区,表格处于夹点编辑状态,如图 7-33、图 7-34 所示。在此状态下可以改变单元格的大小,并可以自动添加数据。同时,还可以对表格进行结构调整,如插入与删除行和列、合并单元格等。

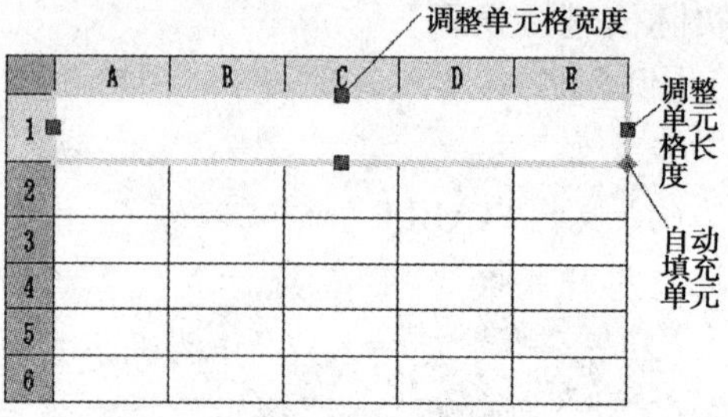

图 7-33 表格单元夹点编辑

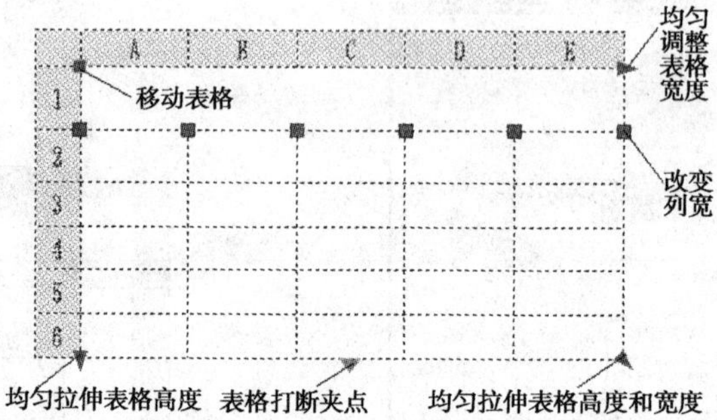

图 7-34 夹点编辑表格

注意 在表格夹点编辑状态,只能修改表格的外观,不能改变表格内部结构,如插入与删除行和列、合并单元格等。

7.5.2.2 编辑表格内容

在命令行中用键盘输入“TABLEDIT”或在表格单元格中双击左键,系统在功能面板上弹出“文字编辑器”选项卡,即“多行文字编辑器”。在绘图区,表格处于编辑状态。

如果关掉功能区,进行“TABLEDIT”操作,系统弹出如图 7-7 所示的“文字格式”工具栏。在绘图区,表格处于编辑状态。

在表格编辑状态,用户可根据需要对表格内容进行修改。

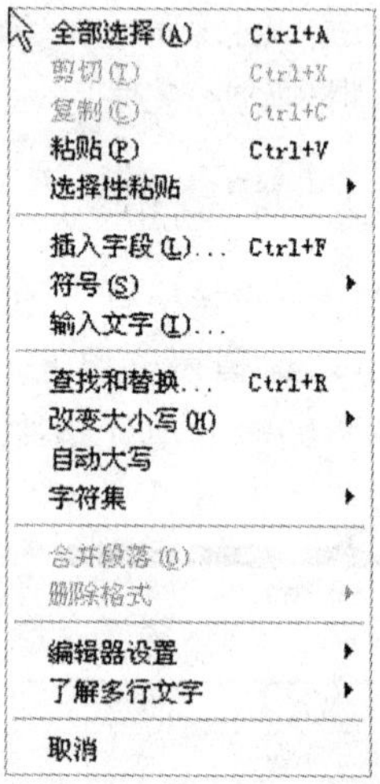

图 7-35 “编辑表格”快捷菜单

当选择一个单元格后,单击鼠标右键,系统弹出如图 7-35 所示的“编辑表格”快捷菜单,用户可通过此快捷菜单对表格内容进行编辑和修改。

本章小结

本章介绍了文字样式的设置、单行文字输入、多行文字输入以及特殊符号的输入。通过本章的学习,再加上练习,用户可以快速、有效地在图形上添加文本内容。

思考与练习

1. 单项选择题

(1)在文字输入过程中,输入"1/2",在AutoCAD中运用(　　)命令过程中可以把此分数形式改为水平分数形式。

A. 单行文字　B. 对正文字　C. 多行文字　D. 文字样式

(2)多行文本标注命令是(　　)。

A. TEXT　B. MTEXT　C. QTEXT　D. WTEXT

(3)在进行文字标注时,若要插入"度符号",则应输入(　　)。

A. d%%　B. %d　C. d%　D. %%d

(4)下面(　　)命令用于为图形标注多行文本、表格文本和下划线文本等特殊文字。

A. MTEXT　B. TEXT　C. DTEXT　D. DDEDIT

(5)下面(　　)是中文字体。

A. gbenor. shx　B. gbeitc. shx

C. gbcbig. shx　D. txt. shx

(6)在"文字样式"中将"高度"设为0,在该样式下标注尺寸,尺寸文本的高度为(　　)。

A. 0　B. 2.5

C. 默认是2.5(使用SI制样板文件)或0.2(使用英制样板文件)

D. 默认是0.2(使用SI制样板文件)或2.5(使用英制样板文件)

2. 多项选择题

(1)创建文字样式可以利用以下方法:(　　)。

A. 在命令行中输入Style后按下Enter键,在打开的对话框中创建

B. 选择"格式"→"文字样式"命令后,在打开的对话框中创建

C. 直接在文字输入时创建

D. 可以随时创建

(2)"多行文字编辑器"对话框共有下面几个选项卡:(　　)。

A. 样式　B. 格式　C. 段落　D. 插入

(3)在文本标注中FIND命令对用(　　)命令标注的文本不起作用。

A. RTEXT　B. ARCTEXT　C. TEXT　D. DTEXT

3. 用长仿宋体(宽高比0.7:1,字高为3 mm)在AutoCAD 2010中绘制如图7-36所示表格,并填写文字。

10	填料	1	油毛毡	
9	泵体	1	HT150	
8	垫片	1	紫铜	
7	垫圈 8	6	A3	GB 97—85
6	螺栓 M8 ×25	6	Q235 – A	
5	泵盖	1	HT150	
4	螺母 M8	2	A3	GB 52—81
3	螺栓 M8 ×30	2	Q235 – A	
2	轴	1	Q235 – A	
1	齿轮 m = 3 z = 14	1	45	
序号	名称	数量	材料	附注

图 7-36

第 8 章　尺寸标注

【本章要点】

- ☞尺寸组成
- ☞标注样式
- ☞尺寸标注
- ☞尺寸标注编辑

尺寸标注是机械制图中不可缺少的一部分，是完成一张图纸所必须进行的步骤。AutoCAD 2010 提供了丰富的尺寸标注命令，可以创建多种尺寸标注样式，使得 AutoCAD 的标注简单、方便、快捷。

8.1　尺寸组成

AutoCAD 2010 尺寸标注是通过测量指定图形元素，将测量所得的尺寸标注在指定位置处。完整的尺寸标注由尺寸界线、尺寸线、尺寸终端、尺寸文本、引出线等组成(见图 8-1)。

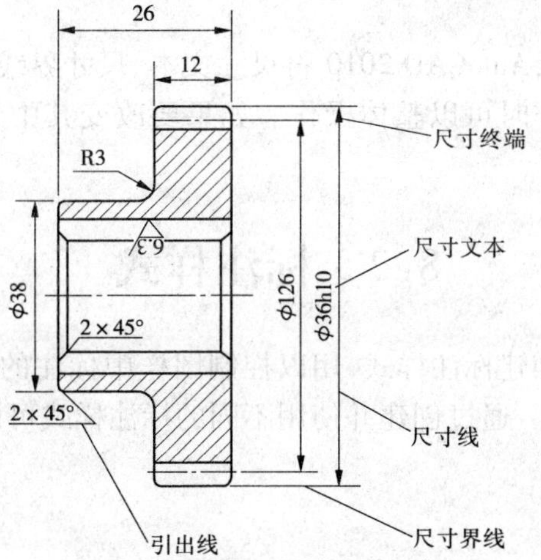

图 8-1　尺寸的组成

8.1.1　尺寸界线

尺寸界线用来表示所注尺寸的范围。尺寸界线用细实线绘制，并应由图形的轮廓线、轴线或对称中心线处引出，也可利用轮廓线、轴线或对称中心线作尺寸界线。

尺寸界线一般应与尺寸线垂直并略超过尺寸线(通常以 3 ~ 4 mm 为宜)，在特殊情况下也可以不相互垂直，但两尺寸界线必须相互平行。

8.1.2 尺寸线

尺寸线是表示尺寸的方向和范围的线条。尺寸线必须在两尺寸界线之间用细实线绘制，不得与其他图线重合或画在其延长线上。标注线性尺寸时，尺寸线必须与所标注的线段平行，且尺寸线与轮廓线及两平行尺寸线间的距离为 5 ~ 7 mm。

8.1.3 尺寸终端

尺寸终端有多种样式，但以箭头和斜线两种形式应用最广，同一张图样中只能采用一种尺寸线终端形式。

8.1.4 尺寸文本

尺寸文本是表示实际尺寸的字符串，它包括尺寸数字、尺寸符号以及尺寸公差等。线性尺寸的文字一般应注写在尺寸线的上方，也允许注写在尺寸线的中断处。尺寸文字数字不可被任何图线通过，否则必须将该图线断开。标注参考尺寸时，应将尺寸文字加上圆括弧。

8.1.5 引出线

引出线由标注位置引出的带箭头的直线和注释文本组成。当图形实体比较密集，尺寸文字、注释和文字说明不能标注在被注实体附近时，使用引出线可以将这些文字信息引出标注到合适的位置。

注意 在一般情况下，AutoCAD 2010 将尺寸文本、尺寸界线、尺寸线和尺寸终端作为一个对象，在进行编辑操作时可以整体操作。如果要改变其中某一项，必须使用“分解”命令将其分解。

8.2 标注样式

在标注之前，首先要创建标注样式，用以控制图样中标注的各个组成部分的参数，如尺寸线、尺寸界线、箭头等。通过创建并使用不同的标注样式可以提高标注的快速性和一致性。

8.2.1 创建标注样式

在菜单栏中单击“格式”→“标注样式”，或“标注”→“样式”，弹出如图 8-2 所示的“标注样式管理器”对话框。

在“标注样式管理器”对话框中单击“新建”按钮，系统弹出如图 8-3 所示的“创建新标注样式”对话框。该对话框中各选项的含义如下。

(1) 新样式名：输入新样式的名称。

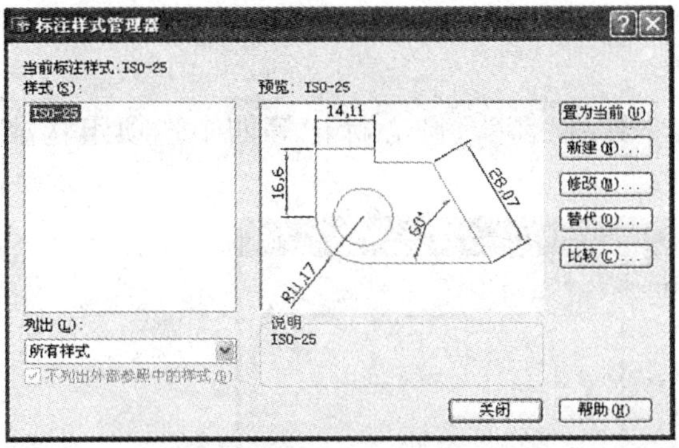

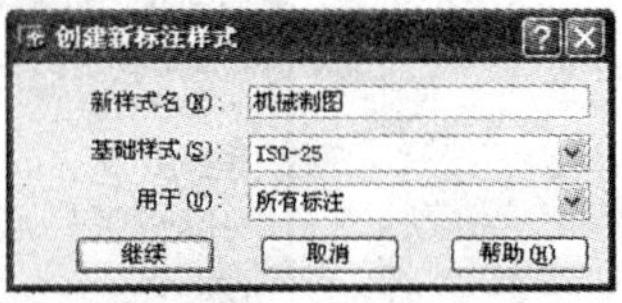

图 8-2　“标注样式管理器”对话框　　　　图 8-3　“创建新标注样式”对话框

(2)基础样式：选择一种已有样式作为基础样式，新样式将继承此标注样式的所有特点。

(3)用于：新样式的使用范围，此下拉列表框包含所有标注、线性标注、角度标注、直径标注、坐标标注、引线、公差等选项。

设置完样式名称、基础样式、使用范围后，单击“继续”按钮，打开如图 8-4 所示的“新建标注样式”对话框。从图中可以看出标注样式包括以下几个方面：

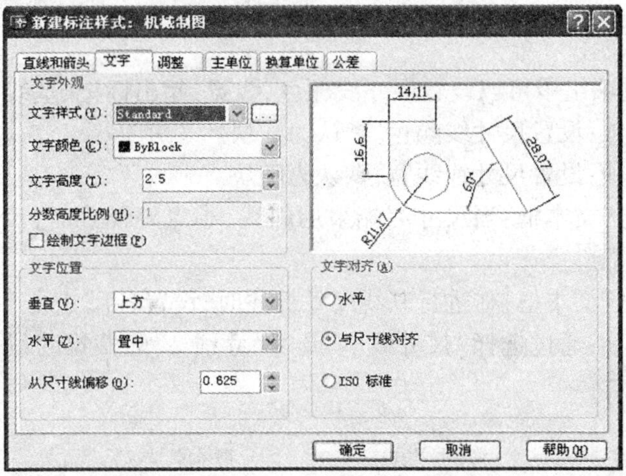

图 8-4　“新建标注样式”对话框

(1)直线和箭头：设置尺寸线、尺寸界线的格式和位置，以及箭头的样式、大小和圆心标记等。

(2)文字：设置文字的外观、位置和对齐方式。

(3)调整：设置文字、尺寸线、尺寸界线、箭头之间的位置关系及标注特性比例。

(4)主单位：设置主单位的格式与精度。

(5)换算单位：设置换算单位的格式与精度。

(6)公差：设置公差的格式与精度。

8.2.2 直线和箭头格式设置

“直线和箭头”选项卡由尺寸线、尺寸界线、箭头、圆心标记等四个选项组构成，如图 8-5所示。

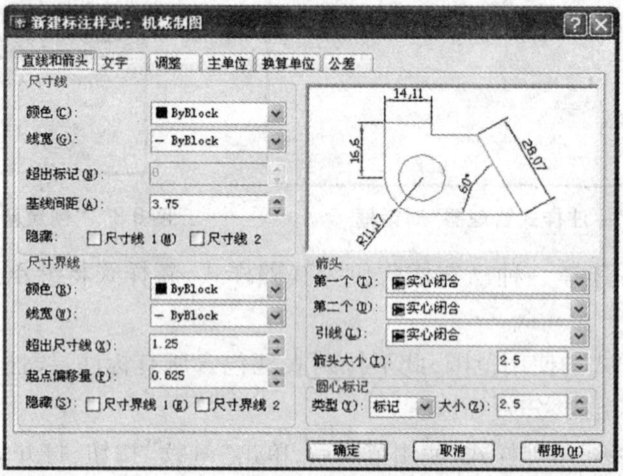

图 8-5 “直线和箭头”选项卡

8.2.2.1 尺寸线

在“尺寸线”选项组中可以设置尺寸线颜色、线宽、超出标记、基线间距、隐藏等属性。

(1)“颜色”选项：设置尺寸线颜色，默认为随块。

(2)“线宽”选项：设置尺寸线线宽，默认为随块。

(3)“超出标记”文本框：当尺寸终端采用斜线、小点等样式时，设置尺寸线超出尺寸界限的距离。

(4)“基线距离”文本框：在进行基线尺寸标注时，设置各尺寸线之间的距离。

(5)“隐藏”选项：通过选择“尺寸线 1”或“尺寸线 2”隐藏尺寸线的两部分以及尺寸终端，如图 8-6 所示。

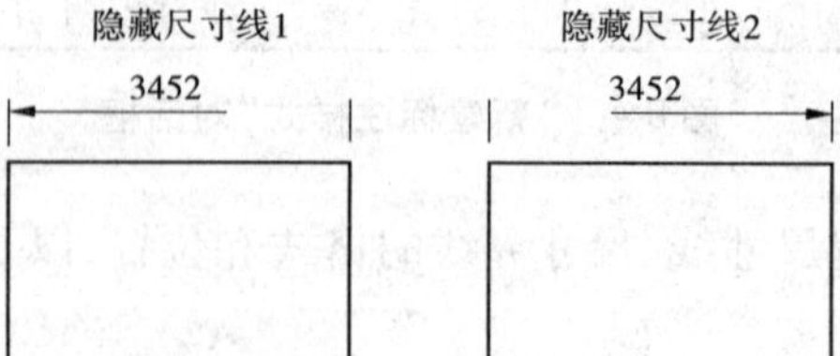

图 8-6 隐藏尺寸线效果

8.2.2.2 尺寸界线

在“尺寸界线”选项组中可以设置尺寸界线颜色、线宽、超出尺寸线距离、起点偏移量、隐藏等属性。

(1)“颜色”、“线宽”和“隐藏”选项与“尺寸线”选项组中的对应选项类似。

(2)“超出尺寸线”文本框:设置尺寸界线超出尺寸线的距离。

(3)“起点偏移量”文本框:设置尺寸界线起点与标注定义点之间的距离。

8.2.2.3 箭头

在“箭头”选项组中可以设置箭头的类型及尺寸大小。通常一组箭头的大小、类型是相同的。为了不同的标注需要,AutoCAD 2010 中提供了 20 种不同类型的箭头,同时用户还可以根据需要自定义箭头。箭头的尺寸在“箭头大小”文本框中设置。

8.2.2.4 圆心标记

在“圆心标记”选项组中可以设置圆或圆弧的圆心标记的类型及尺寸大小。圆心标记的类型有三种:“标记”、“直线”、“无”。圆心标记尺寸在“大小”文本框中设置。

8.2.3 文字格式设置

“文字”选项卡由文字外观、文字位置和文字对齐三个选项组构成,如图 8-4 所示。

8.2.3.1 文字外观

在“文字外观”选项组中,可以设置文字样式、文字颜色、文字高度、分数高度比例以及是否绘制文字边框等。

(1)“文字样式”选项:选择标注文字的样式,也可以单击[...],新建或修改文字样式。

(2)“文字颜色”选项和“文字高度”文本框:用于设置标注文字的颜色和大小。

(3)“分数高度比例”文本框:设置分数与其他标注文字的大小比例。

(4)“绘制文字边框”复选框:设置是否给标注文字加边框。

8.2.3.2 文字位置

在“文字位置”选项组中可以设置标注文字相对于尺寸线、尺寸界线的位置。

(1)“垂直”选项:设置标注文字相对于尺寸线在垂直方向上的相对位置,如图 8-7 所示。“置中”表示标注文字位于尺寸线的中间;“上方”表示标注文字位于尺寸线上方;“外部”表示标注文字位于远离第一个尺寸定义点的一侧;“JIS”表示按照 JIS 规则放置标注文字。

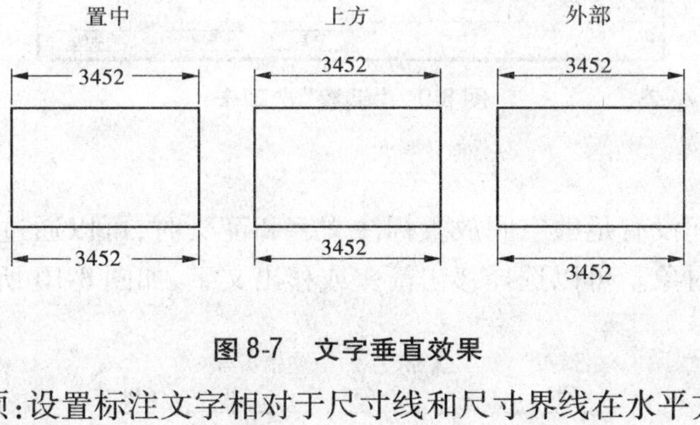

图 8-7 文字垂直效果

(2)“水平”选项:设置标注文字相对于尺寸线和尺寸界线在水平方向上的相对位置,有“置中”、“第一条尺寸界线”、“第二条尺寸界线”、“第一条尺寸界线上方”、“第二条尺寸界线上方”等选项,具体效果如图 8-8 所示。

(3)“从尺寸线偏移”文本框:设置文字与尺寸线之间的距离。

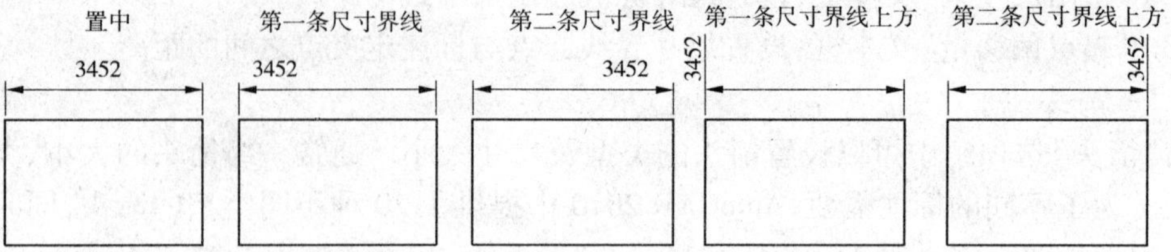

图 8-8　文字水平效果

8.2.3.3　文字对齐

在“文字对齐”选项组中可以设置标注文字是水平放置还是与尺寸线平行。

(1)“水平”按钮:设置标注文字水平放置。

(2)“与尺寸线对齐”按钮:设置标注文字平行于尺寸线放置。

(3)“ISO 标准”按钮:设置标注文字按照 ISO 标准放置。当标注文字在尺寸界线之内时,水平放置;当标注文字在尺寸界线之外时,平行于尺寸线平行放置。

8.2.4　调整格式设置

“调整”选项卡由调整选项、文字位置、标注特征比例、调整等四个选项组构成,如图 8-9所示。

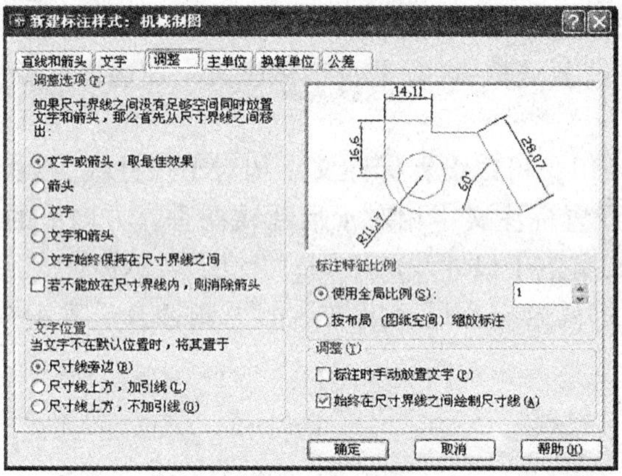

图 8-9　“调整”选项卡

8.2.4.1　调整选项

当尺寸界线之间没有足够空间放置标注文字和箭头时,可以通过“调整”选项组选择从尺寸界线中移出对象。可以选择移出箭头或移出文字,如图 8-10 所示。

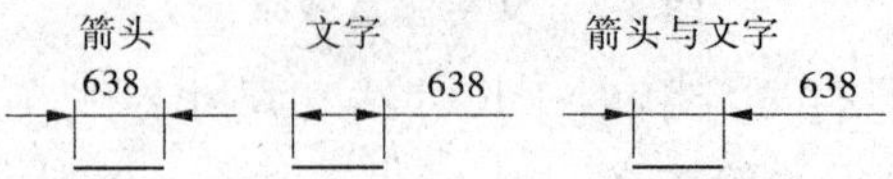

图 8-10　文字与箭头调整位置

8.2.4.2　文字位置

当标注文字不在默认位置时，可以通过“文字位置”选项组进行标注文字的放置，如图 8-11 所示。

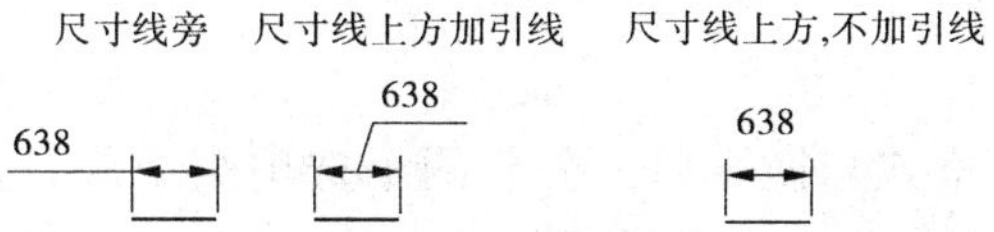

图 8-11　文字位置

8.2.4.3　标注特征比例

“标注特征比例”选项组可以设置标注尺寸的特征比例，以便通过全局比例因子来改变标注的大小。一种方式是设置缩放比例，另一种方式是根据当前模型空间视口与图纸空间之间的缩放关系设置比例。

8.2.4.4　调整

“调整”选项组可以对标注文字和尺寸线进行细微的调节，主要包括两个复选框。选择“标注时手动放置文字”，在标注尺寸时忽略标注文字的水平放置，可将标注文字置于指定位置。选择“始终在尺寸界线之间绘制尺寸线”，当箭头在尺寸界线之外时，可在尺寸界线内绘制尺寸线。

8.2.5　其他格式设置

8.2.5.1　主单位格式设置

“主单位”选项卡由“线性标注”和“角度标注”两个选项组组成，可以设置主单位的格式与精度等属性，如图 8-12 所示。

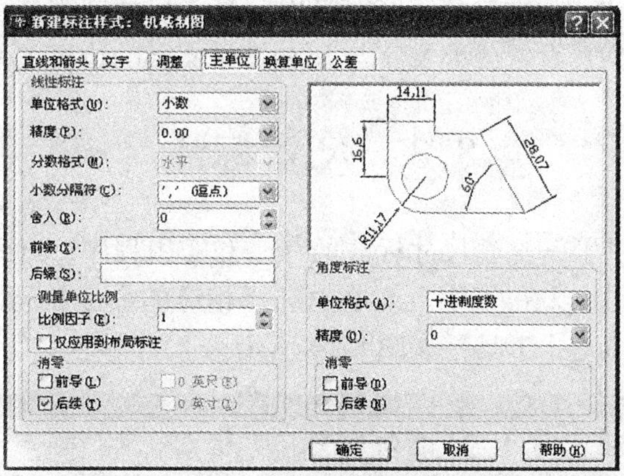

图 8-12　“主单位”选项卡

(1)线性标注。在“线性标注”选项组中可以设置线性标注的单位格式、精度、分数格式、小数分隔符、舍入、前缀、后缀、比例因子等。

(2)角度标注。在“角度标注”选项组中可以设置角度标注的单位格式、精度以及是否消除角度尺寸的前导与后续零。

8.2.5.2　换算单位格式设置

“换算单位”选项卡由换算单位、消零、位置三个选项组组成，在显示换算单位的前提下，可以设置换算单位的格式。“换算单位”选项卡中各选择项的设置与“主单位”选项卡类似。

8.2.5.3　公差格式设置

“公差”选项卡由公差格式与换算单位公差两个选项组组成，可以设置是否标注公差及标注格式，如图 8-13 所示。公差格式选项组的功能如下：

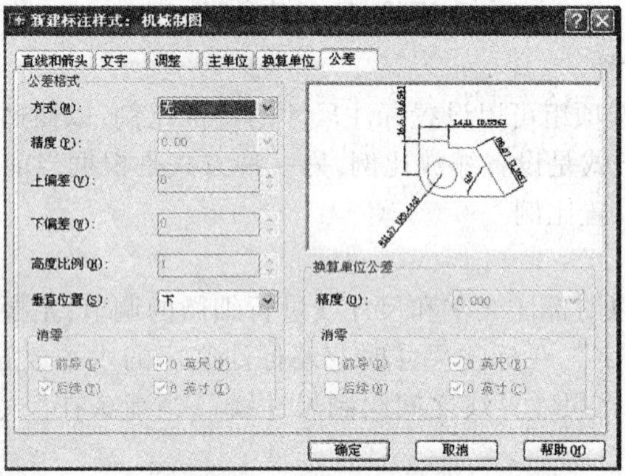

图 8-13　“公差”选项卡

（1）“方式”选项：设置公差标注的方式，包括“无”、“对称”、“极限偏差”、“极限尺寸”、“基本尺寸”等五种方式。

（2）“上偏差”、“下偏差”文本框：设置上、下偏差的值。

（3）“高度比例”文本框：设置公差文字高度与基本尺寸文字高度之间的比例因子。

（4）“垂直位置”选项：设置公差文字与基本尺寸文字的位置关系。

8.3　尺寸标注

AutoCAD 2010 提供了一整套尺寸标注的命令和实用程序，方便用户按照机械制图规范完成尺寸标注。用户可以在“标注”菜单中选择相应的命令执行，也可以直接选择“标注”工具栏中的按钮，“标注”工具栏如图 8-14 所示。

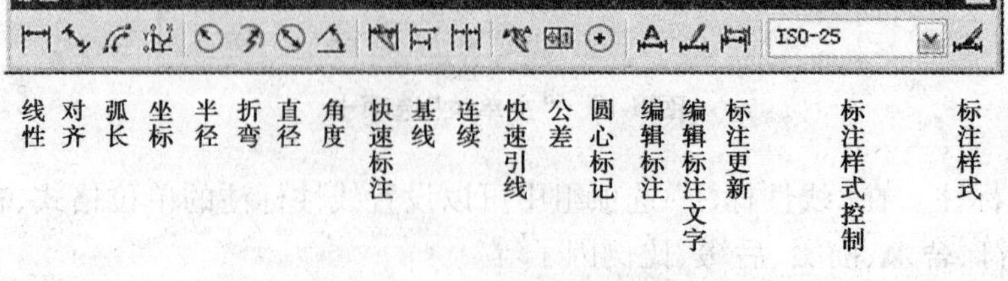

图 8-14　“标注”工具栏

AutoCAD 2010 基本的标注类型包括:长度尺寸标注、圆与圆弧尺寸标注、角度尺寸标注和其他尺寸标注等。

8.3.1 长度尺寸标注

长度尺寸标注用以标注图形中任意两点之间的长度。使用线性标注时,尺寸线处于水平或垂直位置;使用对齐标注时,尺寸线将平行于两尺寸界线原点之间的直线(想象或实际);基线(或平行)和连续(或链)标注是一系列基于线性标注的连续标注,如图 8-15 所示。

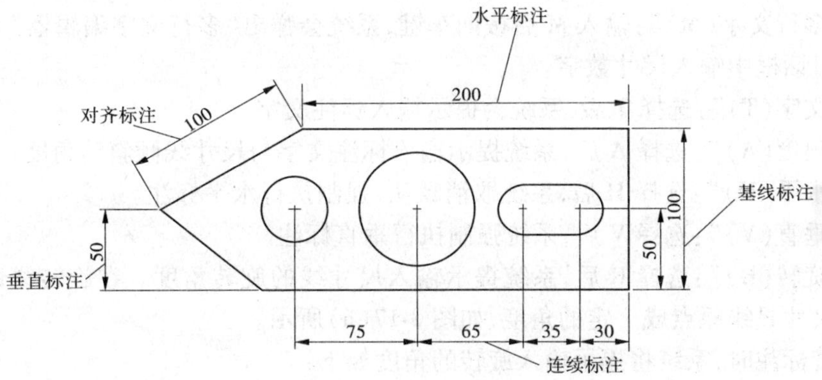

图 8-15 长度尺寸标注

8.3.1.1 线性尺寸标注

1. 功能

可以创建尺寸线水平、垂直和对齐的线性标注,如直线段、中心距尺寸等。这些线性标注也可以堆叠或首尾相接地创建。

2. 命令输入

命令:DIMLINEAR。

菜单:"标注"→"线性"。

工具栏:⊢⊣。

3. 命令使用

命令:_dimlinear

指定第一条尺寸界线原点或 <选择对象>: //在命令行中输入第一条尺寸界线原点的坐标或者在绘图窗口中选取该点

指定第二条尺寸界线原点: //在命令行输入第二条尺寸界线原点的坐标或者在绘图窗口中选取该点

指定尺寸线位置或[多行文字(M)/文字(T)/角度(A)/水平(H)/垂直(V)/旋转(R)]: //在绘图窗口中点取一点作为尺寸线放置的位置

默认情况下线性尺寸水平或垂直放置,如图 8-16所示。为了讲解方便,在示例图中按照点取的顺序分别给各点编号,图 8-16 中将尺寸界线原点明确指定为 1 和 2,尺寸线位置指定为 3。

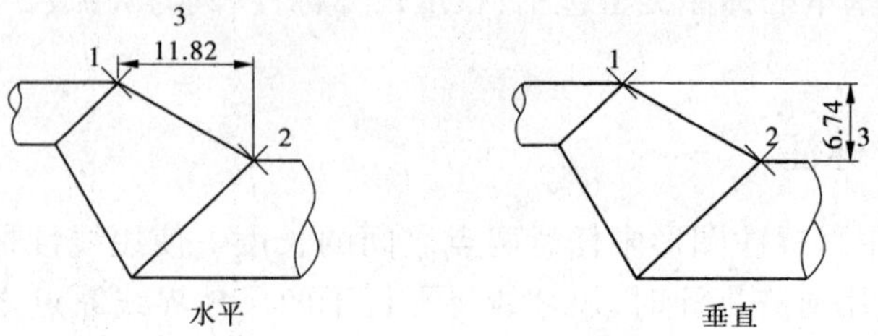

图 8-16 水平、垂直线性尺寸

参数说明：

(1)“多行文字(M)”：输入 M 后按回车键，系统会弹出“多行文字编辑器”对话框，用户可在此对话框中输入尺寸数字。

(2)“文字(T)”：选择 T 后，系统会提示输入标注文字。

(3)“角度(A)”：选择 A 后，系统提示输入标注文字与尺寸线倾斜的角度。

(4)“水平(H)”：选择 H 后，系统取消默认，强制执行水平标注。

(5)“垂直(V)”：选择 V 后，系统强制执行垂直标注。

(6)“旋转(R)”：选择 R 后，系统提示输入尺寸线的旋转角度。在旋转线性标注中，尺寸线与尺寸界线原点成一定的角度，如图 8-17(a)所示。

在旋转标注时，系统将提示输入旋转的角度如下：

指定尺寸线的角度 <0>：　　//输入尺寸线旋转的角度值

也可以在绘图窗口中点取两个点，用这两个点的连线方向来确定尺寸线的旋转角度，此时应用鼠标在窗口中点取第一个点，系统会提示：

指定第二点：　　//输入第二个点的位置或直接在绘图窗口中选取

若在使用旋转线性尺寸时再次点取两个尺寸界线原点，则可以得到对齐的尺寸，如图 8-17(b)所示。

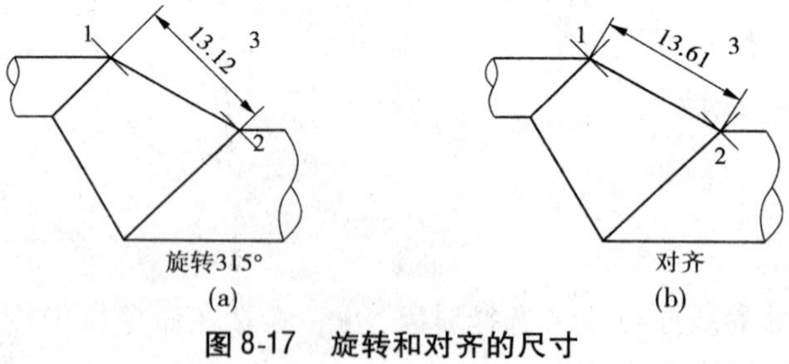

图 8-17 旋转和对齐的尺寸

注意　线性标注只是测量两个点之间的距离，常用作标注水平方向和竖直方向的尺寸。

8.3.1.2 对齐尺寸标注

1. 功能

标注与指定位置或对象平行的尺寸。

2. 命令输入

命令：DIMALIGNED。

菜单:“标注”→“对齐”。

工具栏:。

3. 命令使用

命令:_dimaligned

指定第一条尺寸界线原点或 < 选择对象 > :　　　　　　//指定标注对象的起点,直接回车后,要求选择标注的对象

指定第二条尺寸界线原点:　　　　　　　　　　　　//指定标注对象的终点

指定尺寸线位置或[多行文字(M)/文字(T)/角度(A)]:

标注文字 =43

其操作过程和相关参数的含义与线性标注里的含义相同。

注意　对齐标注主要在标注斜线时用到。

4. 操作示例

对多边形(见图 8-18)的边长标注尺寸。

过程略,结果如图 8-19 所示。

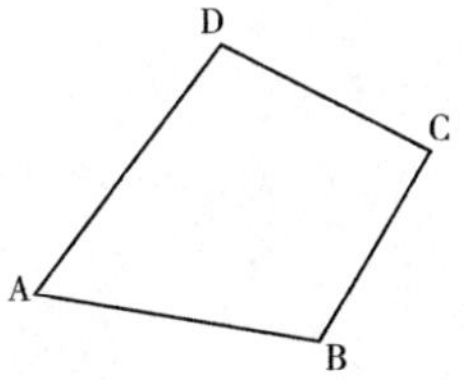

图 8-18　多边形

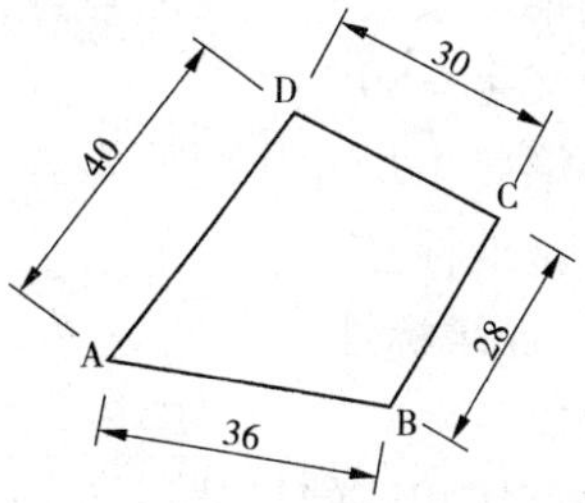

图 8-19　完成标注

8.3.1.3　**基线标注**

1. 功能

以同一尺寸界线为基准,标注多个尺寸。

2. 命令输入

命令:DIMBASELINE。

菜单:“标注”→“基线”。

工具栏:。

3. 命令使用

命令:_dimbaseline

选择基准标注:　　//在进行基线标注时,如果先标注了基准尺寸,则就不会出现此命令行

指定第二条尺寸界线原点或[放弃(U)/选择(S)] < 选择 > :

标注文字 =40

4. 操作示例

如图 8-20 所示,进行基线标注。

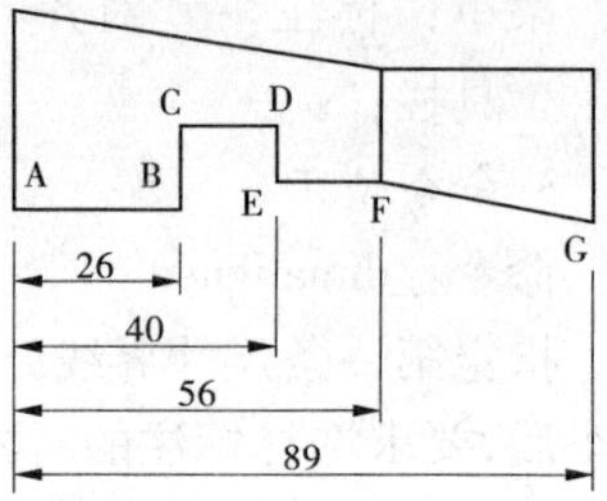

图 8-20　基线标注

首先标注 26 的线性尺寸。

命令:_dimlinear

指定第一条尺寸界线原点或 < 选择对象 >:　　(选择 A 点)

指定第二条尺寸界线原点:　　(选择 B 点)

指定尺寸线位置或[多行文字(M)/文字(T)/角度(A)/水平(H)/垂直(V)/旋转(R)]:

标注文字 =26

再用基线标注标注其他尺寸。

命令:_dimbaseline

指定第二条尺寸界线原点或[放弃(U)/选择(S)]< 选择 >:　　(选择 E 点)

标注文字 =40

指定第二条尺寸界线原点或[放弃(U)/选择(S)]< 选择 >:　　(选择 F 点)

标注文字 =56

指定第二条尺寸界线原点或[放弃(U)/选择(S)]< 选择 >:　　(选择 G 点)

标注文字 =89

指定第二条尺寸界线原点或[放弃(U)/选择(S)]< 选择 >:↙

选择基准标注:

8.3.1.4　连续标注

1. 功能

创建首尾相连的尺寸标注。

2. 命令输入

命令:DIMCONTINUE

菜单:"标注"→"连续"。

工具栏:。

3. 命令使用

命令:_dimcontinue

选择连续标注:

指定第二条尺寸界线原点或[放弃(U)/选择(S)]< 选择 >:

参数说明:

(1)"选择连续标注":选择一个已经标注好的尺寸为基准尺寸。

(2)"指定第二条尺寸界线原点":选择第二个尺寸界线的起点。

(3)"放弃(U)":输入 U 然后按回车键,退出连续标注。

(4)"选择(S)":缺省情况下,系统继续选择下一条尺寸线的起点;输入 S,系统要求选择一个尺寸的尺寸界线作为连续标注的起始线。

4. 操作示例

对图 8-20 进行连续标注。

首先标注 26 的线性尺寸。

再用连续标注,标注其他尺寸。

命令:_dimcontinue

指定第二条尺寸界线原点或[放弃(U)/选择(S)]<选择>: (选择 E 点)

标注文字 =14

指定第二条尺寸界线原点或[放弃(U)/选择(S)]<选择>: (选择 F 点)

标注文字 =16

指定第二条尺寸界线原点或[放弃(U)/选择(S)]<选择>: (选择 G 点)

标注文字 =33

指定第二条尺寸界线原点或[放弃(U)/选择(S)]<选择>:↙

选择连续标注:

结果如图 8-21 所示。

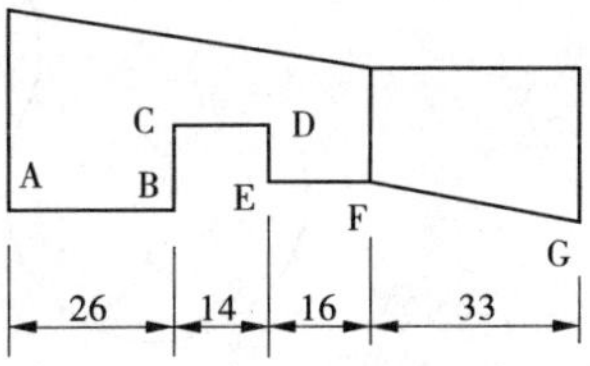

图 8-21 连续标注

8.3.2 圆与圆弧尺寸标注

圆与圆弧尺寸标注用以标注圆或圆弧直径、半径尺寸以及圆心位置标记,包括弧长标注、半径标注、直径标注和圆心标记及折弯标注。

8.3.2.1 弧长标注

1. 功能

用于测量并标注圆弧或多段线弧线段上的距离。

2. 命令输入

命令:DIMARC。

菜单:"标注"→"弧长"。

工具栏:。

3. 命令使用

命令:_dimarc

选择弧线段或多段线弧线段: //选择圆弧

指定弧长标注位置或[多行文字(M)/文字(T)/角度(A)/部分(P)/引线(L)]:

标注文字 =30

参数说明:

(1)"指定弧长标注位置":确定弧长标注的位置。

(2)"多行文字(M)":输入 M 后按回车键,系统会弹出"多行文字编辑器"对话框,用户可在此对话框中输入尺寸数字。

(3)"文字(T)":输入 T 后按回车键,系统会提示输入标注文字。

(4)"角度(A)":输入 A 后按回车键,系统会提示输入标注文字旋转的角度。

(5)"部分(P)":只标注某段圆弧的一部分弧长。输入 P 后按回车键,命令行有如下的提示:

指定弧长标注位置或[多行文字(M)/文字(T)/角度(A)/部分(P)/引线(L)]:p↙

指定圆弧长度标注的第一个点: //指定从圆弧上的那个点开始标注

指定圆弧长度标注的第二个点：　　//指定从圆弧上的那个点结束标注

(6)“引线(L)”：当标注大于 90°的圆弧(或弧线段)时确定是否加引线，所加的引线是指向所标注圆弧的圆心的。

注意　在标注弧长时，弧长符号位置的确定是通过标注样式——“符号和箭头”选项卡来进行控制的。

4. 操作示例

对图 8-22 中的相切圆弧标注尺寸。过程略，结果如图 8-23 所示。

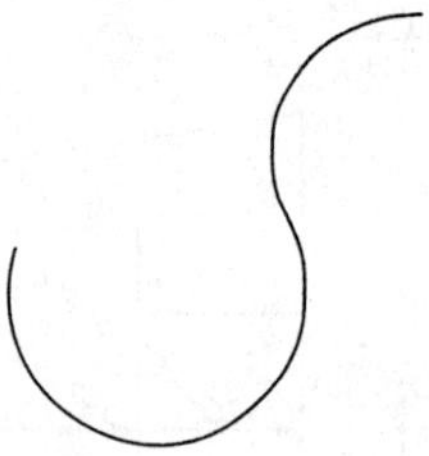

图 8-22　相切圆弧

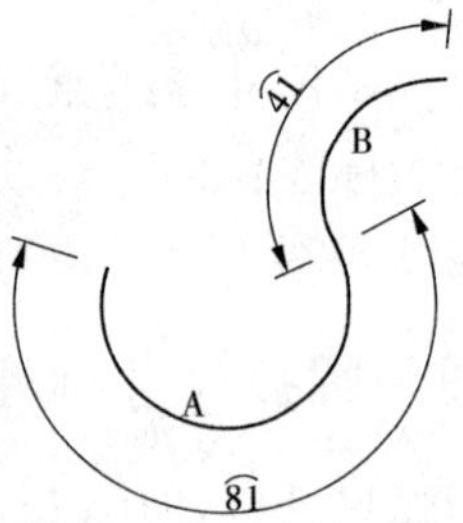

图 8-23　相切圆弧尺寸标注

8.3.2.2　半径标注

1. 功能

使用可选的中心线或中心标记测量并标注圆弧和圆的半径。

2. 命令输入

命令：DIMRADIUS。

菜单：“标注”→“半径”。

工具栏：。

3. 命令使用

命令：_dimradius

选择圆弧或圆：　　//选取要标注尺寸的圆或圆弧

标注文字 =10

指定尺寸线位置或[多行文字(M)/文字(T)/角度(A)]：　　//用鼠标在绘图窗口中点取尺寸放置的位置

参数说明：

“[多行文字(M)/文字(T)/角度(A)]”：M、T、A 的含义与前述内容相同。

注意　根据制图国标规定，小于或等于半圆的圆弧应标注半径尺寸。

8.3.2.3　直径标注

1. 功能

使用可选的中心线或中心标记测量圆弧和圆的直径。

2. 命令输入

命令：DIMDIAMETER。

菜单：“标注”→“直径”。

工具栏：⊘。

3. 命令使用

命令：_dimdiameter

选择圆弧或圆：　　　　　　　　　　　　//选取要标注尺寸的圆或圆弧

标注文字 = 100

指定尺寸线位置或[多行文字(M)/文字(T)/角度(A)]：　　　//用鼠标在绘图窗口中点取尺寸放置的位置。

参数说明：

“[多行文字(M)/文字(T)/角度(A)]”：M、T、A 的含义与前述内容相同。

注意　根据制图的国标规定，圆或大于半圆的圆弧应标注直径尺寸。

8.3.2.4　圆心标记

1. 功能

标注圆或圆弧的圆心位置。

2. 命令输入

命令：DIMCENTER。

菜单：“标注”→“圆心标记”。

工具栏：⊙。

3. 命令使用

命令：_dimcenter

选择圆弧或圆：　　　　　　　　　　　　//选取要标注尺寸的圆或圆弧。

注意　圆心标记类型有三种，它们分别是无、标记、直线。另外，还可以设置圆心标记的大小。实际应用时，要根据具体情况。

4. 操作示例

利用 AutoCAD 2010 的圆及圆弧尺寸标注命令标注图 8-24 中的圆与圆弧尺寸。标注过程如下：

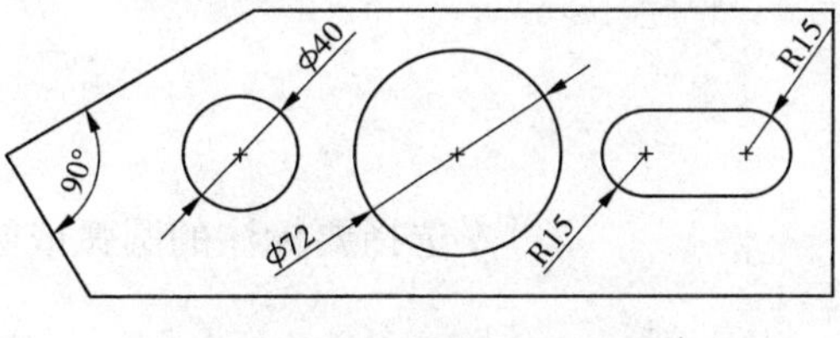

图 8-24　圆与圆弧标注示例

命令：_dimradius　　　　　　　　　　　//标注半径尺寸 R15

选择圆弧或圆：

标注文字 = 15

指定尺寸线位置或[多行文字(M)/文字(T)/角度(A)]：

命令：_dimradius

选择圆弧或圆:

标注文字 =15　　　　　　　　　　　　　//标注半径尺寸 R15

指定尺寸线位置或[多行文字(M)/文字(T)/角度(A)]:

命令:_dimdiameter　　　　　　　　　　//标注直径尺寸ϕ72

选择圆弧或圆:

标注文字 =72

指定尺寸线位置或[多行文字(M)/文字(T)/角度(A)]:

命令:_dimdiameter　　　　　　　　　　//标注直径尺寸ϕ40

选择圆弧或圆:

标注文字 =40

指定尺寸线位置或[多行文字(M)/文字(T)/角度(A)]:

命令:_dimcenter　　　　　　　　　　　//标记圆心位置

选择圆弧或圆:

命令:_dimcenter　　　　　　　　　　　//标记圆心位置

选择圆弧或圆:

命令:_dimcenter　　　　　　　　　　　//标记圆心位置

选择圆弧或圆:

命令:_dimcenter　　　　　　　　　　　//标记圆心位置

选择圆弧或圆:

8.3.2.5　折弯标注

1. 功能

当圆弧或圆的中心位于布局之外并且无法在其实际位置显示时,用折弯半径标注。在更方便的位置指定标注的原点,做中心位置替代。

2. 命令输入

命令:DIMJOGGED。

菜单:“标注”→“折弯”。

工具栏: 。

3. 命令使用

命令:_dimjogged　　　　　　　　　　//选择要标注的圆弧或圆

选择圆弧或圆:

指定图示中心位置:　　　　　　　　　//选择要标注的圆弧或圆的中心点

标注文字 =907.08

指定尺寸线位置或[多行文字(M)/文字(T)/角度(A)]:

指定折弯位置:　　　　　　　　　　　//选择折弯位置

参数说明:

“[多行文字(M)/文字(T)/角度(A)]”:M、T、A 的含义与前述内容相同。

8.3.3 角度标注

8.3.3.1 功能

标注角度尺寸。

8.3.3.2 命令输入

命令:DIMANGULAR。

菜单:"标注"→"角度"。

工具栏:。

8.3.3.3 命令使用

命令:_dimangular

选择圆弧、圆、直线或 < 指定顶点 >:　　//选择角度标注的对象,若选择的是直线,则系统提示:

选择第二条直线:　　//选择第二条直线,系统将给出两条直线的夹角

指定标注弧线位置或[多行文字(M)/文字(T)/角度(A)]:

标注文字 =130　　//若选择的是圆弧,则系统会标注圆弧的圆心角

指定标注弧线位置或[多行文字(M)/文字(T)/角度(A)]:　　//指定尺寸放置的位置。若选择的是圆,则系统将标注圆上两点之间圆弧的圆心角,当前的选择点将作为圆弧的第一个端点

指定角的第二个端点:

指定圆弧的第二个端点:

指定标注弧线位置或[多行文字(M)/文字(T)/角度(A)]:

参数说明:

(1)"圆弧":当选择"圆弧"时,如图 8-25(a)所示,系统会执行以下的命令过程:

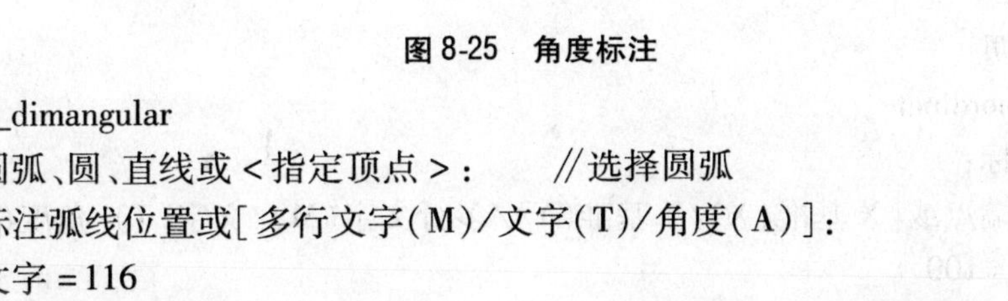

(a)圆弧角度　　(b)圆弧角度　　(c)直线角度

图 8-25　角度标注

命令:_dimangular

选择圆弧、圆、直线或 < 指定顶点 >:　　//选择圆弧

指定标注弧线位置或[多行文字(M)/文字(T)/角度(A)]:

标注文字 =116

(2)"圆"当选择"圆"时,如图 8-25(b)所示,系统会执行以下的命令过程:

命令:_dimangular

选择圆弧、圆、直线或 < 指定顶点 >:　　//选择圆上的第一个点

指定角的第二个端点：　　　　　　　　　　//选择圆上的第二个点
指定标注弧线位置或[多行文字(M)/文字(T)/角度(A)]：
标注文字 =90

(3)"直线"当选择"直线"时，如图 8-25(c)所示，所要标注的是两条直线的夹角。命令过程如下：

命令：_dimangular
选择圆弧、圆、直线或 <指定顶点>：　　　//选择直线夹角的第一条边
选择第二条直线：　　　　　　　　　　　//选择直线夹角的第二条边
指定标注弧线位置或[多行文字(M)/文字(T)/角度(A)]：
标注文字 =61

注意　在标注圆弧和圆的角度时实际上是标注它们两点之间的圆心角。根据制图标准的规定，角度数字应水平书写(字头始终向上)。

8.3.3.4　操作示例

利用 AutoCAD 2010 角度标注命令标注如图 8-24 中的角度尺寸。标注过程如下：

命令：_dimangular
选择圆弧、圆、直线或 <指定顶点>：
选择第二条直线：
指定标注弧线位置或[多行文字(M)/文字(T)/角度(A)]：
标注文字 =90

8.3.4　其他尺寸标注

除了以上这些常用的基本标注命令，AutoCAD 2010 还提供了另外一些标注命令，如坐标标注、引线标注和形位公差标注等。

8.3.4.1　坐标标注

1. 功能

标注某点坐标。

2. 命令输入

命令：DIMORDINATE。

菜单："标注"→"坐标"。

工具栏：。

3. 命令使用

命令：_dimordinate
指定点坐标：
指定引线端点或[X 基准(X)/Y 基准(Y)/多行文字(M)/文字(T)/角度(A)]：
标注文字 =100

参数说明：

(1)"X 基准(X)"：输入 X 后按回车键，系统只标注点的 X 坐标。

(2)"Y 基准(Y)"：输入 Y 后按回车键，系统只标注点的 Y 坐标。

(3)“多行文字(M)”:输入 M 后按回车键,系统通过多行文字编辑器来标注内容。

(4)“文字(T)”:输入 T 后按回车键,通过单行文字来修改标注的内容。

(5)“角度(A)”:输入 A 后按回车键,确定标注文字的倾斜角度。

注意　坐标标注是以世界坐标系或用户坐标系的原点为基点来进行标注的。

4. 操作示例

对图 8-26 标注圆心 A、B、C 三点的坐标。过程略,结果如图 8-27 所示。

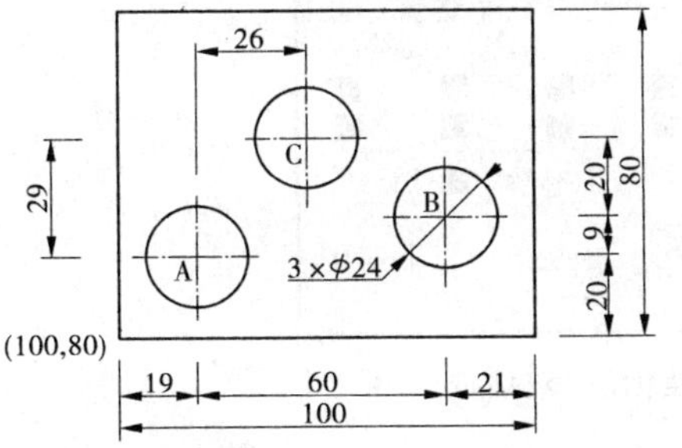

图 8-26　平面图形

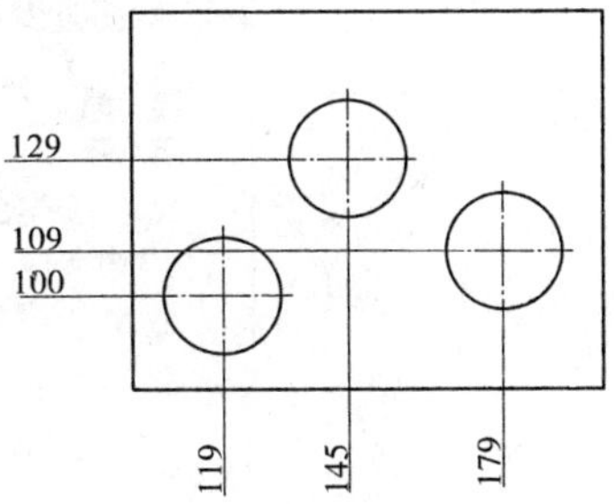

图 8-27　标注坐标

8.3.4.2　引线标注

1. 功能

对图中元素用引线注释。

2. 命令输入

命令:QLEADER。

菜单:“标注”→“引线”。

工具栏:。

3. 命令使用

命令:_qleader

指定第一个引线点或[设置(S)]<设置>:

指定下一点:

指定下一点:

指定文字宽度<0>:3

输入注释文字的第一行<多行文字(M)>:%%c72

输入注释文字的下一行:

8.3.4.3　形位公差标注

1. 功能

标注图中的形状和位置公差。

2. 命令输入

命令:TOLERANCE。

菜单:“标注”→“公差”。

工具栏:。

3. 命令使用

运行形位公差标注命令，系统弹出如图 8-28 所示的对话框，单击此对话框中的“符号”框，系统将会弹出图 8-29 所示的“符号”对话框，选择相应的符号后在公差栏中填入公差值，并在基准栏中输入基准字母符号。如果有包容条件，单击基准符号输入框后的黑框，系统将会弹出如图 8-30 所示的“包容条件”对话框，选择相应的包容条件符号。最后，在图中指定形位公差的位置。

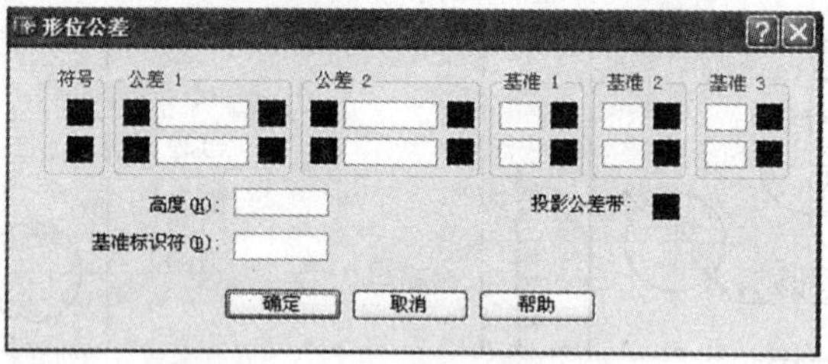

图 8-28 “形位公差标注”对话框

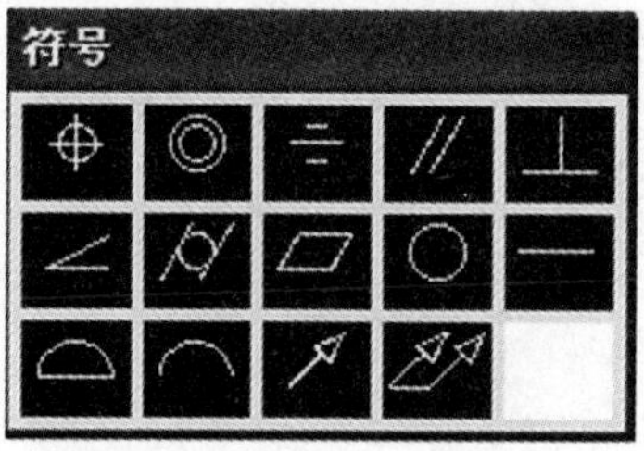

图 8-29 “符号”对话框

图 8-30 “包容条件”对话框

8.3.5 快速标注

8.3.5.1 功能

为选定的对象快速创建一系列基线或连续标注，或者为一系列圆或圆弧创建标注。创建的线性标注可以是水平、垂直、对齐、旋转、基线标注或连续（链式）标注。

8.3.5.2 命令输入

命令：QDIM。

菜单：“标注”→“快速标注”。

工具栏：。

8.3.5.3 命令使用

命令：_qdim

关联标注优先级 = 端点

选择要标注的几何图形：指定对角点：找到 10 个

选择要标注的几何图形：

指定尺寸线位置或

[连续(C)/并列(S)/基线(B)/坐标(O)/半径(R)/直径(D)/基准点(P)/编辑(E)/设置(T)] <连续>：

参数说明：

(1)“选择要标注的几何图形”：把要标注的图形部分或全部选择。

(2)“指定尺寸线位置”：把尺寸线放置在合适的位置上。

(3)“连续(C)”：连续性地标注尺寸，即一个尺寸接着一个尺寸，自动对齐。

(4)“并列(S)”：将所标注的尺寸有层次地排列，小的尺寸在里边，大的尺寸在外边。

(5)“基线(B)”：所有的尺寸共用一条起点的尺寸界线。

(6)“坐标(O)”：对所选的图形中的点标注坐标。

(7)“半径(R)”：对所选的图形中的圆弧标注半径。

(8)“直径(D)”：对所选的图形中的圆弧标注直径。

(9)“基准点(P)”：指定标注的基准点。

(10)“编辑(E)”：对标注的尺寸点进行编辑。

(11)“设置(T)”：将尺寸界线原点设置为默认对象捕捉方式。

注意　如果在标注图形时不需要修改尺寸数字，则可以采用快速标注。

8.3.5.4　操作示例

将图 8-31 中的三个圆进行快速标注。

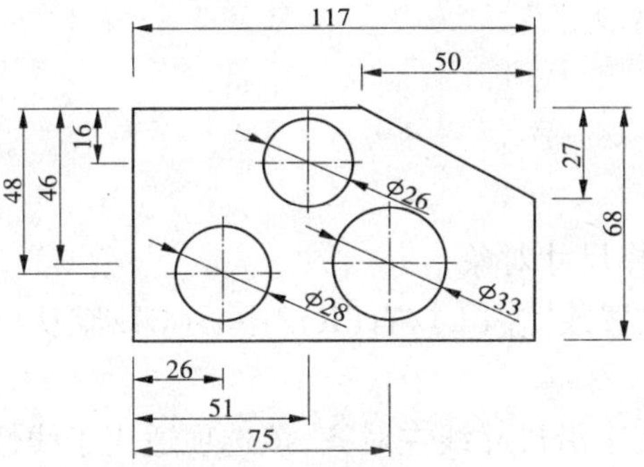

图 8-31　平面图形

8.4　尺寸标注编辑

尺寸标注完成以后，有时需要对已完成的标注进行编辑和修改。AutoCAD 2010 提供了尺寸标注编辑命令，可以对已有尺寸标注的文字、位置、样式等进行修改。

8.4.1　编辑标注

8.4.1.1　功能

修改尺寸文字的内容，调整文字的位置或改变尺寸界线的方向。

8.4.1.2　命令输入

命令：DIMEDIT。

菜单：“标注”→“倾斜”。

工具栏：。

8.4.1.3 命令使用

命令：_dimedit

输入标注编辑类型[默认(H)/新建(N)/旋转(R)/倾斜(O)]<默认>：

参数说明：

(1)"默认(H)"：按缺省位置、方向放置尺寸文字。

(2)"新建(N)"：使用文字编辑对话框，重新修改尺寸文字。

(3)"旋转(R)"：可对文字进行旋转。

(4)"倾斜(O)"：可对尺寸界线的方向进行调整。

8.4.2 编辑标注文字

8.4.2.1 功能

修改尺寸文字的位置。

8.4.2.2 命令输入

命令：DIMTEDIT。

菜单："标注"→"对齐文字"。

工具栏：。

8.4.2.3 命令使用

命令：_dimtedit

选择标注：　　//选择尺寸对象

指定标注文字的新位置或[左(L)/右(R)/中心(C)/默认(H)/角度(A)]：

参数说明：

(1)"左(L)"：尺寸文字沿尺寸线左对齐，该选项适用于线性、半径和直径标注。

(2)"右(R)"：尺寸文字沿尺寸线右对齐，该选项适用于线性、半径和直径标注。

(3)"中心(C)"：尺寸文字沿尺寸线居中对齐。

(4)"默认(H)"：将标注文字移至缺省位置。

(5)"角度(A)"：将标注文字旋转至指定位置。

8.4.3 更新标注

8.4.3.1 功能

更改设置控制标注的外观。

8.4.3.2 命令输入

命令：DIMSTYLE。

工具栏：。

8.4.3.3 命令使用

命令：_dimstyle

当前标注样式：ISO－25　注释性：否

输入标注样式选项

[注释性(AN)/保存(S)/恢复(R)/状态(ST)/变量(V)/应用(A)/?] <恢复>: _apply

选择对象:找到1个

选择对象:

参数说明:

(1)"注释性(AN)":选择标注对象是否具有注释性。

(2)"保存(S)":将新的标注样式的当前设置进行保存。

(3)"恢复(R)":将选定的标注恢复为选定标。

(4)"状态(ST)":显示标注样式的设置参数的当前值。

(5)"变量(V)":列出标注样式的参数变量值,但不能修改此变量值。

(6)"应用(A)":将新的标注样式应用到选定的标注对象中。

(7)"?":列出标注样式。

8.4.4 使用特性管理器编辑尺寸标注

在AutoCAD 2010中,还可以通过双击尺寸标注打开特性管理器来编辑标注。特性管理器中列出了尺寸标注样式中的所有属性特征,修改方式与创建尺寸标注样式的方法基本相同。可以在文字选项中修改文字特性,在公差选项中修改公差数值。

本章小结

本章介绍了尺寸的组成、标注样式的创建以及常用的尺寸编辑命令与标注命令,包括线性尺寸、角度尺寸、直径尺寸、半径尺寸、引线标注、坐标尺寸、中心标注等。通过本章的学习,用户可以熟悉如何在图形上标注各种尺寸。

思考与练习

1. 单项选择题

(1)执行(　　)命令,可打开"标注样式管理器"对话框,在其中可对标注样式进行设置。

A. DIMRADIUS　　B. DIMSTYLE

C. DIMDIAMETER　　D. DIMLINEAR

(2)下面(　　)命令用于标注在同一方向上连续的线性尺寸或角度尺寸。

A. DIMBASELINE　　B. DIMCONTINUE

C. QLEADER　　D. QDIM

(3)(　　)命令用于创建平行于所选对象或平行于两尺寸界线原点连线的直线型尺寸。

A. 对齐标注　B. 快速标注　C. 连续标注　D. 线性标注

(4)当图形中只有两个端点时，不能执行“快速标注”命令过程中的(　　)选项。

A. 编辑中的添加　B. 编辑中指定要删除的标注点

C. 连续　D. 相交

(5)下列不属于基本标注类型的是(　　)。

A. 对齐标注　B. 基线标注　C. 快速标注　D. 线性标注

(6)如果在一个线性标注数值前面添加直径符号，则应用(　　)命令。

A. %%c　B. %%o　C. %%d　D. %%%

(7)(　　)命令用于测量并标注被测对象之间的夹角。

A. DIMANGULAR　B. ANGULAR

C. QDIM　D. DIMRADIUS

(8)快速标注的命令是(　　)。

A. QDIMLINE　B. QDIM　C. QLEADER　D. DIM

(9)半径尺寸标注的标注文字的默认前缀是(　　)。

A. D　B. R　C. Rad　D. Radius

(10)如果要标注倾斜直线的长度，应该选用下面(　　)命令。

A. DIMLINEAR　B. DIMALIGNED

C. DIMORDINATE　D. QDIM

2. 多项选择题

(1)尺寸标注的编辑有(　　)。

A. 倾斜尺寸标注　B. 对齐文本　C. 自动编辑　D. 标注更新

(2)绘制一个线性尺寸标注，必须(　　)。

A. 确定尺寸线的位置　B. 确定第二条尺寸界线的原点

C. 确定第一条尺寸界限的原点　D. 确定箭头的方向

(3)AutoCAD 中包括的尺寸标注类型有(　　)。

A. 角度标注　B. 直径标注

C. 线性标注　D. 半径标注

(4)设置尺寸标注样式的方法有(　　)。

A. 选择“格式”→“标注样式”选项

B. 在命令行中输入 DDIM 命令后按下 Enter 键

C. 单击“标注”工具栏上的“标注样式”图标按钮

D. 在命令行中输入 STYLE 命令后按下 Enter 键

(5)在“标注样式”对话框的“圆心标记类型”选项中，所供用户选择的选项包含(　　)选项。

A. 标记　B. 无　C. 圆弧　D. 直线

(6)DIMLINEAR(线性标注)命令允许绘制(　　)方向以及(　　)方向的尺寸标注。

A. 垂直　B. 对齐　C. 水平　D. 圆弧

(7)执行 DIMRADIUS 或 DIMDIAMETER 命令的系统提示相同,如果用户采用系统测量值,则 AutoCAD 能在测量数值前自动添加(　　)符号。

A. D　　　　B. R　　　　C. ϕ　　　　D. %

3. 作图题

(1)用 1∶1的比例绘制图 8-32 所示的平面图形,并进行尺寸标注。

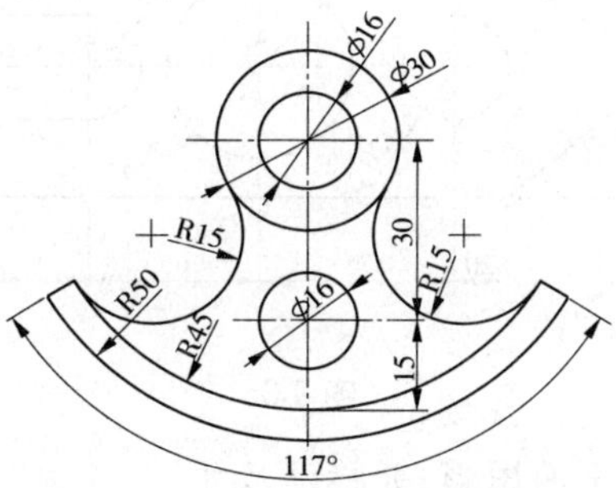

图 8-32

(2)用 1∶1的比例绘制图 8-33 所示的平面图形,并进行尺寸标注。

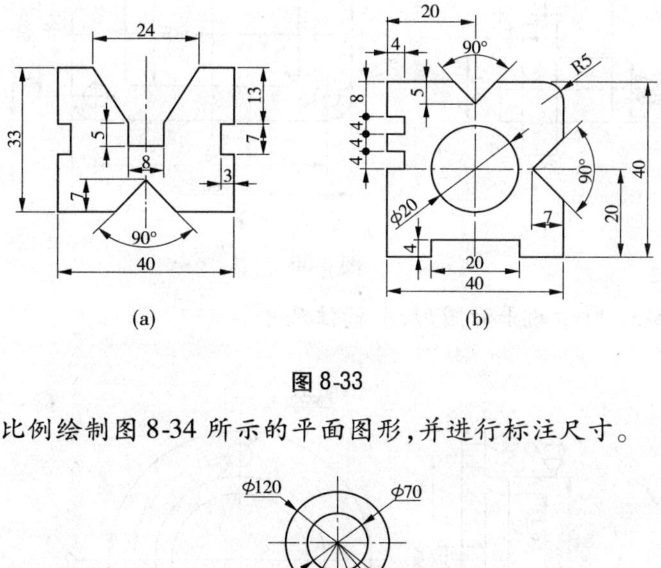

图 8-33

(3)用 1∶5的比例绘制图 8-34 所示的平面图形,并进行标注尺寸。

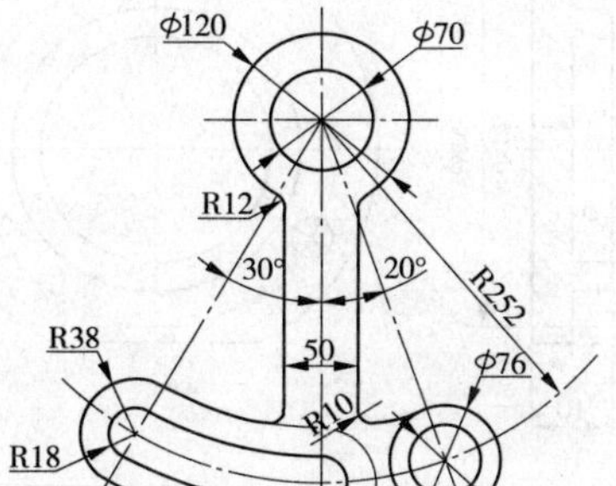

图 8-34

(4)绘制图 8-35 所示的平面图形,并进行基本标注和快速标注。

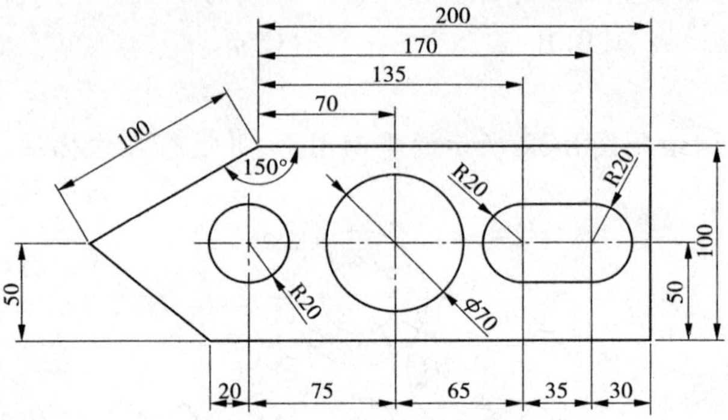

图 8-35

(5)绘制图 8-36 所示的平面图形,并标注尺寸。

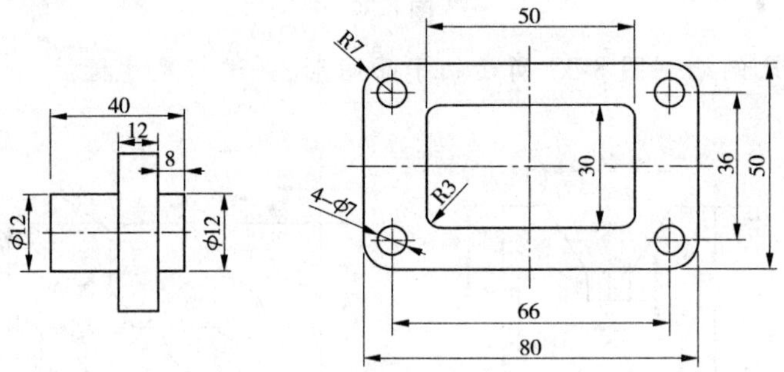

图 8-36

(6)绘制图 8-37 所示的平面图形,并标注尺寸。

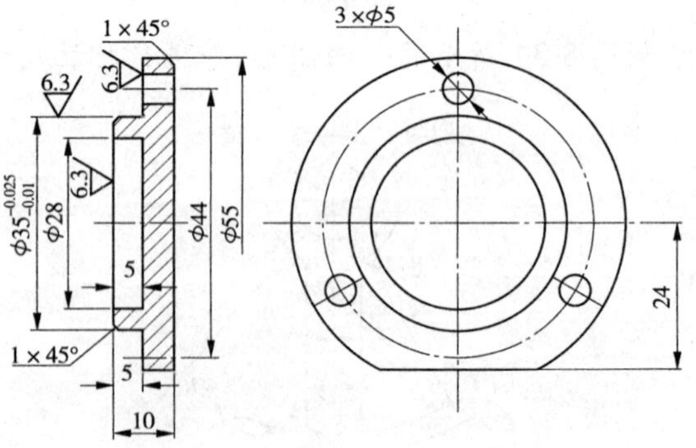

图 8-37

(7)绘制图 8-38 所示的平面图形,并标注尺寸。

(8)绘制图 8-39 所示的平面图形,并标注尺寸。

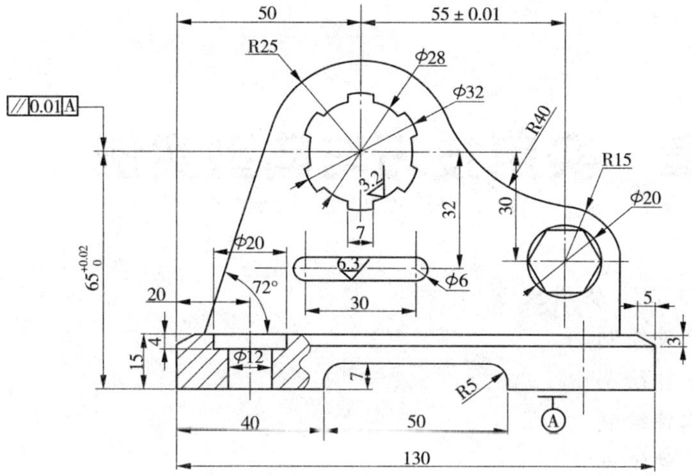
50
55 ± 0.01
R25
ϕ28
ϕ32
0.01 A
R40
R15
ϕ20
32
30
3.2
7
ϕ20
6.3
ϕ6
72°
30
20
5
3
4
15
ϕ12
7
R5
A
40
50
130

图 8-38

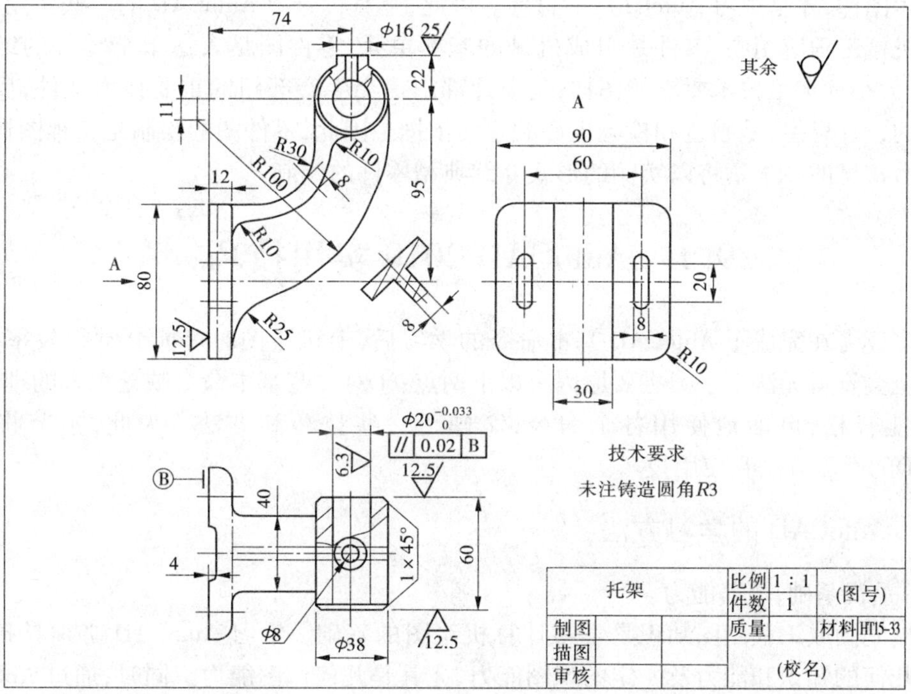
74
ϕ16
25
22
其余
11
R30
R10
R100
8
12
95
A
90
60
R10
A
80
20
8
12.5
R25
8
R10
30
ϕ20
0.02 B
6.3
12.5
技术要求
末注铸造圆角R3
B
40
1 × 45°
60
4
ϕ8
ϕ38
12.5
托架
比例 1 : 1
件数 1
(图号)
制图
质量
材料 HT15-33
描图
审核
(校名)

图 8-39

第 9 章 实用技巧与典型实例

【本章要点】

☞ AutoCAD 2010 实用技巧

☞ 轴套类零件绘制

☞ 轮盘类零件绘制

☞ 叉架类零件绘制

☞ 箱体类零件绘制

通过前面的学习,读者已经掌握了 AutoCAD 2010 的基本命令。有效、快速、熟练地绘制出工程图样,才是学习 AutoCAD 的目标。因此,本章将介绍 AutoCAD 的一些实用技巧。

在机械工程应用中,零件是组成机械的基本单元,零件图是表达单个零件的结构形状、尺寸大小和加工技术要求的图样,是设计部门提交生产部门的重要技术文件,反映了设计者的设计思想,是制造和检验零件的主要依据。因此,零件图的绘制是工程图样设计过程中最常见的。本章将以实例的形式介绍典型零件的绘制。

9.1 AutoCAD 2010 实用技巧

许多读者在完成了 AutoCAD 基本命令的学习后,上机绘图时可能会觉得效率很低,有时甚至会觉得无法下手。主要原因有以下两点:①对一些基本命令缺乏深入的理解,以至于不能轻松、灵活地使用各个命令;②缺乏一些技巧和方法。为此,本节将介绍 AutoCAD的学习方法和使用技巧。

9.1.1 AutoCAD 的学习方法

(1)重视基础,培养能力。

机械制图或工程制图知识是学习计算机绘图的基础。学习 AutoCAD 必须具备一定的画法几何的知识和能力及一定的识图能力,尤其是几何作图能力。同时,通过 AutoCAD 的学习也能更好地理解、巩固机械制图的基础知识。

(2)由浅入深,循序渐进。

学习 AutoCAD 首先要了解 AutoCAD 的软件系统,掌握基本的绘图知识如坐标系、图层等重要概念,再由浅入深、循序渐进地学习基本操作命令。

(3)学以致用,联系实际。

AutoCAD 的学习始终要与实际联系起来,联系个人的专业背景,如机械、建筑、土木等。不能单纯地、孤立地进行操作命令的学习,通过解决实际的问题加深自己对 AutoCAD

系统及其命令的理解,培养自己应用 AutoCAD 独立完成计算机绘图的能力。

(4)勤于思考,熟能生巧。

学习 AutoCAD,需要通过不断地练习,来提高自己的熟练程度,并且在练习过程中发现问题,强迫自己思考解决问题的方法,从而加深对 AutoCAD 的理解。

初学者在绘图过程中往往会遇到以下四个问题:

(1)同样画一张图,有的人画的大小适中,有的人画的却很小,甚至看不见。

这是因为没有进行绘图区域界限的设定,或虽用 LIMITS 命令进行了设定,但忘记了用 ZOOM 命令中的 ALL 选项对绘图区重新进行规整。绘图区域的设定是根据实际的绘图需要来进行的。

(2)有些人用“HIDDEN”或“CENTER”等线型画线段,但发现画出的线段看上去像实线。

这是“线型比例”不合适引起的,也就是说“线型比例”太大或太小。解决问题的办法是将“线型管理器”对话框打开,修改其“全局比例因子”至合适的数值即可。

(3)在进行尺寸标注以后,有时发现不能看到所标注的尺寸文本。

这是因为尺寸标注的整体比例因子设置得太小,将尺寸标注方式对话框打开,修改数值使其变大即可。

(4)打开一些 AutoCAD 图形时,有时会发现圆变成了正多边形,圆弧变成了折线。

这是显示的原因,通过单击菜单栏上“视图”→“重生成”即可解决。

9.1.2 实用技巧

9.1.2.1 AutoCAD 2010 表格制作

AutoCAD 2010 尽管有强大的图形功能,但表格处理功能相对较弱,而在实际工作中,往往需要在 AutoCAD 2010 中制作各种表格,如工程数量表等。在 AutoCAD 2010 环境下用手工画线方法绘制表格,然后在表格中填写文字,不但效率低下,而且很难精确控制文字的书写位置,文字排版也是一个难问题。尽管 AutoCAD 2010 支持对象链接与嵌入,可以插入 Word 或 Excel 表格,但是一方面修改起来不是很方便,一点点的修改就得进入 Word 或 Excel 中去,修改完成后,又得退回到 AutoCAD;另一方面,一些特殊符号在 Word 或Excel中很难输入。

解决办法:

先在 Excel 中制作完表格,复制到剪贴板,然后在 AutoCAD 2010 环境下选择“编辑”菜单中的“选择性粘贴”,选择作为“AutoCAD 图元”,单击“确定”以后,表格即转化成 AutoCAD 实体,可以编辑其中的线条及文字,非常方便。

9.1.2.2 在 Word 文档中插入 AutoCAD 图形

在 Word 文档制作中,尤其在编制工程文件时,往往需要各种插图。而 Word 的绘图功能有限,特别对于复杂的图形,该缺点更加明显。AutoCAD 是专业绘图软件,功能强大,很适合绘制比较复杂的图形,因此可以用 AutoCAD 绘制好图形,然后插入 Word 中制作复合文档。方法如下:

(1)可以用 AutoCAD 提供的输出功能,先将 AutoCAD 图形以 BMP 或 WMF 等格式输出，然后插入 Word 文档，也可以先将 AutoCAD 图形拷贝到剪贴板，再在 Word 文档中粘贴。

(2)利用键盘上的"屏幕打印"键，将绘有图形的 AutoCAD 界面复制下来，粘贴在 Windows 的画图板中，进行图形部分的选择。需注意的是，由于 AutoCAD 默认背景颜色为黑色，而 Word 背景颜色为白色，因此应将 AutoCAD 图形背景颜色改成白色。

(3)可以利用本书前面介绍的打印命令，安装虚拟打印机，将 AutoCAD 图形打印成 PDF 文件，插入到 Word 文档中。

(4)前三种方法都将 AutoCAD 的图形转成了 BMP、WMF 或 PDF 文件，要对图形进行修改将会比较麻烦。AutoCAD 图形可以通过"复制"、"粘贴"的方式直接插入 Word 文档中。但是，这样往往空边过大，可以利用 Word 图片工具栏上的裁剪功能进行修整。这种方式的图形可以通过双击进入 AutoCAD 进行修改。

9.1.2.3 图形的打印技巧

有时由于没有安装打印机或需要使用别的打印机输出 AutoCAD 图形，必须到别的计算机去打印 AutoCAD 图形，但是别的计算机也可能没安装 AutoCAD，或者其他原因（例如，AutoCAD图形在别的计算机上字体显示不正常，通过网络打印，网络打印不正常等），不能利用别的计算机进行正常打印。

解决方法：

在计算机上将 AutoCAD 图形打印到文件，形成打印机文件，然后在别的计算机上用 DOS 的拷贝命令将打印机文件输出到打印机：copy < 打印机文件 > prn/b。需要注意的是，为了能使用该功能，需先在系统中添加别的计算机上的特定型号打印机，并将它设为默认打印机。另外，使用 copy 命令时不要忘了在最后加"/b"，表明以二进制形式将打印机文件输出到打印机。

9.1.2.4 选择技巧

在进行 AutoCAD 的图形编辑修改过程中，有时需要选择多个目标。一般用户可以用鼠标一个一个地选择目标，将选择的目标逐个地添加到选择集中。

另外，AutoCAD 2010 还提供了 Window、Crossing、Cpolygon、Wpolygon 等多种窗口方式选择目标。

Window：在"选择对象："提示下，输入"W"，或直接在屏幕上自右至左拉一个矩形框响应"选择对象："提示；

Crossing：在"选择对象："提示下，输入"C"，或直接在屏幕上自左至右拉一个矩形框响应"选择对象："提示；

Cpolygon：在"选择对象："提示下，输入"CP"，利用鼠标定义任意多边形；

Wpolygon：在"选择对象："提示下，输入"WP"，利用鼠标定义任意多边形。

其中，Window 及 Crossing 用于矩形窗口，而 Wpolygon 及 Cpolygon 用于多边形窗口。在 Window 及 Wpolygon 方式下，只有当实体的所有部分都被包含在窗口内时，实体才被选中，而在 Crossing 及 Cpolygon 方式下，只要实体的一部分包括在窗口内，实体就可以被选中。

当在选择对象的过程中误选对象，或因选择众多对象而加入了少量非选对象时，则可在命令行的“选择对象:”提示下,输入“R”,并用鼠标依次选择需要剔除的对象。

9.1.2.5 质量属性查询

AutoCAD 提供点坐标(ID)、距离(Distance)、面积(Area)的查询,给图形的分析带来了很大的方便。在实际工作中,有时还须查询实体质量属性(Mass Properties)特性,为此,AutoCAD 提供实体质量属性查询,可以方便查询实体的惯性矩、面积矩、实体的质心等。需注意的是,对于曲线、多义线构造的闭合区域,应先用 Region 命令将闭合区域面域化,再执行质量属性查询,才可查询实体的惯性矩、面积矩、实体的质心等属性。

9.2 轴套类零件绘制

轴套类零件包括各种轴、衬套、套筒等,其基本形状是同轴回转体。本节以图 9-1 为例(倒角为 1.5 ×45°),介绍轴套类零件的绘制方法和绘制过程。

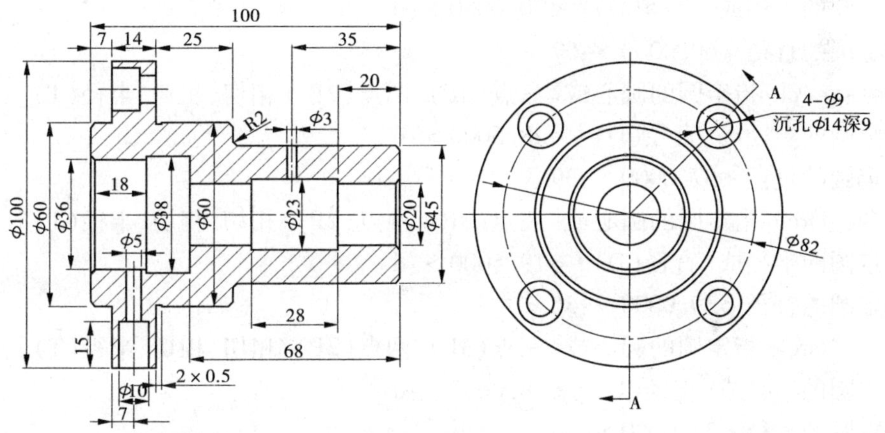

图 9-1 轴套

由图 9-1 可以看出,主视图相对于中心线上下部分基本对称,因此可以绘制上半部分,然后使用编辑命令中的“镜像”,并加以适当的修改,完成主视图的绘制;左视图中的四个沉孔呈对称分布,因此可以绘制完一个后,使用“阵列”命令完成其他沉孔的绘制。

绘制时需要使用的命令有直线、圆、图案填充、镜像、修剪、旋转、阵列、倒角、圆角。

绘制步骤如下:

(1)创建图层,并将当前图层设置为中心线层。

(2)单击“绘图”工具栏中的直线命令,绘制中心线,命令行提示如下:

命令:_line 指定第一点:

指定下一点或[放弃(U)]:

指定下一点或[放弃(U)]:

命令:_line 指定第一点:

指定下一点或[放弃(U)]:

指定下一点或[放弃(U)]:

(3)将当前层设置为粗实线层,单击“绘图”工具栏中的圆命令图标,绘制左视图中的轮廓圆,如图 9-2 所示,命令行提示如下:

命令:_circle 指定圆的圆心或[三点(3P)/两点(2P)/相切、相切、半径(T)]:
指定圆的半径或[直径(D)]:d
指定圆的直径:82
命令:_circle 指定圆的圆心或[三点(3P)/两点(2P)/相切、相切、半径(T)]:
指定圆的半径或[直径(D)]<41.0000>:d
指定圆的直径<82.0000>:100
命令:_circle 指定圆的圆心或[三点(3P)/两点(2P)/相切、相切、半径(T)]:
指定圆的半径或[直径(D)]<50.0000>:d
指定圆的直径<100.0000>:60
命令:_circle 指定圆的圆心或[三点(3P)/两点(2P)/相切、相切、半径(T)]:
指定圆的半径或[直径(D)]<30.0000>:d
指定圆的直径<60.0000>:57
命令:_circle 指定圆的圆心或[三点(3P)/两点(2P)/相切、相切、半径(T)]:
指定圆的半径或[直径(D)]<28.5000>:d
指定圆的直径<57.0000>:39
命令:_circle 指定圆的圆心或[三点(3P)/两点(2P)/相切、相切、半径(T)]:
指定圆的半径或[直径(D)]<19.5000>:d
指定圆的直径<39.0000>:36
命令:_circle 指定圆的圆心或[三点(3P)/两点(2P)/相切、相切、半径(T)]:
指定圆的半径或[直径(D)]<18.0000>:d
指定圆的直径<36.0000>:20

(4)绘制一个沉孔,先使用圆命令绘制沉孔,然后使用旋转命令将其旋转到合适位置,如图 9-3 所示,命令行提示如下:

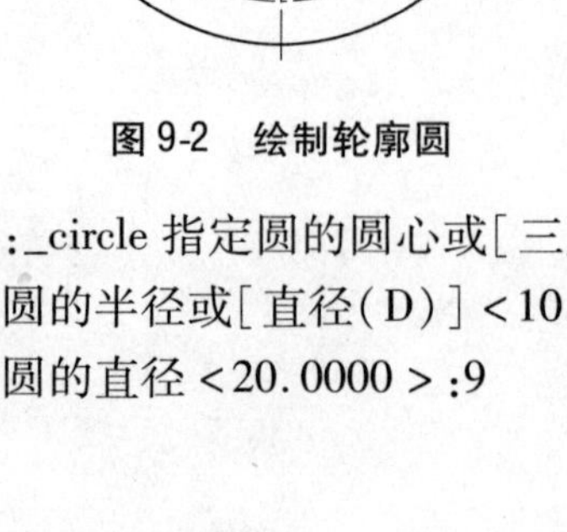

图 9-2　绘制轮廓圆

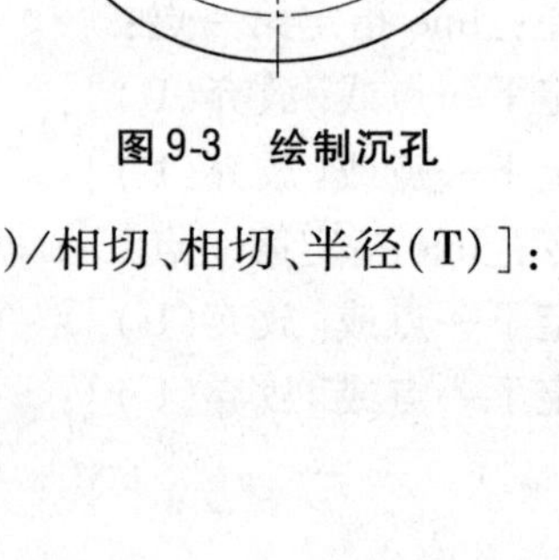

图 9-3　绘制沉孔

命令:_circle 指定圆的圆心或[三点(3P)/两点(2P)/相切、相切、半径(T)]:
指定圆的半径或[直径(D)]<10.0000>:d
指定圆的直径<20.0000>:9

命令:_circle 指定圆的圆心或[三点(3P)/两点(2P)/相切、相切、半径(T)]:
指定圆的半径或[直径(D)]<4.5000>:d
指定圆的直径<9.0000>:14
命令:_rotate
UCS 当前的正角方向:ANGDIR=逆时针　ANGBASE=0
选择对象:指定对角点:找到2个
选择对象:
指定基点:
指定旋转角度或[参照(R)]:45

(5)单击"编辑"工具栏中的阵列命令图标,绘制其余的沉孔,阵列参数设置如图9-4所示,结果如图9-5所示。

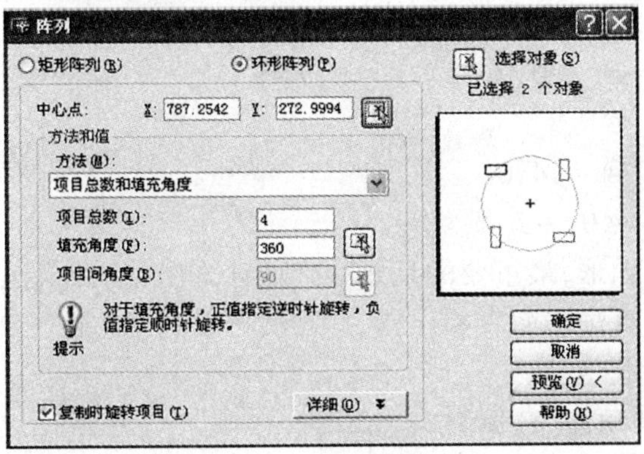

图9-4　阵列设置

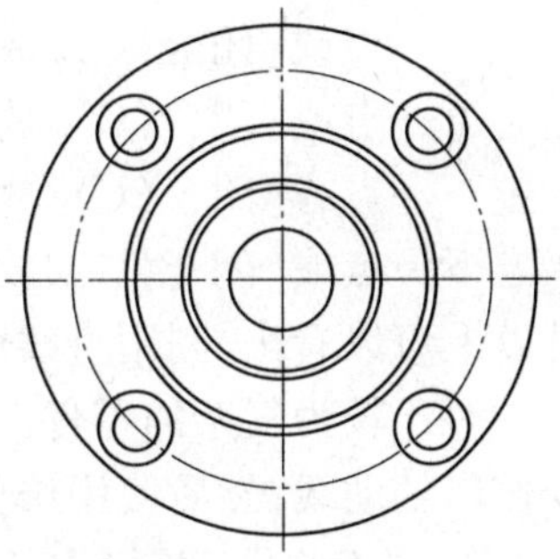

图9-5　阵列沉孔

(6)绘制主视图,将当前图层设置为中心线层,绘制中心线,并利用直线命令绘制上半部分图形,如图9-6所示。命令行提示如下:

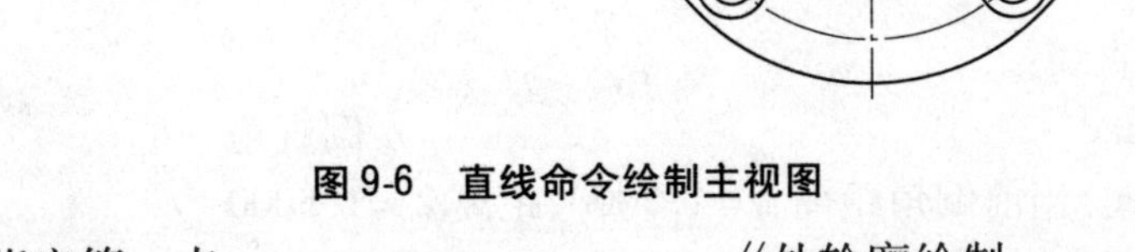

图9-6　直线命令绘制主视图

命令:_line 指定第一点:　　　　　　　　　//外轮廓绘制
指定下一点或[放弃(U)]:@0,30
指定下一点或[放弃(U)]:@7,0
指定下一点或[闭合(C)/放弃(U)]:@0,20
指定下一点或[闭合(C)/放弃(U)]:@14,0

指定下一点或[放弃(U)]:@0, -20.5
指定下一点或[放弃(U)]:@2,0
指定下一点或[闭合(C)/放弃(U)]:@0,0.5
指定下一点或[闭合(C)/放弃(U)]:@23,0
指定下一点或[闭合(C)/放弃(U)]:@0, -7.5
指定下一点或[闭合(C)/放弃(U)]:@54,0
命令:_line 指定第一点:　　　　　　　　　　　　//内轮廓绘制
指定下一点或[放弃(U)]:
指定下一点或[放弃(U)]:@ -20,0
指定下一点或[闭合(C)/放弃(U)]:@0,1.5
指定下一点或[闭合(C)/放弃(U)]:@ -28,0
指定下一点或[闭合(C)/放弃(U)]:@0, -1.5
指定下一点或[闭合(C)/放弃(U)]:@ -20,0
指定下一点或[闭合(C)/放弃(U)]:@0,9
指定下一点或[闭合(C)/放弃(U)]:@ -14,0
指定下一点或[闭合(C)/放弃(U)]:@0, -1

从以上可以看出,利用直线命令绘制图形,最重要的是要准确地计算出直线各端点的坐标值。对于较为复杂的零件图而言,计算烦琐而容易出错。因此,可以利用左视图和偏移命令作出辅助线,然后使用修剪命令完成绘制。

(7)单击"编辑"工具栏中的倒角和圆角命令,倒直角与圆角,如图 9-7 所示,命令行提示如下:

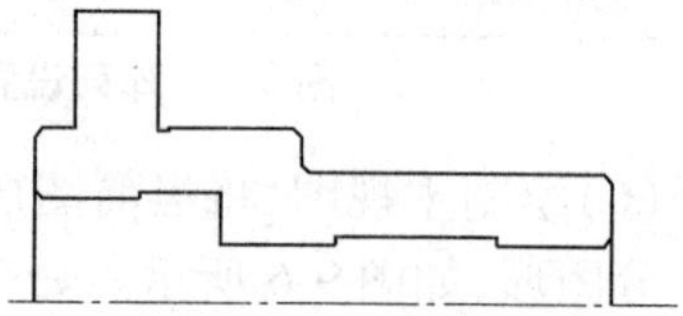

图 9-7　主视图倒角

命令:_chamfer　　//倒直角
("修剪"模式)当前倒角距离 1 =0.0000,距离 2 =0.0000
选择第一条直线或[多段线(P)/距离(D)/角度(A)/修剪(T)/方式(M)/多个(U)]:d
指定第一个倒角距离 <0.0000 >:1.5
指定第二个倒角距离 <1.5000 >:1.5
选择第一条直线或[多段线(P)/距离(D)/角度(A)/修剪(T)/方式(M)/多个(U)]:
选择第二条直线:
命令:_chamfer　　　　　　　　　　　　//倒直角
("修剪"模式)当前倒角距离 1 =1.5000,距离 2 =1.5000
选择第一条直线或[多段线(P)/距离(D)/角度(A)/修剪(T)/方式(M)/多个(U)]:
选择第二条直线:
命令:_chamfer　　　　　　　　　　　　//倒直角
("修剪"模式)当前倒角距离 1 =1.5000,距离 2 =1.5000

选择第一条直线或[多段线(P)/距离(D)/角度(A)/修剪(T)/方式(M)/多个(U)]:
选择第二条直线:
命令:_chamfer　　//倒直角
("修剪"模式)当前倒角距离1=1.5000,距离2=1.5000
选择第一条直线或[多段线(P)/距离(D)/角度(A)/修剪(T)/方式(M)/多个(U)]:t
输入修剪模式选项[修剪(T)/不修剪(N)]<修剪>:n
选择第一条直线或[多段线(P)/距离(D)/角度(A)/修剪(T)/方式(M)/多个(U)]:
选择第二条直线:
命令:_chamfer　　//倒直角
("不修剪"模式)当前倒角距离1=1.5000,距离2=1.5000
选择第一条直线或[多段线(P)/距离(D)/角度(A)/修剪(T)/方式(M)/多个(U)]:
选择第二条直线:
命令:_trim　　//修剪
当前设置:投影=UCS,边=无
选择剪切边...
选择对象:找到1个
选择对象:
选择要修剪的对象,或按住Shift键选择要延伸的对象,或[投影(P)/边(E)/放弃(U)]:
选择要修剪的对象,或按住Shift键选择要延伸的对象,或[投影(P)/边(E)/放弃(U)]:
命令:_trim　　//修剪
当前设置:投影=UCS,边=无
选择剪切边...
选择对象:找到1个
选择对象:
选择要修剪的对象,或按住Shift键选择要延伸的对象,或[投影(P)/边(E)/放弃(U)]:
选择要修剪的对象,或按住Shift键选择要延伸的对象,或[投影(P)/边(E)/放弃(U)]:
命令:_fillet　　//倒圆角
当前设置:模式=不修剪,半径=2.0000
选择第一个对象或[多段线(P)/半径(R)/修剪(T)/多个(U)]:t
输入修剪模式选项[修剪(T)/不修剪(N)]<不修剪>:t

选择第一个对象或[多段线(P)/半径(R)/修剪(T)/多个(U)]:r

指定圆角半径 <2.0000 >:2

选择第一个对象或[多段线(P)/半径(R)/修剪(T)/多个(U)]:

选择第二个对象:

(8)单击"编辑"工具栏中的镜像命令图标,以中心线作为对称中心,完成下半部分绘制,如图 9-8 所示,命令行提示如下:

命令:_mirror

选择对象:指定对角点:找到 26 个

选择对象:

指定镜像线的第一点:

指定镜像线的第二点:

是否删除源对象?[是(Y)/否(N)] <N >:

(9)部分细节上的修改和完善,如图 9-9 所示,命令行提示如下:

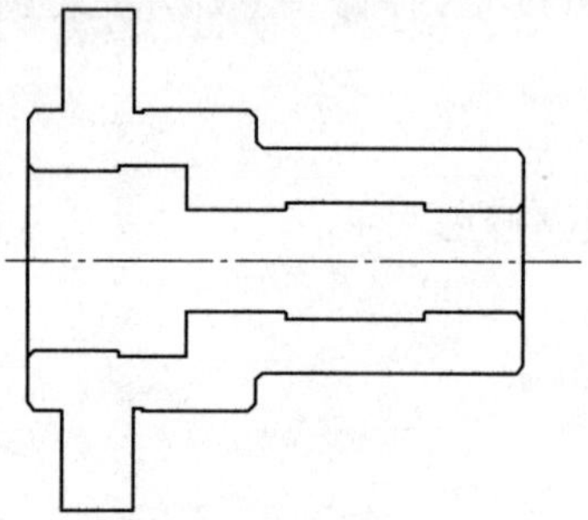

图 9-8 主视图镜像

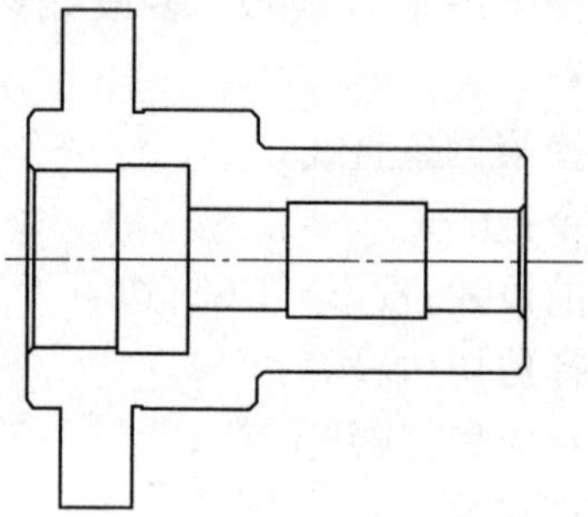

图 9-9 补充修改

命令:_line 指定第一点: //补充绘制 6 根直线

指定下一点或[放弃(U)]:

指定下一点或[放弃(U)]:

命令:_line 指定第一点:

指定下一点或[放弃(U)]:

指定下一点或[放弃(U)]:

命令:_line 指定第一点:

指定下一点或[放弃(U)]:

指定下一点或[放弃(U)]:

命令:_line 指定第一点:

指定下一点或[放弃(U)]:

指定下一点或[放弃(U)]:

命令:_line 指定第一点:

指定下一点或[放弃(U)]:

指定下一点或[放弃(U)]:

命令:_line 指定第一点:
指定下一点或[放弃(U)]:
指定下一点或[放弃(U)]:

(10)利用偏移、延伸、修剪、镜像等命令绘制Φ3、Φ9 的孔以及Φ14 的沉孔,如图 9-10 所示,命令行提示如下:

命令:_offset　　//利用偏移命令绘制Φ3 的孔
指定偏移距离或[通过(T)]<100.0000>:35
选择要偏移的对象或<退出>:
指定点以确定偏移所在一侧:
选择要偏移的对象或<退出>:
命令:_offset
指定偏移距离或[通过(T)]<35.0000>:1.5
选择要偏移的对象或<退出>:
指定点以确定偏移所在一侧:
选择要偏移的对象或<退出>:
指定点以确定偏移所在一侧:
选择要偏移的对象或<退出>:

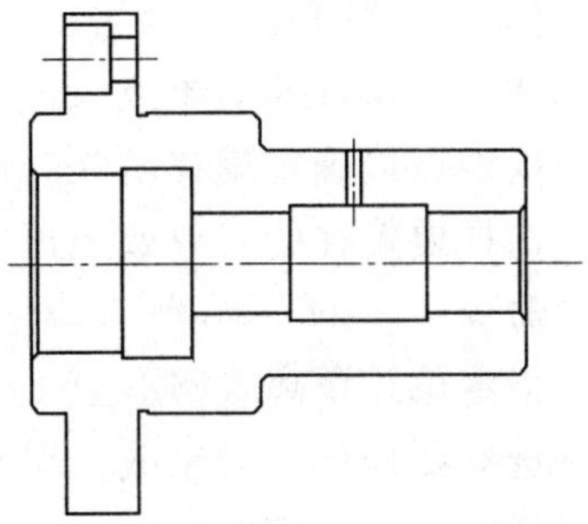
图 9-10　上半部分孔的绘制

命令:_extend　　//延伸
当前设置:投影=UCS,边=无
选择边界的边...
选择对象:找到 1 个
选择对象:
选择要延伸的对象,或按住 Shift 键选择要修剪的对象,或[投影(P)/边(E)/放弃(U)]:
选择要延伸的对象,或按住 Shift 键选择要修剪的对象,或[投影(P)/边(E)/放弃(U)]:
选择要延伸的对象,或按住 Shift 键选择要修剪的对象,或[投影(P)/边(E)/放弃(U)]:
命令:_trim　　//修剪
当前设置:投影=UCS,边=无
选择剪切边...
选择对象:找到 1 个
选择对象:
选择要修剪的对象,或按住 Shift 键选择要延伸的对象,或[投影(P)/边(E)/放弃(U)]:
选择要修剪的对象,或按住 Shift 键选择要延伸的对象,或[投影(P)/边(E)/放弃(U)]:
选择要修剪的对象,或按住 Shift 键选择要延伸的对象,或[投影(P)/边(E)/放弃

(U)]:

命令:_line 指定第一点:　　//绘制φ9 孔及沉孔

指定下一点或[放弃(U)]:

指定下一点或[放弃(U)]:

命令:_offset　　//偏移

指定偏移距离或[通过(T)]<3.5000>:4.5

选择要偏移的对象或<退出>:

指定点以确定偏移所在一侧:

选择要偏移的对象或<退出>:

命令:_offset

指定偏移距离或[通过(T)]<4.5000>:7

选择要偏移的对象或<退出>:

指定点以确定偏移所在一侧:

选择要偏移的对象或<退出>:

命令:_offset

指定偏移距离或[通过(T)]<7.0000>:9

选择要偏移的对象或<退出>:

指定点以确定偏移所在一侧:

选择要偏移的对象或<退出>:

命令:_trim　　//修剪

当前设置:投影 = UCS,边 = 无

选择剪切边...

选择对象:找到 1 个

选择对象:

选择要修剪的对象,或按住 Shift 键选择要延伸的对象,或[投影(P)/边(E)/放弃(U)]:

选择要修剪的对象,或按住 Shift 键选择要延伸的对象,或[投影(P)/边(E)/放弃(U)]:

命令:_trim

当前设置:投影 = UCS,边 = 无

选择剪切边...

选择对象:找到 1 个

选择对象:

选择要修剪的对象,或按住 Shift 键选择要延伸的对象,或[投影(P)/边(E)/放弃(U)]:

选择要修剪的对象,或按住 Shift 键选择要延伸的对象,或[投影(P)/边(E)/放弃(U)]:

选择要修剪的对象,或按住 Shift 键选择要延伸的对象,或[投影(P)/边(E)/放弃

(U)]:

命令:_trim

当前设置:投影 = UCS,边 = 无

选择剪切边...

选择对象:找到 1 个

选择对象:

选择要修剪的对象,或按住 Shift 键选择要延伸的对象,或[投影(P)/边(E)/放弃(U)]:

选择要修剪的对象,或按住 Shift 键选择要延伸的对象,或[投影(P)/边(E)/放弃(U)]:

命令:_mirror

选择对象:指定对角点:找到 3 个　　//镜像

指定镜像线的第一点:

指定镜像线的第二点:

是否删除源对象?[是(Y)/否(N)] <N>:

(11)以同样的方法绘制下半部分φ10 和φ5 的孔,如图 9-11 所示。

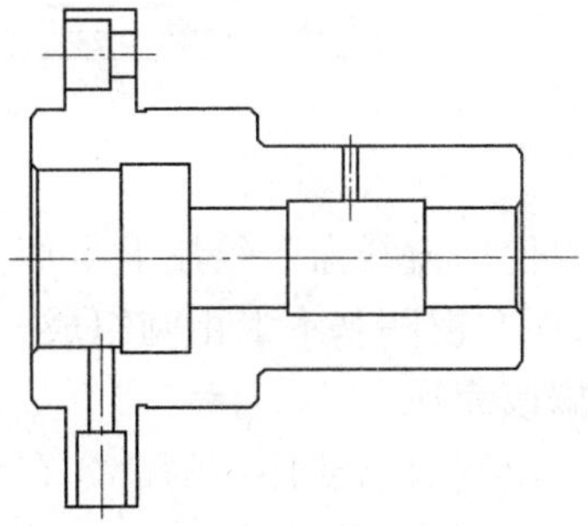

图 9-11　下半部分孔的绘制

(12)单击"绘图"工具栏中的图案填充命令图标 ,绘制剖面线,如图 9-12 所示。使用尺寸标注命令,对其进行尺寸标注,即可得到如图 9-1 所示的图形。

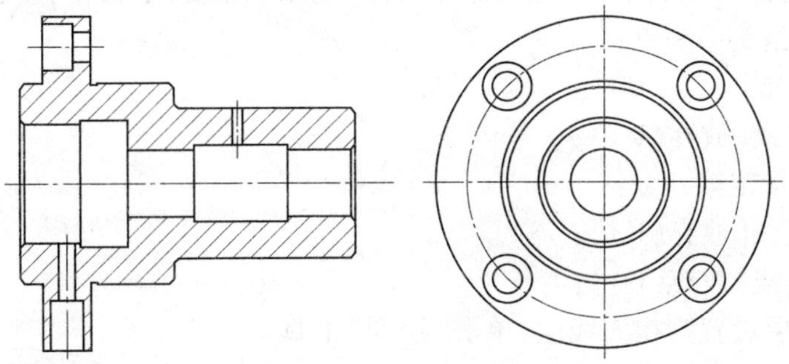

图 9-12　绘制剖面线

9.3　轮盘类零件绘制

轮盘类零件包括端盖、阀盖、法兰盘、齿轮等,这类零件的基本形体一般为回转体或其他几何形状的扁平的盘状体,通常还带有各种形状的凸缘、均布的圆孔和肋等局部结构。本节以图 9-13 为例(倒角皆为 1 ×45°,齿根圆直径为 65),介绍轮盘类零件的绘制方法和绘制过程。

由图 9-13 可以看出,主视图相对于中心线上下部分基本对称,主要由直线组成,因此

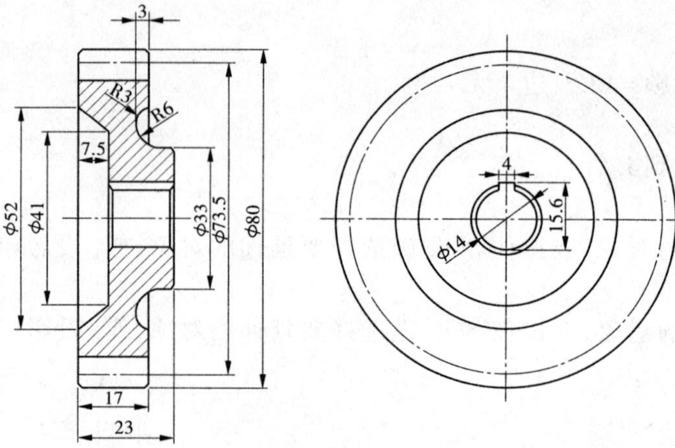

图 9-13　齿轮零件图

可以使用直线命令绘制上半部分（或下半部分），然后使用镜像并加以稍微地修改完成绘制；而左视图基本上由圆组成，并相对于竖直中心线对称，因此可以绘制完圆后用直线命令修改完成。

绘制时需要使用的命令有直线、圆、图案填充、镜像、修剪、倒角、圆角。

绘制步骤如下：

（1）创建图层，并将当前图层设置为中心线层。

（2）单击“绘图”工具栏中的直线命令图标，绘制中心线，命令行提示如下：

命令：_line 指定第一点：

指定下一点或[放弃(U)]：

指定下一点或[放弃(U)]：

命令：_line 指定第一点：

指定下一点或[放弃(U)]：

指定下一点或[放弃(U)]：

（3）将当前层设置为粗实线层，单击“绘图”工具栏中的圆命令图标，绘制左视图中的轮廓圆，如图 9-14所示，命令行提示如下：

命令：_circle 指定圆的圆心或[三点(3P)/两点(2P)/相切、相切、半径(T)]：

指定圆的半径或[直径(D)]：d

指定圆的直径：73.5

命令：_circle 指定圆的圆心或[三点(3P)/两点(2P)/相切、相切、半径(T)]：

指定圆的半径或[直径(D)] <36.7500>：d

指定圆的直径 <73.5000>：80

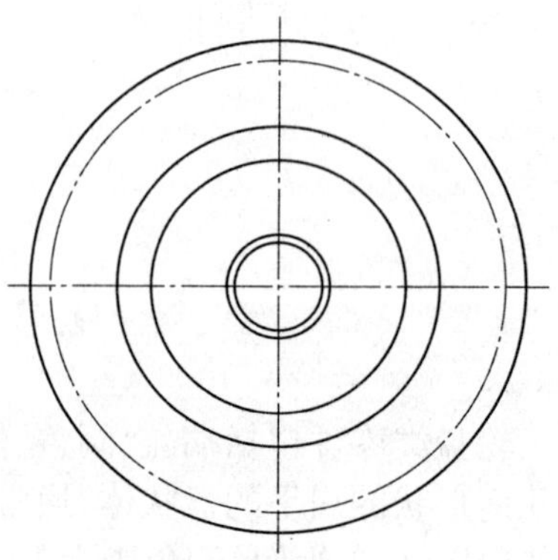

图 9-14　左视图轮廓绘制

命令:_circle 指定圆的圆心或[三点(3P)/两点(2P)/相切、相切、半径(T)]:
指定圆的半径或[直径(D)] <40.0000>:d
指定圆的直径 <80.0000>:52
命令:_circle 指定圆的圆心或[三点(3P)/两点(2P)/相切、相切、半径(T)]:
指定圆的半径或[直径(D)] <26.0000>:d
指定圆的直径 <52.0000>:41
命令:_circle 指定圆的圆心或[三点(3P)/两点(2P)/相切、相切、半径(T)]:
指定圆的半径或[直径(D)] <20.5000>:d
指定圆的直径 <41.0000>:16
命令:_circle 指定圆的圆心或[三点(3P)/两点(2P)/相切、相切、半径(T)]:
指定圆的半径或[直径(D)] <8.0000>:d
指定圆的直径 <16.0000>:14

(4)使用直线、偏移、镜像、修剪、删除命令绘制键槽,如图 9-15 所示,命令行提示如下:

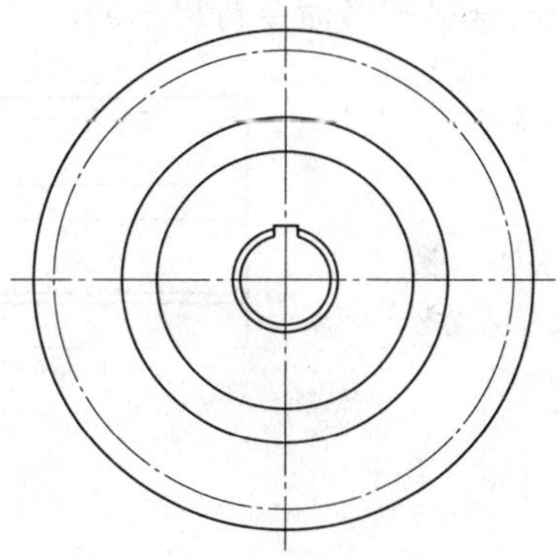

图 9-15　左视图键槽绘制

命令:_line 指定第一点:　//以ϕ14 圆的最底部为起点绘制长度为 2 的直线
指定下一点或[放弃(U)]:@2,0
指定下一点或[放弃(U)]:
命令:_offset
指定偏移距离或[通过(T)] <通过>:15.6　//将所画直线向上偏移 15.6
选择要偏移的对象或 <退出>:
指定点以确定偏移所在一侧:
选择要偏移的对象或 <退出>:
命令:_line 指定第一点:　//以偏移直线的右端为起点向下绘制与ϕ14 相交
指定下一点或[放弃(U)]:
指定下一点或[放弃(U)]:
命令:_mirror　//镜像,补全左半部分
选择对象:指定对角点:找到 2 个
选择对象:
指定镜像线的第一点:
指定镜像线的第二点:
是否删除源对象? [是(Y)/否(N)] <N>:
命令:_trim　//修剪中间圆弧
当前设置:投影 = UCS,边 = 无
选择剪切边...
选择对象:找到 1 个
选择对象:找到 1 个,总计 2 个

选择对象：

选择要修剪的对象,或按住 Shift 键选择要延伸的对象,或[投影(P)/边(E)/放弃(U)]:

选择要修剪的对象,或按住 Shift 键选择要延伸的对象,或[投影(P)/边(E)/放弃(U)]:

命令:_erase　　//擦除初始辅助线

选择对象:找到 1 个

选择对象:

(5)根据已完成的左视图,使用直线命令绘制水平辅助线,如图 9-16 所示(全为直线命令,这里省略命令行提示)。

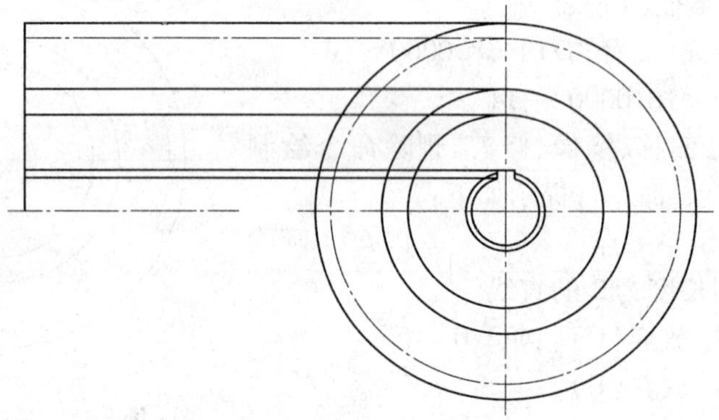

图 9-16　主视图水平辅助线绘制

(6)使用偏移命令作主视图竖直辅助线,如图 9-17 所示,命令行提示如下:

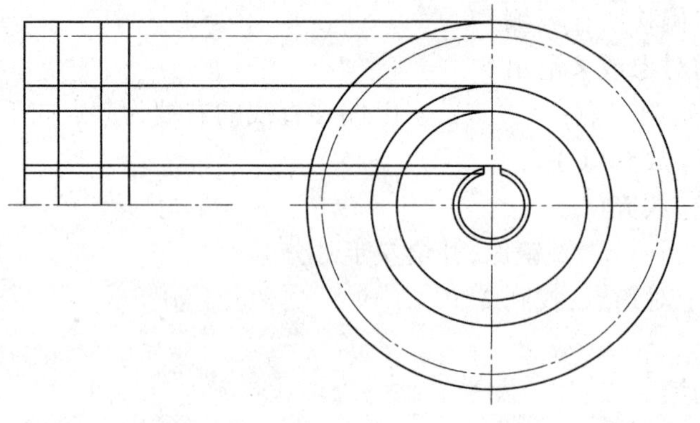

图 9-17　主视图竖直辅助线绘制

命令:_offset

指定偏移距离或[通过(T)]<17.0000>:7.5　　//向右偏移 7.5

选择要偏移的对象或<退出>:

指定点以确定偏移所在一侧:

选择要偏移的对象或<退出>:

命令:_offset
指定偏移距离或[通过(T)] <7.5000>:17　　　　//向右偏移 17
选择要偏移的对象或 <退出>:
指定点以确定偏移所在一侧:
选择要偏移的对象或 <退出>:
命令:_offset
指定偏移距离或[通过(T)] <17.0000>:23　　　　//向右偏移 23
选择要偏移的对象或 <退出>:
指定点以确定偏移所在一侧:
选择要偏移的对象或 <退出>:

(7)使用修剪和直线命令,修改图形。对于比较复杂的图形,需要修剪的直线比较多时,可以由外往内修剪,直至完成。修改结果如图 9-18 所示。

(8)使用圆命令绘制主视图上的两端小圆弧,如图 9-19 所示,命令行提示如下:

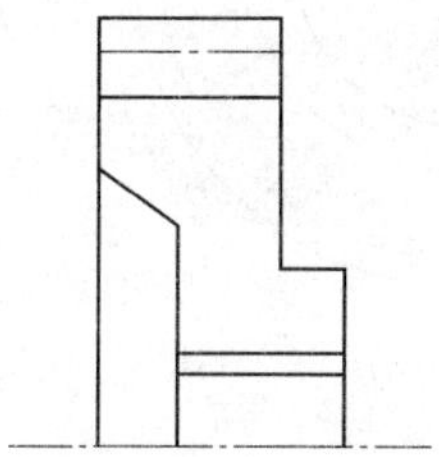

图 9-18　主视图修剪

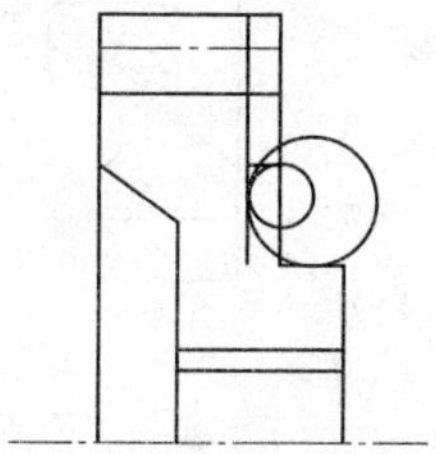

图 9-19　主视图小圆弧绘制

命令:_offset　　　　//作竖直辅助线
指定偏移距离或[通过(T)] <32.5000>:3
选择要偏移的对象或 <退出>:
指定点以确定偏移所在一侧:
选择要偏移的对象或 <退出>:
命令:_line 指定第一点:　　　　//作水平辅助线
指定下一点或[放弃(U)]:
指定下一点或[放弃(U)]:
命令:_circle 指定圆的圆心或[三点(3P)/两点(2P)/相切、相切、半径(T)]:t
指定对象与圆的第一个切点:
指定对象与圆的第二个切点:
指定圆的半径 <43.6001>:3
命令:_circle 指定圆的圆心或[三点(3P)/两点(2P)/相切、相切、半径(T)]:t
指定对象与圆的第一个切点:
指定对象与圆的第二个切点:
指定圆的半径 <3.0000>:6

(9)修剪并倒角,结果如图 9-20 所示。

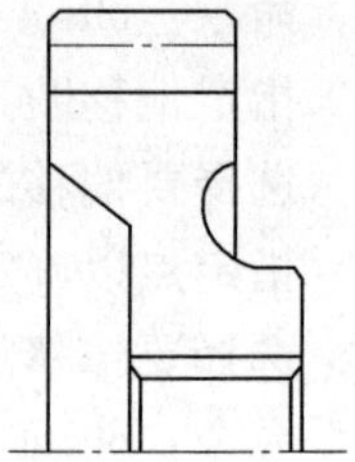

图 9-20 主视图修剪、倒角

(10)使用镜像命令,完成主视图的绘制,并绘制剖面线,如图 9-21所示,命令行提示如下:

命令:_mirror

选择对象:指定对角点:找到 15 个

选择对象:指定对角点:找到 7 个(2 个重复),总计 20 个

选择对象:

指定镜像线的第一点:

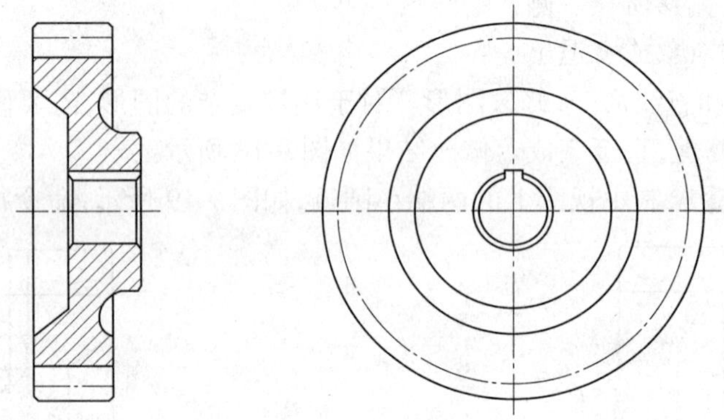

图 9-21 主视图完成

指定镜像线的第二点:

是否删除源对象? [是(Y)/否(N)] <N>:

命令:_bhatch

选择内部点:正在选择所有对象...

正在选择所有可见对象...

正在分析所选数据...

正在分析内部孤岛...

选择内部点:

正在分析内部孤岛...

选择内部点:

9.4 叉架类零件绘制

叉架类零件一般有拨叉、连杆、支座等。此类零件常用倾斜或弯曲的结构连接零件的工作部分与安装部分。本节以图 9-22 踏脚座为例(未注圆角为 R2,未注倒角为 1×45°),介绍叉架类零件的绘制方法和绘制过程。

由图 9-22 可以看出,该图由主视图、俯视图以及一个局部视图组成。主视图由圆弧和直线构成,可以用直线和圆、圆弧命令绘制;俯视图相对于水平中心线上下部分基本对

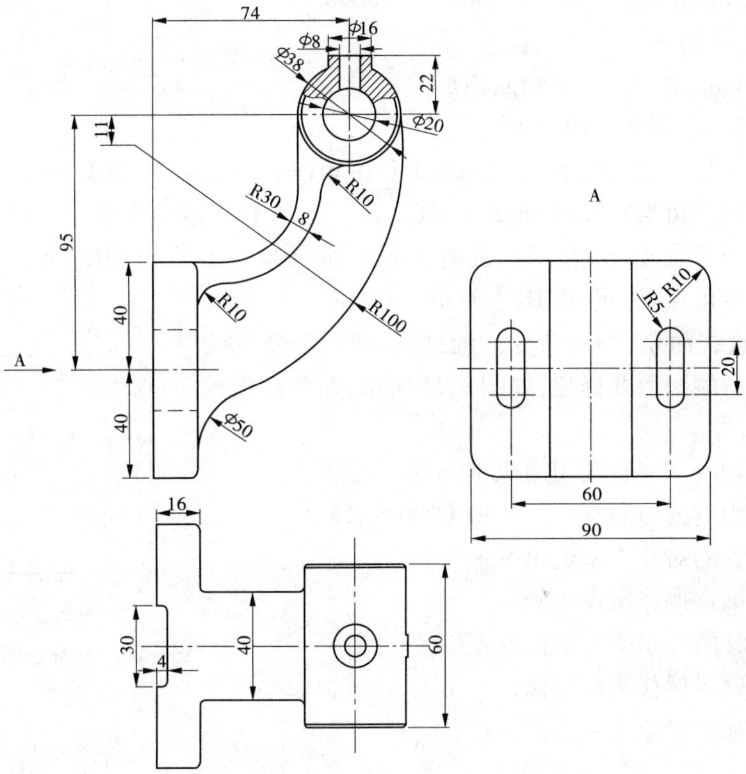

图 9-22 踏脚座

称，可以使用镜像命令完成绘制；局部视图相对于竖直中心线左右部分完全对称，也可以用镜像命令完成绘制。

绘制时需要使用的命令有直线、圆、圆弧、图案填充、镜像、修剪、倒角、圆角。

绘制步骤如下：

(1)创建图层，并将当前图层设置为中心线层。

(2)单击“绘图”工具栏中的直线命令图标 ⁄，绘制中心线，命令行提示如下：

命令：_line 指定第一点：

指定下一点或[放弃(U)]：

指定下一点或[放弃(U)]：

命令：_line 指定第一点：

指定下一点或[放弃(U)]：

指定下一点或[放弃(U)]：

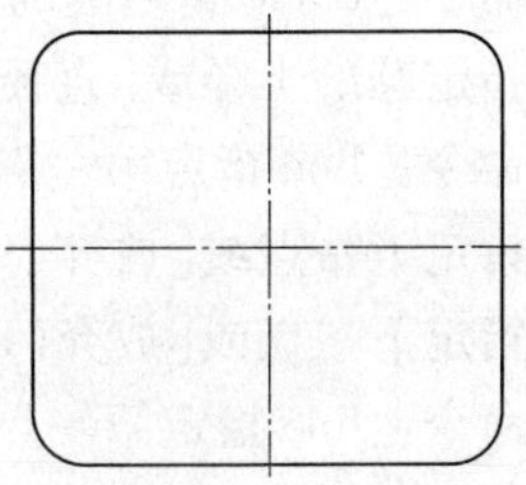

图 9-23 矩形绘制

(3)将当前层设置为粗实线层，使用点命令，将中心线交点设置为当前点；使用矩形命令绘制 90×80 的矩形，如图 9-23 所示，命令行提示如下：

命令：_point　　　　//设置中心线交点为当前点

当前点模式:PDMODE = 0　PDSIZE = 0.0000

指定点: * 取消 *

命令:_rectang　　　　//绘制矩形

当前矩形模式:圆角 = 10.0000

指定第一个角点或[倒角(C)/标高(E)/圆角(F)/厚度(T)/宽度(W)]:f

指定矩形的圆角半径 < 10.0000 > :10　　　　//设置圆角半径

指定第一个角点或[倒角(C)/标高(E)/圆角(F)/厚度(T)/宽度(W)]:@ -45,40

指定另一个角点或[尺寸(D)]:@90, -80

(4)使用直线命令、偏移命令作辅助线,使用圆命令绘制局部视图的右侧图形并修建,如图 9-24 所示,命令行提示如下:

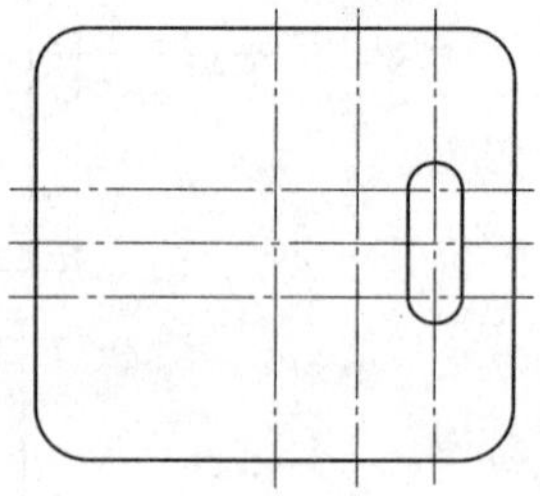

图 9-24　局部视图右半部分绘制

命令:_offset　　　　//水平方向偏移

指定偏移距离或[通过(T)] < 30.0000 > :15

选择要偏移的对象或 < 退出 > :

指定点以确定偏移所在一侧:

选择要偏移的对象或 < 退出 > :

指定点以确定偏移所在一侧:

选择要偏移的对象或 < 退出 > :

命令:

_offset　　　　//竖直方向偏移

指定偏移距离或[通过(T)] < 15.0000 > :10

选择要偏移的对象或 < 退出 > :

指定点以确定偏移所在一侧:

选择要偏移的对象或 < 退出 > :

指定点以确定偏移所在一侧:

选择要偏移的对象或 < 退出 > :

命令:_circle 指定圆的圆心或[三点(3P)/两点(2P)/相切、相切、半径(T)]:

指定圆的半径或[直径(D)] < 5.0000 > :5

命令:_circle 指定圆的圆心或[三点(3P)/两点(2P)/相切、相切、半径(T)]:

指定圆的半径或[直径(D)] < 5.0000 > :5

命令:_line 指定第一点:

指定下一点或[放弃(U)]:

指定下一点或[放弃(U)]:

命令:_line 指定第一点:

指定下一点或[放弃(U)]:

指定下一点或[放弃(U)]:

命令:_trim

当前设置:投影 = UCS,边 = 无
选择剪切边...
选择对象:找到 1 个
选择对象:
选择要修剪的对象,或按住 Shift 键选择要延伸的对象,或[投影(P)/边(E)/放弃(U)]:
选择要修剪的对象,或按住 Shift 键选择要延伸的对象,或[投影(P)/边(E)/放弃(U)]:
命令:_trim
当前设置:投影 = UCS,边 = 无
选择剪切边...
选择对象:找到 1 个
选择对象:
选择要修剪的对象,或按住 Shift 键选择要延伸的对象,或[投影(P)/边(E)/放弃(U)]:
选择要修剪的对象,或按住 Shift 键选择要延伸的对象,或[投影(P)/边(E)/放弃(U)]:

(5)修改辅助线的长度,并将其中一条修改为粗实线层(命令行提示略)。镜像右半部分,完成整个视图的绘制,如图 9-25 所示,命令行提示如下:

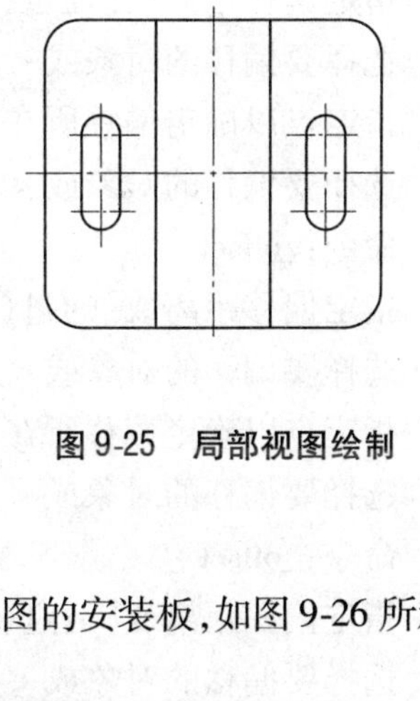

图 9-25　局部视图绘制

命令:_mirror
选择对象:指定对角点:找到 6 个
选择对象:指定对角点:找到 5 个(3 个重复),总计 8 个
选择对象:　　　　//选择竖直中心线的两个端点
指定镜像线的第一点:
指定镜像线的第二点:
是否删除源对象?[是(Y)/否(N)]<N>:

(6)根据已完成的局部视图,使用矩形、直线命令绘制主视图的安装板,如图 9-26 所示。

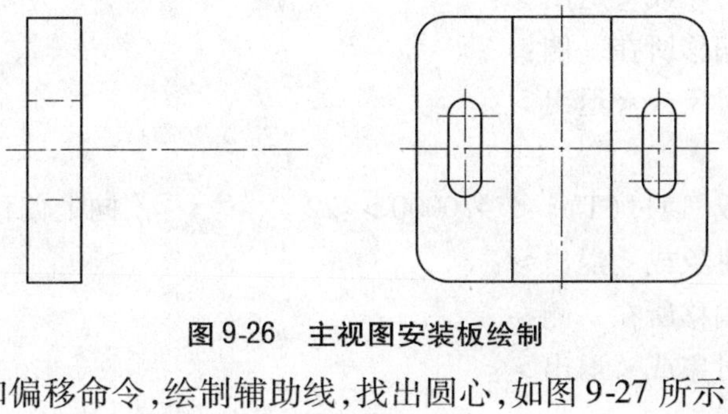

图 9-26　主视图安装板绘制

(7)使用直线和偏移命令,绘制辅助线,找出圆心,如图 9-27 所示,命令行提示如下:

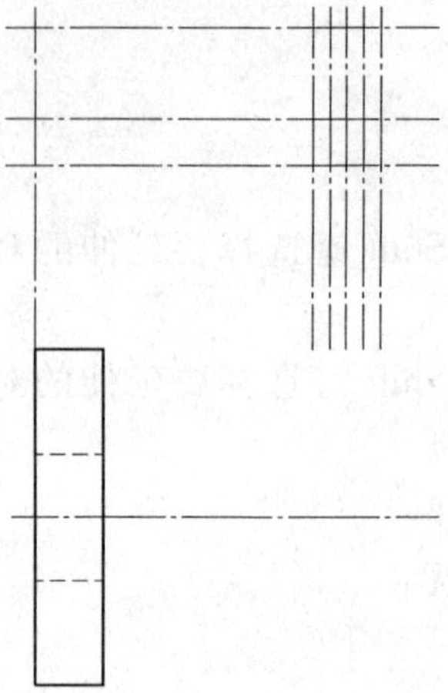

图 9-27　主视图辅助线绘制

命令:_line 指定第一点:　　　　//沿安装板左侧边向上绘制辅助线
指定下一点或[放弃(U)]:
指定下一点或[放弃(U)]:
命令:_offset
指定偏移距离或[通过(T)] <通过>:95　　　//向上偏移 95
选择要偏移的对象或<退出>:
指定点以确定偏移所在一侧:
选择要偏移的对象或<退出>:
命令:_offset
指定偏移距离或[通过(T)] <95.0000>:11　　　//向下偏移 11
选择要偏移的对象或<退出>:
指定点以确定偏移所在一侧:
选择要偏移的对象或<退出>:
命令:_offset
指定偏移距离或[通过(T)] <11.0000>:74　　　//向右偏移 74
选择要偏移的对象或<退出>:
指定点以确定偏移所在一侧:
选择要偏移的对象或<退出>:
命令:_offset
指定偏移距离或[通过(T)] <74.0000>:22　　　//向上偏移 22
选择要偏移的对象或<退出>:
指定点以确定偏移所在一侧:
选择要偏移的对象或<退出>:
命令:_offset

指定偏移距离或[通过(T)]<22.0000>:4　　　　//分别向左右偏移4
选择要偏移的对象或<退出>:
指定点以确定偏移所在一侧:
选择要偏移的对象或<退出>:
指定点以确定偏移所在一侧:
选择要偏移的对象或<退出>:
命令:_offset
指定偏移距离或[通过(T)]<4.0000>:8　　　　//分别向左右偏移8
选择要偏移的对象或<退出>:
指定点以确定偏移所在一侧:
选择要偏移的对象或<退出>:
指定点以确定偏移所在一侧:
选择要偏移的对象或<退出>:

(8)使用圆命令分别绘制ϕ20,ϕ36,ϕ38的圆,并以ϕ38圆的圆心为圆心,100为半径作辅助圆,求出R100圆弧的圆心,如图9-28所示,命令行提示如下:

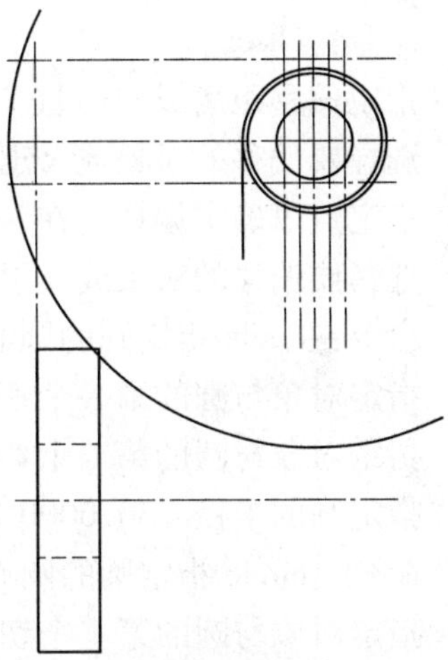

图9-28　圆的绘制

命令:_circle 指定圆的圆心或[三点(3P)/两点(2P)/相切、相切、半径(T)]:
指定圆的半径或[直径(D)]:d
指定圆的直径:20
命令:_circle 指定圆的圆心或[三点(3P)/两点(2P)/相切、相切、半径(T)]:
指定圆的半径或[直径(D)]<10.0000>:d
指定圆的直径<20.0000>:36
命令:_circle 指定圆的圆心或[三点(3P)/两点(2P)/相切、相切、半径(T)]:
指定圆的半径或[直径(D)]<18.0000>:d
指定圆的直径<36.0000>:38
命令:_circle 指定圆的圆心或[三点(3P)/两点(2P)/相切、相切、半径(T)]:　//作辅助圆
指定圆的半径或[直径(D)]<19.0000>:81　　　　//两圆中心距为81
命令:_line 指定第一点:
指定下一点或[放弃(U)]:
指定下一点或[放弃(U)]:

(9)使用直线和修剪命令修改主视图的上部,并删去相关辅助线(命令行提示略)。使用圆命令绘制肋板部分圆弧,如图9-29所示,命令行提示如下:

命令:_circle 指定圆的圆心或[三点(3P)/两点(2P)/相切、相切、半径(T)]:
指定圆的半径或[直径(D)]<81.0000>:100

命令:_circle 指定圆的圆心或[三点(3P)/两点(2P)/相切、相切、半径(T)]:t
指定对象与圆的第一个切点:
指定对象与圆的第二个切点:
指定圆的半径 <100.0000>:25
命令:_circle 指定圆的圆心或[三点(3P)/两点(2P)/相切、相切、半径(T)]:t
指定对象与圆的第一个切点:
指定对象与圆的第二个切点:
指定圆的半径 <25.0000>:30
命令:_offset
指定偏移距离或[通过(T)] <8.0000>:8
选择要偏移的对象或 <退出>:
指定点以确定偏移所在一侧:
选择要偏移的对象或 <退出>: * 取消 *
命令:_circle 指定圆的圆心或[三点(3P)/两点(2P)/相切、相切、半径(T)]:t
指定对象与圆的第一个切点:
指定对象与圆的第二个切点:
指定圆的半径 <30.0000>:10
命令:_circle 指定圆的圆心或[三点(3P)/两点(2P)/相切、相切、半径(T)]:t
指定对象与圆的第一个切点:
指定对象与圆的第二个切点:
指定圆的半径 <10.0000>:

(10)修剪圆弧,删除辅助线,绘制剖面线,完成主视图的绘制,如图 9-30 所示。

图 9-29 肋板圆弧绘制

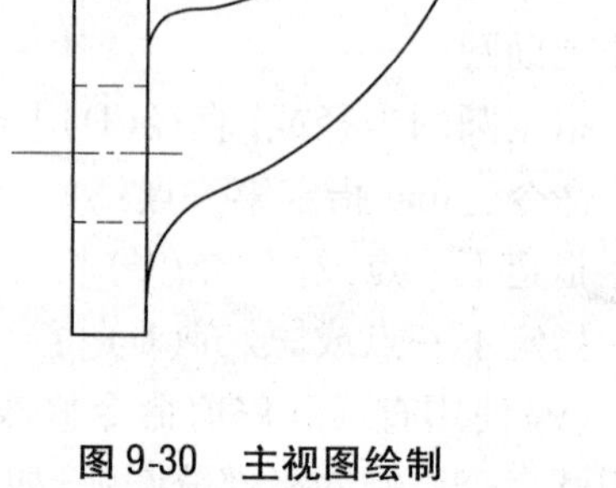

图 9-30 主视图绘制

(11)根据主视图和局部视图,使用直线、圆、镜像、剪切等命令绘制俯视图,并倒角(因方法与前述内容相似,命令行提示略),如图 9-31 所示。

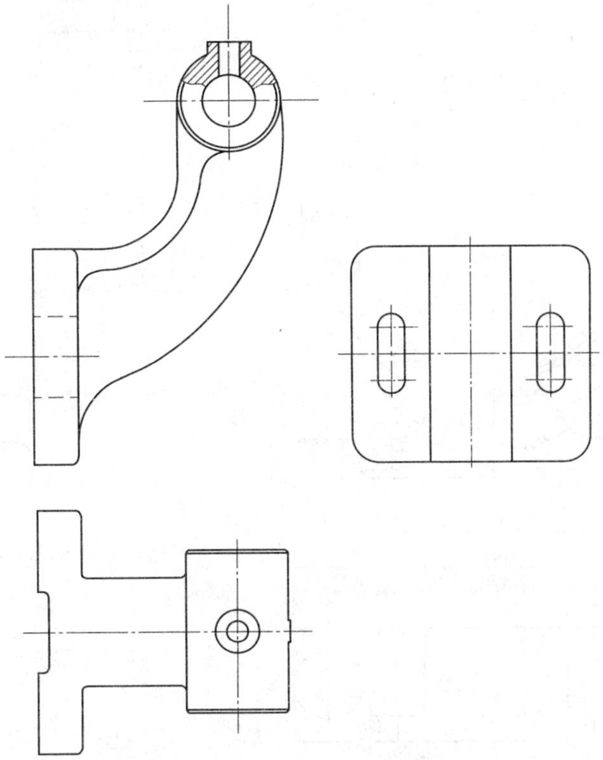

图9-31 完成绘制

9.5 箱体类零件绘制

箱体类零件主要有阀体、泵体、减速器箱体等，这类零件通常有复杂的内腔和外形结构，并带有轴承孔、凸台、肋板，此外还有安装孔、螺孔等结构。本节以图9-32回转泵泵体为例（未注圆角为R2～R5，倒角为2×45°），介绍箱体类零件的绘制方法和绘制过程。

由图9-32可以看出，该零件图包含主视图、俯视图和左视图。主视图为半剖视图，反映泵体的形状特征，基本上由圆构成，可以使用圆命令和剪切命令绘制；俯视图为全剖视图，反映肋板的断面形状和底板的俯视外形，左右对称，由圆和矩形构成；左视图为局部剖视图，反映内腔的结构，主要由直线构成。因前面已经详细地介绍了具体图形的绘制和命令行提示，故本例着重讲解绘制方法和绘制过程，只对部分重要命令行提示作介绍。

绘制时需要使用的命令有直线、圆、矩形、图案填充、镜像、修剪、倒角、圆角。

绘制步骤如下：

（1）创建图层，并将当前图层设置为中心线层。

（2）单击“绘图”工具栏中的直线命令图标，绘制中心线。

（3）将当前图层设置为粗实线层，以中心线交点为圆心，分别绘制ϕ14、ϕ98、ϕ102、ϕ116、ϕ120、ϕ130的圆，其中ϕ116的圆用中心线绘制。如图9-33所示，命令行提示如下：

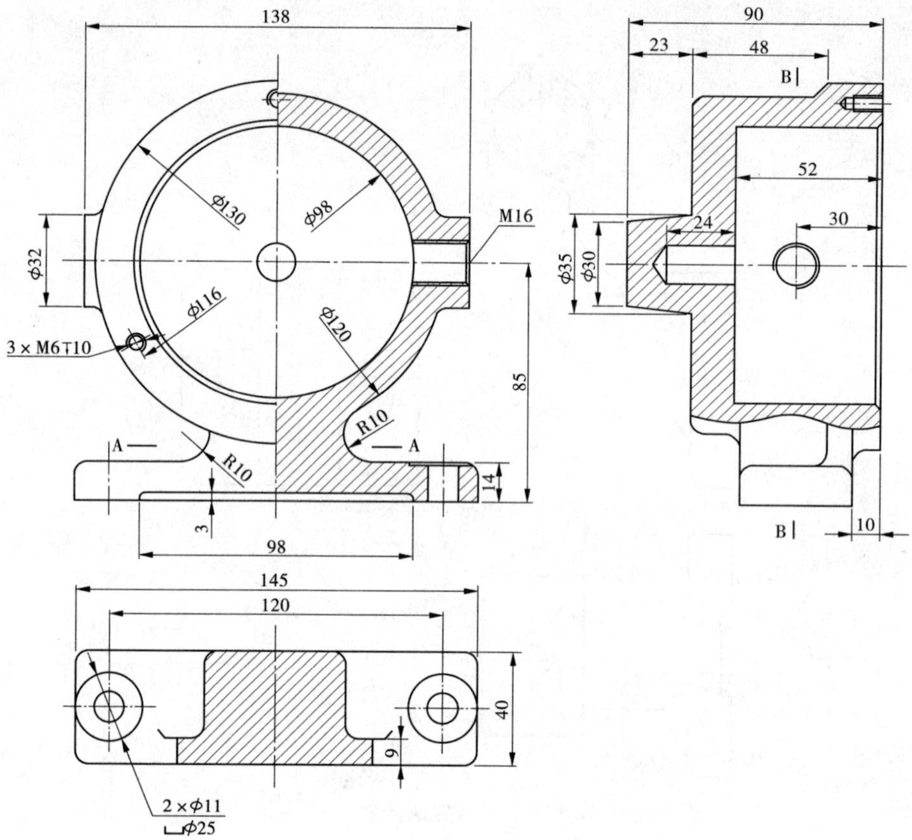

图 9-32　回转泵泵体

命令:_circle 指定圆的圆心或[三点(3P)/两点(2P)/相切、相切、半径(T)]:

指定圆的半径或[直径(D)]<33.5486>:d

指定圆的直径<67.0972>:14

命令:_circle 指定圆的圆心或[三点(3P)/两点(2P)/相切、相切、半径(T)]:

指定圆的半径或[直径(D)]<7.0000>:d

指定圆的直径<14.0000>:98

命令:_circle 指定圆的圆心或[三点(3P)/两点(2P)/相切、相切、半径(T)]:

指定圆的半径或[直径(D)]<49.0000>:d

指定圆的直径<98.0000>:102

命令:_circle 指定圆的圆心或[三点(3P)/两点(2P)/相切、相切、半径(T)]:

指定圆的半径或[直径(D)]<51.0000>:d

指定圆的直径<102.0000>:116

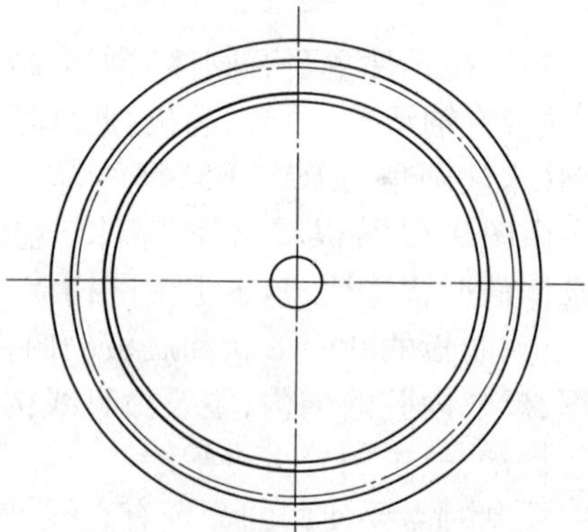

图 9-33　主视图中圆的绘制

命令:_circle 指定圆的圆心或[三点(3P)/两点(2P)/相切、相切、半径(T)]:

指定圆的半径或[直径(D)]<58.0000>:d

指定圆的直径<116.0000>:120

命令:_circle 指定圆的圆心或[三点(3P)/两点(2P)/相切、相切、半径(T)]:

指定圆的半径或[直径(D)]<60.0000>:d

指定圆的直径<120.0000>:130

(4)将主视图中的竖直中心线向右分别偏移 49、60、69、72.5;将水平中心线向下分别偏移 7、8、16、85;将距离水平中心线 85 的辅助线向上分别偏移 3、14。如图 9-34 所示,命令行提示如下:

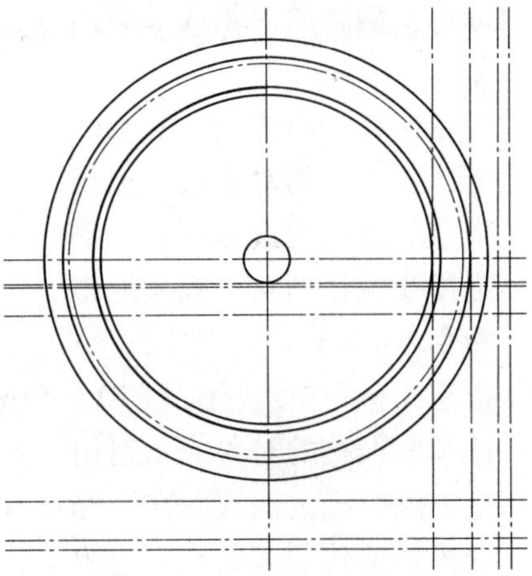

图 9-34　辅助线绘制

命令:_offset

指定偏移距离或[通过(T)]<60.0000>:49

选择要偏移的对象或<退出>:

指定点以确定偏移所在一侧:

选择要偏移的对象或<退出>:

命令:_offset

指定偏移距离或[通过(T)]<49.0000>:60

选择要偏移的对象或<退出>:

指定点以确定偏移所在一侧:

选择要偏移的对象或<退出>:

命令:_offset

指定偏移距离或[通过(T)]<60.0000>:69

选择要偏移的对象或<退出>:

指定点以确定偏移所在一侧:

选择要偏移的对象或<退出>:

命令:_offset

指定偏移距离或[通过(T)]<69.0000>:72.5

选择要偏移的对象或<退出>:

指定点以确定偏移所在一侧:

选择要偏移的对象或<退出>:

命令:_offset

指定偏移距离或[通过(T)]<72.5000>:7

选择要偏移的对象或<退出>:

指定点以确定偏移所在一侧:

选择要偏移的对象或<退出>:

命令:_offset

指定偏移距离或[通过(T)]<7.0000>:8

选择要偏移的对象或 <退出 >：
指定点以确定偏移所在一侧：
选择要偏移的对象或 <退出 >：
命令：_offset
指定偏移距离或[通过(T)] <8.0000 >：16
选择要偏移的对象或 <退出 >：
指定点以确定偏移所在一侧：
选择要偏移的对象或 <退出 >：
命令：_offset
指定偏移距离或[通过(T)] <16.0000 >：85
选择要偏移的对象或 <退出 >：
指定点以确定偏移所在一侧：
选择要偏移的对象或 <退出 >：
命令：_offset
指定偏移距离或[通过(T)] <85.0000 >：3
选择要偏移的对象或 <退出 >：
指定点以确定偏移所在一侧：
选择要偏移的对象或 <退出 >：
命令：_offset
指定偏移距离或[通过(T)] <3.0000 >：14
选择要偏移的对象或 <退出 >：
指定点以确定偏移所在一侧：
选择要偏移的对象或 <退出 >：

(5)利用辅助线求得交点，使用直线命令绘制图形，并删除部分辅助线（在辅助线较多的情况下，可使用完一条后立即删除它），如图 9-35 所示。

(6)使用镜像命令完成对称部分的绘制，如图 9-36 所示，命令行提示如下：

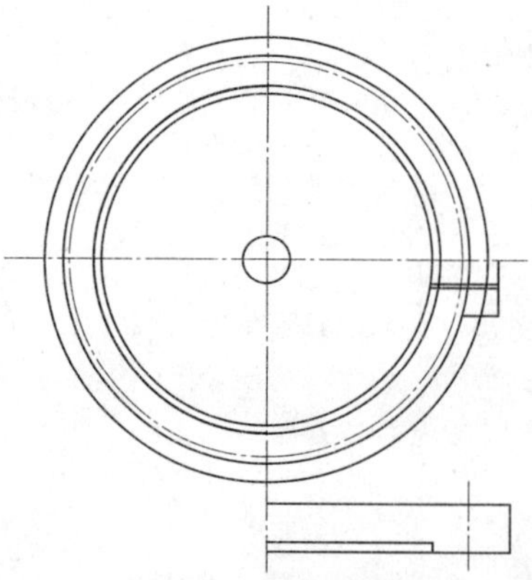
图 9-35　直线绘制

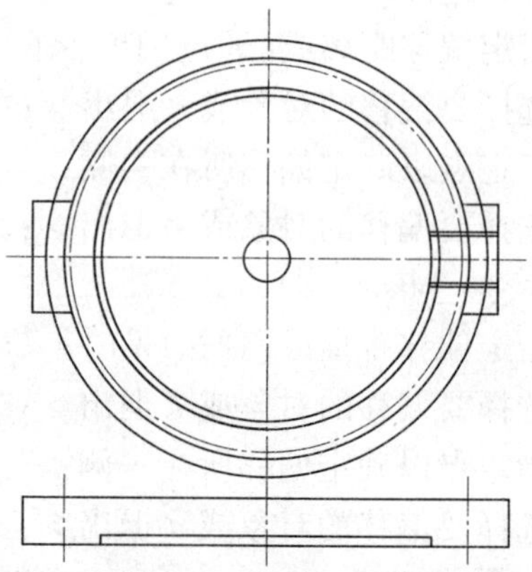
图 9-36　镜像对称部分

命令:_mirror
选择对象:指定对角点:找到 6 个
选择对象:
指定镜像线的第一点:
指定镜像线的第二点:
是否删除源对象? [是(Y)/否(N)] <N>:
命令:_mirror
选择对象:指定对角点:找到 4 个
选择对象:
指定镜像线的第一点:
指定镜像线的第二点:
是否删除源对象? [是(Y)/否(N)] <N>:
命令:_mirror
选择对象:指定对角点:找到 2 个
选择对象:指定对角点:找到 2 个,总计 4 个
选择对象:
指定镜像线的第一点:
指定镜像线的第二点:
是否删除源对象? [是(Y)/否(N)] <N>:

(7)使用圆命令,绘制两个半径为 10 的圆,如图 9-37 所示,命令行提示如下:

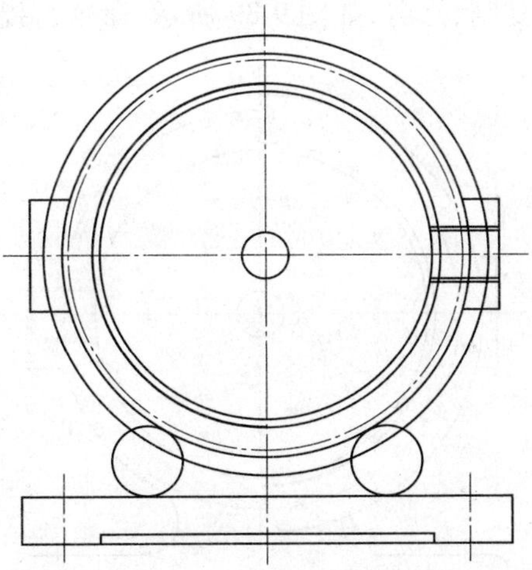

图 9-37　圆的绘制

命令:_circle 指定圆的圆心或[三点(3P)/两点(2P)/相切、相切、半径(T)]:t

指定对象与圆的第一个切点:

指定对象与圆的第二个切点:

指定圆的半径 <60.0000 >:10

命令:_circle 指定圆的圆心或[三点(3P)/两点(2P)/相切、相切、半径(T)]:t

指定对象与圆的第一个切点:

指定对象与圆的第二个切点:

指定圆的半径 <10.0000 >:10

(8)修剪去图中的多余部分,并绘制圆角和倒角,如图 9-38 所示。

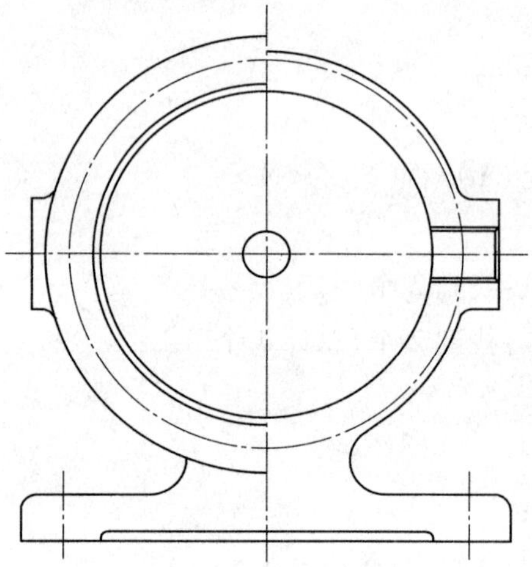

图 9-38 图形修剪

(9)绘制 M6 螺孔,并复制、修剪,如图 9-39 所示,命令行提示如下:

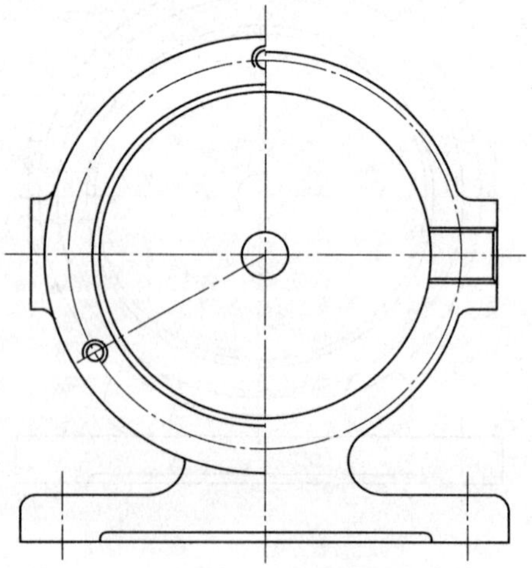

图 9-39 螺孔绘制

命令:_line 指定第一点:

指定下一点或[放弃(U)]:@64 <210

指定下一点或[放弃(U)]:

命令:_circle 指定圆的圆心或[三点(3P)/两点(2P)/相切、相切、半径(T)]:

指定圆的半径或[直径(D)] <2.5000 >:d

指定圆的直径 <5.0000 >:6

命令:_circle 指定圆的圆心或[三点(3P)/两点(2P)/相切、相切、半径(T)]:

指定圆的半径或[直径(D)] <3.0000 >:d

指定圆的直径 <6.0000 >:5

命令:_line 指定第一点:

指定下一点或[放弃(U)]:

指定下一点或[放弃(U)]:

命令:_trim

当前设置:投影 = UCS,边 = 无

选择剪切边...

选择对象:找到 1 个

选择对象:找到 1 个,总计 2 个

选择对象:

选择要修剪的对象,或按住 Shift 键选择要延伸的对象,或[投影(P)/边(E)/放弃(U)]:

选择要修剪的对象,或按住 Shift 键选择要延伸的对象,或[投影(P)/边(E)/放弃(U)]:

命令:_trim

当前设置:投影 = UCS,边 = 无

选择剪切边...

选择对象:找到 1 个

选择对象:

选择要修剪的对象,或按住 Shift 键选择要延伸的对象,或[投影(P)/边(E)/放弃(U)]:

选择要修剪的对象,或按住 Shift 键选择要延伸的对象,或[投影(P)/边(E)/放弃(U)]:

选择要修剪的对象,或按住 Shift 键选择要延伸的对象,或[投影(P)/边(E)/放弃(U)]:

选择要修剪的对象,或按住 Shift 键选择要延伸的对象,或[投影(P)/边(E)/放弃(U)]:

(10) 底板孔的绘制,并对主视图进行修剪,绘制剖面线,如图 9-40 所示。

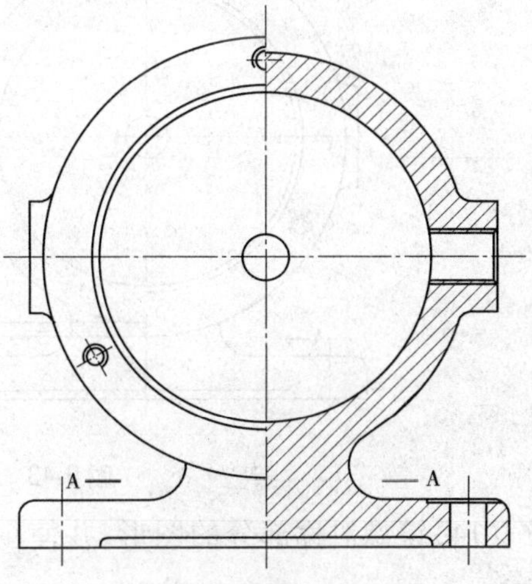

图 9-40　主视图绘制完成

(11)根据主视图,使用矩形、圆、直线、图案填充等命令绘制俯视图,如图 9-41 所示(因该图形相对简单,省略命令行提示)。

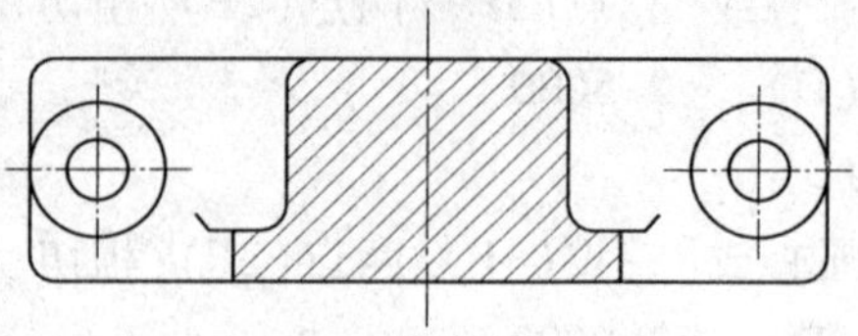

图 9-41 俯视图的绘制

(12)根据主视图和俯视图,使用偏移和直线命令绘制左视图辅助线,如图 9-42 所示。

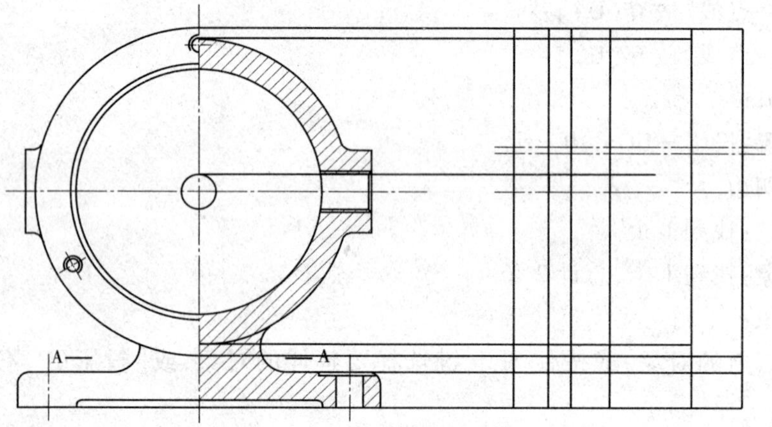

图 9-42 左视图辅助线绘制

(13)用直线连接有辅助线作出的有用点,并删除辅助线,如图 9-43 所示。

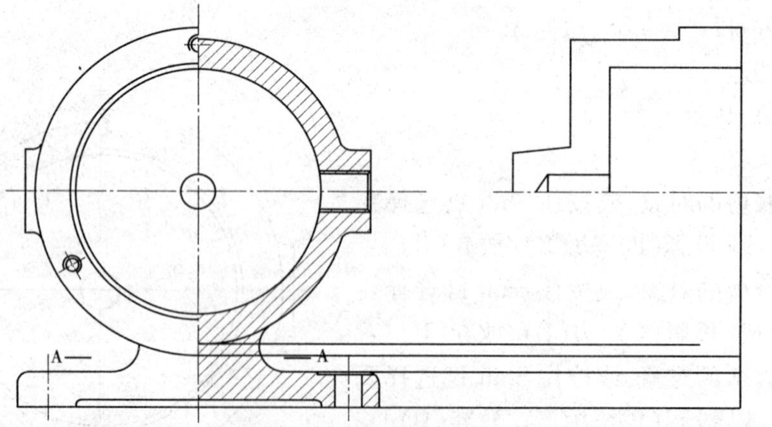

图 9-43 左视图上半部分绘制

(14)镜像对称部分的图形,并使用同样的方法,绘制左视图的下半部分,如图 9-44 所示。

(15)使用偏移命令找到 M16 螺纹孔的中心,绘制中间螺纹孔;根据主视图,绘制顶部螺纹孔，如图 9-45 所示。

(16)使用样条曲线绘制边界线，并绘制倒角与圆角，修剪全图，如图 9-46 所示。

(17)对三个视图进行检查修改，并调整好摆放位置，完成该图的绘制，如图 9-47 所示。

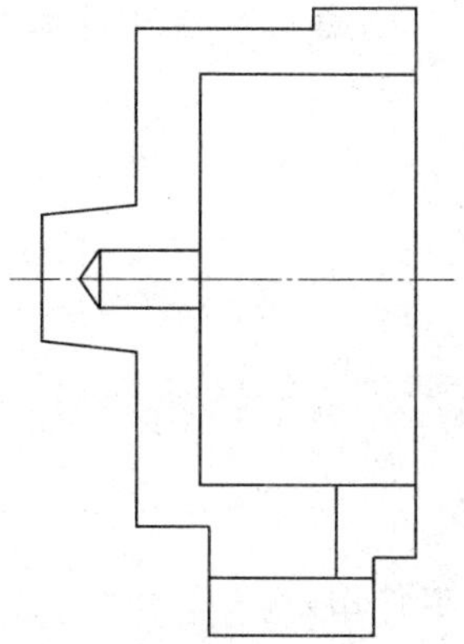

图 9-44　左视图下半部分绘制

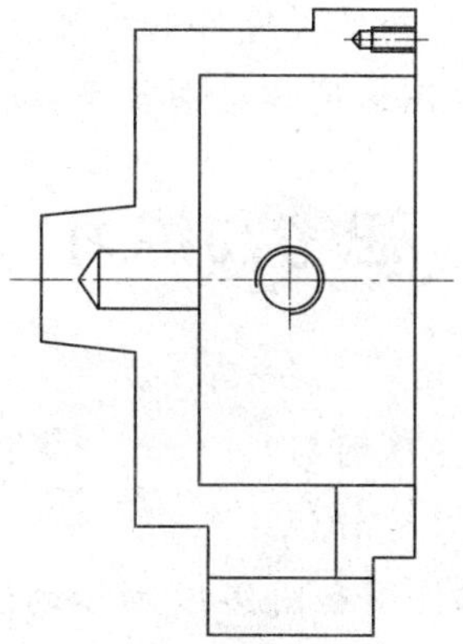

图 9-45　左视图螺纹孔绘制

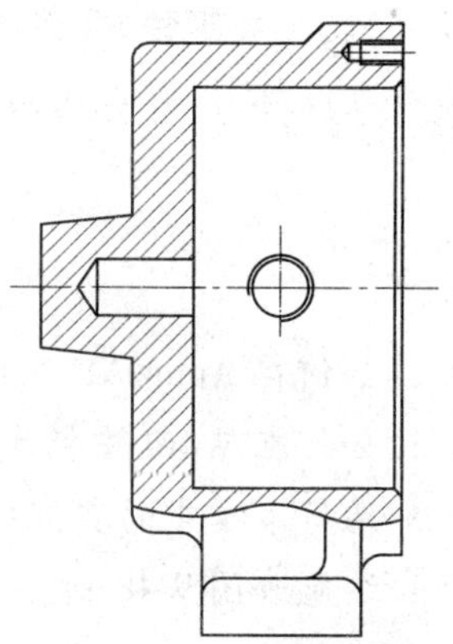

图 9-46　左视图绘制完成

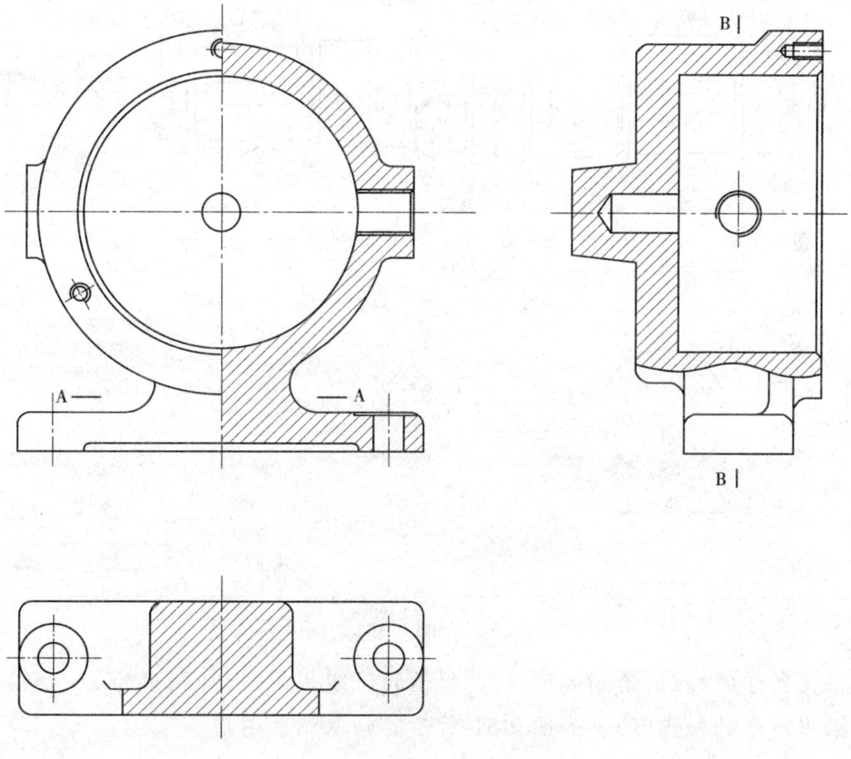

图 9-47　完成绘制

本章小结

本章介绍了 AutoCAD 2010 的一些使用技巧和方法，并结合典型实例分别讲述了轴套类零件、轮盘类零件、叉架类零件和箱体类零件的绘制方法和绘制过程。读者通过本章的学习并加以练习，可以大大提高绘图速度和绘图效率。

思考与练习

1. 如何在 AutoCAD 中绘制表格？
2. 如何在 Word 中插入 AutoCAD 图形？
3. 练习本章中的实例并进行尺寸标注。
4. 绘制如图 9-48 所示的轴零件图和图 9-49 所示的法兰盘零件图。

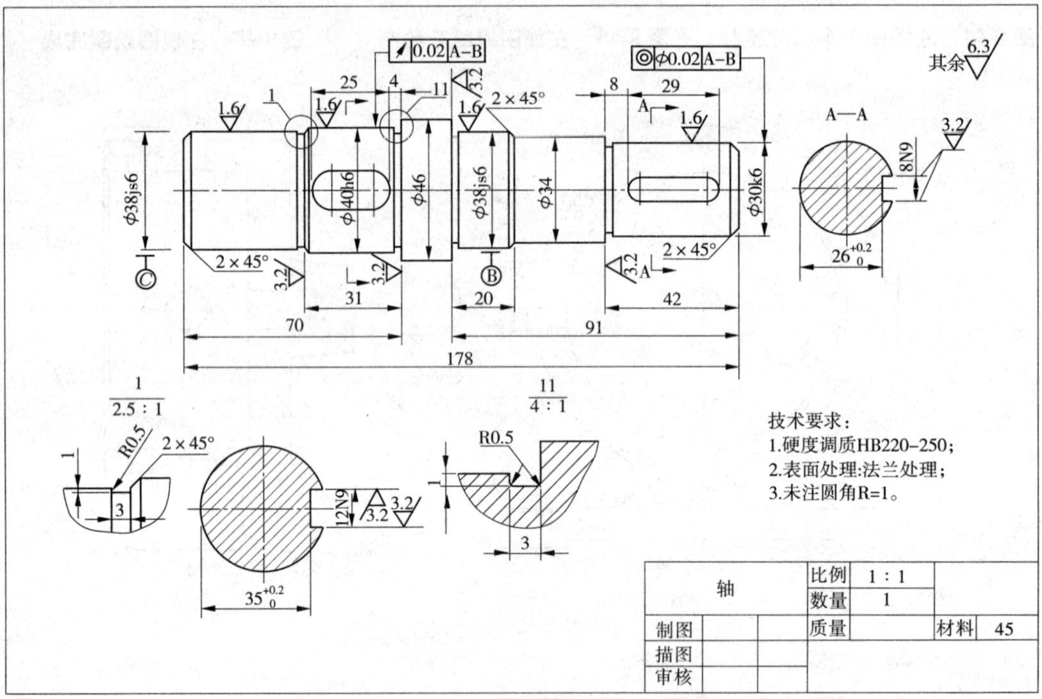

图 9-48

5. 根据所学的知识，绘制如图 9-50 所示的活塞杆某组件（倒角为 2×45°）。
6. 根据所学的知识，绘制如图 9-51 所示的轴承端盖图形。
7. 根据所学的知识，绘制如图 9-52 所示的托架图形。
8. 根据所学的知识，绘制如图 9-53 所示的阀体零件图形。

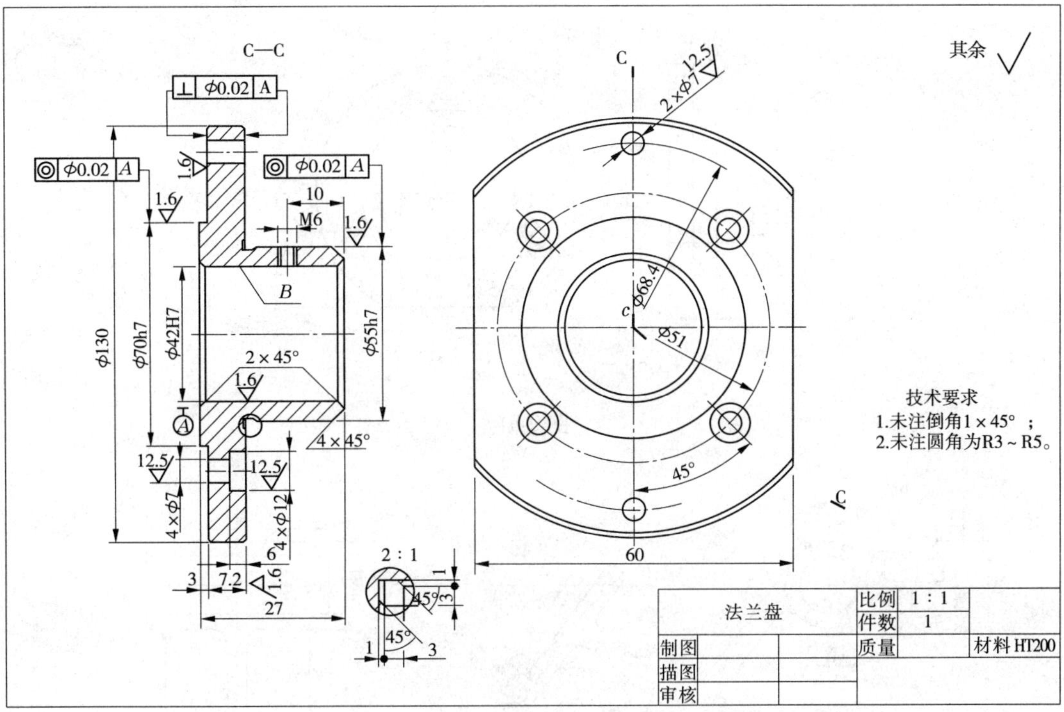
C—C
其余
技术要求
1.未注倒角1×45°；
2.未注圆角为R3～R5。
2：1
法兰盘
比例 1：1
件数 1
制图
描图
审核
质量
材料 HT200

图 9-49

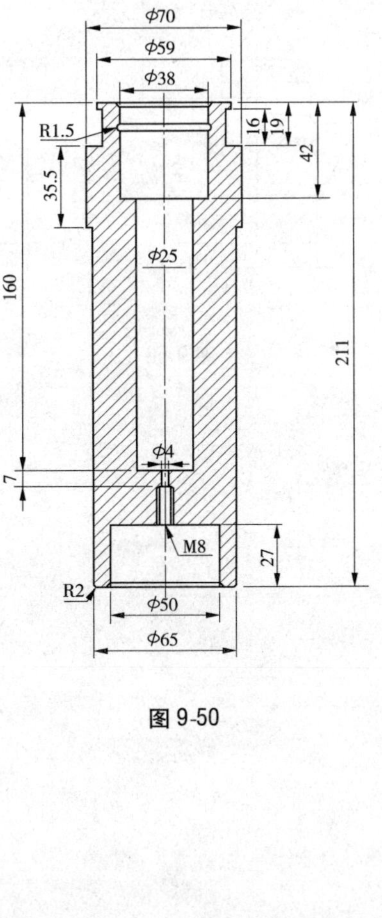
Φ70
Φ59
Φ38
R1.5
35.5
160
Φ25
Φ4
M8
R2
Φ50
Φ65
211
42
27

图 9-50

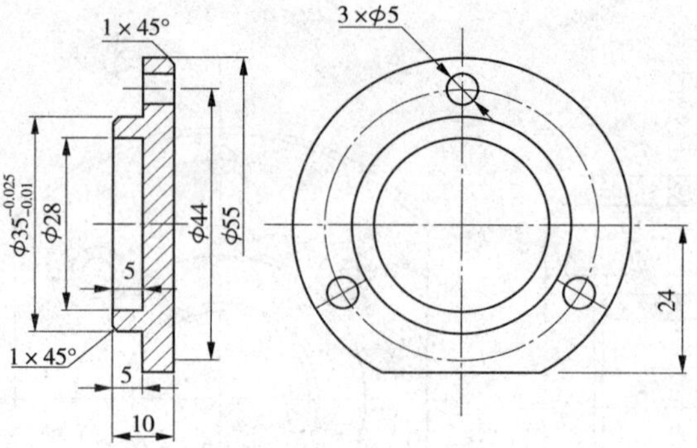
1×45°
3×ϕ5
$\phi35^{-0.025}_{-0.01}$
ϕ28
5
ϕ44
ϕ55
24
1×45°
5
10

图 9-51

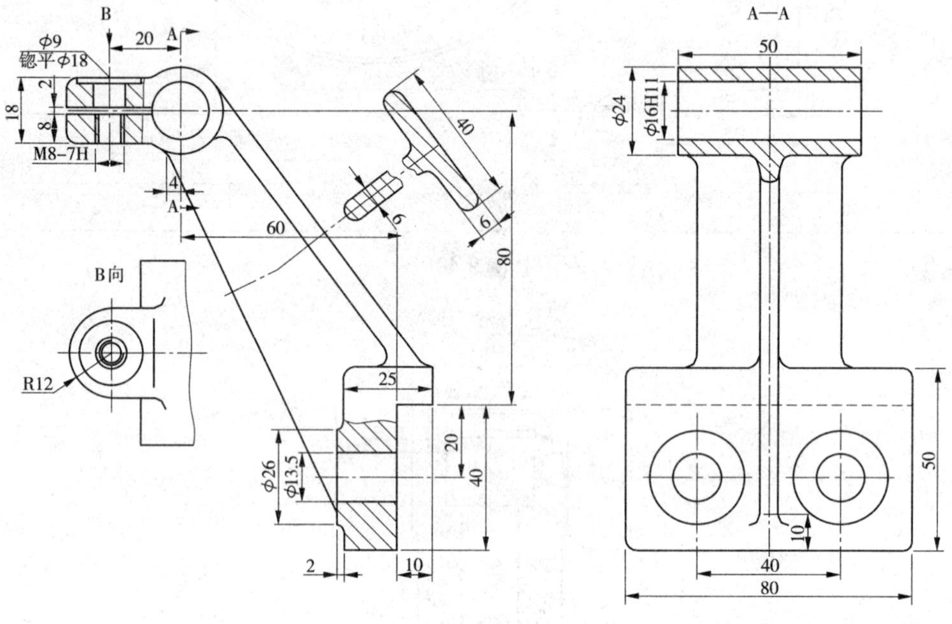
B
20
A
ϕ9
锪平ϕ18
2
18
8
M8-7H
4
A
40
6
6
60
80
B向
R12
25
20
40
ϕ26
ϕ13.5
2
10
A—A
50
ϕ24
ϕ16H11
50
10
40
80

图 9-52

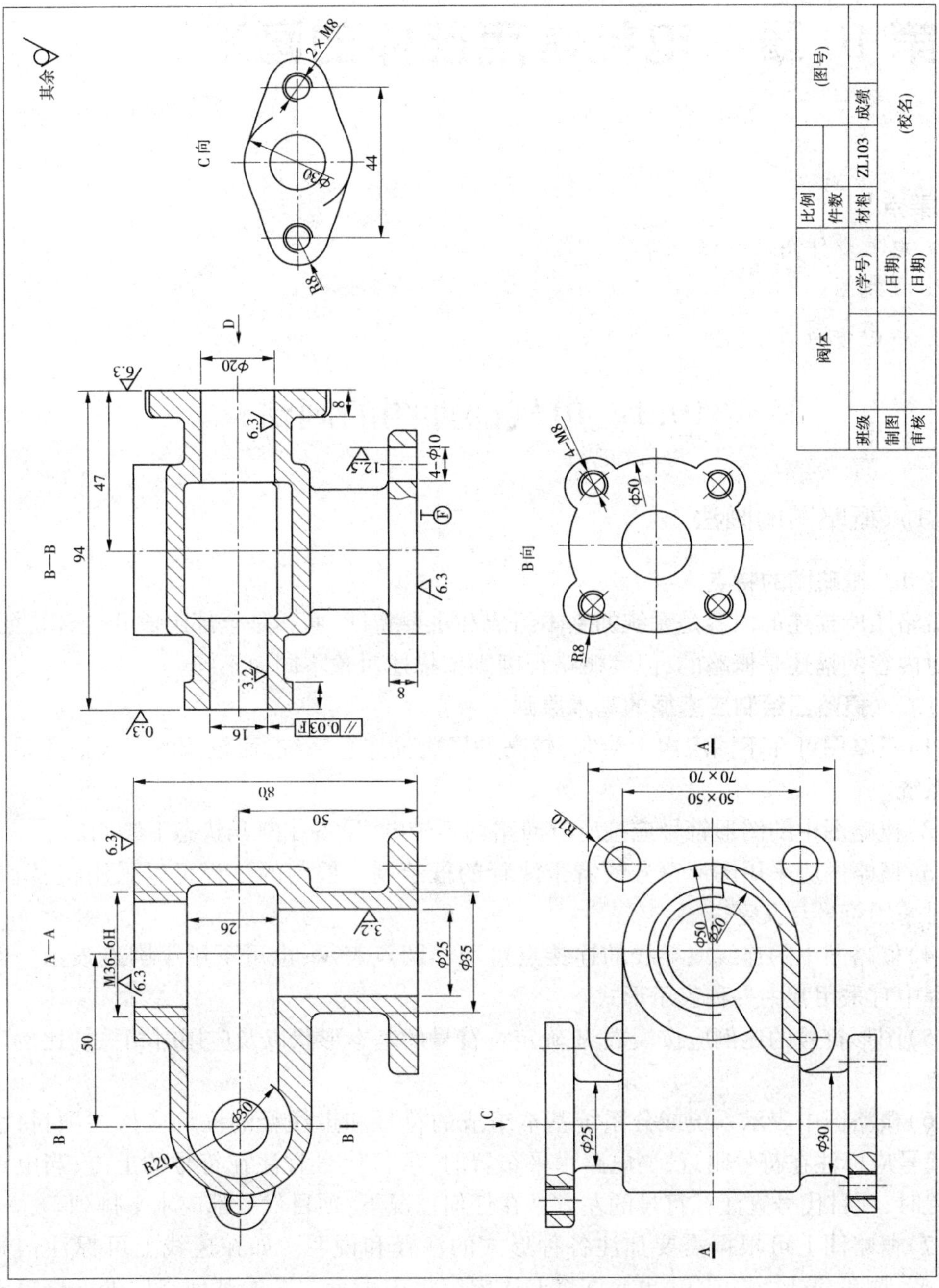
其余
C向
2×M8
φ30
44
R8
B—B
94
47
φ20
D
6.3
8
12.5
4-φ10
F
3.2
16
0.03 F
A—A
M36-6H
50
80
26
φ25
φ35
3.2
R20
φ30
B向
4-M8
φ50
70×70
50×50
R10
φ20
φ25
C
阀体
比例
件数
材料
ZL103
成绩
(图号)
班级
(学号)
制图
(日期)
审核
(日期)
(校名)

图 9-53

第 10 章　电气常用部件的画法

【本章要点】

☞ 电气部件图的画法

☞ 接线图

☞ 应用实例

10.1　电气部件图的画法

10.1.1　概略图的画法

10.1.1.1　概略图的特点

概略图所描述的内容是系统的基本组成和主要特征,而不是全部组成和全部特征,概略图对内容的描述是概略的,但其概略程度则依描述对象不同而不同。

10.1.1.2　概略图绘制应遵循的基本原则

(1)概略图可在不同层次上绘制,较高的层次描述总系统,而较低的层次描述系统中的分系统。

(2)概略图中的图形符号应按所有回路均不带电,设备在断开状态下绘制。

(3)概略图应采用图形符号或者带注释的框绘制。框内的注释可以采用符号、文字或同时采用符号与文字。

(4)概略图中的连线或导线的连接点可用小圆点表示,也可不用小圆点表示。但同一工程中宜采用其中一种表示形式。

(5)图形符号的比例应按模数 M 确定。符号的基本形状以及应用时相关的比例应保持一致。

(6)概略图中表示系统或分系统基本组成的符号和带注释的框均应标注项目代号。项目代号应标注在符号附近,当电路水平布置时,项目代号宜注在符号的上方;当电路垂直布置时,项目代号宜注在符号的左方。在任何情况下,项目代号都应水平排列。

(7)概略图上可根据需要加注各种形式的注释和说明。如在连线上可标注信号名称、电平、频率、波形、去向等,也允许将上述内容集中表示在图的其他空白处。概略图中设备的技术数据宜标注在图形符号的项目代号下方。

(8)概略图宜采用功能布局法布图,必要时也可按位置布局法布图。布局应清晰,并利于识别过程和信息的流向。

(9)概略图中的连线的线型,可采用不同粗细的线型分别表示。

(10)概略图中的远景部分宜用虚线表示,对原有部分与本期工程部分应有明显的区分。

【例 1】　绘制如图 10-1 所示图形。

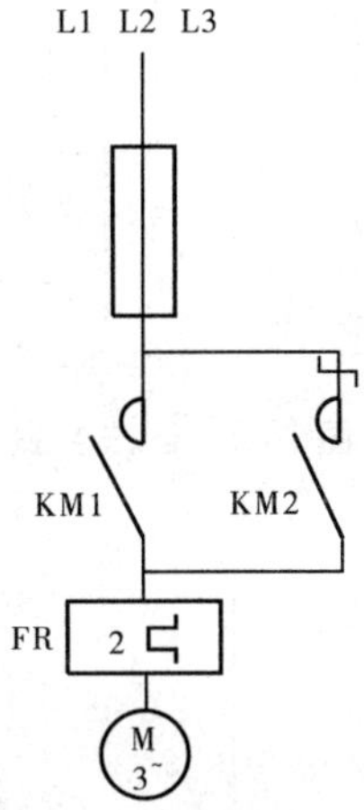

图 10-1　概略图示例

绘制步骤如下:

(1)创建新的图形文件,选择"开始"→"程序"→"Autodesk"→"AutoCAD 2010 中文版"→"AutoCAD 2010"进入 AutoCAD 2010 中文版绘图主界面。

(2)选择矩形命令▭,在屏幕适当位置绘制矩形。选择直线命令,运用中点对象追踪绘制直线,在下端部绘制圆并进行修剪,步骤如图 10-2 所示。

命令: _rectang　　　　　　　　　　　　　　//启用矩形命令▭

指定第一个角点或[倒角(C)/标高(E)/圆角(F)/厚度(T)/宽度(W)]://单击一点

指定另一个角点或[面积(A)/尺寸(D)/旋转(R)]:　　　　　　//单击另一角点

命令: _line 指定第一点:　　　　　　　　　　//启用直线命令╱,单击上方一点

指定下一点或[放弃(U)]:　　　　　　　　　　//单击下方一点

命令:_circle 指定圆的圆心或[三点(3P)/两点(2P)/相切、相切、半径(T)]:

//启用圆命令⊘

//在下方适当位置选择一点为圆心

指定圆的半径或[直径(D)]:　　　　　　　　　//大小根据图形比例自定

命令:_trim　　　　　　　　　　　　　　　　//启用修剪-/--命令

当前设置:投影 = UCS,边 = 无

选择剪切边...　　　　　　　　　　　　　　　//选择直线

选择对象或 <全部选择>:找到 1 个

选择要修剪的对象,或按住 Shift 键选择要延伸的对象,或

[栏选(F)/窗交(C)/投影(P)/边(E)/删除(R)/放弃(U)]:　　//单击圆的右边

(3)选择复制命令᪤,复制熔断器触点,绘制直线并进行修剪,如图 10-3 所示。

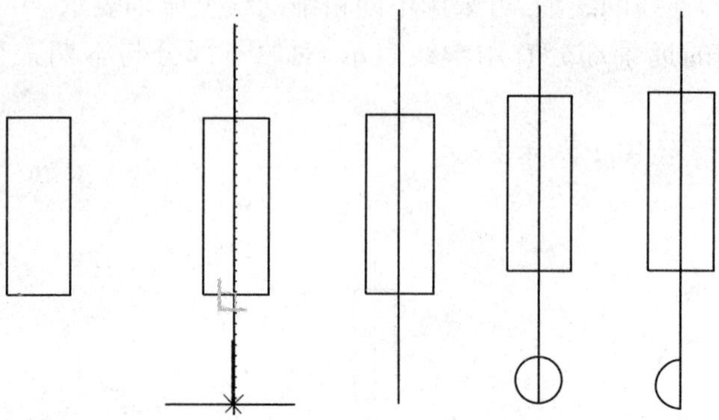

图 10-2 画法步骤 1

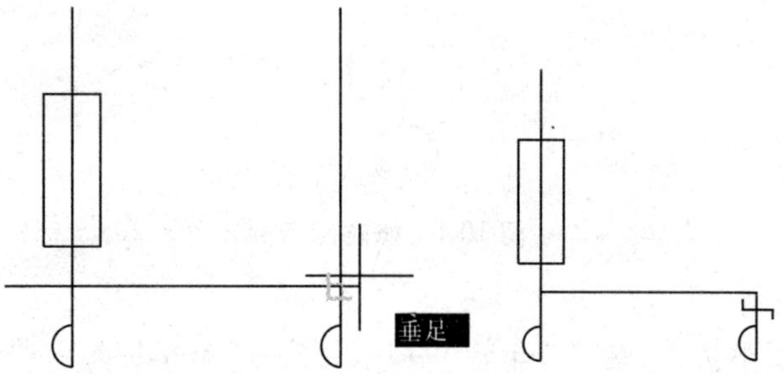

图 10-3 画法步骤 2

(4)选择矩形、直线、圆命令绘制下半部分。

命令:_rectang //启用矩形命令

指定第一个角点或[倒角(C)/标高(E)/圆角(F)/厚度(T)/宽度(W)]://单击一点

指定另一个角点或[面积(A)/尺寸(D)/旋转(R)]: //单击另一角点

命令:_line 指定第一点: //启用直线命令,单击矩形上边中点

指定下一点或[放弃(U)]: //正交往上单击一点

指定下一点或[放弃(U)]: //取消正交命令,在左上方画斜线

命令:_line 指定第一点: //启用直线命令,绘制矩形内直线

指定下一点或[放弃(U)]: //正交打开、对象追踪,依次绘制

命令:_line 指定第一点: //启用直线命令,单击矩形下边中点

指定下一点或[放弃(U)]: //正交往下单击一点

命令:_circle 指定圆的圆心或[三点(3P)/两点(2P)/相切、相切、半径(T)]:

//启用圆命令

//在下方适当位置选择一点为圆心

指定圆的半径或[直径(D)]: //大小根据图形比例自定

以上步骤如图 10-4 所示。

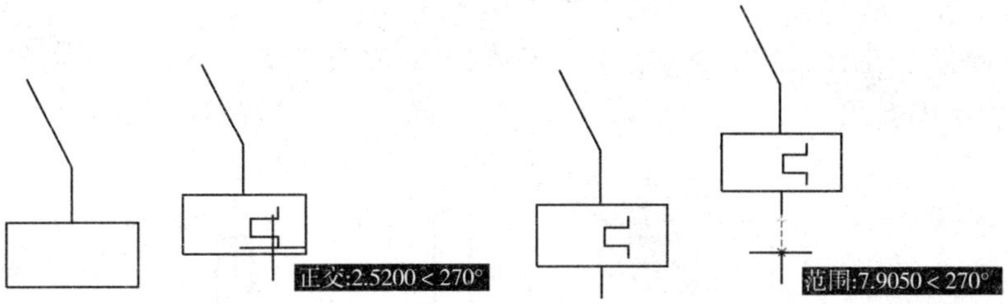

图 10-4 画法步骤 3

(5)将上下两部分利用移动、对象追踪在适当位置对正,绘制另一个开关。

命令:_move //启用移动命令

选择对象:指定对角点:找到 10 //选择下方对象

指定基点或[位移(D)] < 位移 >:指定第二个点或 < 使用第一个点作为位移 >:

//在适当位置单击

命令:_copy //启用复制命令

选择对象:指定对角点:找到 2 个 //选择开关

当前设置:复制模式 = 多个

指定基点或[位移(D)/模式(O)] < 位移 >: //选择下端点

指定第二个点或 < 使用第一个点作为位移 >: //打开正交、对象追踪,确定垂足

命令:_line 指定第一点: //启用直线命令,单击左边一点

指定下一点或[放弃(U)]: //正交往右,捕捉垂足点

命令:_trim //启用修剪命令

当前设置:投影 = UCS,边 = 无

选择剪切边... //选择直线

选择对象或 < 全部选择 >:找到 2 个

选择要修剪的对象,或按住 Shift 键选择要延伸的对象,或

[栏选(F)/窗交(C)/投影(P)/边(E)/删除(R)/放弃(U)]:

结果如图 10-5 所示。

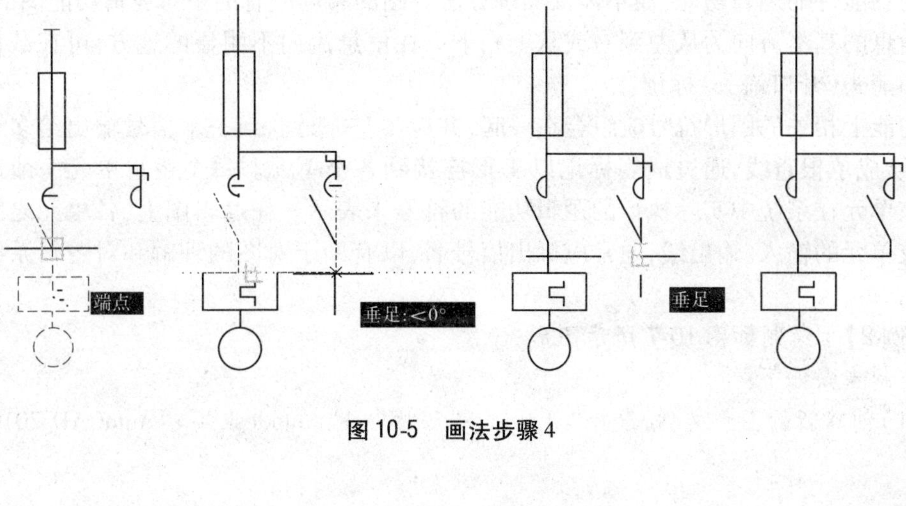

图 10-5 画法步骤 4

(6)选择图中需要加粗的图线,线宽确定为0.3,并显示线宽。

(7)选用多行文字进行文字注写,字体为宋体,文字高度为5。

最后图形如图 10-6 所示。

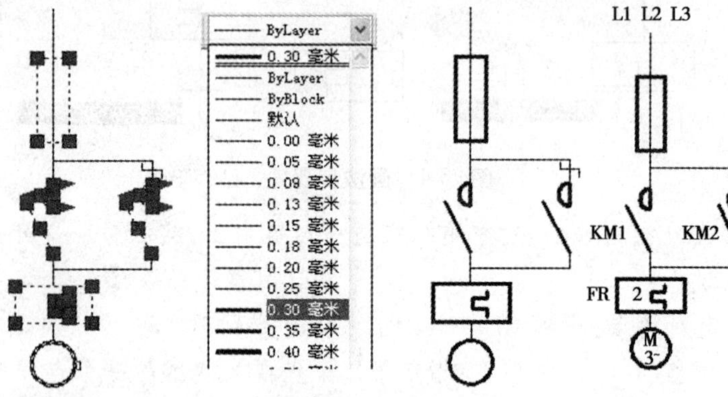

图 10-6 画法步骤 5

10.1.2 功能图的画法

10.1.2.1 功能图的基本特点

用理论的或理想的电路而不涉及实现方法来详细表示系统、分系统、成套装置、部件、设备、软件等功能的简图,称为功能图。功能图的内容至少应包括必要的功能图形符号及其信号和主要控制通路连接线,还可以包括其他信息,如波形、公式和算法,但一般不包括实体信息(如位置、实体项目和端子代号)和组装信息。

主要使用二进制逻辑元件符号的功能图,称为逻辑功能图。用于分析和计算电路特性或状态表示等效电路的功能图,也可称为等效电路图。等效电路图是为描述和分析系统详细的物理特性而专门绘制的一种特殊的功能图。

10.1.2.2 逻辑功能图绘制的基本原则

按照规定,对实现一定目的的每种组件,或几个组件组成的组合件可绘制一份逻辑功能图(可以包括几张)。因此,每份逻辑功能图表示每种组件或几个组件组成的组合件所形成的功能件的逻辑功能,而不涉及实现方法。图的布局应有助于对逻辑功能图的理解。应使信息的基本流向为从左到右或从上到下。在信息流向不明显的地方,可在载信息的线上加箭头(开口箭头)标记。

功能上相关的图形符号应组合在一起,并应尽量靠近。当一个信号输出给多个单元时,可绘成单根直线,通过适当标记以 T 形连接到各个单元。每个逻辑单元一般以最能描述该单元在系统中实际执行的逻辑功能的符号来表示。在逻辑图上,各单元之间的连线以及单元的输入、输出线,通常应标出信号名,以有助于对图的理解和对逻辑系统的维护使用。

【例 2】 绘制如图 10-7 所示图形。

绘制步骤如下:

(1)创建新的图形文件,选择“开始”→“程序”→“Autodesk”→“AutoCAD 2010 中文

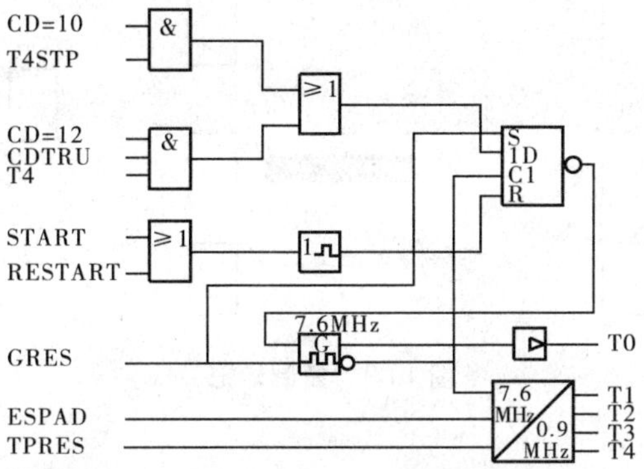

图 10-7　定时脉冲发生的逻辑功能图

版”→“AutoCAD 2010”,进入 AutoCAD 2010 中文版绘图主界面。

(2)绘制图的整体框架,选择矩形命令,在屏幕适当位置绘制矩形。步骤如图 10-8所示。

选择线宽为 0.3。　　　　　　　　　　　　　　　　//—— 0.30 毫米

命令:_rectang　　　　　　　　　　　　　　　　　//启用矩形命令

指定第一个角点或[倒角(C)/标高(E)/圆角(F)/厚度(T)/宽度(W)]:　//在绘图区域单击一点

指定另一个角点或[面积(A)/尺寸(D)/旋转(R)]:　　　　　　　//输入@20,30 后按 Enter 键

结果如图 10-8 所示。

图 10-8　矩形 1 画法

(3)复制相同大小的矩形。

命令:_copy　　　　　　　　　　　　　　　//启用复制命令

选择对象:指定对角点:找到 1 个　　　　　　//选择开关

当前设置:复制模式 = 多个

指定基点或[位移(D)/模式(O)]<位移>:　　//选择右下端点

指定第二个点或<使用第一个点作为位移>:　//打开正交、对象追踪,确定位置

结果如图 10-9 所示。

(4)绘制其他不同尺寸的矩形,矩形的大小分别确定为长 30,宽 40 一个;长 20,宽 20 两个;长 15,宽 15 一个;长 40,宽 40 一个。调整合适位置。

命令:_rectang　　　　　　　　　　　　　　//启用矩形命令

指定第一个角点或[倒角(C)/标高(E)/圆角(F)/厚度(T)/宽度(W)]:　//在绘图

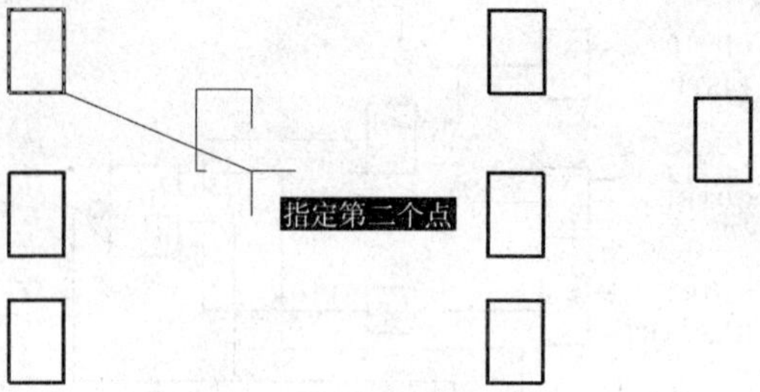

图 10-9　复制矩形

区域单击一点

指定另一个角点或[面积(A)/尺寸(D)/旋转(R)]：　//输入@30,40 后,按 Enter 键

命令:_move　//启用移动命令

选择对象:指定对角点:找到 1　//选择矩形

指定基点或[位移(D)]<位移>:指定第二个点或<使用第一个点作为位移>:
//在适当位置单击,结果如图 10-10 所示

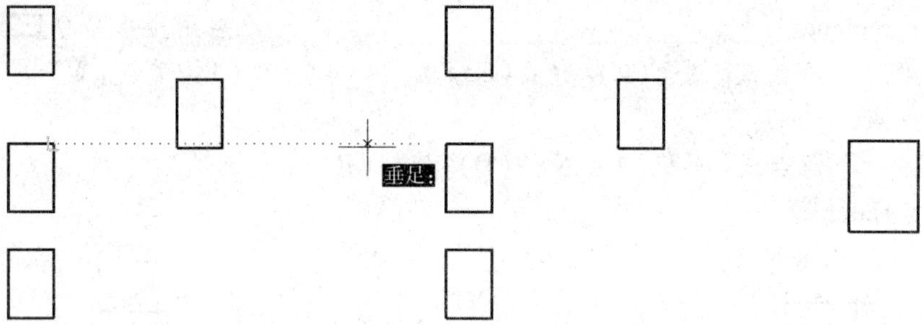

图 10-10　绘制长 30,宽 40 矩形

命令:_rectang　//启用矩形命令

指定第一个角点或[倒角(C)/标高(E)/圆角(F)/厚度(T)/宽度(W)]:<对象捕捉开><正交开>　//在绘图区域单击一点

指定另一个角点或[面积(A)/尺寸(D)/旋转(R)]:@20,20　//输入另一点

命令:_copy　//启用复制命令,复制一个

命令:_rectang　//启用矩形命令

指定第一个角点或[倒角(C)/标高(E)/圆角(F)/厚度(T)/宽度(W)]:<对象捕捉开><正交开>　//在绘图区域单击一点

指定另一个角点或[面积(A)/尺寸(D)/旋转(R)]:@15,15　//输入另一点

命令:_move　//启用移动命令

选择对象:指定对角点:找到 1　//选择矩形

指定基点或[位移(D)]<位移>:指定第二个点或<使用第一个点作为位移>:
//在适当位置单击,调整位置

命令:_rectang　//启用矩形命令

指定第一个角点或[倒角(C)/标高(E)/圆角(F)/厚度(T)/宽度(W)]:<对象捕捉开><正交开>　　//在绘图区域单击一点

指定另一个角点或[面积(A)/尺寸(D)/旋转(R)]:@40,40　　//输入另一点

命令:_move　　//启用移动命令

选择对象:指定对角点:找到 1　　//选择矩形

指定基点或[位移(D)]<位移>:指定第二个点或<使用第一个点作为位移>:

　　//在适当位置单击,调整位置

结果如图 10-11 所示。

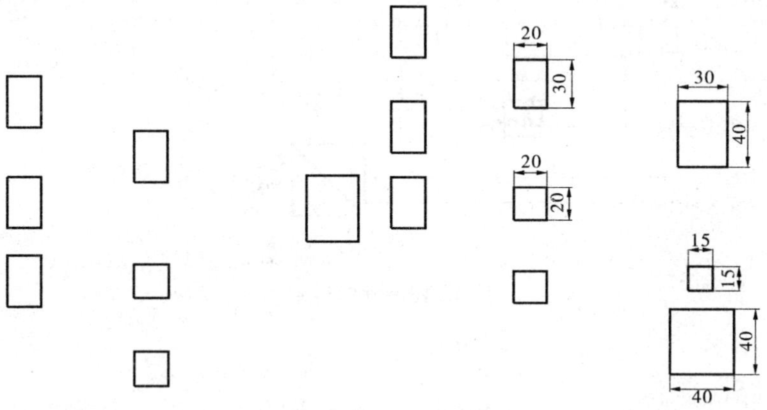

图 10-11　绘制其他矩形

(5)绘制矩形内部图形和矩形之间的连接线。

命令:_line 指定第一点:　　//启用直线命令,画内部图形

命令:_polygon 输入边的数目 <4>:3　　//启用正多边形命令,画正三角形

命令:_circle 指定圆的圆心或[三点(3P)/两点(2P)/相切、相切、半径(T)]:

　　//启用圆命令,绘制两个小圆

命令:_line 指定第一点:　　//启用直线命令,画图形之间连线

选择线宽为 0.18。　　// —— 0.18 毫米

结果如图 10-12 所示。

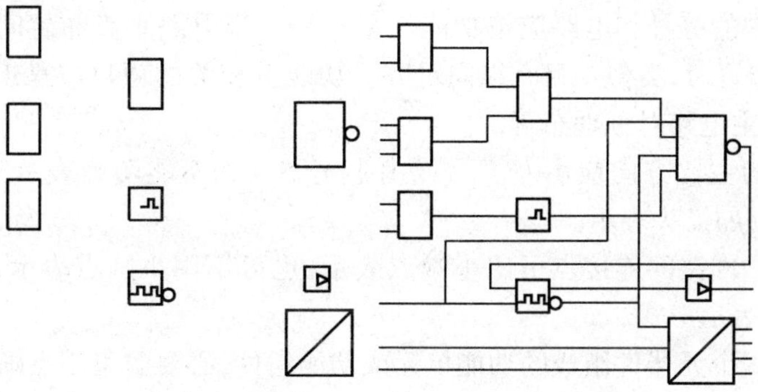

图 10-12　绘制内部图形和图框之间连线

(6)选用多行文字进行文字注写，字体为宋体，文字高度为 7。根据图中实际需要可调整文字的大小，如图 10-13 所示。

最后结果如图 10-7 所示。

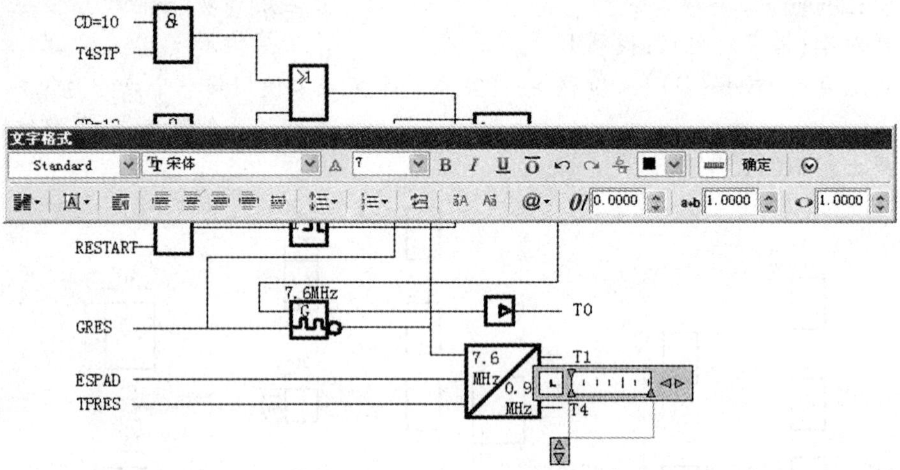

图 10-13　文字注写

10.1.3　电路图画法

10.1.3.1　电路图的基本特点

用图形符号并按工作顺序排列，详细表示系统、分系统、电路、设备或成套装置的全部基本组成和连接关系，而不考虑其组成项目的实体尺寸、形状或实际位置的简图，称为电路图。通过电路图能详细理解电路、设备或成套装置及其组成部分的工作原理，了解电路所起的作用（可能还需要表图、表格、程序文件、其他简图等补充资料）。电路图作为编制接线图的依据（可能还需要结构设计资料），为测试和寻找故障提供信息（可能还需要诸如手册、接线文件等补充文件），为系统、分系统、电器、部件、设备、软件等安装和维修提供依据。

10.1.3.2　电路图绘制的基本原则

(1)电路图中的符号和电路应按功能关系布局。当电路垂直布置时，类似项目宜横向对齐；当水平布置时，类似项目宜纵向对齐。功能上相关的项目应靠近绘制，同等重要的并联通路应依主电路对称地布置。

(2)信号流的主要方向应由左至右或由上至下。如不能明确表示某个信号流动方向，可在连接线上加箭头表示。

(3)电路图中回路的连接点可用小圆点表示，也可不用小圆点表示。但在同一张图样中宜采用一种表示形式。

(4)图中由多个元器件组成的功能单元或功能组件，必要时可用点画线框出。

(5)图中不属于该图共用高层代号范围内的设备，可用点画线或双点画线框出，并加以说明。

(6)图中设备的未使用部分,可绘出或注明。

【例3】 绘制如图10-14所示图形。

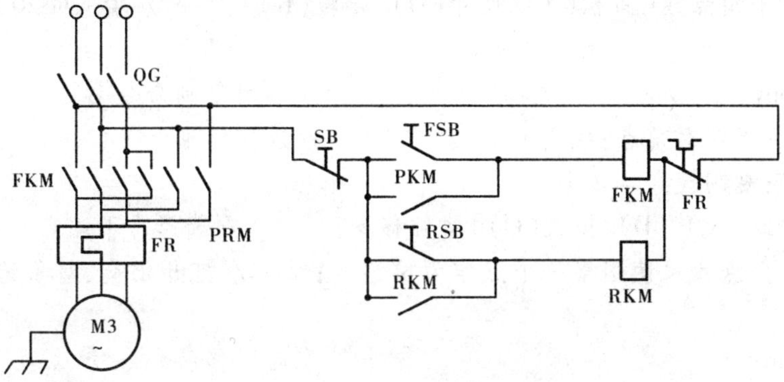

图10-14　三相异步电动控制电路

绘制步骤如下:

(1)创建新的图形文件:选择"开始"→"程序"→"Autodesk"→"AutoCAD 2010中文版"→"AutoCAD 2010",进入AutoCAD 2010中文版绘图主界面。

(2)绘制图的整体框架。

选择线宽为0.3。　　//0.30 毫米

命令:_circle　　//启用圆命令

指定圆的圆心或[三点(3P)/两点(2P)/相切、相切、半径(T)]://在下方适当位置选择一点为圆心

指定圆的半径或[直径(D)]:30　　//输入半径值

命令:_line 指定第一点:　　//启用直线命令,单击上象限点

指定下一点或[放弃(U)]:25　　//正交往上

指定下一点或[放弃(U)]:35　　//正交往左

指定下一点或[放弃(U)]:30　　//正交往上

指定下一点或[放弃(U)]:70　　//正交往右

指定下一点或[放弃(U)]:30　　//正交往下

指定下一点或[放弃(U)]:35　　//正交往左

结果如图10-15所示。

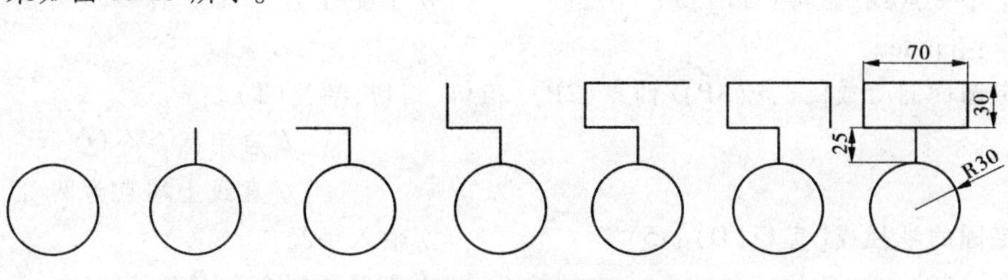

图10-15　绘制圆和方框

命令:_rectang　　//启用矩形命令

指定第一个角点或[倒角(C)/标高(E)/圆角(F)/厚度(T)/宽度(W)]：　//在绘图区域单击一点

指定另一个角点或[面积(A)/尺寸(D)/旋转(R)]：　　//输入@20,30后按Enter键

命令:_copy　　//启用复制命令

选择对象:指定对角点:找到1个　　//选择矩形

当前设置:复制模式=多个

指定基点或[位移(D)/模式(O)]<位移>:　　//选择右下端点

指定第二个点或<使用第一个点作为位移>:　　//打开正交、对象追踪,往下方确定位置

命令:_move　　//启用移动命令

选择对象:指定对角点:找到2　　//选择2个矩形

指定基点或[位移(D)]<位移>:指定第二个点或<使用第一个点作为位移>:

//在适当位置单击,调整位置

结果如图10-16所示。

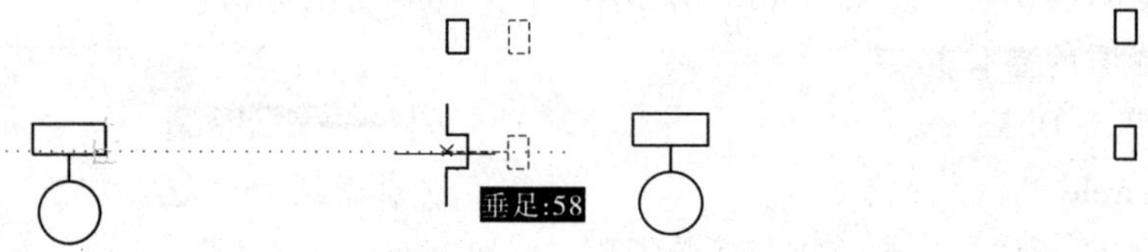

图10-16　绘制右侧两方框

(3)绘制大方框以上开关。

命令:_line 指定第一点:　　//启用直线命令,单击矩形上边中点

指定下一点或[放弃(U)]:30　　//正交往上

指定下一点或[放弃(U)]:20　　//斜线与水平成120度角

命令:_line 指定第一点:　　//启用直线命令,追踪找点

指定下一点或[放弃(U)]:50　　//正交往上

指定下一点或[放弃(U)]:30　　//斜线与水平成120度角

命令:_line 指定第一点:　　//启用直线命令,追踪找点

指定下一点或[放弃(U)]:50　　//正交往上

命令:_circle

指定圆的圆心或[三点(3P)/两点(2P)/相切、相切、半径(T)]:

//启用圆命令

//直线上端点为圆心

指定圆的半径或[直径(D)]:5　　//输入半径值

命令:_copy　　//启用复制命令

选择对象:指定对角点:找到6个　　//选择矩形

当前设置:复制模式=多个

指定基点或[位移(D)/模式(O)]<位移>: //选择下端点
指定第二个点或<使用第一个点作为位移>:20 //输入距离,向左单击
指定第二个点或[退出(E)/放弃(U)]<退出>:20 //输入距离,向右单击
结果如图10-17所示。

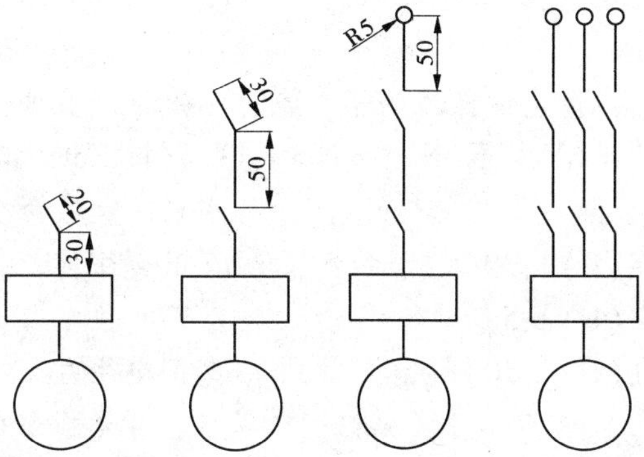

图10-17 绘制开关步骤1

同样,运用直线命令和修剪命令绘制开关,如图10-18所示。

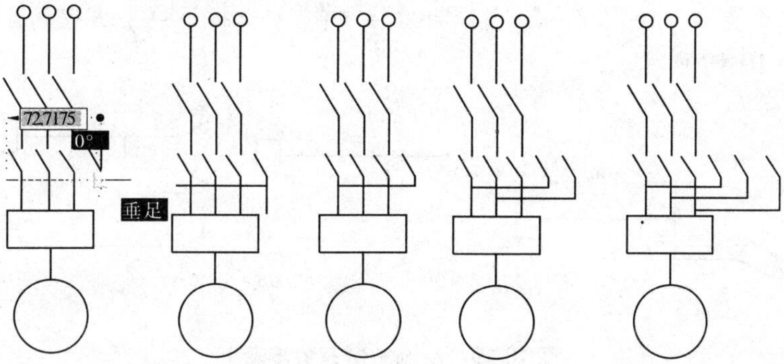

图10-18 绘制开关步骤2

(4)绘制右侧开关。
命令:_line 指定第一点: //启用直线命令,单击矩形左边中点
指定下一点或[放弃(U)]:100 //正交往左
指定下一点或[放弃(U)]:30 //正交往下
指定下一点或[放弃(U)]:50 //正交往左
指定下一点或[放弃(U)]:30 //斜线与水平成120度角
命令:_line 指定第一点: //启用直线命令,追踪找点
指定下一点或[放弃(U)]:30 //正交往上
指定下一点或[放弃(U)]:30 //斜线与水平成150度角
命令:_line 指定第一点: //启用直线命令,追踪找点
命令:_copy //启用复制命令
选择对象:指定对角点:找到2个 //选择前面开关

当前设置:复制模式 = 多个
指定基点或[位移(D)/模式(O)]<位移>:　　//选择右端点
指定第二个点或<使用第一个点作为位移>:　//选择端点
命令:_mirror　　//启用镜像命令
选择对象:指定对角点:找到 1 个
选择对象:
指定镜像线的第一点:指定镜像线的第二点:　//选择直线上的 2 点
要删除源对象吗?[是(Y)/否(N)]<N>:　//按 Enter 键
命令:_line 指定第一点:　//启用直线命令,单击斜线上一点
指定下一点或[放弃(U)]:30　//正交往上
指定下一点或[放弃(U)]:5　//正交往左
指定下一点或[放弃(U)]:10　//正交往右
命令:_copy　//启用复制命令,向下复制
选择对象:指定对角点:找到 11 个　//选择所绘制图形
当前设置:复制模式 = 多个
指定基点或[位移(D)/模式(O)]<位移>:　//选择端点
指定第二个点或<使用第一个点作为位移>:　//选择下一个方框的左中点
结果如图 10-19 所示。

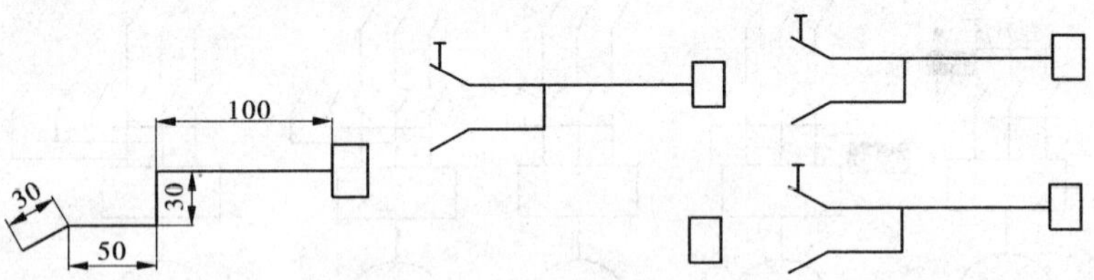

图 10-19　绘制右侧开关步骤 1

命令:_line 指定第一点:　//启用直线命令,追踪找点
指定下一点或[放弃(U)]:20　//正交往左
指定下一点或[放弃(U)]:30　//正交往下
指定下一点或[放弃(U)]:20　//正交往左
用同样的方法,继续通过直线命令绘制,结果如图 10-20 所示。

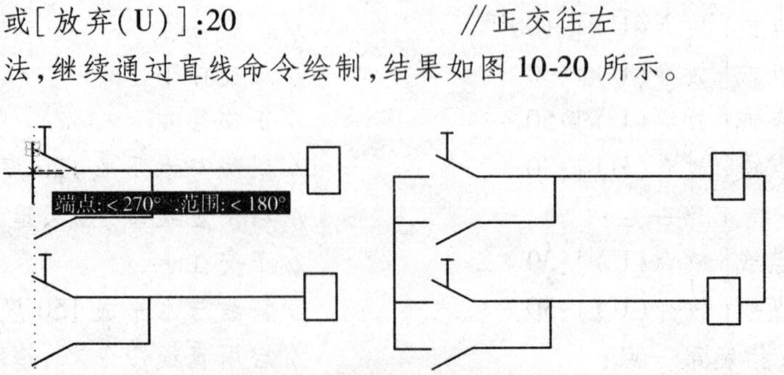

图 10-20　绘制右侧开关步骤 2

命令:_line 指定第一点:　　　　　　　　　　//启用直线命令 ,绘制左右开关

结果如图10-21所示。

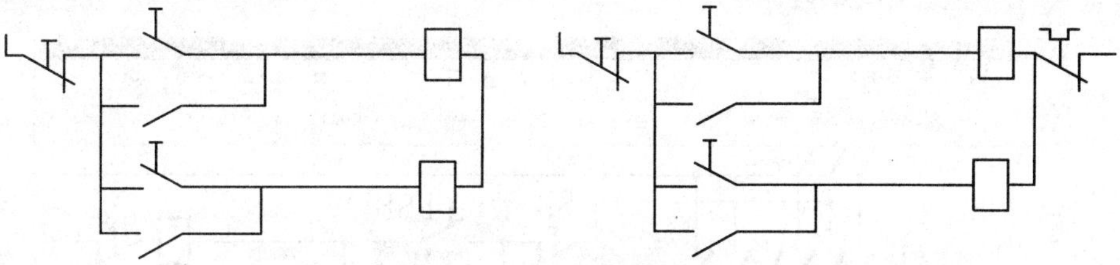

图10-21　绘制右侧开关步骤3

(5)将左右两部分对接,检查漏线,用直线命令相连接。

命令:_line 指定第一点:　　　　　　　　　　//启用直线命令 ,连接其余直线

结果如图10-22所示。

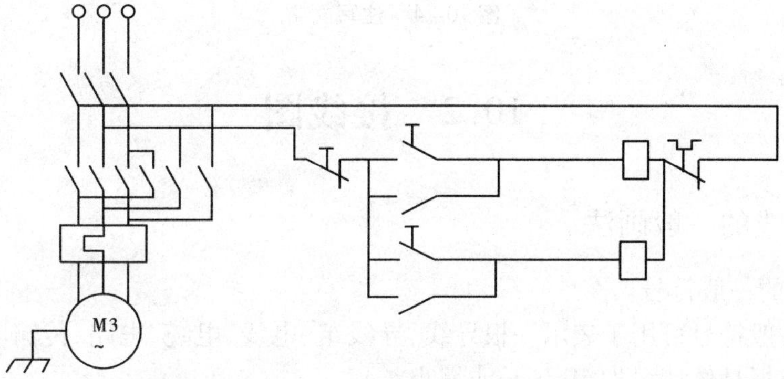

图10-22　左右相连接

(6)绘制节点,并进行图案填充,加粗相关图线。

命令:_circle 指定圆的圆心或[三点(3P)/两点(2P)/相切、相切、半径(T)]:

//启用圆命令 ,在节点处绘制小圆

命令:_bhatch　　　　　　　　　　//启用图案填充命令 ,进行填充

结果如图10-23所示。

(7)检查图形,加粗图线并进行文字注写。

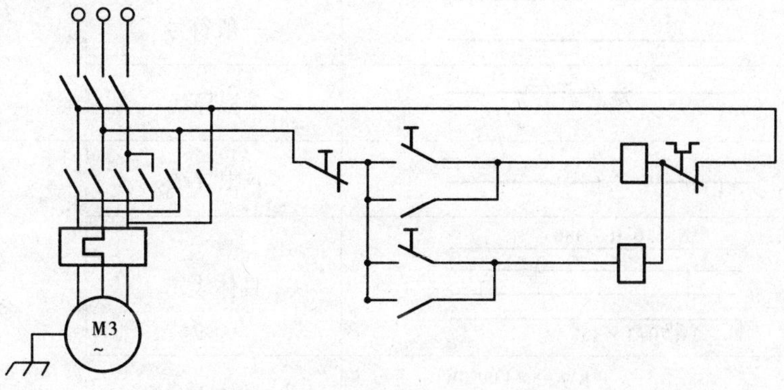

图10-23　绘制节点和加粗图线

将图中的方框、阀门加粗，线宽为 0.3。

选用多行文字进行文字注写，字体为宋体，文字高度为 18。根据图中实际需要可调整文字的大小，如图 10-24 所示。

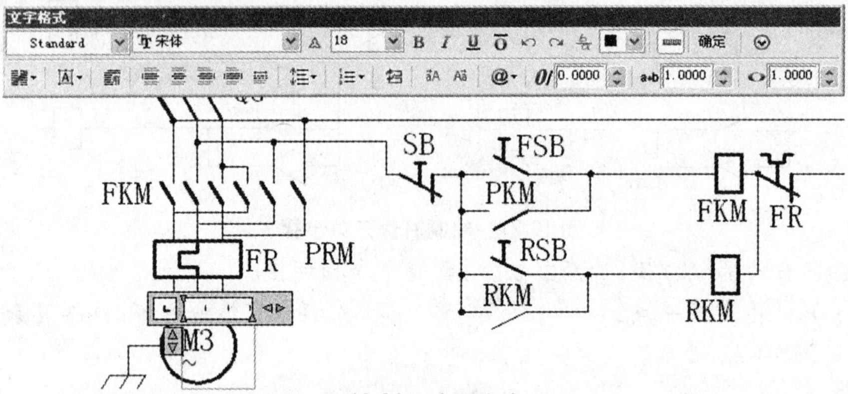

图 10-24　注写文字

10.2　接线图

10.2.1　导线的一般画法

(1)导线的一般符号。

导线的一般符号可用于表示一根导线、导线组、电线、电缆、电路、传输电路、线路、母线、总线等，根据具体情况加粗、延长或缩小。

(2)导线和导线根数的画法。

在绘制电气工程图时，一般的图线可表示单根导线。对于多根导线，可以分别画出，也可以只画 1 根图线，但需加标志。若导线少于 4 根，可用短划线数量代表根数；若多于 4 根，可在短划线旁边加数字表示，如表 10-1 所示。

表 10-1　导线和导线根数表示法

序号	图形符号	说明	画法使用命令
1		一般符号	直线 直线
2		3 根导线	
3	n	*n* 根导线	直线 多行文字 A
4	3N ~ 50 Hz　380 V 3 × 70+1 × 35　A1	具体表示	
5	KVV-8 × 1.0P20WC	具体表示	

续表 10-1

序号	图形符号	说明	画法使用命令
6		柔软导线	直线 样条曲线
7	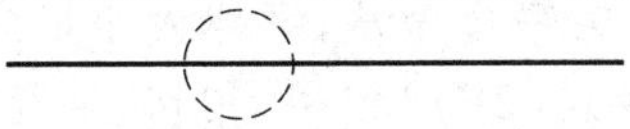	屏蔽导线	直线、圆
8	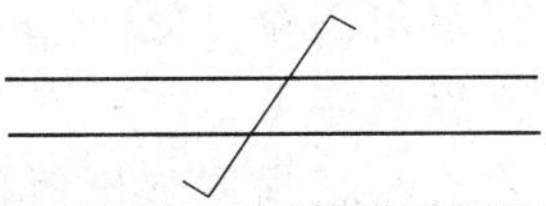	绞合导线	直线
9	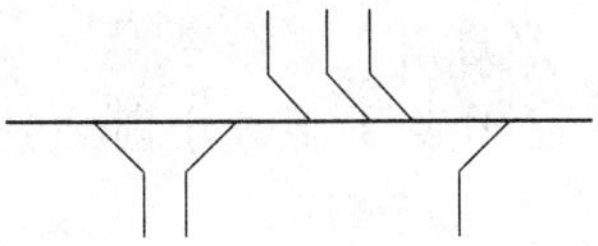	分支与合并	
10	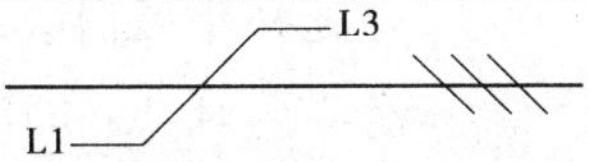	相序变更	直线 多行文字
11		电缆	直线

(3)图线的粗细。

为了突出或区分某些电路及电路的功能等，导线、连接线等可采用不同粗细的图线来表示。一般来说，电源主电路、一次电路、主信号通路等采用粗线，与之相关的其余部分用细线。由隔离开关、断路器等组成的变压器的电源电路用粗线表示，而由电流互感器和电压互感器、电度表组成的电流测量电路用细线表示。

10.2.2　连续线的画法

两端子之间的连接导线用连续线条表示，并标注独立标记的表示方法为连续线画法。

【例 4】　绘制如图 10-25 所示的接线图。

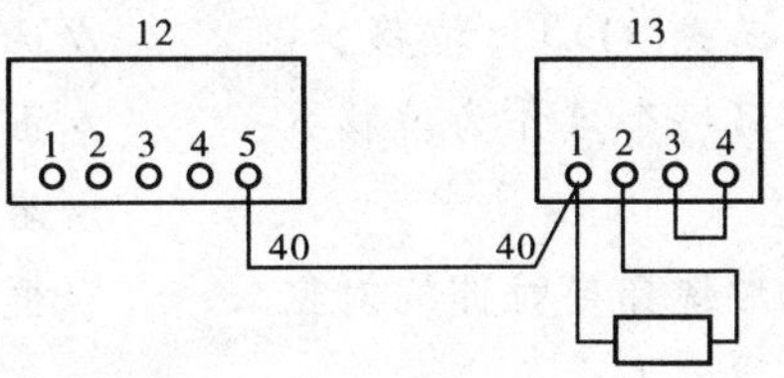

图 10-25　连续线图例

绘制步骤如下：

(1)创建新的图形文件：选择“开始”→“程序”→“Autodesk”→“AutoCAD 2010 中文版”→“AutoCAD 2010”，进入 AutoCAD 2010 中文版绘图主界面。

(2)运用矩形命令、圆命令、多行文字、对象追踪等命令绘制左侧方框。

选择线宽为 0.3。

命令:_rectang　　//启用矩形命令

指定第一个角点或[倒角(C)/标高(E)/圆角(F)/厚度(T)/宽度(W)]:　　//在绘图区域单击一点

指定另一个角点或[面积(A)/尺寸(D)/旋转(R)]:@30,15　　//单击另一角点

命令:　　//启用多行文字命令 A,字体大小以方框长度调整

命令:_circle 指定圆的圆心或[三点(3P)/两点(2P)/相切、相切、半径(T)]:

　　//启用圆命令

　　//以数字 1 下方一点为圆心

指定圆的半径或[直径(D)]:　　//大小根据图形比例自定

命令:_copy　　//启用复制命令

选择对象:指定对角点:找到 1 个　　//选择 1 下方小圆

当前设置:复制模式 = 多个

指定基点或[位移(D)/模式(O)]<位移>:　　//选择小圆圆心

指定第二个点或<使用第一个点作为位移>:　　//正交打开,选择 2 下方一点

指定第二个点或<使用第一个点作为位移>:　　//正交打开,选择 3 下方一点

指定第二个点或<使用第一个点作为位移>:　　//正交打开,选择 4 下方一点

指定第二个点或<使用第一个点作为位移>:　　//正交打开,选择 5 下方一点

结果如图 10-26 所示。

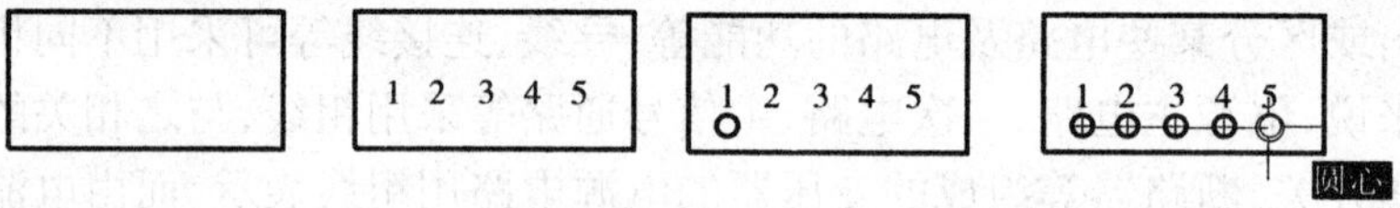

图 10-26　绘图步骤 1

(3)绘制右侧方框。

命令:_copy　　//启用复制命令

选择对象:指定对角点:找到 7 个　　//选择绘制完成的左侧方框

当前设置:复制模式 = 多个

指定基点或[位移(D)/模式(O)]<位移>:　　//选择左下角点

指定第二个点或<使用第一个点作为位移>:　　//正交打开,在水平方向单击一点

命令:_stretch　　//启用拉伸命令

以交叉窗口或交叉多边形选择要拉伸的对象...　　//框选方框左侧

选择对象:指定对角点:找到 1 个

指定基点或[位移(D)]<位移>:　　//选择方框右下角点

指定第二个点或<使用第一个点作为位移>:　　//在 4、5 文字中间单击

双击 1、2、3、4、5 文字,对其进行修改,将 5 删除。

命令:_erase　　//启用删除命令

选择对象:找到 1 个　　//选择 5 下面小圆,将其删除

结果如图 10-27 所示。

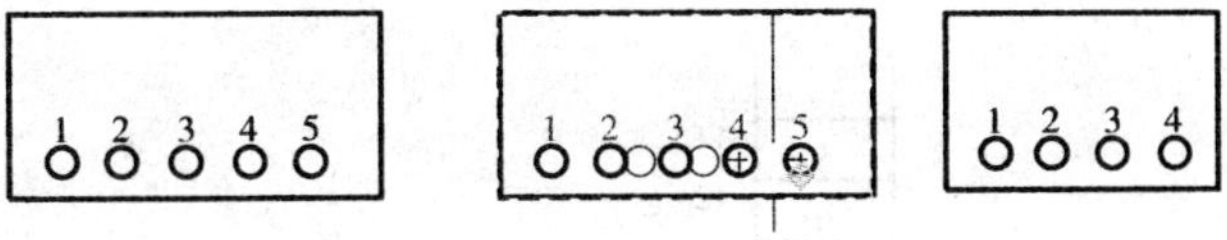

图 10-27　绘图步骤 2

(4)绘制右下方的方框。

命令:_rectang　　//启用矩形命令

指定第一个角点或[倒角(C)/标高(E)/圆角(F)/厚度(T)/宽度(W)]:　　//在绘图区域单击一点

指定另一个角点或[面积(A)/尺寸(D)/旋转(R)]:@30,15　　//单击另一角点,大小根据图形确定

结果如图 10-28 所示。

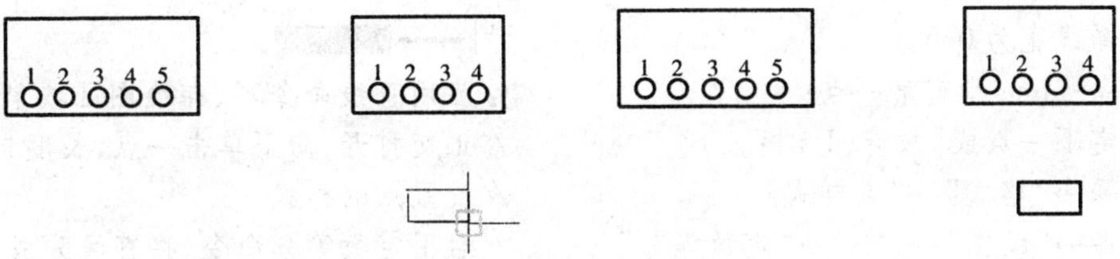

图 10-28　绘图步骤 3

(5)用直线命令连接三个图框,注写文字。

选择线宽为 0.18。　　//—— 0.18 毫米

命令:_line 指定第一点:　　//启用直线命令

指定下一点或[放弃(U)]:　　//正交打开,在适当位置进行连接

文字注写方法如图 10-29 所示。

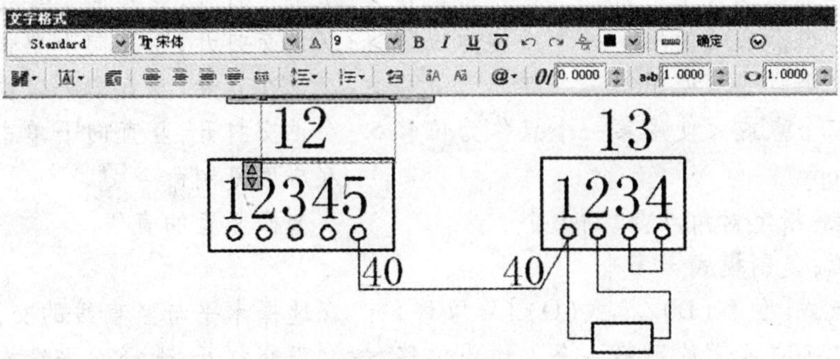

图 10-29　绘图步骤 4

10.2.3　中断线的画法

两端子之间的连接导线用中断的方式表示,在中断处必须标明导线的去向。

【例 5】　绘制如图 10-30 所示的接线图。

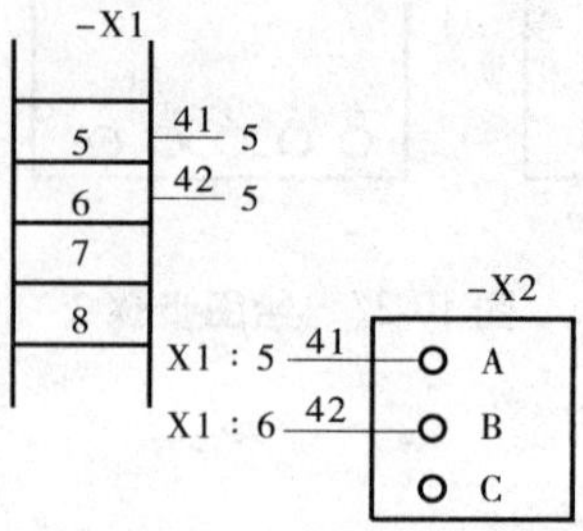

图 10-30　中断线画法图例

绘制步骤如下:

(1)创建新的图形文件:选择"开始"→"程序"→"Autodesk"→"AutoCAD 2010 中文版"→"AutoCAD 2010",进入 AutoCAD 2010 中文版绘图主界面。

(2)绘制左侧图形。

选择线宽为 0.3。　　//0.30 毫米

命令:_line 指定第一点:　　//启用直线命令,在绘图区域单击一点

指定下一点或[放弃(U)]:　　//正交打开,向下单击一点,长度自定

选择→"格式"→"点样式"　　//设置点的样式

选择→"绘图"→"点"→"定数等分"　　//启用定数等分命令,将直线分成 6 份

命令:_line 指定第一点:　　//启用直线命令,单击最上点

指定下一点或[放弃(U)]:　　//正交打开,向左单击一点,长度自定

命令:_copy　　//启用复制命令

选择对象:指定对角点:找到 1 个　　//选择水平直线

当前设置:复制模式 = 多个

指定基点或[位移(D)/模式(O)]<位移>:　//选择直线左端点

指定第二个点或<使用第一个点作为位移>://正交打开,竖直向下单击等分第二点

指定第二个点或<使用第一个点作为位移>://正交打开,竖直向下单击等分第三点

指定第二个点或<使用第一个点作为位移>://正交打开,竖直向下单击等分第四点

指定第二个点或<使用第一个点作为位移>://正交打开,竖直向下单击等分第五点

命令:_copy　　//启用复制命令

选择对象:指定对角点:找到 1 个　　//选择竖直的直线

当前设置:复制模式 = 多个

指定基点或[位移(D)/模式(O)]<位移>://选择水平与竖直线的交点

指定第二个点或<使用第一个点作为位移>://正交打开,选择水平线右端点

结果如图 10-31 所示。

(3)绘制左侧图形。

命令:_rectang　　//启用矩形命令

指定第一个角点或[倒角(C)/标高(E)/圆角(F)/厚度(T)/宽度(W)]:　//在绘图区域单击一点

指定另一个角点或[面积(A)/尺寸(D)/旋转(R)]:　//单击另一角点

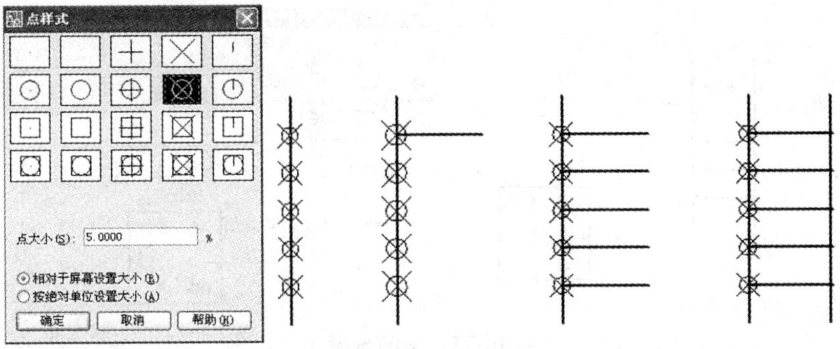

图 10-31　绘图步骤 1

命令:_mtedit　　　　　//启用多行文字 A 命令,字体大小以方框长度整,输入 A、B、C

命令:_circle　　　　　//启用圆命令

指定圆的圆心或[三点(3P)/两点(2P)/相切、相切、半径(T)]://选择字 A 左侧一点为圆心

指定圆的半径或[直径(D)]:　　　　　//大小根据图形比例自定

命令:_copy　　　　　//启用复制命令

选择对象:指定对角点:找到 1 个　　　　　//选择 1 下方小圆

当前设置:复制模式 = 多个

指定基点或[位移(D)/模式(O)]<位移>:　//选择小圆圆心

指定第二个点或<使用第一个点作为位移>://正交打开,选择 B 左侧一点

指定第二个点或<使用第一个点作为位移>://正交打开,选择 C 左侧一点

结果如图 10-32 所示。

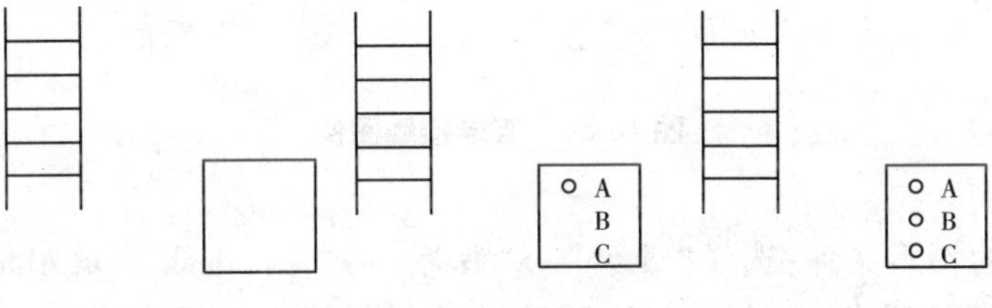

图 10-32　绘图步骤 2

(4)绘制连中断线,注写文字。

选择线宽为 0.18。　　　　　// —— 0.18 毫米

命令:_line 指定第一点:　　　　　//启用直线命令

指定下一点或[放弃(U)]:　　　　　//正交打开,在适当位置进行连接

结果如图 10-33 所示。

10.2.4　互连接线的画法

互连接线图应提供设备或装置不同结构单元之间连接所需的信息,无需包括单元内部连接的信息,但可提供适当的检索标记,如与之有关的电路图或单元接线图的图号。

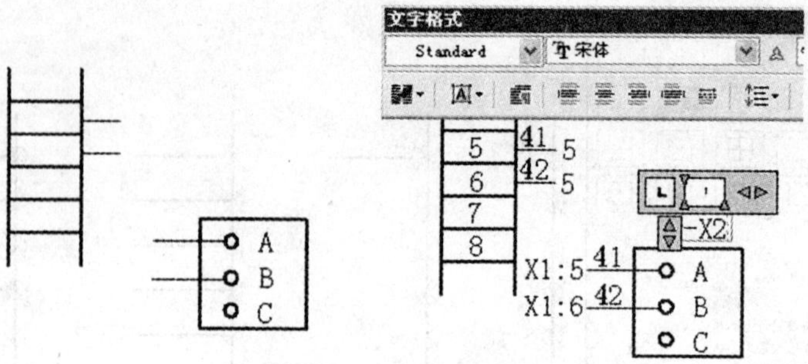

图 10-33　绘图步骤 3

互连接线图的各个视图应画在一个平面上，以表示单元之间的连接关系，各单元的围框用点画线表示。各单元间的连接关系既可用连续线表示，也可用中断线标示。

【例 6】　绘制如图 10-34 所示的接线图。

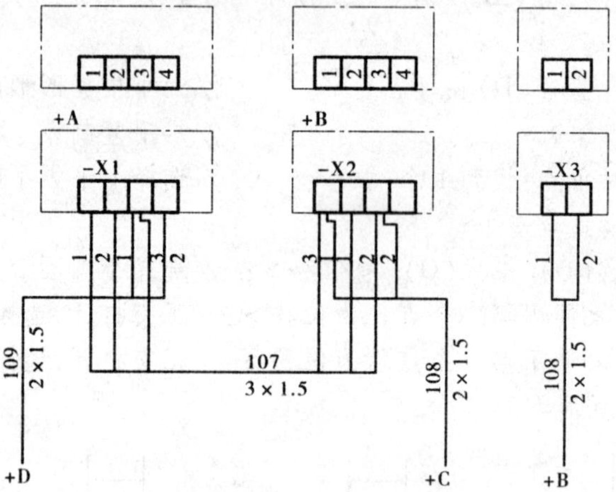

图 10-34　互连接线图例

绘制步骤如下：

(1)创建新的图形文件：选择“开始”→“程序”→“Autodesk”→“AutoCAD 2010 中文版”→“AutoCAD 2010”，进入 AutoCAD 2010 中文版绘图主界面。

(2)绘制三个主框架。

选择线型为点画线。　　//|—— - —— CENTER

选择线宽为 0.18。　　// —— 0.18 毫米

命令：_rectang　　//启用矩形命令

指定第一个角点或[倒角(C)/标高(E)/圆角(F)/厚度(T)/宽度(W)]：　//在绘图区域单击一点

指定另一个角点或[面积(A)/尺寸(D)/旋转(R)]：　//单击另一角点，大小自定，绘制第一个矩形

命令：_rectang　　//启用矩形命令

指定第一个角点或[倒角(C)/标高(E)/圆角(F)/厚度(T)/宽度(W)]：　//在绘图

区域单击一点

指定另一个角点或[面积(A)/尺寸(D)/旋转(R)]：　//单击另一角点,大小自定,绘制第二个矩形

命令:_rectang　//启用矩形命令

指定第一个角点或[倒角(C)/标高(E)/圆角(F)/厚度(T)/宽度(W)]：　//在绘图区域单击一点

指定另一个角点或[面积(A)/尺寸(D)/旋转(R)]：　//单击另一角点,大小自定,绘制第三个矩形

结果如图 10-35 所示。

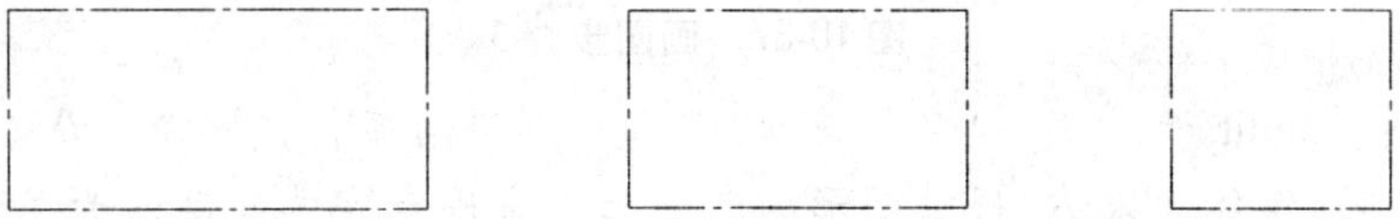

图 10-35　画图步骤 1

(3)绘制三个主框架内的小方框。

选择线宽为 0.3。　// 0.30 毫米

命令:_rectang　//启用矩形命令

指定第一个角点或[倒角(C)/标高(E)/圆角(F)/厚度(T)/宽度(W)]：　//在绘图区域单击一点

指定另一个角点或[面积(A)/尺寸(D)/旋转(R)]：　//单击另一角点,大小自定,绘制第一个矩形

命令:_copy　//启用复制命令

选择对象:指定对角点:找到 1 个　//选择小方框

当前设置:复制模式 = 多个

指定基点或[位移(D)/模式(O)] <位移>：//小方框的右下角点

指定第二个点或 <使用第一个点作为位移>：//正交打开,依次进行复制

结果如图 10-36 所示。

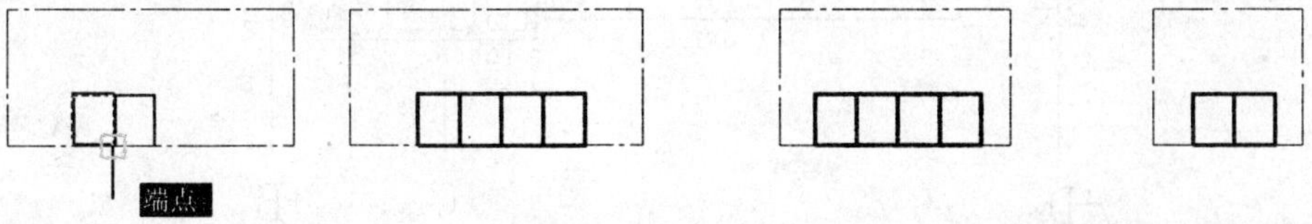

图 10-36　画图步骤 2

(4)检查图形,绘制连接线。

选择线宽为 0.13。　// 0.13 毫米

命令:_line 指定第一点：　//启用直线命令

指定下一点或[放弃(U)]：　//打开正交,按从左到右依顺序绘制

结果如图 10-37 所示。

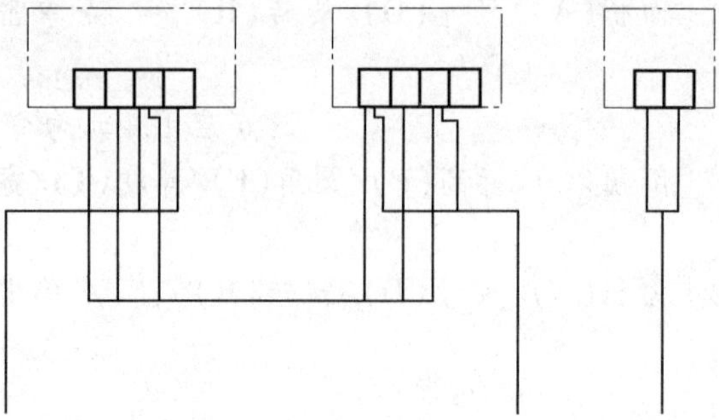

图 10-37　画图步骤 3

(5)命令:_mtedit　//启用多行文字命令 A

标注文字时,字体为宋体,根据图形的实际大小来确定字的高度。为了保证字体的一致性,建议同样大小的字体确定一个之后,其余都进行复制,然后对复制后的文字双击进行修改,这样效率比较高。如果文字的方向不一致,可先标出一个,对其进行旋转,这样就能满足要求了。

结果如图 10-38 所示。

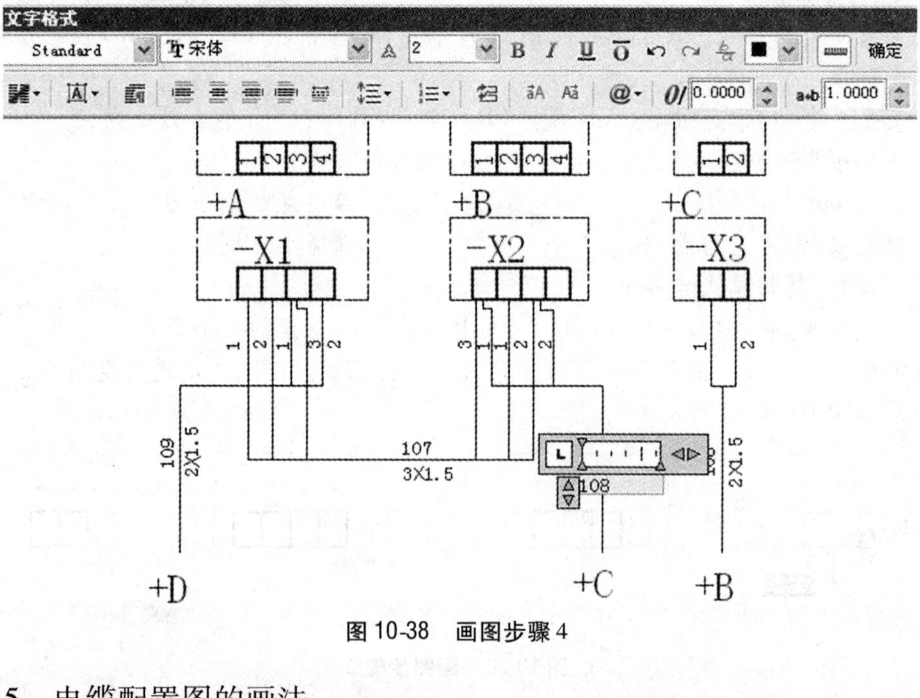

图 10-38　画图步骤 4

10.2.5　电缆配置图的画法

电缆配置图应提供设备或装置的结构单元之间敷设电缆所需的全部信息,一般只表示出电缆的种类,也可表示线缆的路径情况。它是敷设电缆工程的依据。电缆配置图只表示电缆的配置情况,而不表示电缆两端的连接情况,因此电缆配置图比较简单。通常情况下，各单元用实线框表示，且只表示出各单元之间所配置的电缆，并不表示出电缆和各单元的详细情况。

【例 7】 绘制如图 10-39 所示的电缆配置图。

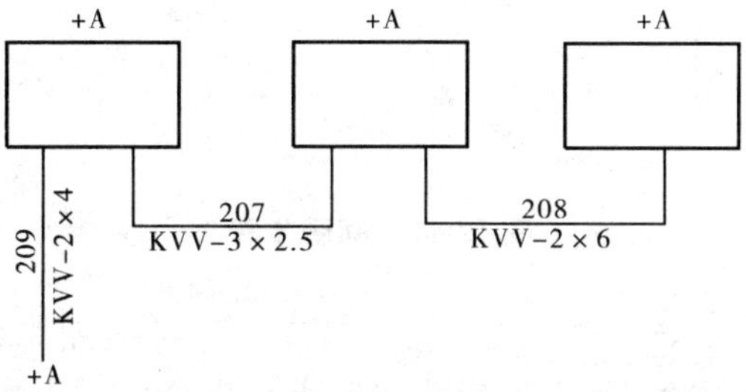

图 10-39　电缆配置图例

绘制步骤如下：

(1)创建新的图形文件：选择“开始”→“程序”→“Autodesk”→“AutoCAD 2010 中文版”→“AutoCAD 2010”，进入 AutoCAD 2010 中文版绘图主界面。

(2)绘制三个单元。

选择线宽为 0.3。　//　0.30 毫米

命令：_rectang　//启用矩形命令

指定第一个角点或[倒角(C)/标高(E)/圆角(F)/厚度(T)/宽度(W)]：　//在绘图区域单击一点

指定另一个角点或[面积(A)/尺寸(D)/旋转(R)]：　//单击另一角点，大小自定，绘制第一个矩形

命令：_copy　//启用复制命令

选择对象：指定对角点：找到 1 个　//选择小方框

当前设置：复制模式 = 多个

指定基点或[位移(D)/模式(O)]<位移>：//选择小方框的右下角点

指定第二个点或<使用第一个点作为位移>：//正交打开，依次进行复制

结果如图 10-40 所示。

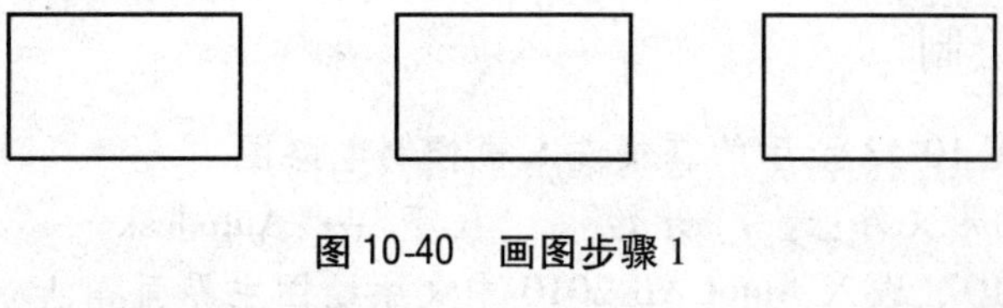

图 10-40　画图步骤 1

(3)检查图形，绘制连接线。

选择线宽为 0.18。　//　0.18 毫米

命令：_line 指定第一点：　//启用直线命令

指定下一点或[放弃(U)]：　//正交打开，按从左到右顺依绘制

结果如图 10-41 所示。

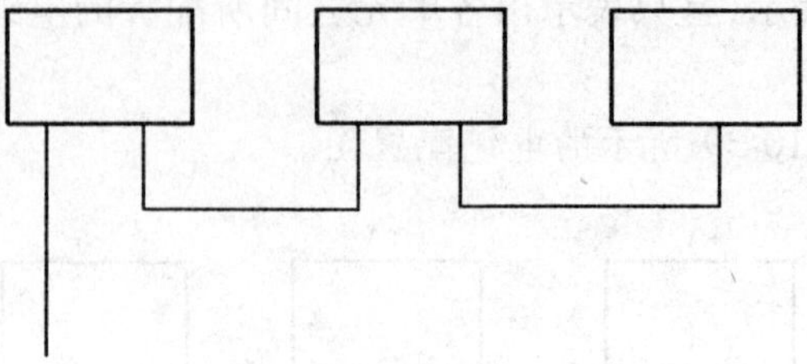

图 10-41　画图步骤 2

(4)命令:_mtedit　　　　　　　　　　　　//启用多行文字命令 A

标注文字时,字体为宋体,根据图形的实际大小来确定字的高度。为了能保证字体的一致性,建议同样大小的字体确定一个之后,其余都进行复制,然后对复制后的文字双击进行修改,这样效率比较高。如果文字的方向不一致,可先标出一个,对其进行旋转,这样就能满足要求了。

结果如图 10-42 所示。

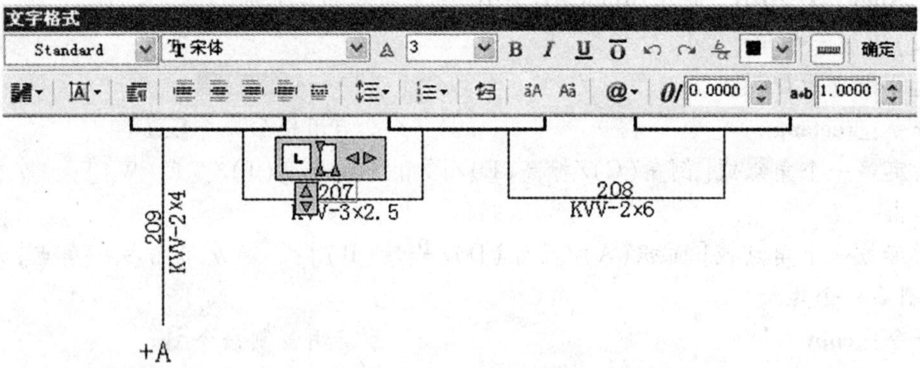

图 10-42　画图步骤 3

10.3　应用实例

10.3.1　功能图绘制

【例 8】　绘制图 10-43 所示的套桶洗衣机控制电路图。

(1)创建新的图形文件:选择"开始"→"程序"→"Autodesk"→"AutoCAD 2010 中文版"→"AutoCAD 2010",进入 AutoCAD 2010 中文版绘图主界面。

(2)设置图形界限。根据图形的大小和 1:1 作图原则,设置图形界限为 297×210 并横放,即标准图纸 A4。

①设置图形界限。

命令:_limits　　　　　　　　　　//选择"格式"→"图形界限"菜单命令

重新设置模型空间界限:

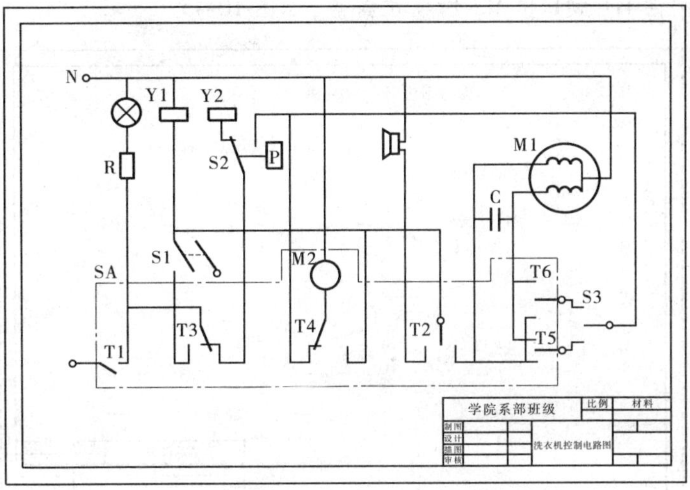

图 10-43　套桶洗衣机控制电路图

指定左下角点或[开(ON)/关(OFF)]<0.0000,0.0000>：　//按 Enter 键

指定右上角点<420.0000,297.0000>:297,210　//输入新的图形界限

②显示图形界限。设置了图形界限后,一定要通过显示缩放命令将整个图形范围显示成当前的屏幕大小。最简捷的方法就是单击“缩放”工具栏中的“全部缩放”按钮。

(3)设置图层。由于本图例线型少,因此不用设置图层,在 0 层绘制就可以了。

(4)图形绘制。

①绘制边框和标题栏。用矩形、直线、偏移、修剪、多行文字等命令绘制出边框和标题栏,如图 10-44 所示。

②绘制图形主框架。在整个图纸空间,根据图 10-43 所示的图形结构,确定出三个

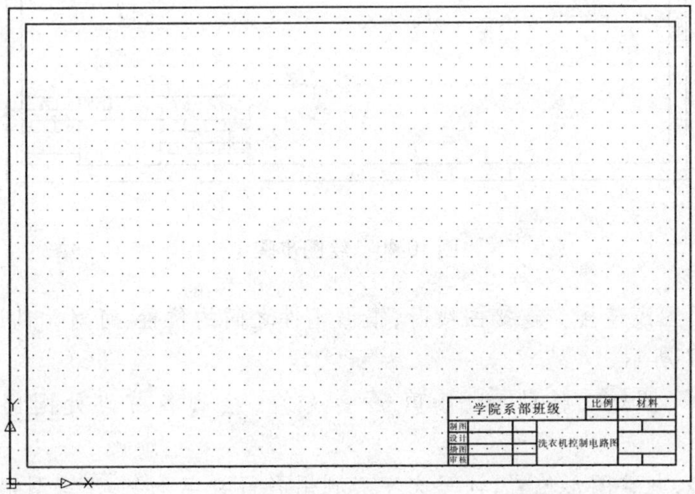

图 10-44　绘图步骤 1

点，即图中三个元件 H1、M1 和 M2 所在位置点，如图 10-45 所示。

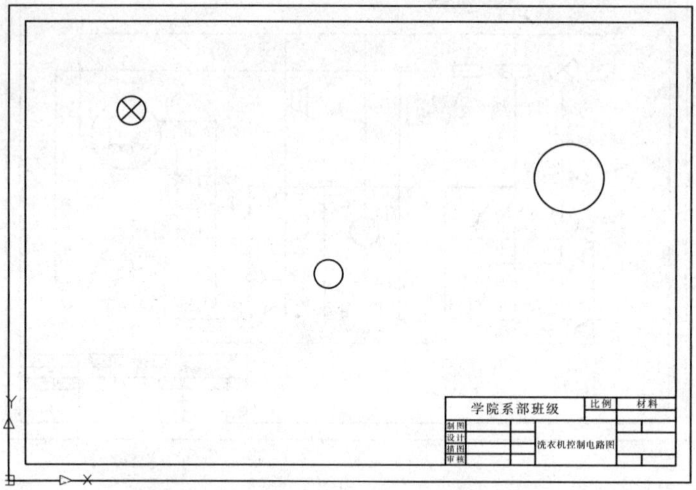

图 10-45　绘图步骤 2

③绘制其他电子元件，在绘制过程中可随时选用平移命令 进行位置调整，如图 10-46所示。

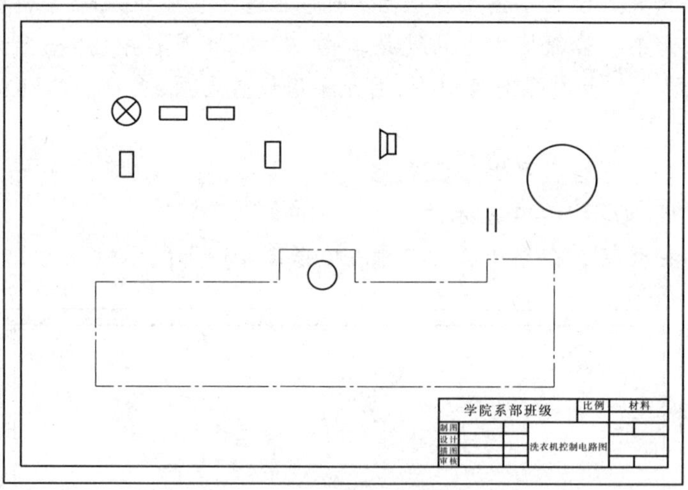

图 10-46　绘图步骤 3

④元件之间图线连接。连接图线时，根据元件之间的位置，可对元件进行适当的位置调整，如图 10-47 所示。

⑤用直线 、圆 、移动 、修剪 等命令，绘制各节点处阀门，加粗图线，如图 10-48所示。

⑥检查图形，调整图形位置，注写文字。利用多行文字命令，注写图中所有文字命令，文字高度为 10，字体为宋体，如图 10-49 所示。

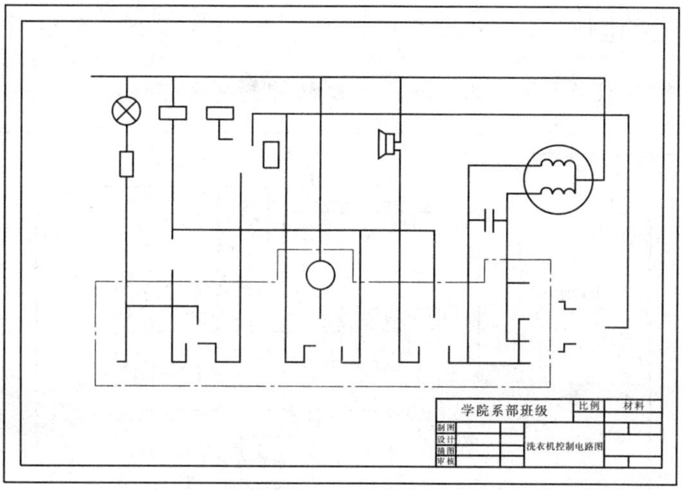

图 10-47　绘图步骤 4

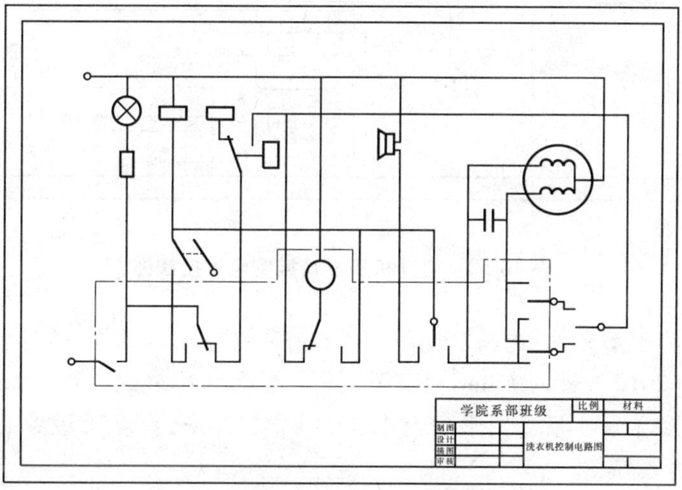

图 10-48　绘图步骤 5

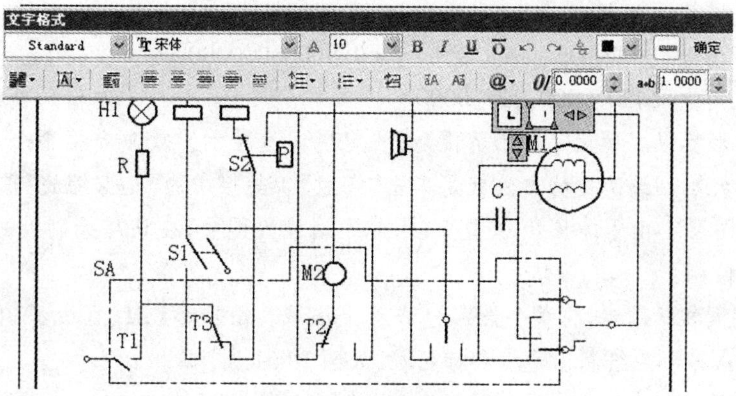

图 10-49　绘图步骤 6

10.3.2　接线图绘制

【例 9】　绘制图 10-50 所示的电动机正反转控制电气接线图。

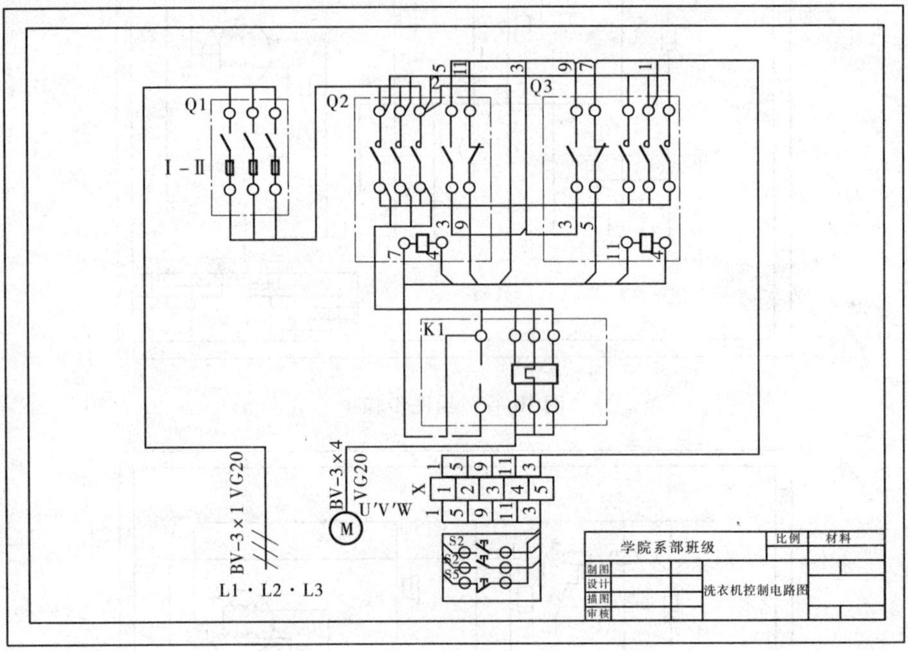

图 10-50　电动机正反转控制电气接线图

(1) 创建新的图形文件：选择“开始”→“程序”→“Autodesk”→“AutoCAD 2010 中文版”→“AutoCAD 2010”，进入 AutoCAD 2010 中文版绘图主界面。

(2) 设置图形界限。根据图形的大小和 1∶1 作图原则，设置图形界限为 420 × 297 并横放，即标准 3 号图纸。

①设置图形界限。

命令：_limits　　　　//选择“格式”→“图形界限”菜单命令

重新设置模型空间界限：

指定左下角点或[开(ON)/关(OFF)] <0.0000,0.0000>：　//按 Enter 键

指定右上角点 <420.0000,297.0000>：　　//输入新的图形界限

②显示图形界限。设置了图形界限后，一定要通过显示缩放命令将整个图形范围显示成当前的屏幕大小。最简捷的方法就是单击“缩放”工具栏中的“全部缩放”按钮。

(3) 设置图层。由于本图例线型少，因此不用设置图层，在 0 层绘制就可以了。

(4) 图形绘制。

①绘制边框和标题栏，将整个图形分成三个区域。用矩形、直线、偏移、修剪、多行文字等命令绘制出边框和标题栏，如图 10-51 所示。

②绘制上区接线图。在绘制过程中，多用复制、对象捕捉、对象追踪、移动等常

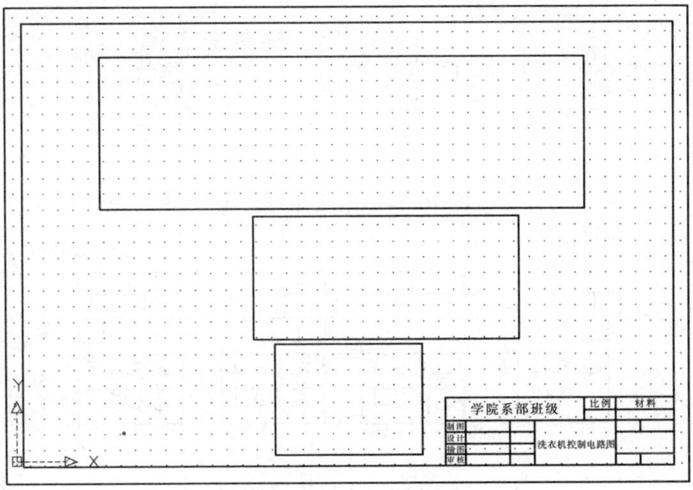

图 10-51　绘制边框和标题栏并分区域

用命令，上区左侧图形绘制步骤如图 10-52 所示，先用矩形、直线、圆等命令绘制左侧图形，再通过复制绘制右侧图形。

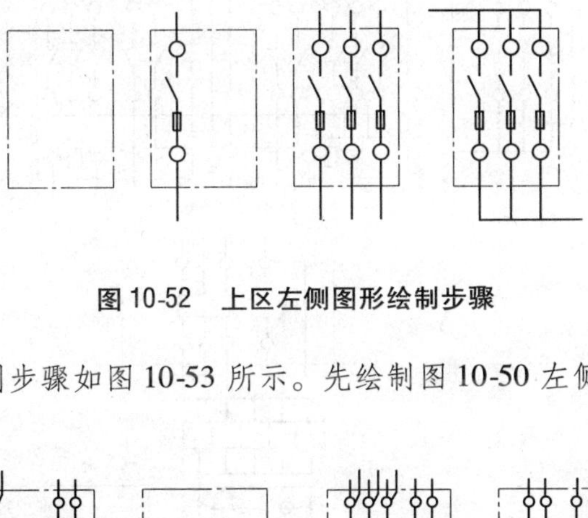

图 10-52　上区左侧图形绘制步骤

上区右侧图形绘制步骤如图 10-53 所示。先绘制图 10-50 左侧图形，通过复制，绘制出右侧图形。

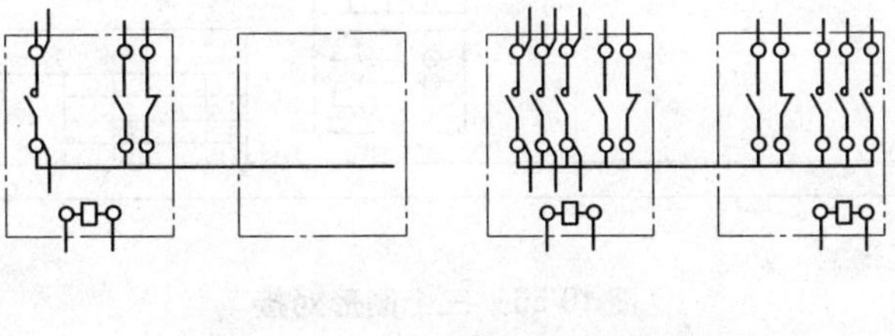

图 10-53　上区右侧图形绘制步骤

③中区图形绘制。用矩形、直线、圆、修剪等命令绘制如图 10-54 所示左侧图形，再用复制命令绘制如图 10-54 所示右侧图形。

④下区图形绘制。用矩形、直线、圆、修剪、复制、镜像等命令绘制如图 10-55 所示下区图形。

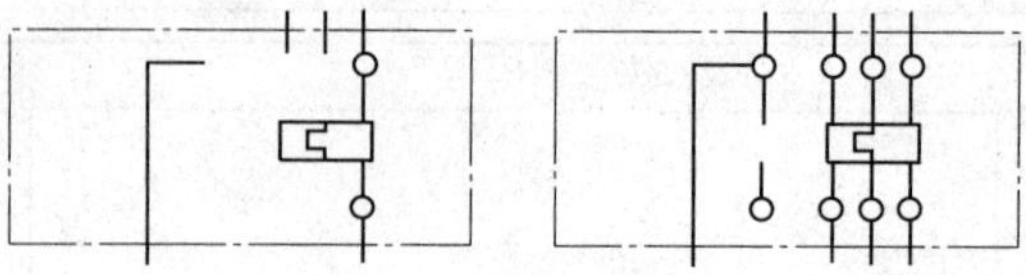

图 10-54　中区图形绘制

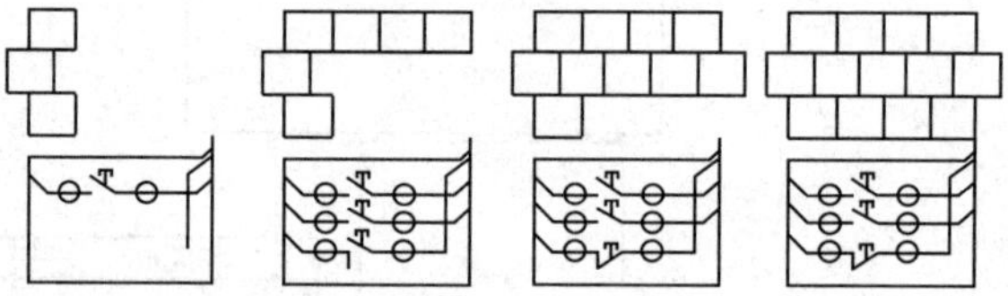

图 10-55　下区图形绘制

⑤用移动命令将以上三个所绘制的图形按位置进行对接,如图 10-56 所示。

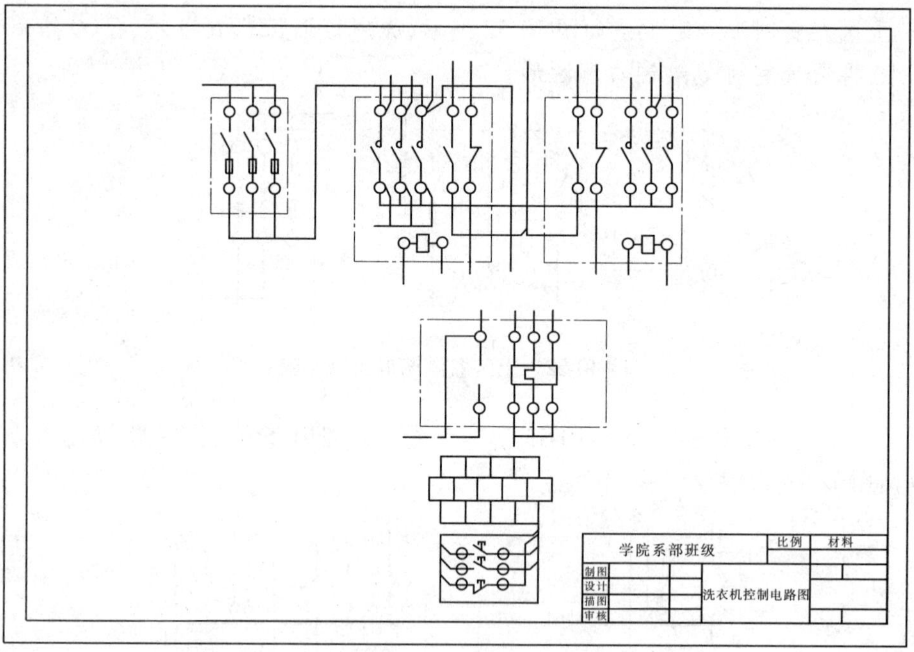

图 10-56　三个图形对接

⑥用直线、对象捕捉、延伸等命令,绘制各元件之间的连线,如图 10-57 所示。

⑦用多行文字命令注写图中文字。字体为宋体,文字大小可根据实际情况进行调整,注写文字后完成整个图形绘制。

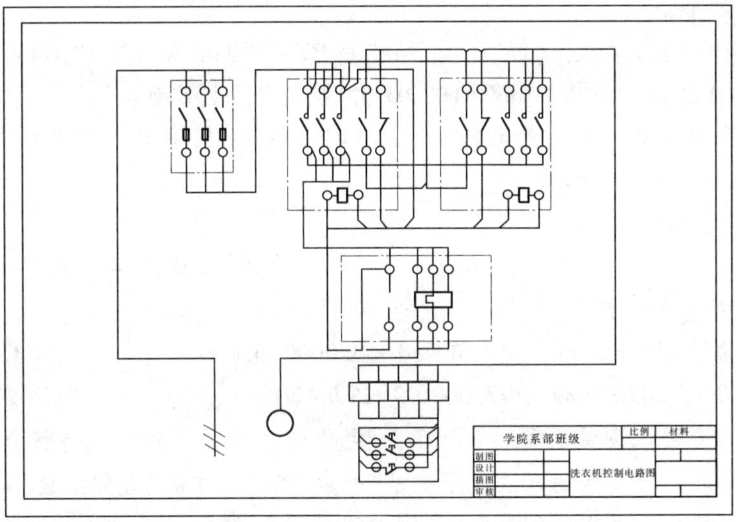

图 10-57 绘制图形之间连接线

10.3.3 位置接线图绘制

【例 10】 绘制图 10-58 所示 I/O 位置接线图。

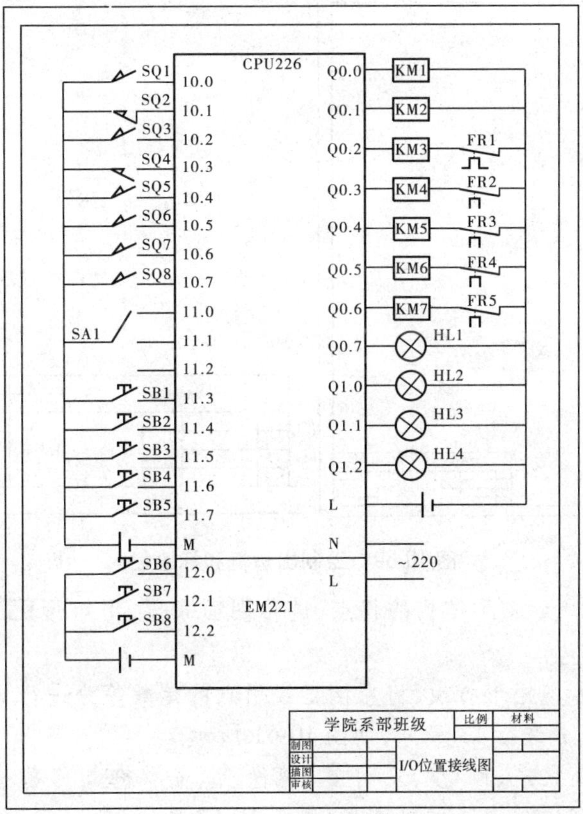

图 10-58 I/O 位置接线图

绘制步骤如下:

(1)创建新的图形文件:选择"开始"→"程序"→"Autodesk"→"AutoCAD 2010 中文版"→"AutoCAD 2010",进入 AutoCAD 2010 中文版绘图主界面。

(2)设置图形界限。根据图形的大小和 1:1 作图原则,设置图形界限为 420×297 并竖放,即标准 3 号图纸。

①设置图形界限。

命令:_limits　　//选择"格式"→"图形界限"菜单命令

重新设置模型空间界限:

指定左下角点或[开(ON)/关(OFF)]<0.0000,0.0000>:　　//按 Enter 键

指定右上角点<420.0000,297.0000>:297,420　　//输入新的图形界限

②显示图形界限。设置了图形界限后,一定要通过显示缩放命令将整个图形范围显示成当前的屏幕大小。最简捷的方法就是单击"缩放"工具栏中的"全部缩放"按钮。

(3)设置图层。由于本图例线型少,因此不用设置图层,在 0 层绘制就可以了。

(4)图形绘制。

①用矩形、直线、偏移、修剪、多行文字等命令绘制出边框和标题栏,如图 10-59 所示。

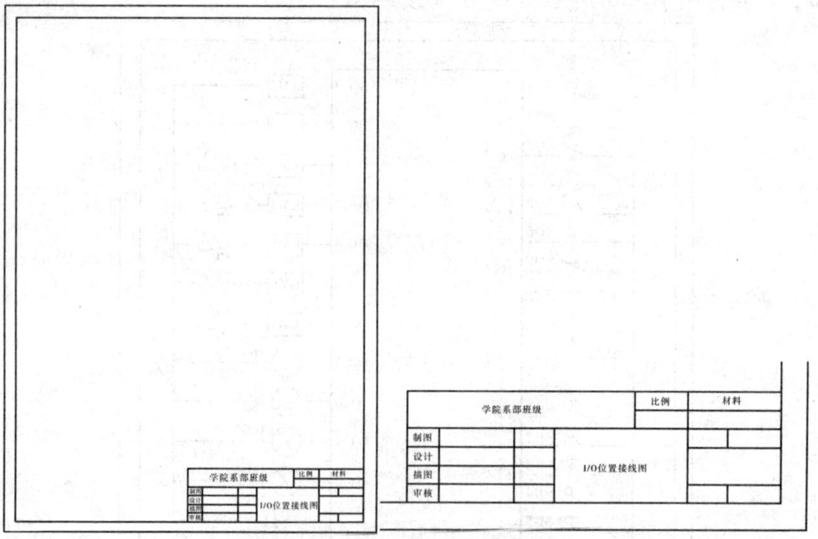

图 10-59　绘制出边框和标题栏

②根据图 10-58 所示图形结构的特点,进行图面布置,用矩形命令画出中间矩形框,如图 10-60 所示。

③用分解命令把矩形打散,将左侧直线用点的定数等分进行 22 等分,将右侧直线上半段用点的定数等分进行 13 等分,如图 10-61 所示。

④用矩形、直线、圆、复制、镜像、偏移、修剪、多行文字等命令,绘制出具有相同符号的电子元件图形,如图 10-62 所示。

⑤用复制、多行文字等命令,绘制出相同类型的电子元件图形,如图 10-63 所示。

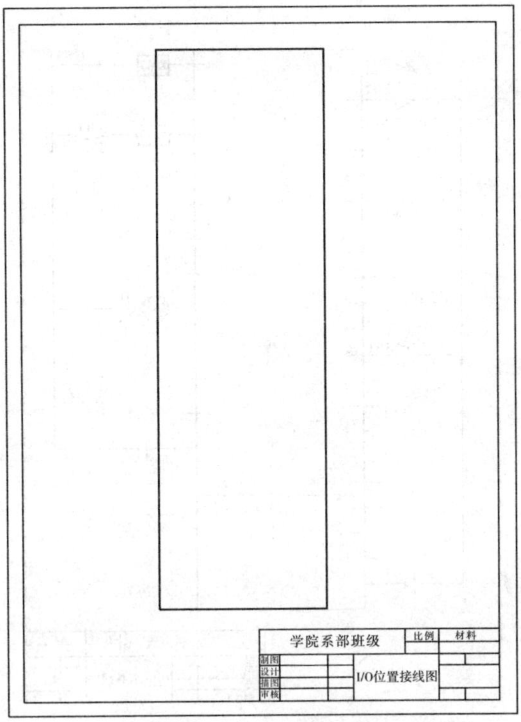

图 10-60　图面布置

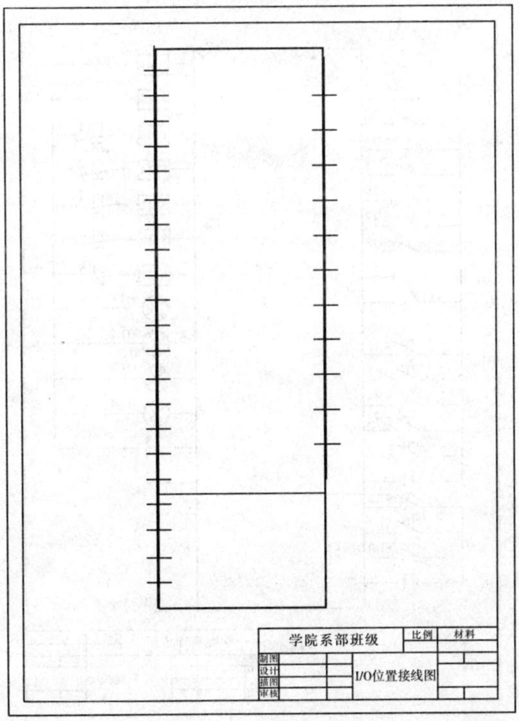

图 10-61　等分直线

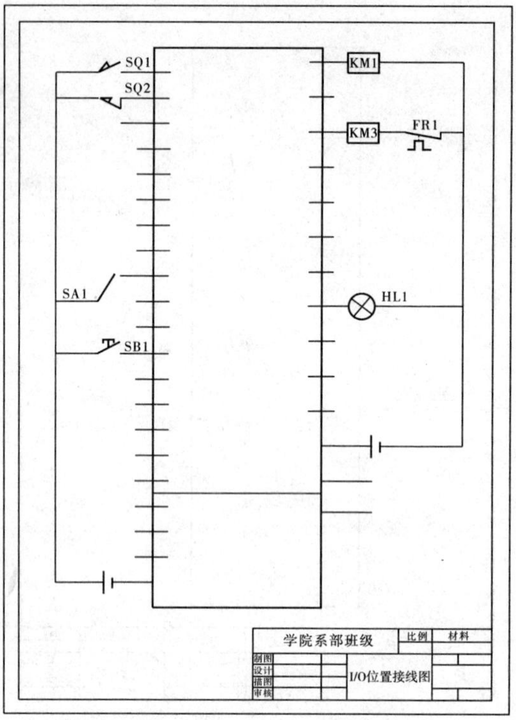

图 10-62　绘制出具有相同符号的电子元件

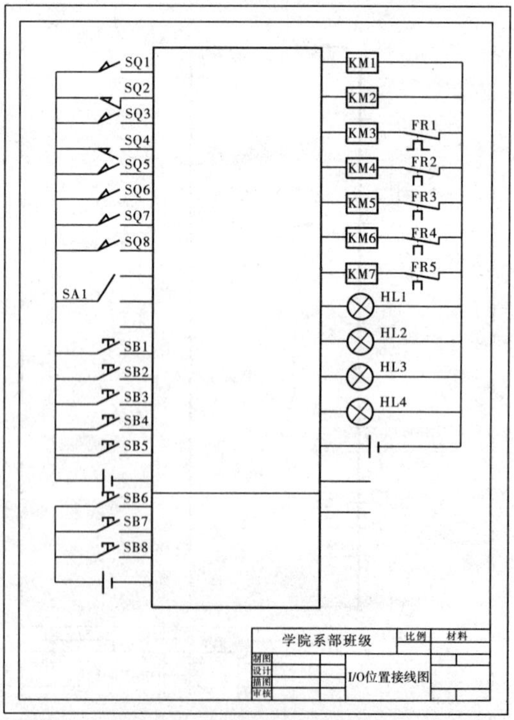

图 10-63　绘制出具有相同符号的电子元件

⑥检查图形，补充其他图线，用多行文字命令进行文字注写。

10.3.4 电路工程图绘制

【例 11】 绘制图 10-64 所示的典型电路工程图。

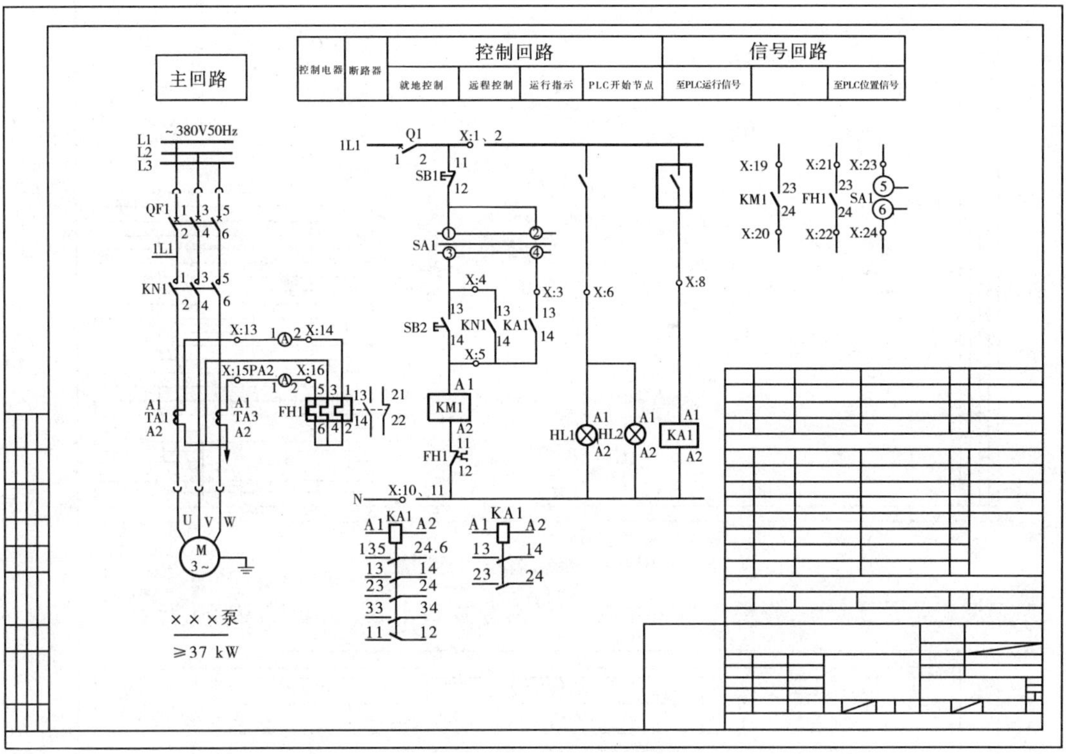

图 10-64 典型电路工程图

(1)创建新的图形文件：选择“开始”→“程序”→“Autodesk”→“AutoCAD 2010 中文版”→“AutoCAD 2010”，进入 AutoCAD 2010 中文版绘图主界面。

(2)设置图形界限。根据图形的大小和 1:1 作图原则，设置图形界限为 420 × 297 并横放，即标准 3 号图纸。

①设置图形界限。

命令：_limits　　//选择“格式”→“图形界限”菜单命令

重新设置模型空间界限：

指定左下角点或[开(ON)/关(OFF)] <0.0000,0.0000>：　　//按 Enter 键

指定右上角点 <420.0000,297.0000>：　　//输入新的图形界限

②显示图形界限。设置了图形界限后，一定要通过显示缩放命令将整个图形范围显示成当前的屏幕大小。最简捷的方法就是单击“缩放”工具栏中的“全部缩放”按钮。

(3)设置图层。由于本图例线型少，因此不用设置图层，在 0 层绘制就可以了。

(4)图形绘制。

①绘制边框和标题栏。用矩形、直线、偏移、修剪、多行文字等命令绘

制出边框和标题栏，如图 10-65 所示。

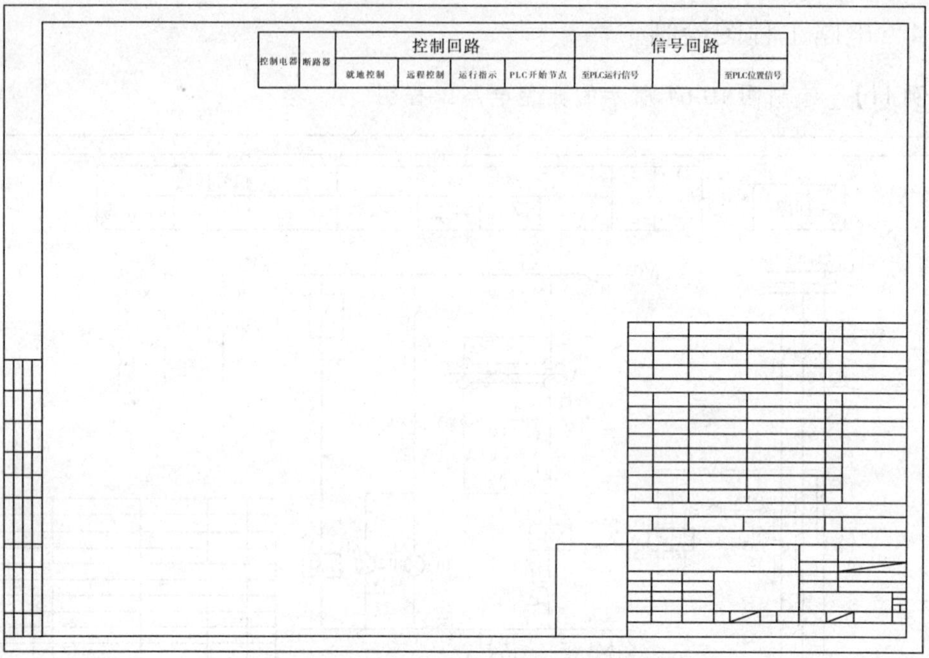

图 10-65　绘制边框和标题栏

②用矩形命令，将要绘制的电路工程图分成四个区域，如图 10-66 所示。

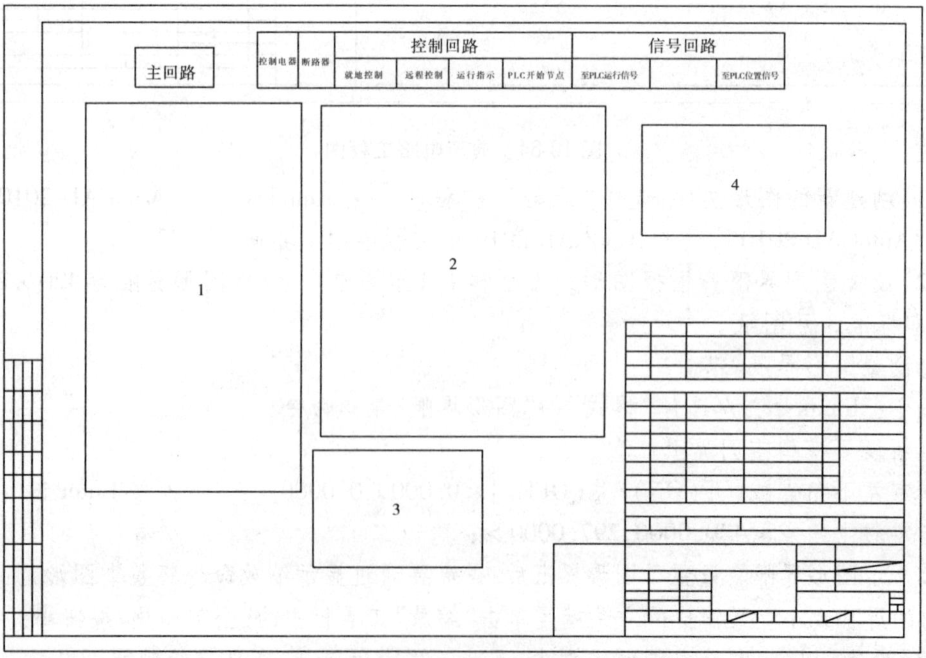

图 10-66　电路工程图分成四个区域

③用矩形、直线、圆、复制、镜像、偏移、修剪、多行文字等命令绘制 1 区内图形，步骤如图 10-67 所示。

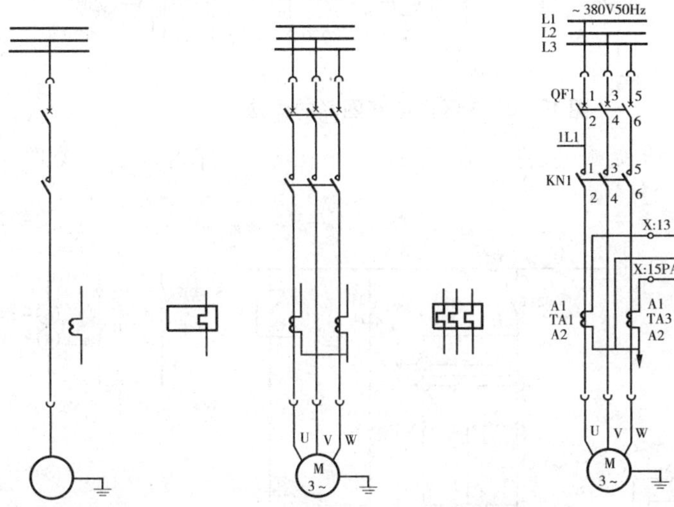

图 10-67　1 区内电路图形的画法

④用矩形、直线、圆、复制、偏移、修剪、多行文字等命令，绘制 2 区内图形，步骤如图 10-68 所示。

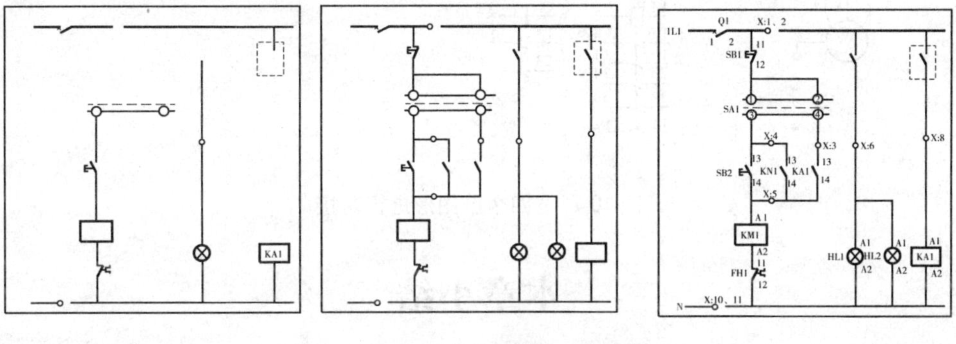

图 10-68　2 区内电路图形的画法

⑤用矩形、直线、修剪、多行文字等命令绘制 3 区内图形，步骤如图 10-69 所示。

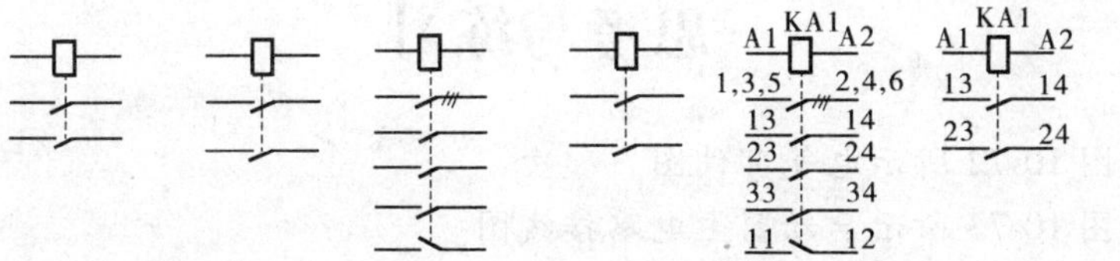

图 10-69　3 区内电路图形的画法

⑥用直线、圆、复制、修剪、多行文字等命令绘制 4 区内图形，步骤如图 10-70 所示。

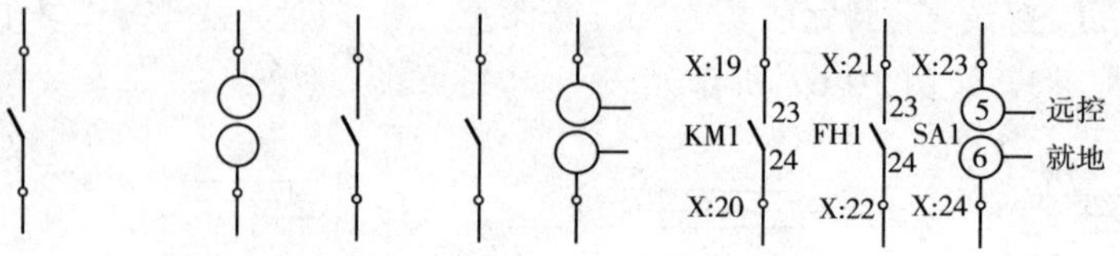

图 10-70　4 区内电路图形的画法

⑦用移动 、对象捕捉命令将绘制的四个区图形进行对接，完成图形绘制，如图 10-71 所示。

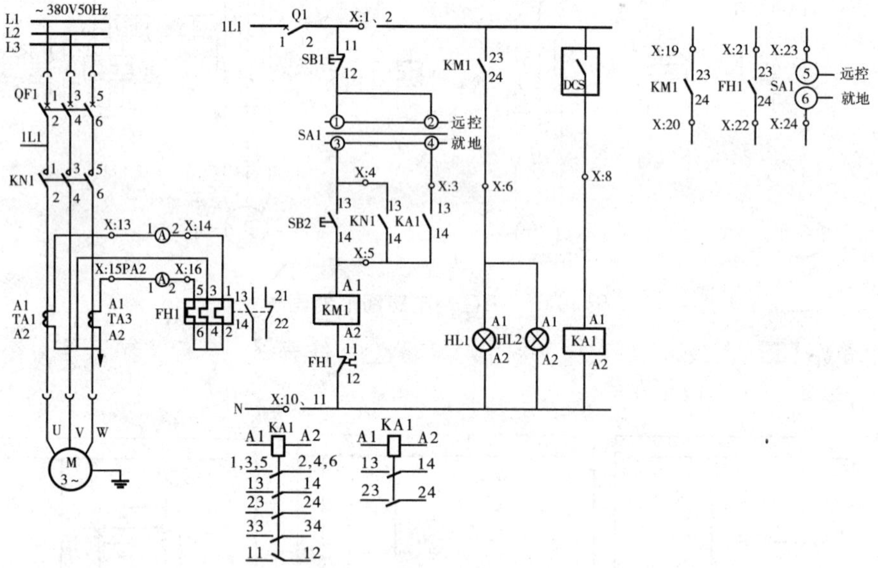

图 10-71　四个区图形进行对接

本章小结

本章介绍了电气部件图的画法、接线图的画法及应用实例。通过本章的学习，用户可以熟悉电气常用部件的画法，并掌握其操作。

思考与练习

1. 绘制如图 10-72 所示电气部件图。
2. 绘制如图 10-73 所示启动器主电路接线图。

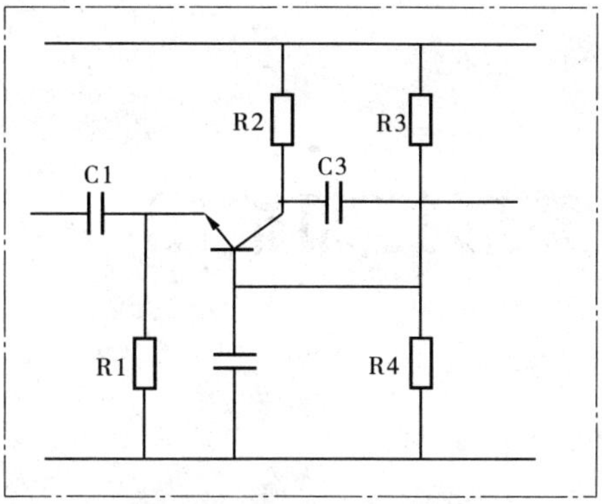

图 10-72

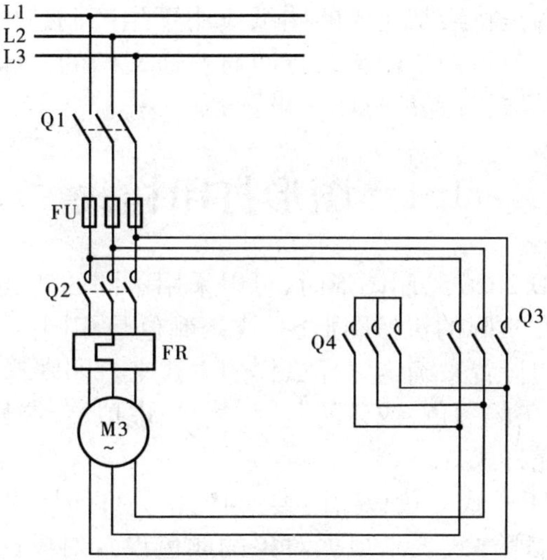

图 10-73

第 11 章 图形打印输出

【本章要点】

☞ 图形打印样式
☞ 打印设备的设置
☞ 图形输出

机械制图的最终目的是将绘制完成的图纸应用于生产制造中，这就必须将 AutoCAD 绘制出的图纸打印输出。AutoCAD 的图纸打印与普通文档的打印有很大不同，需要进行一些自定义设置，如打印样式设置和打印机设置等。

11.1 图形打印样式

用户在利用 AutoCAD 2010 绘制图形时，可以采用不同的线条颜色和相同的线宽（也可采用不同的线宽），而在实际的机械图形中，线条颜色是相同的，线宽是有粗细之分的，因此需要通过打印样式的设置来确定以什么样的方式来打印图形。打印样式可以控制打印对象的打印特性，如线条的颜色、线条的灰度、笔号、虚拟笔、淡显、线型、线宽、线条端点样式、线条连接样式、填充样式等。

AutoCAD 2010 的打印样式一般包括两类：颜色相关打印样式表（. ctb）和命名打印样式表（. stb）。颜色相关打印样式表是根据对象的颜色设置对象的打印特性，如图形中所有红色对象以某种相同的方式打印。颜色相关打印样式表中有 256 种打印样式，每种打印样式对应 AutoCAD 的一种颜色。命名打印样式表是用户直接指定给对象和图层的打印样式，使用这种打印样式时，相同颜色的对象可以指定不同的方式打印。因篇幅有限，本章将重点介绍颜色相关打印样式表。

11.2 打印设备的设置

打印设备的设置是通过打印机管理器完成的。打印机管理器中列出了所有非系统打印机的配置文件。AutoCAD 默认打印特性与 Windows 使用的打印特性有所不同，可以为 Windows 系统打印机创建配置文件，打印机的配置包含端口信息、光栅图形和适量图形的质量、图纸尺寸以及自定义特性设置。

AutoCAD 2010 提供了添加打印机向导，利用此向导，用户可以创建打印机配置的基本信息。选择菜单“文件”→“打印机管理器”或运行“plottermanager”打开打印机管理器，如图 11-1 所示。

双击“添加打印机”向导图标，创建新打印机，弹出“添加打印机 - 简介”对话框，如

图 11-2所示,该对话框向用户介绍了添加打印机向导的基本作用与用法。

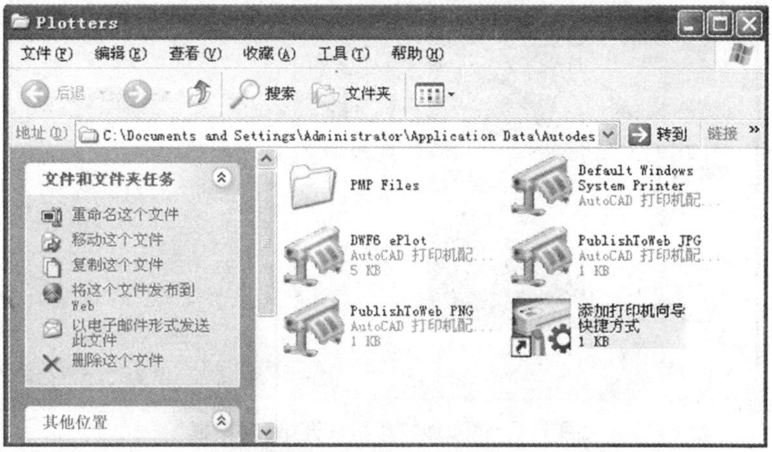

图 11-1　Plotters 窗口

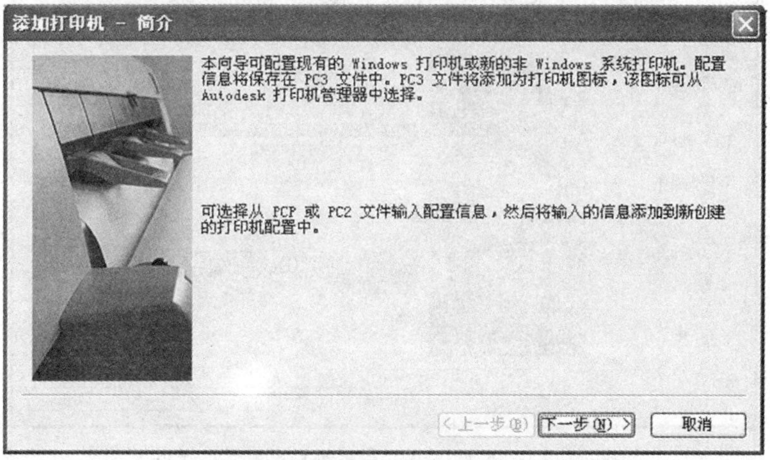

图 11-2　"添加打印机 - 简介"对话框

单击"下一步",弹出"添加打印机 - 开始"对话框,如图 11-3 所示。在此对话框中 AutoCAD 要求用户选择要配置的新打印机的来源。用户可根据实际情况选择相应的选项,单击"下一步",继续进行其他设置,弹出如图 11-4 所示的"添加打印机 - 系统打印机"对话框。

在"添加打印机 - 系统打印机"对话框中的系统打印机列表中选择要添加的打印机,单击"下一步",弹出如图 11-5 所示的"添加打印机 - 输入 PCP 或 PC2"对话框。

在"添加打印机 - 输入 PCP 或 PC2"对话框中,单击"下一步",弹出如图 11-6 所示的"添加打印机 - 打印机名称"对话框。

在"添加打印机 - 打印机名称"对话框中可以对新添加的打印机进行打印机名称的设置,也可以以默认打印机型号名作为其名称。单击"下一步",弹出如图 11-7 所示的"添加打印机 - 完成"对话框。

在"添加打印机 - 完成"对话框中,可以单击相应的按钮进行打印机配置的编辑和绘图仪的校准。

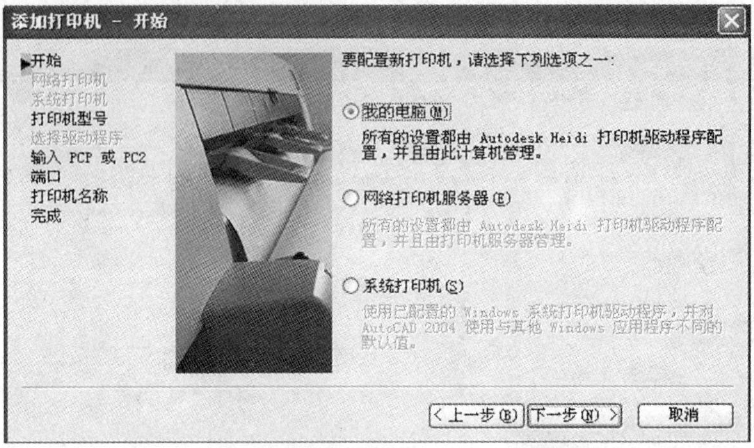

图 11-3 “添加打印机 - 开始”对话框

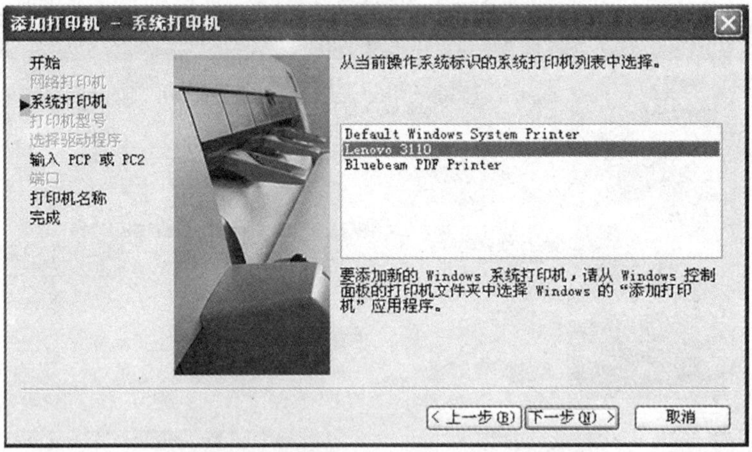

图 11-4 “添加打印机 - 系统打印机”对话框

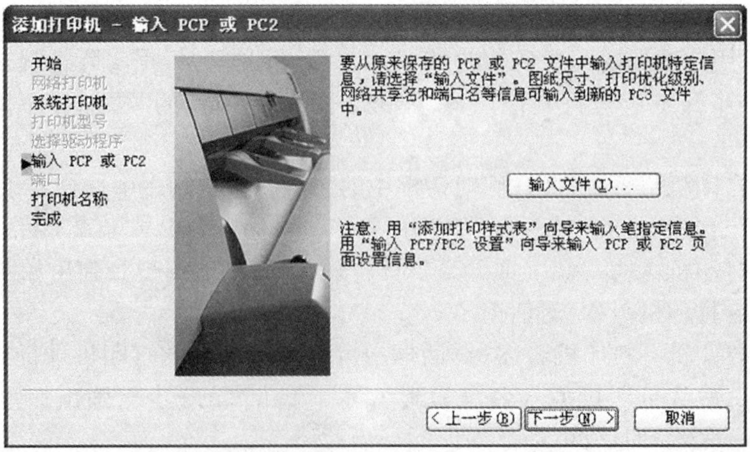

图 11-5 “添加打印机 - 输入 PCP 或 PC2”对话框

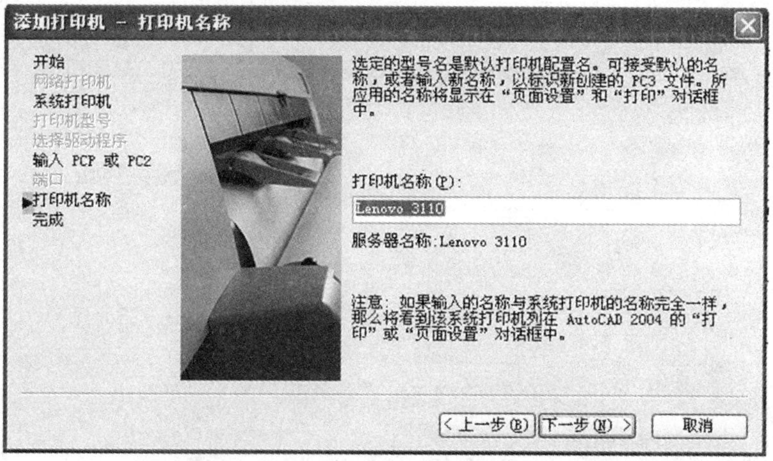

图 11-6 "添加打印机 - 打印机名称"对话框

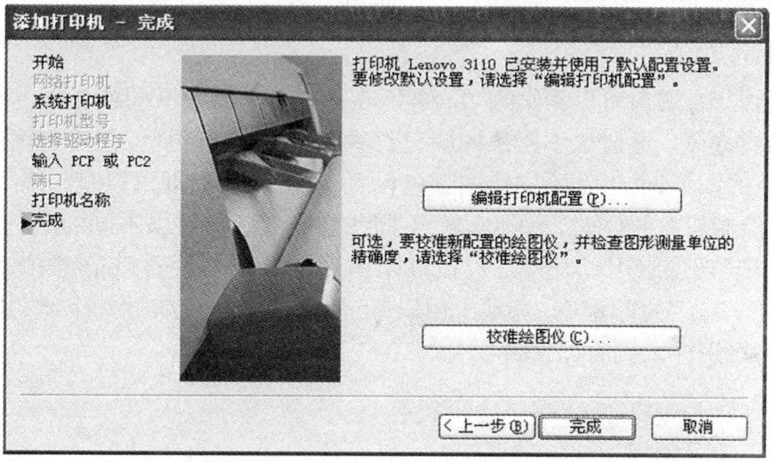

图 11-7 "添加打印机 - 完成"对话框

11.3 图形输出

在完成了图形绘制和打印的初始设置后，就可以利用打印命令来进行图形的打印输出了。选择菜单"文件"→"打印"，或在命令行中输入"plot"，AutoCAD 弹出如图 11-8 的"打印"对话框。该对话框由两个选项卡组成："打印设备"选项卡和"打印设置"选项卡。

11.3.1 "打印设备"选项卡

在"打印设备"选项卡中用户可以对打印机、打印样式、打印范围以及打印戳记等进行配置。在"打印机配置"选项组中选择目标打印机，完成对打印机的配置。

在"打印样式表(笔指定)"选项组中的"名称"下拉列表框中，选择一种打印样式(以 acad. ctb 为例)，单击"编辑"按钮，将弹出"打印样式表编辑器 - acad. ctb"对话框。

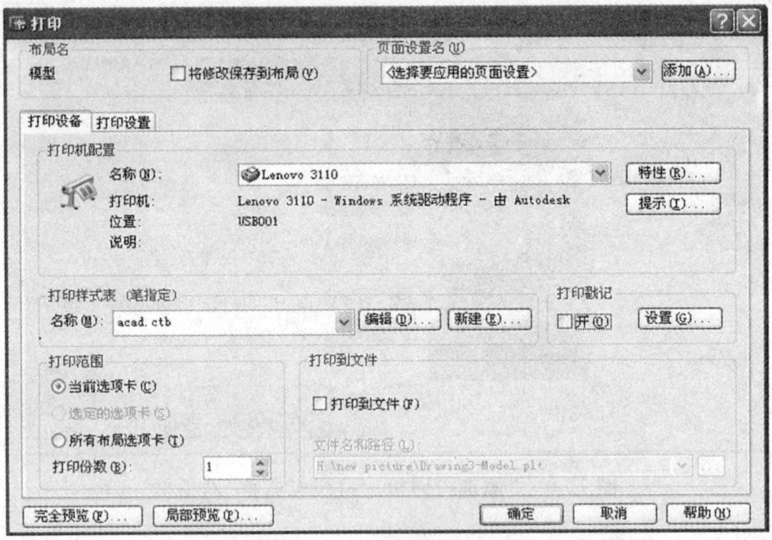

图 11-8　“打印”对话框

在此对话框中,用户可以根据需要,对不同绘图颜色设置不同或相同的打印颜色、打印线型、打印线宽等。通过给不同绘图颜色设置相同的打印颜色,在输出图形中,就可以得到相同颜色的图形;通过给不同绘图颜色设置不同的线宽,即可以打印出不同线宽的图形。因此,在绘制机械图样时,不同线宽、不同线型的线条最好以不同的颜色加以区别。

“打印戳记”选项组用以设置是否在打印图形的指定处放置戳记,如图形名称、绘图日期、绘图时间等。“打印范围”选项组用以确定要打印的内容。“打印到文件”选项组用于设置是否将图形输入到打印文件。

11.3.2　“打印设置”选项卡

在“打印设置”选项卡中,用户可以设置图纸尺寸和图纸单位、图形方向、打印区域、打印比例、打印偏移和打印选项,如图 11-9 所示。

“图纸尺寸和图纸单位”选项组用于设置当前打印设备的标准图纸尺寸和图纸单位。“图形方向”选项组用于设置打印时图形在图纸上的方向。纵向表示图形的顶部在图纸的短边,横向表示图纸的顶部在图纸的长边。“反向打印”复选框用于设置是否使图形颠倒打印。

“打印区域”选项组用于设置实际打印的区域。“图形界限”是指将图形按设定的图形界限范围打印到图纸上;“范围”是指将图样中所有图形输出;“显示”是指将当前视窗中的视图输出;“窗口”是指用户自定义可打印区域内的图形,具体方法是单击“窗口”按钮,此时切换到绘图窗口中,用户可以指定一个区域的两个对角点来确定打印区域。

“打印比例”选项组用于控制打印区域的比例。模型空间默认的打印比例是“按图纸空间缩放”。用户也可以自定义打印比例。“缩放线宽”复选框用于设置图形线宽是否按照打印比例进行缩放。

“打印偏移”选项组用于设置打印区域相对于图纸左下角点的偏移量。“居中打印”复选框用于确定图形是否位于图纸中央位置。

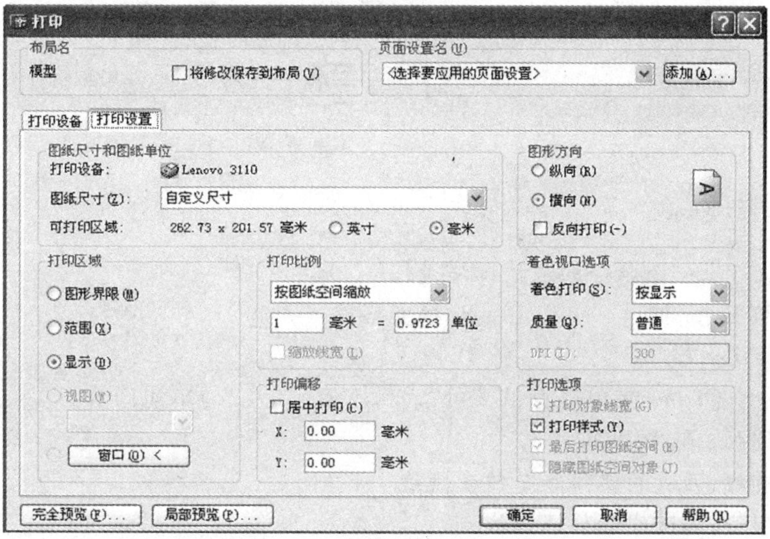

图 11-9 “打印设置”选项卡

11.3.3 打印预览

完成打印对话框的设置后,通常先要预览打印效果,如不合适可重新调整。

“局部预览”用于只打印图形的边框来显示打印效果。“完全预览”用于显示打印的实际效果。选择“完全预览”时,光标变为放大镜形状,可进行实时缩放,以查看打印效果。

预览打印效果后,可按 Esc 键或回车键退出预览。

完成各种打印设置,并进行打印预览确认后,单击“打印”对话框中的“确认”按钮,则打印输出图形。

注意 用户可以使用 PDF 虚拟打印机,将 AutoCAD 的图样打印成 PDF 文件。

本章小结

本章介绍了图样打印样式、打印设备的设置以及打印输出,重点介绍了颜色打印样式表的设置和模型空间图形的打印输出。通过本章的学习,用户可以熟悉图样的打印输出过程,并掌握其操作。

思考与练习

1. 图形的打印样式表分为哪两类? 它们之间有什么异同?

2. 简述在模型空间中打印输出图形的设置方法。

3. 练习新建颜色相关打印样式表,要求:①将所有颜色在打印输出时均设为黑色;②将颜色号 1 ~8 的图线在打印输出时的线宽设置为 0.4 mm,其余颜色的线宽设为 0.2 mm;将颜色号 1 ~4 的图线在打印输出时的线型设置为虚线,其余颜色设置为连续线。

习　题

一、单选题

1. 重新执行上一个命令的最快方法是(　　)。

A. 按 Enter 键　　B. 按空格键

C. 按 Esc 键　　D. 按 F1 键

2. 修剪命令(Trim)可以修剪很多对象,但下面的(　　)不能修剪。

A. 圆弧、圆、椭圆弧

B. 直线、开放的二维和三维多段线

C. 射线、构造线和样条曲线

D. 多线

3. 下列对象执行"偏移"命令后,大小和形状保持不变的是(　　)。

A. 椭圆　　B. 圆

C. 圆弧　　D. 直线

4. 在 AutoCAD 2010 中,系统提供了(　　)条命令用来绘制圆弧。

A. 11　　B. 6

C. 8　　D. 9

5. AutoCAD 2010 图形文件和样板文件的扩展名分别是(　　)。

A. DWT,DWG　　B. DWG,DWT

C. BMP,BAK　　D. BAK,BMP

6. 取消命令执行的键是(　　)。

A. 按 Enter 键　　B. 按 Esc 键

C. 按鼠标右键　　D. 按 F1 键

7. 在十字光标处被调用的菜单称为(　　)。

A. 鼠标菜单　　B. 十字交叉线菜单

C. 快捷菜单　　D. 此处不出现菜单

8. 若丢失了下拉菜单,可以用下面(　　)命令重新加载标准菜单。

A. LOAD　　B. NEW

C. OPEN　　D. MENU

9. 在命令行状态下,不能调用帮助功能的操作是(　　)。

A. 键入 HELP 命令　　B. 快捷键 Ctrl + H

C. 功能键 F1　　D. 键入?

10. 缺省的世界坐标系的简称是(　　)。

A. CCS　　B. UCS

C. UCS1　　D. WCS

11. 要快速显示整个图限范围内的所有图形,可使用(　　)命令。

A. "视图"→"缩放"→"窗口"　　B. "视图"→"缩放"→"动态"

C. "视图"→"缩放"→"范围"　　D. "视图"→"缩放"→"全部"

12. 设置"夹点"大小及颜色是在"选项"对话框中的(　　)选项卡中。

A. 打开和保存　　B. 系统

C. 显示　　D. 选择

13. 在 AutoCAD 2010 中,要将左右两个视口改为左上、左下、右三个视口,可选择(　　)命令。

A. "视图"→"视口"→"一个视口"　　B. "视图"→"视口"→"三个视口"

C. "视图"→"视口"→"合并"　　D. "视图"→"视口"→"两个视口"

14. 在 AutoCAD 中,使用(　　)可以在打开的图形间来回切换,但是,在某些时间较长的操作(例如重生成图形)期间不能切换图形。

A. Ctrl + F9 键或 Ctrl + Shift 键　　B. Ctrl + F8 键或 Ctrl + Tab 键

C. Ctrl + F6 键或 Ctrl + Tab 键　　D. Ctrl + F7 键或 Ctrl + Lock 键

15. 在命令行中输入"ZOOM",执行"缩放"命令。在命令行"指定窗口角点,输入比例因子(nX 或 nXP),或[全部(A)/中心点(C)/动态(D)/范围(E)/上一个(P)/比例(S)/窗口(W)] <实时>:"提示下,输入(　　),该图形相对于当前视图缩小一半。

A. -0.5nXP　　B. 0.5X

C. 2nXP　　D. 2X

16. "缩放"(ZOOM)命令在执行过程中改变了(　　)。

A. 图形的界限范围大小　　B. 图形的绝对坐标

C. 图形在视图中的位置　　D. 图形在视图中显示的大小

17. 当启动向导时,如果选"使用样板"选项,每一个 AutoCAD 的样板图形的扩展名应为(　　)。

A. DWG　　B. DWT

C. DWK　　D. TEM

18. 精确绘图的特点为(　　)。

A. 精确的颜色　　B. 精确的线宽

C. 精确的几何数量关系　　D. 精确的文字大小

19. 以下说法错误的是(　　)。

A. 使用"绘图"→"正多边形"命令将得到一条多段线

B. 可以用"绘图"→"圆环"命令绘制填充的实心圆

C. 打断一条"构造线"将得到两条射线

D. 不能用"绘图"→"椭圆"命令画圆

20. 按比例改变图形实际大小的命令是(　　)。

A. OFFSET　　B. ZOOM

C. SCALE　　D. STRETCH

21. 关于移动(MOVE)和平移(PAN)命令,下列说法正确的是(　　)。

A. 它们都是移动命令,效果一样

B. 移动(MOVE)速度快,平移(PAN)速度慢

C. 移动(MOVE)的对象是视图,平移(PAN)的对象是物体

D. 移动(MOVE)的对象是物体,平移(PAN)的对象是视图

22. 在"缩放"工具栏中,共有(　　)种缩放工具。

A. 10　　B. 6

C. 8　　D. 9

23. 下面(　　)的名称不能被修改或删除。

A. 未命名的层　　B. 标准层

C. 0 层　　D. 缺省的层

24. 当图形中只有一个视口时,"重生成"的功能与(　　)相同。

A. 窗口缩放　　B. 全部重生成

C. 实时平移　　D. 重画

25. 改变图形实际位置的命令是(　　)。

A. ZOOM　　B. MOVE

C. PAN　　D. OFFSET

26. 卸载菜单栏以后,可以在(　　)中装载。

A. "菜单自定义"对话框　　B. "草图设置"对话框

C. "选项"对话框　　D. "自定义"对话框

27. 如果起点为(5,5),要画出与 X 轴正方向成 30 度夹角,长度为 50 的直线段,应输入(　　)。

A. 50,30　　B. @30,50

C. @50<30　　D. 30,50

28. 用相对直角坐标绘图时以(　　)为参照点。

A. 上一指定点或位置　　B. 坐标原点

C. 屏幕左下角点　　D. 任意一点

29. 执行"样条曲线"命令后,(　　)选项用来输入曲线的偏差值。值越大,曲线越远离指定的点;值越小,曲线离指定的点越近。

A. 闭合　　B. 端点切向

C. 拟合公差　　D. 起点切向

30. 执行(　　)命令对闭合图形无效。

A. 打断　　B. 复制

C. 拉长　　D. 删除

31. 应用(　　)选项可以使用直线、样条曲线、多线段命令绘制的图形闭合。

A. CLOSE　　B. CONNECT

C. COMPLETE　　D. DONE

32. 当用 MIRROR 命令对文本属性进行镜像操作时,要想让文本具有可读性,应将变量 MIRRTEXT 的值设置为(　　)。

A. 0　　B. 1

C. 2　　D. 3

33.(　　)命令可以对两个对象用圆弧进行连接。

A. FILLET　　B. PEDIT

C. CHAMFER　　D. ARRAY

34.(　　)对象不可以使用 PLINE 命令来绘制。

A. 直线　　B. 圆弧

C. 具有宽度的直线　　D. 椭圆弧

35. 在下列目标选择方式中,(　　)方式可以快速全选绘图区中所有的对象。

A. Esc　　B. BOX

C. ALL　　D. ZOOM

36. 可以通过下面哪个系统变量控制点的样式:(　　)。

A. PDMODE　　B. PDSIZE

C. PLINE　　D. POINT

37.(　　)命令,能够既刷新视图,又刷新计算机图形数据库。

A. Redraw　　B. Redrawall

C. Regen　　D. Regenmode

38. 应用相切、相切、相切方式画圆时(　　)。

A. 相切的对象必须是直线

B. 不需要指定圆的半径和圆心

C. 从下拉菜单激活画圆命令

D. 不需要指定圆心,但要输入圆的半径

39. 在图案填充操作中(　　)。

A. 只能单击填充区域中任意一点来确定填充区域

B. 所有的填充样式都可以调整比例和角度

C. 图案填充可以和原来轮廓线关联或者不关联

D. 图案填充只能一次生成,不可以编辑修改

40. 使用 STRETCH 命令时,若所选实体全部在交叉窗口内,则拉伸实体等同于下面(　　)命令。

A. EXTEND　　B. LENGTHEN

C. MOVE　　D. ROTATE

41.(　　)命令用于把单个或多个对象从它们的当前位置移至新位置,且不改变对象的尺寸和方位。

A. ARRAY　　B. COPY

C. MOVE　　D. ROTATE

42. 下面(　　)命令可以将直线、圆、多线段等对象作同心复制,且如果对象是闭合的图形,则执行该命令后的对象将被放大或缩小。

A. OFFSET　　B. SCALE
C. ZOOM　　D. COPY

43. 如果想把直线、弧和多线段的端点延长到指定的边界，则应该使用(　　)命令。
A. EXTEND　　B. PEDIT
C. FILLET　　D. ARRAY

44. (　　)命令用于绘制多条相互平行的线，每一条的颜色和线型可以相同，也可以不同，此命令常用来绘制建筑工程上的墙线。
A. 多段线　　B. 多线
C. 样条曲线　　D. 直线

45. (　　)对象适用“拉长”命令中的“动态”选项。
A. 多段线　　B. 多线
C. 样条曲线　　D. 直线

46. (　　)命令可以方便地查询指定两点之间的直线距离以及该直线与 X 轴的夹角。
A. 点坐标　　B. 距离
C. 面积　　D. 面域

47. (　　)命令用于绘制指定内外直径的圆环或填充圆。
A. 椭圆　　B. 圆
C. 圆弧　　D. 圆环

48. (　　)是由封闭图形所形成的二维实心区域，它不但含有边的信息，还含有边界内的信息，用户可以对其进行各种布尔运算。
A. 块　　B. 多段线
C. 面域　　D. 图案填充

49. (　　)对象可以执行“拉长”命令中的“增量”选项。
A. 弧　　B. 矩形
C. 圆　　D. 圆柱

50. 在 AutoCAD 2010 中，用于设置尺寸界线超出尺寸线的距离的变量是(　　)。
A. DIMCLRE　　B. DIMEXE
C. DIMLWE　　D. DIMXO

51. 下列命令中将选定对象的特性应用到其他对象的是(　　)。
A. “夹点”编辑　　B. AutoCAD 设计中心
C. 特性　　D. 特性匹配

52. (　　)命令可自动地将包围指定点的最近区域定义为填充边界。
A. BHATCH　　B. BOUNDARY
C. HATCH　　D. PTHATCH

53. 在默认情况下，AutoCAD 2010 提供的多线样式文件为(　　)。
A. acad. lin　　B. acad. mln
C. acadiso. lin　　D. acadiso. mln

54. AutoCAD 2010 提供的( )命令可以用来查询所选实体的类型、所属图层空间等特性参数。

A.“距离”(Dist) B.“列表”(List)

C.“时间”(Time) D.“状态”(Status)

55. 在 AutoCAD 2010 设置图层颜色时,可以使用( )种标准颜色。

A. 240 B. 255

C. 6 D. 9

56. 在机械制图中,常使用“绘图”→“圆”命令中的( )子命令绘制连接弧。

A. 三点 B. 相切、相切、半径

C. 相切、相切、相切 D. 圆心、半径

57. 在绘制二维图形时,要绘制多段线,可以选择( )命令。

A.“绘图”→“3D 多段线” B.“绘图”→“多段线”

C.“绘图”→“多线” D.“绘图”→“样条曲线”

58. 在对圆弧执行“拉伸”命令时,( )在拉伸过程中不改变。

A. 弦高 B. 圆弧

C. 圆心位置 D. 终止角度

59. 在 AutoCAD 2010 中,使用“绘图”→“矩形”命令可以绘制多种图形,以下答案中最恰当的是( )。

A. 倒角矩形 B. 圆角矩形

C. 有厚度的矩形 D. 以上答案全正确

60. 运用“正多边形”命令绘制的正多边形可以看作是一条( )。

A. 多段线 B. 构造线

C. 样条曲线 D. 直线

61. 在 AutoCAD 2010 中,使用交叉窗口选择(Crossing)对象时,所产生选择集( )。

A. 仅为窗口的内部的实体

B. 仅为与窗口相交的实体(不包括窗口内部的实体)

C. 同时与窗口四边相交的实体加上窗口内部的实体

D. 以上都不对

62. ( )命令可以绘制连续的直线段,且每一部分都是单独的线对象。

A. POLYLINE B. LINE

C. RECTANGLE D. POLYGON

63. 下列文字特性不能在“多行文字编辑器”对话框的“特性”选项卡中设置的是( )。

A. 高度 B. 宽度

C. 旋转角度 D. 样式

64. 在 AutoCAD 中,用户可以使用( )命令将文本设置为快速显示方式,使图形中的文本以线框的形式显示,从而提高图形的显示速度。

A. TEXT　B. MTEXT
C. WTEXT　D. QTEXT

65. 在"标注样式"对话框中,"文字"选项卡中的"分数高度比例"选项只有设置了(　　)选项后方才有效。

A. 单位精度　B. 公差
C. 换算单位　D. 使用全局比例

66. 在文字输入过程中,输入"1/2",在 AutoCAD 2010 中运用(　　)命令过程中可以把此分数形式改为水平分数形式。

A. 单行文字　B. 对正文字
C. 多行文字　D. 文字样式

67. 执行(　　)命令,可打开"标注样式管理器"对话框,在其中可对标注样式进行设置。

A. DIMRADIUS　B. DIMSTYLE
C. DIMDIAMETER　D. DIMLINEAR

68. 多行文本标注命令是(　　)。

A. TEXT　B. MTEXT
C. QTEXT　D. WTEXT

69. (　　)命令用于标注在同一方向上连续的线性尺寸或角度尺寸。

A. DIMBASELINE
B. DIMCONTINUE
C. QLEADER
D. QDIM

70. (　　)命令用于创建平行于所选对象或平行于两尺寸界线原点连线的直线型尺寸。

A. 对齐标注　B. 快速标注
C. 连续标注　D. 线性标注

71. 当图形中只有两个端点时,不能执行"快速标注"命令过程中的(　　)选项。

A. 编辑中的添加　B. 编辑中指定要删除的标注点
C. 连续　D. 相交

72. 下列不属于基本标注类型的是(　　)。

A. 对齐标注　B. 基线标注
C. 快速标注　D. 线性标注

73. 如果在一个线性标注数值前面添加直径符号,则应用(　　)命令。

A. %%c　B. %%o
C. %%d　D. %%%

74. 下面(　　)命令用于测量并标注被测对象之间的夹角。

A. DIMANGULAR　B. ANGULAR
C. QDIM　D. DIMRADIUS

75. 快速标注的命令是(　　)。

A. QDIMLINE　　B. QDIM

C. QLEADER　　D. DIM

76. (　　)命令用于对 TEXT 命令标注的文本进行查找和替换。

A. FIND　　B. SPELL

C. QTEXT　　D. EDIT

77. 在定义块属性时,要使属性为定值,可选择(　　)模式。

A. 不可见　　B. 固定

C. 验证　　D. 预置

78. 用(　　)命令可以创建图块,且只能在当前图形文件中调用,而不能在其他图形中调用。

A. BLOCK　　B. WBLOCK

C. EXPLODE　　D. MBLOCK

79. 在创建块时,在"块定义"对话框中必须确定的要素为(　　)。

A. 块名、基点、对象　　B. 块名、基点、属性

C. 基点、对象、属性　　D. 块名、基点、对象、属性

80. 布局空间(layout)的设置(　　)。

A. 必须设置为一个模型空间、一个布局空间

B. 一个模型空间可以多个布局空间

C. 一个布局可以多个模型空间

D. 一个文件中可以有多个模型空间、多个布局空间

81. 模型空间是(　　)。

A. 和图纸空间设置一样

B. 和布局设置一样

C. 为了建立模型设定的,不能打印

D. 主要为设计建模用,但也可以打印

82. 在 AutoCAD 2010 中提供了(　　)种打印样式表。

A. 2　　B. 1

C. 4　　D. 3

83. 在一个视图中,一次最多可创建(　　)个视口。

A. 2　　B. 3

C. 4　　D. 5

84. AutoCAD 2010 不能输出以下(　　)格式。

A. JPG　　B. BMP

C. SWF　　D. 3DS

85. 下面(　　)选项不属于图纸方向设置的内容。

A. 纵向　　B. 反向

C. 横向　　D. 逆向

86. 在 AutoCAD 中,POLYGON 命令最多可以绘制(　　)条边的正多边形。

A. 128　　B. 256

C. 512　　D. 1 024

87. 可以利用以下(　　)方法来调用命令。

A. 在命令行输入命令　　B. 单击工具栏上的按钮

C. 选择下拉菜单中的菜单项　　D. 以上三者均可

88. 功能键(　　)可以进入文本窗口。

A. F1　　B. F2

C. F3　　D. F4

89. 在 AutoCAD 中,下列坐标中使用相对极坐标的是(　　)。

A. (@32,18)　　B. (@32<18)

C. (32,18)　　D. (32<18)

90. 设置光标大小需在“选项”对话框中的(　　)选项卡中设置。

A. 草图　　B. 打开和保存

C. 系统　　D. 显示

91. 在默认情况下,关于用户坐标系统与世界坐标系统的关系,下面(　　)说法正确。

A. 不相重合　　B. 同一个坐标系

C. 相重合　　D. 有时重合,有时不重合

92. 在进行文字标注时,若要插入“度”称号,则应输入(　　)。

A. d%%　　B. %d

C. d%　　D. %%d

93. (　　)不能在“工具”→“自定义”中定义。

A. 菜单　　B. 状态栏

C. 工具栏　　D. 键盘

94. 半径尺寸标注的标注文字的默认前缀是(　　)。

A. D　　B. R

C. Rad　　D. Radius

95. (　　)命令用于为图形标注多行文本、表格文本和下划线文本等特殊文字。

A. MTEXT　　B. TEXT

C. DTEXT　　D. DDEDIT

96. 如果要标注倾斜直线的长度,应该选用(　　)命令。

A. DIMLINEAR　　B. DIMALIGNED

C. DIMORDINATE　　D. QDIM

97. 快速引线后不可以尾随的注释对象是(　　)。

A. 多行文字　　B. 公差

C. 单行文字　　D. 复制对象

98. (　　)命令用于在图形中以第一尺寸线为基准标注图形尺寸。

A. DIMBASELINE　　B. DIMCONTINUE

C. QLEADER　　D. QDIM

99. (　　)字体是中文字体。

A. gbenor. shx　　B. gbeitc. shx

C. gbcbig. shx　　D. txt. shx

100. 使用“快速标注”命令标注圆或圆弧时,不能自动标注(　　)选项。

A. 半径　　B. 基线

C. 圆心　　D. 直径

101. ARRAY 命令与块参照中的(　　)命令相似。

A. MINSERT　　B. BLOCK

C. INSERT　　D. WBLOCK

102. (　　)不可以被分解。

A. 块参照　　B. 关联尺寸

C. 多线段　　D. 用 MINSERT 命令插入的块参照

103. 如果要删除一个无用块,使用(　　)命令。

A. PURGE　　B. DELETE

C. ESC　　D. UPDATE

104. 在打印样式表栏中选择或编辑一种打印样式,可编辑的扩展名为(　　)。

A. WMF　　B. PLT

C. CTB　　D. DWG

105. 在保护图纸安全的前提下,和别人进行设计交流的途径为(　　)。

A. 不让别人看图. dwg 文件,直接口头交流

B. 只看. dwg 文件,不进行标注

C. 把图纸文件缩小到别人看不太清楚为止

D. 利用电子打印进行. dwf 文件的交流

106. 在模型空间中,我们可以按传统的方式进行绘图编辑操作。一些命令只适用于模型空间,如(　　)命令。

A. 鸟瞰视图　　B. 三维动态观察器

C. 实时平移　　D. 新建视口

二、多选题

1. 坐标输入方式主要有(　　)。

A. 绝对坐标　　B. 相对坐标

C. 极坐标　　D. 球坐标

2. “AutoCAD 2010 今日”对话框的“打开图形”选项卡用于打开已有图形,在该选项卡的“选择开始方式”下拉列表框中有以下(　　)选项。

A. 最近使用的文件　　B. 历史记录(按日期)

C. 历史记录(按文件名)　　D. 历史记录(按位置)

3. AutoCAD 帮助系统提供了使用 AutoCAD 的完整信息。下面说法正确的是(　　)。

A. 右边的框显示所选择的主题和详细信息

B. 左边的框帮助用户定位要查找的信息

C. 左边的框显示所查找主题的详细信息

D. 左框上面的选项卡提供查找所需主题的方法

4. 可以利用(　　)方法来调用命令。

A. 在命令行输入命令

B. 单击工具栏上的按钮

C. 选择下拉菜单中的菜单项

D. 在图形窗口单击鼠标左键

5. 在 AutoCAD 中,有(　　)文档排列方式。

A. 层叠　　B. 水平平铺

C. 垂直平铺　　D. 排列图标

6. 配置和优化 AutoCAD 主要包括(　　)。

A. 使用命令输入窗转换　　B. 使用环境变量

C. 命名别名　　D. 从系统错误中恢复

7. 不能删除的图层是(　　)。

A. 0 图层　　B. 当前图层

C. 含有实体的层　　D. 外部引用依赖层

8. 在执行"交点"捕捉模式时,可捕捉到(　　)。

A. 三维实体的边或角点

B. 面域的边

C. 曲线的边

D. 圆弧、圆、椭圆、椭圆弧、直线、多线、多段线、射线、样条曲线或构造线等对象之间的交点

9. 在设置绘图单位时,系统提供了长度单位的类型除了小数,还有(　　)。

A. 分数　　B. 建筑

C. 工程　　D. 科学

10. 扩展的绘图命令有(　　)。

A. COPY　　B. MIRROR

C. ARRAY　　D. SNAP

11. 夹点编辑模式可分为(　　)。

A. STUETCH 模式　　B. MOVE 模式

C. ROTATE 模式　　D. MIRROR 模式

12. 高级复制主要可分为(　　)。

A. 夹点复制　　B. 连续复制

C. 利用剪贴板复制　　D. 粘贴对象

13. 下面关于样条曲线的说法正确的是(　　)。

A. 可以是二维曲线或三维曲线

B. 是按照给定的某些数据点(控制点)拟合生成的光滑曲线

C. 样条曲线最少应有三个顶点

D. 在机械图样中常用来绘制波浪线、凸轮曲线等

14. 对(　　)对象执行“拉伸”命令无效。

A. 多段线宽度　　B. 矩形

C. 圆　　D. 三维实体

15. 在命令行中输入(　　)可执行“列表”命令。

A. Li　　B. Lis

C. List　　D. Ls

16. 阵列命令有以下复制形式:(　　)。

A. 矩形阵列　　B. 环形阵列

C. 三角阵列　　D. 样条阵列

17. (　　)命令可以绘制矩形。

A. LINE　　B. PLINE

C. RECTANG　　D. POLYGON

18. 图案填充有(　　)图案的类型供用户选择。

A. 预定义　　B. 用户定义

C. 自定义　　D. 历史记录

19. 使用圆心(CEN)捕捉类型可以捕捉到(　　)的圆心位置。

A. 圆　　B. 圆弧

C. 椭圆　　D. 椭圆弧

20. 图形的复制命令主要包括(　　)。

A. 直接复制　　B. 镜像复制

C. 阵列复制　　D. 偏移复制

21. 尺寸标注的编辑有(　　)。

A. 倾斜尺寸标注　　B. 对齐文本

C. 自动编辑　　D. 标注更新

22. 绘制一个线性尺寸标注,必须(　　)。

A. 确定尺寸线的位置

B. 确定第二条尺寸界线的原点

C. 确定第一条尺寸界线的原点

D. 确定箭头的方向

23. AutoCAD 中包括的尺寸标注类型有(　　)。

A. ANCULAR(角度)　　B. DIAMETER(直径)

C. LINEAR(线性)　　D. RADIUS(半径)

24. 设置尺寸标注样式的方法有(　　)。

A. 选择“格式”→“标注样式”选项

B. 在命令行中输入 DDIM 命令后按下 Enter 键

C. 击“标注”工具栏上的“标注样式”图标按钮

D. 在命令行中输入 Style 命令后按下 Enter 键

25. 创建文字样式可以利用的方法有(　　)。

A. 在命令行中输入 Style 后按下 Enter 键,在打开的对话框中创建

B. 选择“格式”→“文字样式”命令后,在打开的对话框中创建

C. 直接在文字输入时创建

D. 随时创建

26. “多行文字编辑器”对话框中的选项卡有(　　)。

A. 字符　　B. 特性

C. 行距　　D. 查找/替换

27. 编辑块属性的途径有(　　)。

A. 单击属性定义进行属性编辑

B. 双击包含属性的块进行属性编辑

C. 应用块属性管理器编辑属性

D. 只可以用命令进行编辑属性

28. 块的属性的定义正确的是(　　)。

A. 块必须定义属性

B. 一个块中最多只能定义一个属性

C. 多个块可以共用一个属性

D. 一个块中可以定义多个属性

29. 图形属性一般含有哪些选项(　　)。

A. 基本　　B. 普通

C. 概要　　D. 视图

30. 在属性提取过程中(　　)。

A. 必须定义样板文件

B. 一次只能提取一个图形文件中的属性

C. 一次可以提取多个图形文件中的属性

D. 只能输出文本格式文件 TXT

31. 使用块的优点是(　　)。

A. 建立图形库　　B. 方便修改

C. 节约存储空间　　D. 节约绘图时间

32. 电子打印(　　)。

A. 无需真实的打印机　　B. 无需打印驱动程序

C. 无需纸张等传统打印介质　　D. 具有很好的保密性

33. 当图层被锁定时,仍然可以(　　)。

A. 在该图层上创建新的图形对象

B. 将该图层设置为当前层

C. 将该图层上的图形对象作为辅助绘图时的捕捉对象

D. 将该图层上的对象作为“修剪”和“延伸”命令的目标对象

34. 在 AutoCAD 中，系统提供的几种坐标系统为：(　　)

A. 笛卡儿坐标系　　B. 世界坐标系

C. 用户坐标系　　D. 球坐标系

35. 在同一个图形中，各图层具有相同的(　　)，用户可以对位于不同图层上的对象同时进行编辑操作。

A. 绘图界限　　B. 显示时缩放倍数

C. 属性　　D. 坐标系

36. 下面关于栅格的说法，正确的是(　　)。

A. 打开“栅格”模式，可以直观地显示图形的绘制范围和绘图边界

B. 当捕捉设定的间距与栅格所设定的间距不同时，捕捉也按栅格进行，也就是说，当两者不匹配时，捕捉点也是栅格点

C. 当捕捉设置的间距与栅格相同时，捕捉就可对屏幕上的栅格点进行

D. 当栅格过密时，屏幕上将不会显示出栅格，对图形进行局部放大观察时也看不到

37. 样条曲线能使用(　　)命令进行编辑。

A. 分解　　B. 删除

C. 修剪　　D. 移动

38. 执行“特性匹配”命令可将(　　)所有目标对象的颜色修改成源对象的颜色。

A. OLE 对象　　B. 长方体对象

C. 圆对象　　D. 直线对象

39. 编辑多线时，可以(　　)。

A. 编辑多线样式　　B. 增加或删除多线的顶点

C. 对多线倒角　　D. 对多线倒圆角

40. 修正命令包括(　　)。

A. Trim　　B. Extend

C. Break　　D. Chamfer

41. 在 AutoCAD 2010 中，点命令主要包括(　　)等。

A. POINT　　B. DIVIDE

C. SCALE　　D. MEASURE

42. 在 AutoCAD 中，可以创建打断的对象有圆、直线、射线和(　　)。

A. 圆弧　　B. 构造线

C. 样条曲线　　D. 多段线

43. 在“标注样式”对话框的“圆心标记类型”选项中，所供用户选择的选项包含(　　)选项。

A. 标记　　B. 无

C. 圆弧　　D. 直线

44. DIMLINEAR(线性标注)命令允许绘制(　　)方向以及(　　)方向的尺寸标注。

A. 垂直　　B. 对齐

C. 水平　　D. 圆弧

45. 在文本标注的 FIND 命令对用(　　)命令标注的文本不起作用。

A. RTEXT　　B. ARCTEXT

C. TEXT　　D. DTEXT

46. 执行 DIMRADIUS 或 DIMDIAMETER 命令的系统提示相同,如果用户采用系统测量值,则 AutoCAD 能在测量数值前自动添加(　　)符号。

A. d　　B. R

C. ϕ　　D. %

47. 在"格式"→"多线样式"命令对话框中单击"元素特性"按钮,在弹出的对话框中,可以(　　)。

A. 改变多线的线的数量和偏移

B. 改变多线的颜色

C. 改变多线的线型

D. 改变多线的封口方式

48. 对于"标注"→"坐标"命令,以下正确的是(　　)。

A. 可以输入多行文字

B. 可以输入单行文字

C. 可以一次性标注 X 坐标和 Y 坐标

D. 可以改变文字的角度

49. AutoCAD 中的图块可以是(　　)。

A. 内部块　　B. 外部块

C. 模型空间块　　D. 图纸空间块

三、绘图题

1. 将长度和角度精度设置为小数点后三位,绘制图 1 所示图形,AB 长度为(　　)。

A. 178.119　　B. 182.119　　C. 158.119　　D. 147.119

2. 将长度和角度精度设置为小数点后三位,绘制图 2 所示图形,A 点坐标为(　　)。

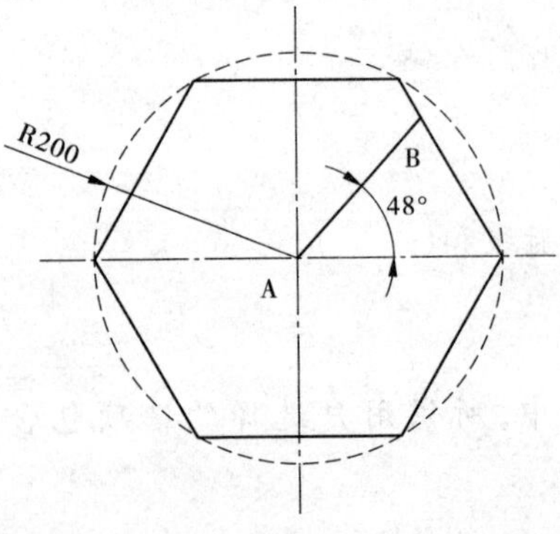

图 1

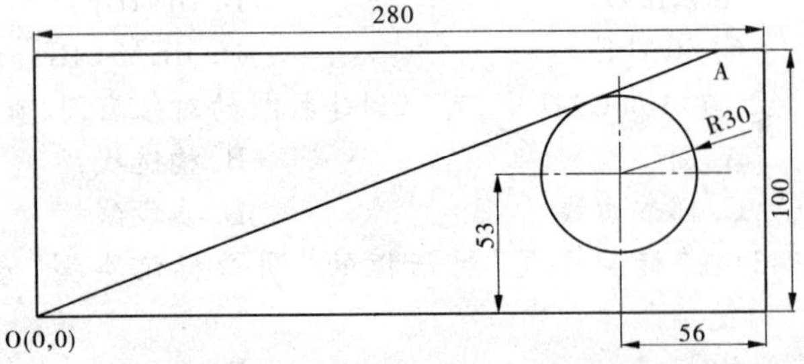

图 2

A. (249.246,100) B. (274.246,90.478)

C. (263.246,100) D. (269.246,109.478)

3. 将长度和角度精度设置为小数点后三位,绘制图 3 所示图形,图形面积为(　　)。

A. 28 038.302 B. 28 937.302 C. 27 032.302 D. 29 034.302

4. 将长度和角度精度设置为小数点后三位,绘制图 4 所示图形,阴影部分面积为(　　)。

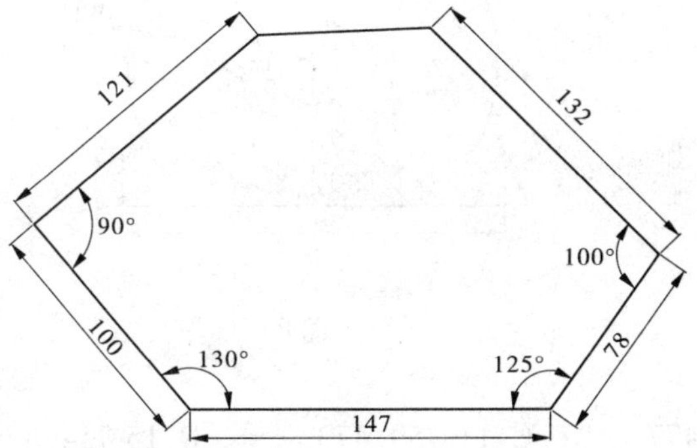

图 3

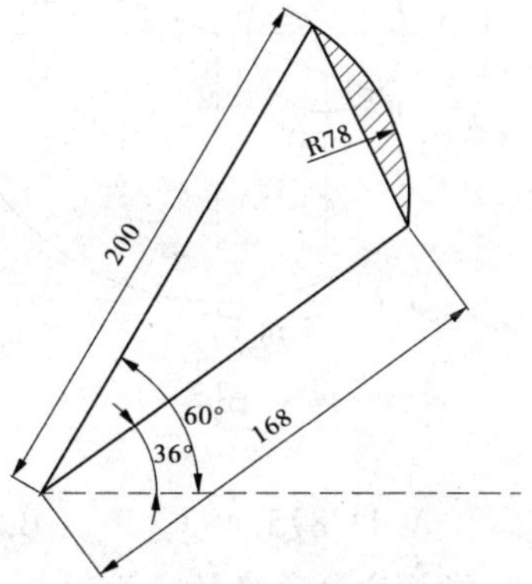

图 4

A. 644.791 B. 763.479 C. 667.256 D. 663.791

5. 将长度和角度精度设置为小数点后三位,绘制图 5 所示图形,A 点坐标为(　　)。

A. (77.597, -68.935) B. (72.500, -60.835)

C. (-78.579,67.835) D. (-77.597,68.935)

6. 将长度和角度精度设置为小数点后三位,绘制图 6 所示图形,阴影部分面积及周长为(　　)。

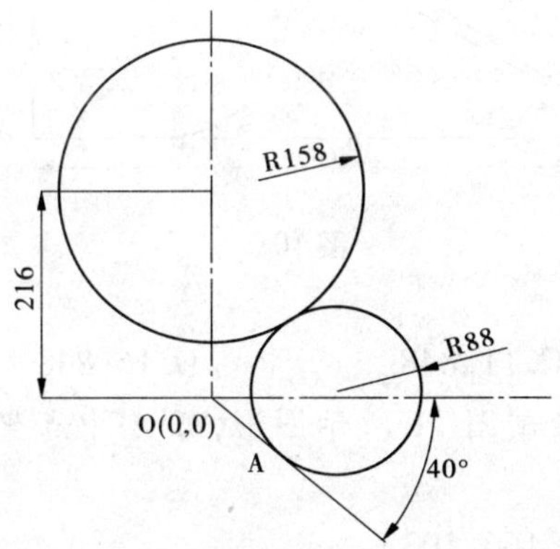

图 5

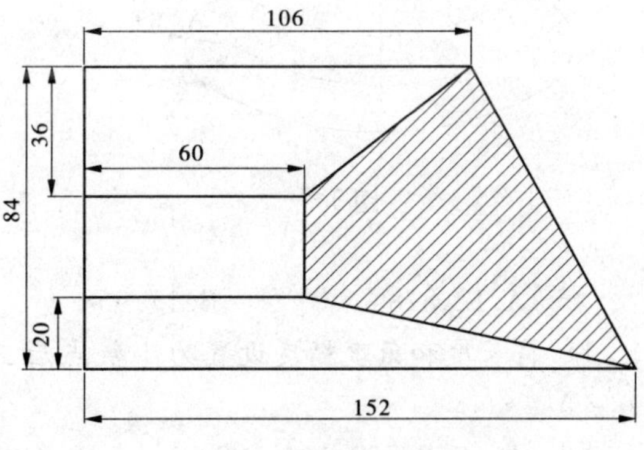

图 6

A. 4 087.879,289.332 B. 4 049.473,298.379

C. 4 048,276.332 D. 4 044,298.379

7. 将长度和角度精度设置为小数点后三位,绘制图 7 所示图形,AB 的长度为(　　)。

A. 307.887 B. 367.887 C. 357.887 D. 327.887

8. 将长度和角度精度设置为小数点后三位，绘制图 8 所示图形，阴影部分面积为(　　)。

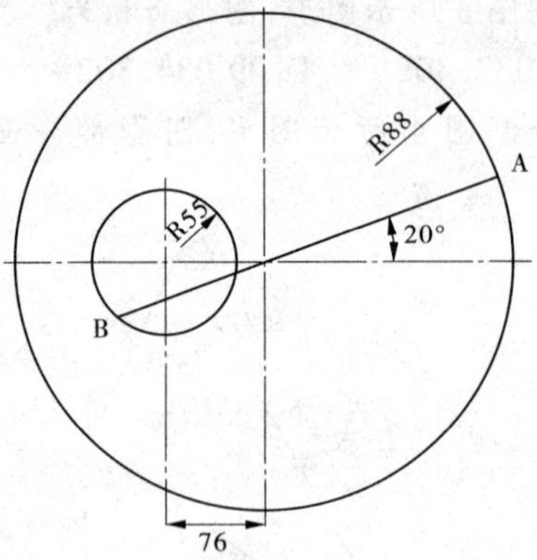

图 7

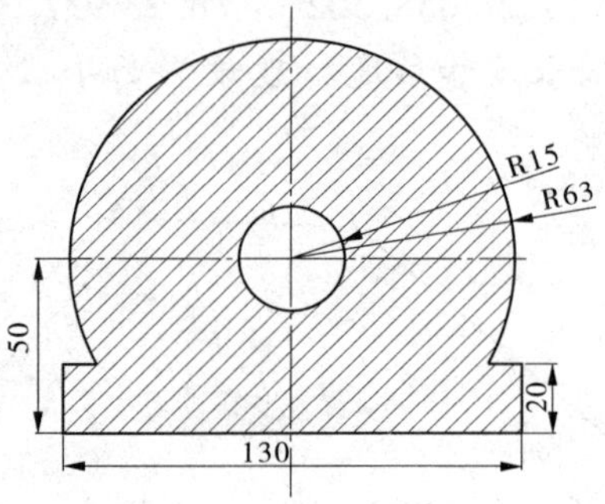

图 8

A. 11 875.493　　B. 11 679.477　　C. 11 759.473　　D. 15 754.873

9. 将长度和角度精度设置为小数点后三位，绘制图 9 所示图形，图形面积为(　　)。

A. 1 287.195　　B. 1 291.195　　C. 1 311.195　　D. 1 274.195

10. 将长度和角度精度设置为小数点后三位，绘制图 10 所示图形，AB 长度为(　　)。

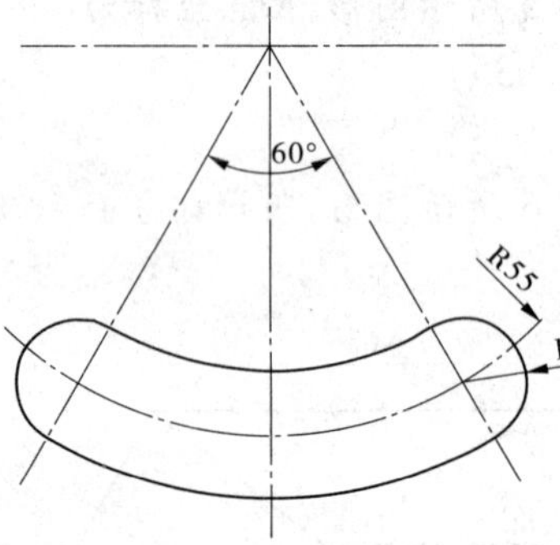

图 9

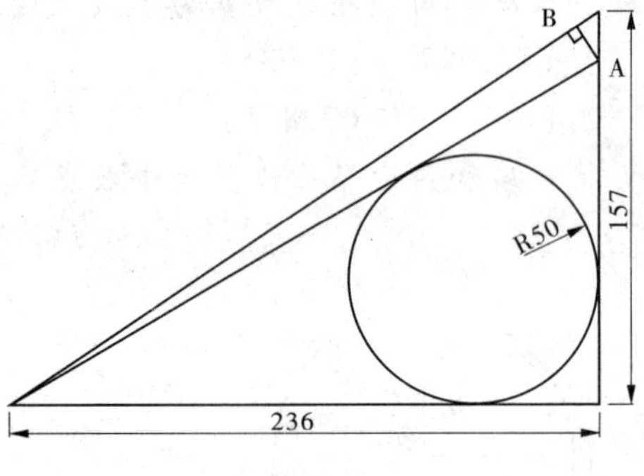

图 10

A. 12.878　　B. 17.958　　C. 11.848　　D. 16.848

11. 将长度和角度精度设置为小数点后三位，绘制图 11 所示图形，弧 A 中点坐标为(　　)。

A. (257.850,164.103)　　B. (254.850,166.103)

C. (154.850,266.103)　　D. (278.870,116.103)

12. 将长度和角度精度设置为小数点后三位，绘制图 12 所示图形，切线与大圆交点 A 坐标为(　　)。

A. (135.065,36.842)　　B. (235.065,86.843)

C. (148.765,31.874)　　D. (175.065,76.845)

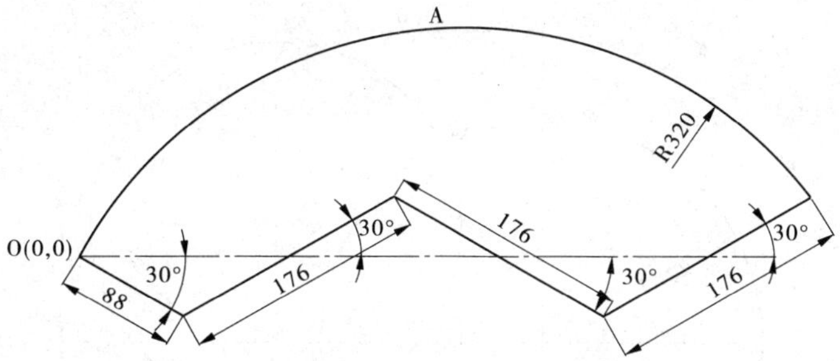

图 11

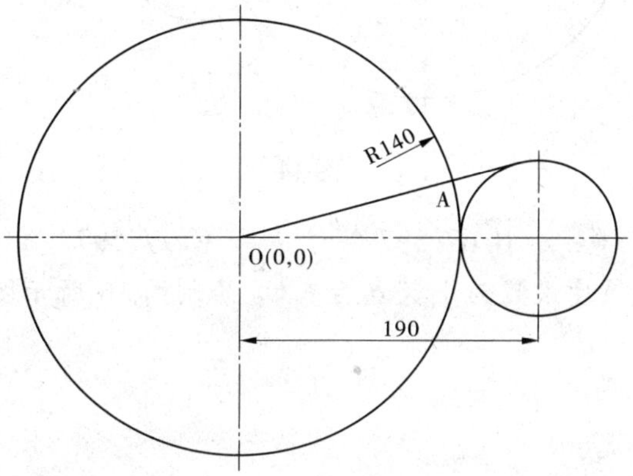

图 12

13. 将长度和角度精度设置为小数点后三位，绘制图 13 所示图形，AB 长为(　　)。

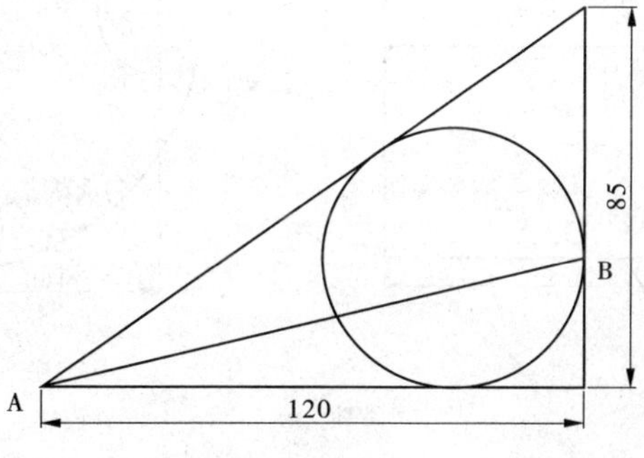

图 13

A. 113.448　　B. 123.448　　C. 143.448　　D. 223.448

14. 将长度和角度精度设置为小数点后三位，绘制图 14 所示图形，阴影部分面积和周长为(　　)。

A. 2 280.088，191.494　　B. 2 374.088，297.494

C. 2 279.988，196.414　　D. 2 270.088，197.494

15. 将长度和角度精度设置为小数点后三位，绘制图 15 所示图形，AB 的长度为(　　)。

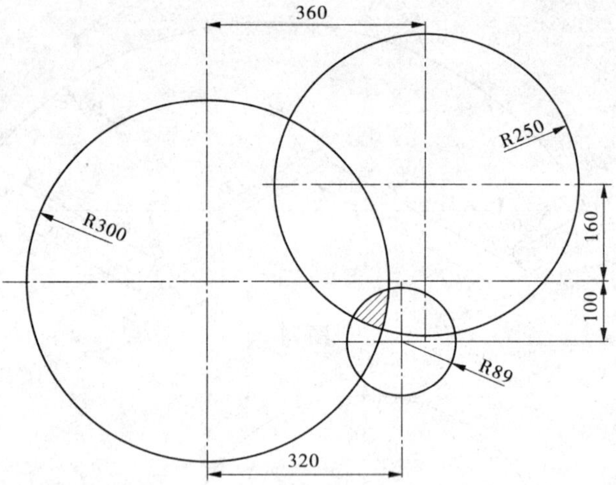

图 14

A. 61.597　　B. 67.597　　C. 77.597　　D. 65.997

16. 将长度和角度精度设置为小数点后三位,绘制图 16 所示图形,阴影部分面积和周长为(　　)。

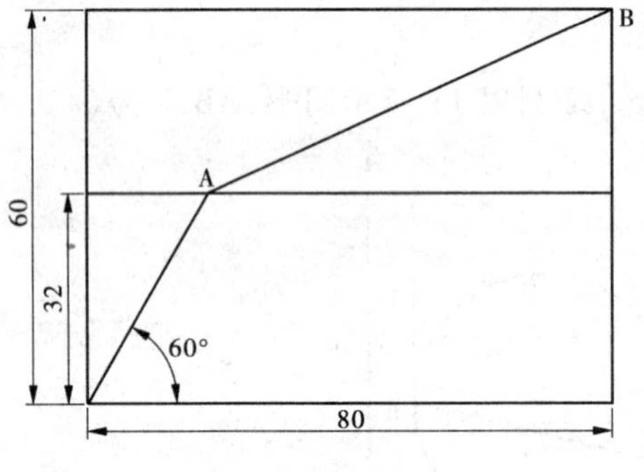

图 15

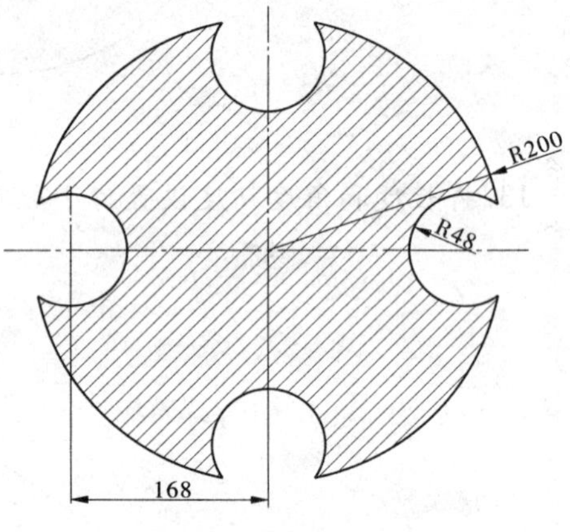

图 16

A. 120 237.567,1 988.082　　B. 110 234.567,1 888.082

C. 100 230.567,1 788.082　　D. 100 239.596,1 778.587

17. 将长度和角度精度设置为小数点后三位,绘制图 17 所示图形,阴影部分面积和周长为(　　)。

A. 4 471.888,476.026　　B. 4 444.888,446.027

C. 4 571.874,446.078　　D. 4 479.878,471.329

18. 将长度和角度精度设置为小数点后三位,绘制图 18 所示图形,阴影部分面积和周长为(　　)。

A. 675.966,147.380　　B. 684.966,185.380

C. 687.966,175.380　　D. 666.966,181.380

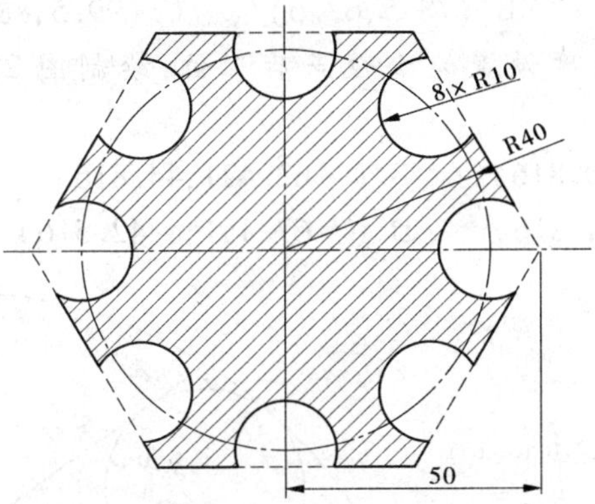

图 17

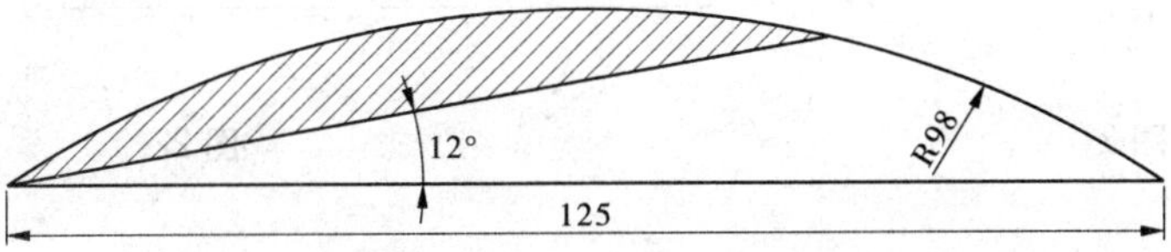

图 18

19. 将长度和角度精度设置为小数点后三位,绘制图 19 所示图形,AB 的长度为(　　)。

A. 51.056　　B. 57.056　　C. 50.056　　D. 55.056

20. 将长度和角度精度设置为小数点后三位,绘制图 20 所示图形,阴影部分面积和周长为(　　)。

A. 40 237.467,730.484　　B. 41 233.467,780.484

C. 40 231.467,720.484　　D. 40 241.467,729.484

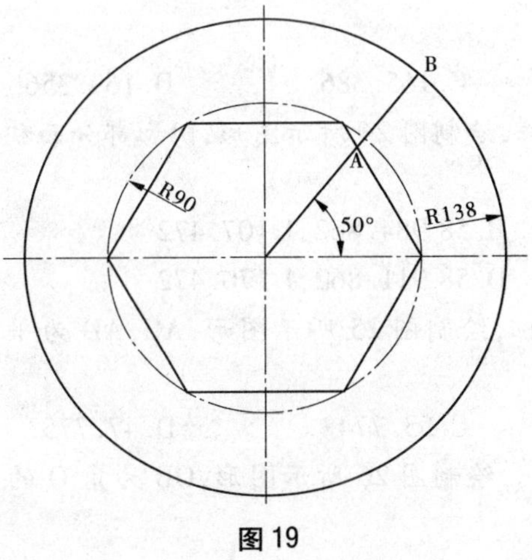

图 19

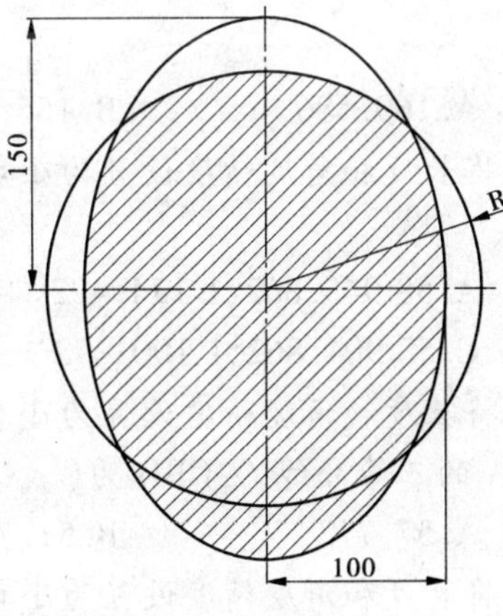

图 20

21. 将长度精度设置为小数点后三位，绘制图 21 所示图形，中点 D 点坐标为(　　)。

A. (90.5,82.5)　　B. (78.5,62.6)　　C. (99.5,88.7)　　D. (94.5,83.8)

22. 将长度和角度精度设置为小数点后三位，绘制图 22 所示图形，B 点坐标为(　　)。

A. (−68.421,40.816)　　B. (−62.421,44.816)

C. (62.421,−44.816)　　D. (−67.441,−42.516)

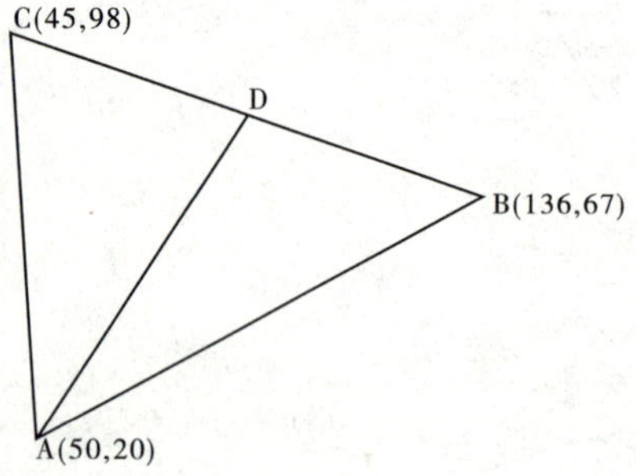

图 21

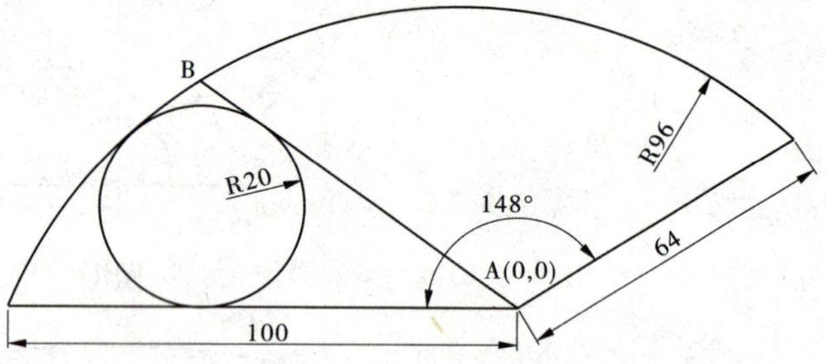

图 22

23. 将长度和角度精度设置为小数点后三位，绘制图 23 所示图形，AB 的长度为(　　)。

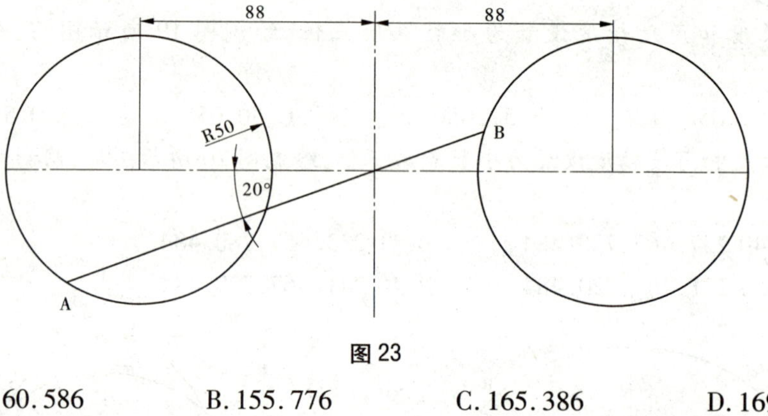

图 23

A. 160.586　　B. 155.776　　C. 165.386　　D. 169.356

24. 将长度和角度精度设置为小数点后三位，绘制图 24 所示图形，阴影部分面积和周长为(　　)。

A. 58 945.862,1 174.472　　B. 58 984.862,1 107.472

C. 58 904.862,1 100.472　　D. 58 911.862,1 170.472

25. 将长度和角度精度设置为小数点后三位，绘制图 25 所示图形，AC、AD 为平行四边形角 A 的三等分线，∠CBD 为(　　)。

A. 57.772°　　B. 51.773°　　C. 53.774°　　D. 47.775°

26. 将长度和角度精度设置为小数点后三位，绘制图 26 所示图形，OB 为角 O 的等分线，BA 为垂线，AB 长度为(　　)。

A. 44.269　　B. 48.269　　C. 40.269　　D. 49.269

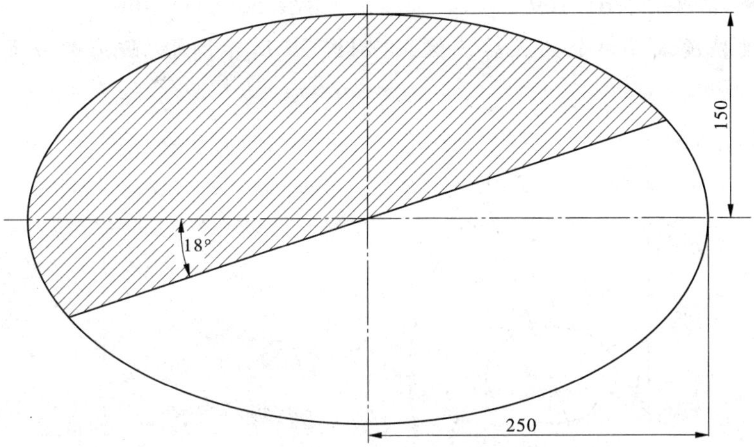

图 24

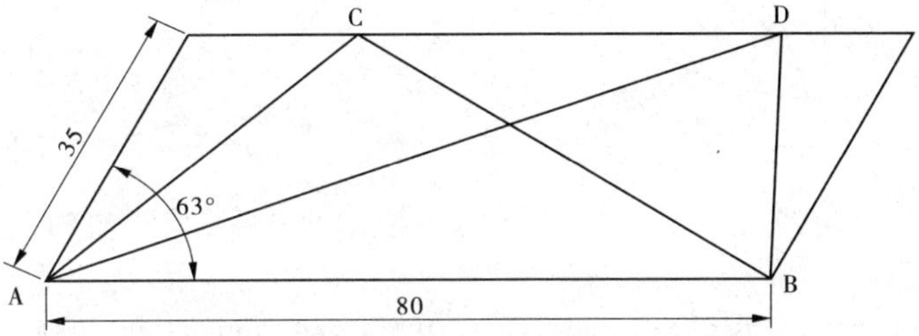

图 25

27. 将长度精度设置为小数点后三位，绘制图 27 所示图形，阴影部分面积和周长为(　　)。

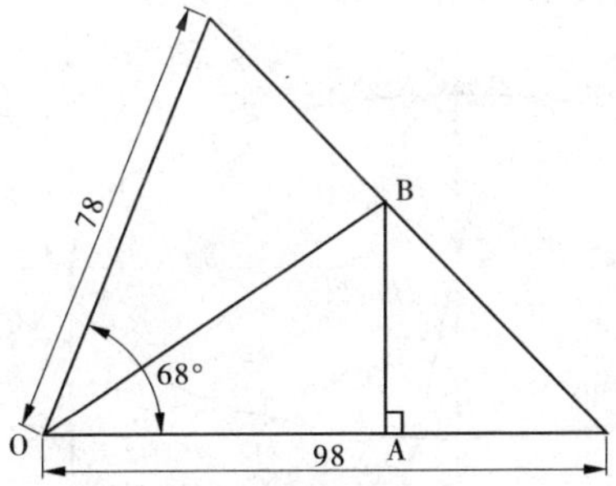

图 26

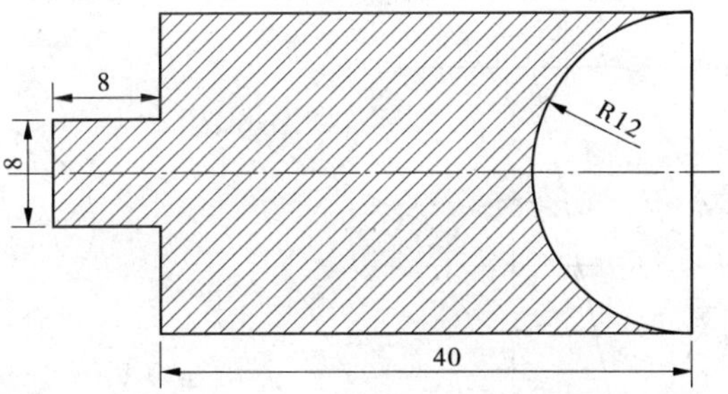

图 27

A. 777.805,257.699　　B. 767.805,147.699

C. 897.885,257.679　　D. 797.805,157.699

28. 将长度和角度精度设置为小数点后三位，绘制图 28 所示图形，阴影部分面积和周长为(　　)。

A. 15 443.605,665.169　　B. 15 553.605,661.169

C. 15 477.605,761.169　　D. 15 879.605,641.169

29. 将长度精度设置为小数点后三位,绘制图 29 所示图形,阴影部分面积和周长为(　　)。

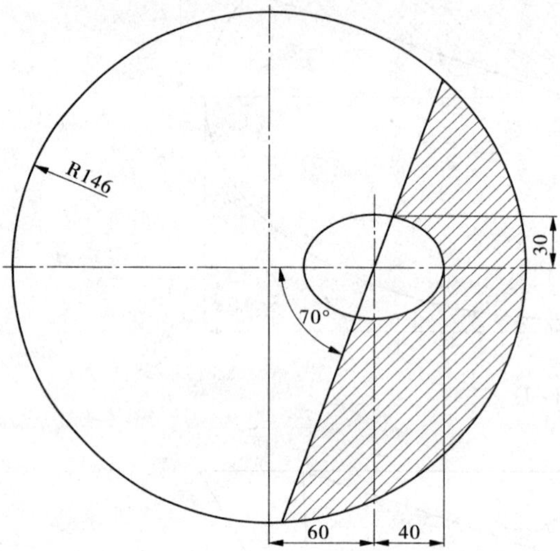

图 28

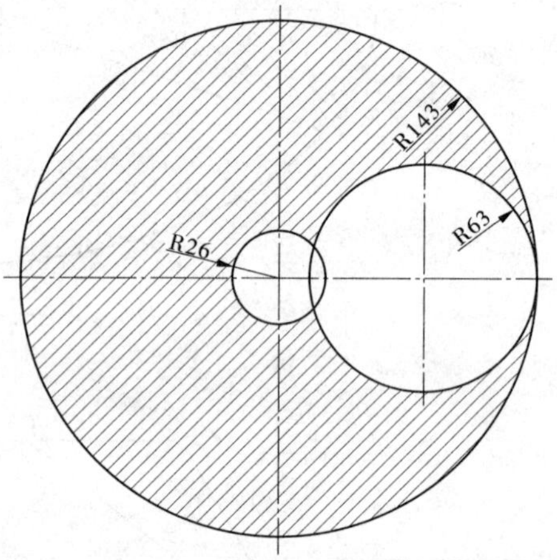

图 29

A. 49 811.727,1 784.844　　B. 44 862.727,1 387.844

C. 49 861.727,1 384.844　　D. 44 761.727,1 084.844

30. 将长度精度设置为小数点后三位,绘制图 30 所示图形,AB 的长度为(　　)。

A. 277.571　　B. 271.541　　C. 179.571　　D. 247.547

31. 将长度精度设置为小数点后三位,绘制图 31 所示图形,AB 的长度为(　　)。

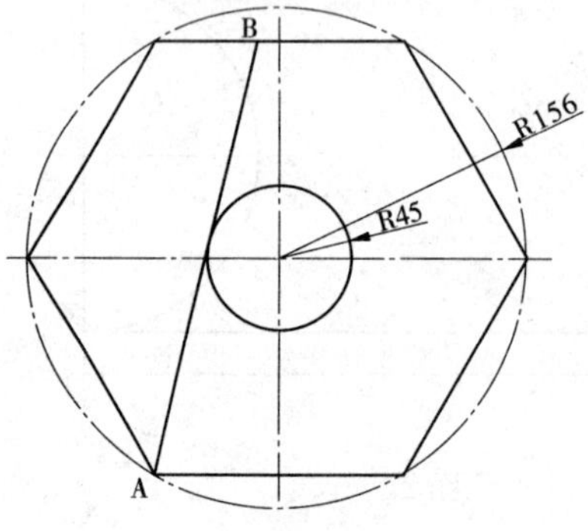

图 30

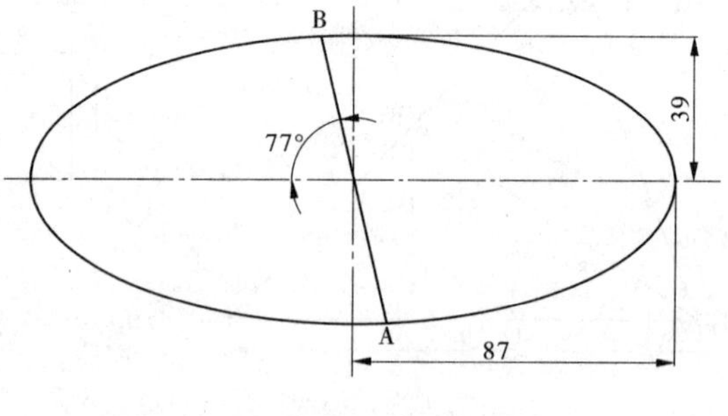

图 31

A. 49.626　　B. 59.626　　C. 79.626　　D. 99.626

32. 将长度精度设置为小数点后三位,绘制图 32 所示图形,阴影部分面积和周长为(　　)。

A. 11 387.646,554.571　　B. 12 686.646,632.571

C. 11 086.646,532.571　　　D. 11 458.646,547.572

33. 将长度和角度精度设置为小数点后三位，绘制图33所示图形，AB的长度为(　　)。

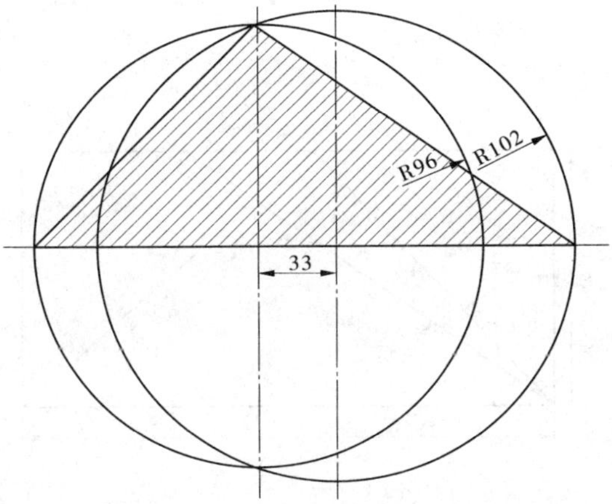

图32

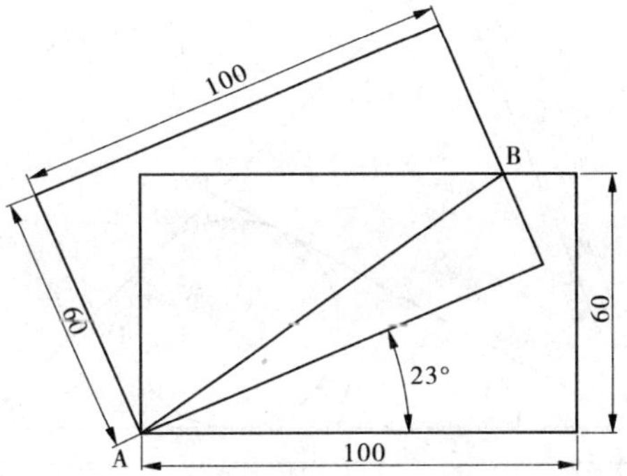

图33

A. 127.552　　B. 102.552　　C. 115.552　　D. 207.552

34. 将长度和角度精度设置为小数点后三位，绘制图34所示图形，点A坐标为(　　)。

A. (41.078,30.000)　　　B. (50.078,40.472)

C. (46.078,36.000)　　　D. (56.078,47.048)

35. 将长度和角度精度设置为小数点后三位，绘制图35所示图形，阴影部分面积和周长为(　　)。

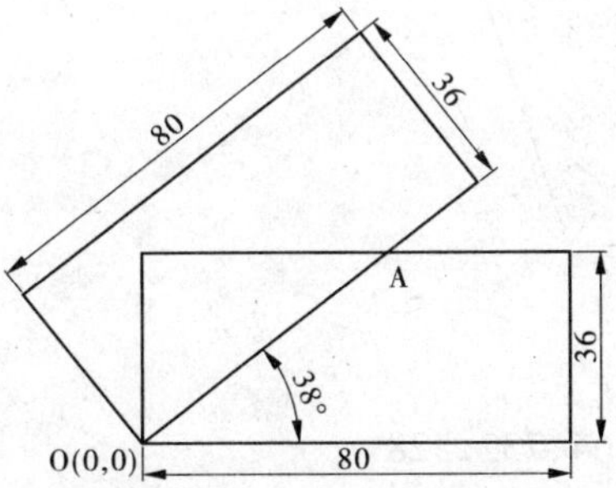

图34

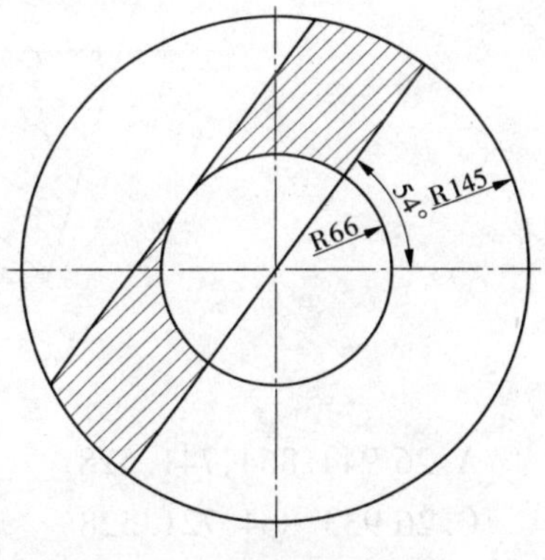

图35

A. 11 744.468,766.606　　　B. 12 814.468,660.606

C. 11 688.468,756.606　　　D. 11 614.468,760.606

36. 将长度和角度精度设置为小数点后三位，绘制图36所示图形，B点为边AC的中点，内切圆半径 R 为(　　)。

A. 15.538　　B. 17.838　　C. 16.789　　D. 19.478

37. 将长度和角度精度设置为小数点后三位，绘制图 37 所示图形，则 AB 长为(　　)。

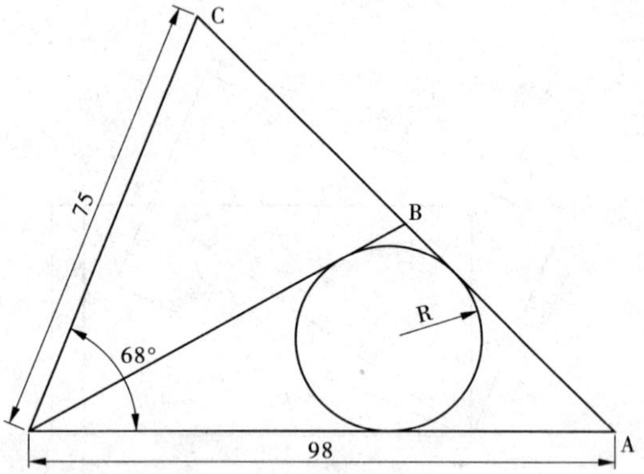

图 36

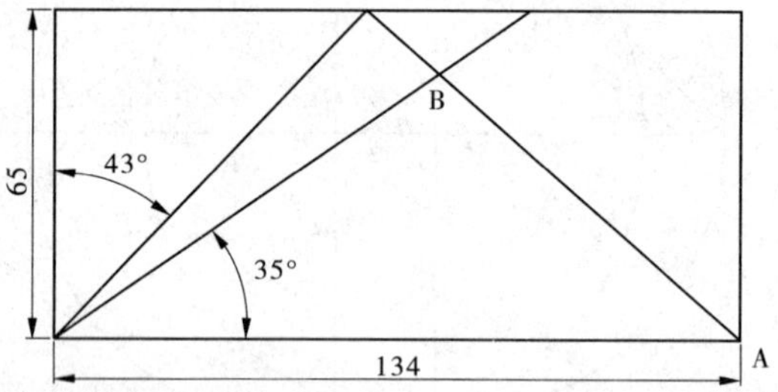

图 37

A. 87.033　　B. 79.033　　C. 71.033　　D. 92.033

38. 将长度精度设置为小数点后三位，绘制图 38 所示图形，阴影部分面积和周长为(　　)。

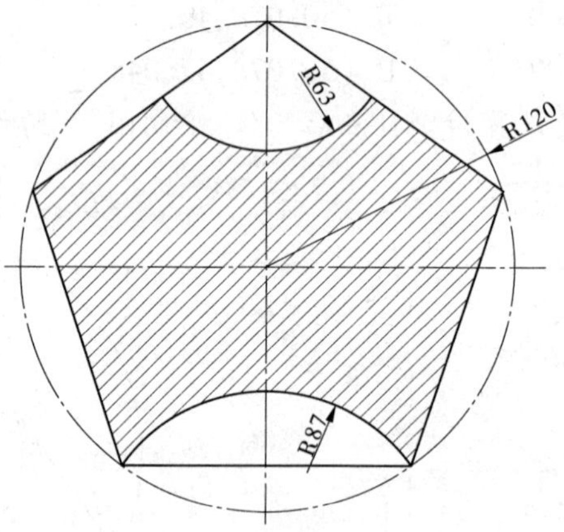

图 38

A. 26 944.864，741.528　　B. 26 842.864，732.528

C. 26 933.864，721.528　　D. 2 478.864，711.528

参 考 文 献

[1] 中华人民共和国水利部. SL 73—95 水利水电工程制图标准[S]. 北京:中国水利水电出版社,1996.

[2] 中华人民共和国建设部、中华人民共和国国家质量监督检验检疫总局. GB/T 50104—2010 建筑制图标准[S]. 北京:中国计划出版社,2011.

[3] 刘瑞新. AutoCAD 2009(中文版)建筑制图[M]. 北京:机械工业出版社,2008.

[4] 卢德友,陈红中. AutoCAD 2006 中文版实用教程[M]. 郑州:黄河水利出版社,2007.

[5] 志远. AutoCAD 制图快捷命令一览通[M]. 北京:化学工业出版社,2009.

[6] 董丞明. 现代教育技术培训教程[M]. 郑州:大象出版社,2009.

[7] 张多锋. 建筑工程制图[M]. 北京:中国水利水电出版社,2007.

[8] 尹亚坤,卢德友,钟菊英. 水利工程 CAD[M]. 北京:中国水利水电出版社,2010.